惯性技术丛书

# 热作用条件下的航空、航天和航海惯性导航系统、仪表和传感器


[俄] 维·埃·扎希托夫（В. Э. ДЖАШИТОВ）
弗·米·潘克拉托夫（В. М. ПАНКРАТОВ） 著

赵克勇　王同庚　译

中国宇航出版社

·北　京·

Датчики, приборы и системы авиакосмического и морского приборостроения в условиях тепловых воздействий/В. Э. Джашитов, В. М. Панкратов/Под общ. ред. академика РАН В. Г. Пешехонова. - СПб. : ГНЦ РФ ЦНИИ《Электроприбор》, 2005. - 404 с. ISBN 5 - 900780 - 57 - 0.



著作权合同登记号：图字：01 - 2013 - 5173 号



**图书在版编目（CIP）数据**

热作用条件下的航空、航天和航海惯性导航系统、仪表和传感器 /（俄罗斯）扎希托夫，（俄罗斯）潘克拉托夫著；赵克勇，王同庚译. --北京:中国宇航出版社,2013.8
ISBN 978 - 7 - 5159 - 0464 - 1

Ⅰ. ①热… Ⅱ. ①扎… ②潘… ③赵… ④王… Ⅲ. ① 航空导航—惯性导航系统—研究②航天导航—惯性导航系统—研究③航海导航—惯性导航系统—研究 Ⅳ. ①TN966

中国版本图书馆 CIP 数据核字（2013）第 176507 号

**责任编辑**　曹晓勇　彭晨光
**责任校对**　祝延萍　　　**封面设计**　文道思

**出版发行**　中国宇航出版社
**社　址**　北京市阜成路 8 号　　**邮　编**　100830
(010)68768548
**网　址**　www.caphbook.com
**经　销**　新华书店
**发行部**　(010)68371900　　(010)88530478(传真)
(010)68768541　　(010)68767294(传真)
**零售店**　读者服务部　　北京宇航文苑
(010)68371105　　(010)62529336
**承　印**　北京画中画印刷有限公司
**版　次**　2013 年 8 月第 1 版　　2013 年 8 月第 1 次印刷
**规　格**　880 × 1230　　**开　本**　1/32
**印　张**　12.375　　**字　数**　332 千字
**书　号**　ISBN 978 - 7 - 5159 - 0464 - 1
**定　价**　48.00 元

本书如有印装质量问题，可与发行部联系调换

# 内容简介

本书研究航空、航天和航海惯性导航系统使用的陀螺传感器的数学模型。在数学模型中，既考虑了外部和内部的温度作用，也考虑了随机的和可确定的温度干扰。建立了液浮陀螺、动力调谐陀螺、静电陀螺、固体波动陀螺、光纤陀螺、微机械陀螺、微机械加速度计和其他物理量传感器，如压力传感器、线位移传感器以及伺服电路部件的热过程和热漂移的数学模型，并对其进行了深入研究。作者对建立新的数学模型给予了特别的关注。这些新的热漂移数学模型，为研究惯性传感器、惯性仪表和惯性导航系统在非线性动态温度扰动中的表现及其无规则误差的判定提供了可能性。

本专著是在作者近年来研究工作的基础上，对 2001 年出版的《惯性系统陀螺传感器热漂移的数学模型》一书的总结、发展和补充。为了内容叙述的逻辑性和严整性，从 2001 年版书中做了相当详细的摘录，这样做不仅对专家和研究人员，而且对大学生和研究生都是有益的。此外，还可使读者了解精密测量装置热干扰问题的现状。书中介绍的方法，能够帮助读者在研制和使用航空航天航海惯性导航系统和惯性传感器时深入思考，仔细研究物理过程相互联系和相互作用的实质。

本书可供科研人员和工程技术人员参考，也可用作高等院校大学生和研究生的参考书。

# 绪 论

毫无疑问，所有这一切都是引人入胜的，值得阅读的。

——B·索罗古伯《四轮马车》

本书是作者1998和2001年出版的两本著作[16,18]的总结、扩充和发展。内容涉及受温度干扰的惯性传感器、陀螺仪表和惯导系统数学模型的建模和研究。

时间不会停滞不前。最近几年，在航空、航天、航海和其他仪表制造领域发生了重要的变化。

这些变化既涉及高精度、小体积、低功耗的惯性传感器、陀螺仪表和惯导系统的设计和生产，也涉及该领域专门人才的培养问题。

以作者的观点看，现代微机械和二维工艺取得的成就，以及现代方法和计算机技术的应用，使我们能够顺利解决这些问题。因此，作者用近几年新的研究成果，对本书做了补充和发展。本书的特点之一是，所有的方法和结论都可以推广应用到航空、航天、航海用的惯性传感器、陀螺仪表和惯导系统以及其他仪表制造业。

作者力图将得到的理论成果变成实践中完善这些惯性传感器、陀螺仪表和惯导系统的具体意见和建议。这正是本书与众不同的地方。做到没有，请读者判断。

**这本书的实质是什么**

现代航空和航天飞行器能够顺利地工作并解决复杂的技术问题，是因为在它们上面安装有导航与控制系统。

导航与控制系统的基础是惯性信息传感器、导航仪表和其他物理量传感器以及专用的电子部件。

对“惯性信息”这个专用术语，我们的理解是：关于运动载体运动的信息数据和角位置的信息数据，以及关于运动载体质心相对惯性坐标系运动和位置的信息数据，或者用某种已知方式与惯性坐标系相连的运动载体的另一个计算坐标系运动和位置的信息数据之总和。

在运动载体上自主获得惯性信息的传感器，即根据物理定律反映载体运动的传感器，叫做惯性信息传感器或惯性传感器。

必须指出，惯性传感器是极其重要的传感器，但远不是运动载体控制系统唯一的传感器。惯性传感器同其他元器件、仪表（其中包括非自主式传感器）和电子部件一起，解决和完成各种各样的任务。

这些任务包括导航（确定运动载体质心的运动和地理位置）、定位（确定运动载体的角位置和绕其质心的位置）和控制（稳定在给定的位置，按给定程序运动，进入给定区域等）。

这些传感器还可以作为非自主系统辅助信息源或备用信息源使用，例如，卫星导航系统。最典型的例子是美国的全球定位系统（Global Position System，GPS）和俄罗斯的全球导航卫星系统（Global Navigation Satellite System，GLONASS）。

如参考文献［16，18］所述，我们把所有的惯性信息传感器，按其功能特征分为下列3组。

第1组：构成特殊方位的陀螺仪表，即构成所谓基准坐标系的陀螺仪表。在运动载体上，利用陀螺仪表模拟与惯性系统对应轴平行的计算坐标轴。无论运动载体如何机动，这些轴都能保持自身在惯性空间的定位。运动载体位置的确定，是通过与载体固联的读数系统的角位置与所建基准坐标系的角位置进行比较实现的。

第2组：测量用陀螺仪。在这些惯性信息传感器中，运动部件在地理坐标系中（或其他基准坐标系中）不保持固定不变的位置。陀螺的运动部件与壳体相连，再通过壳体用弹性或准弹性部件与安装陀螺的运动载体相连。也可以通过连接产生与相对速度成正比的力矩或者与载体绕某个测量轴的转角成正比的力矩。这种连接保证陀螺与载体一起旋转。在这种情况下，载体与陀螺部件之间的相对失调角与运动载体的被测参数（转角或角速度）成正比。

第3组：加速度计。加速度计用来测量运动载体的视在加速度（绝对加速度与重力加速度之差）。加速度计分为线加速度计（轴向加速度计）和摆式加速度计。在线加速度计中，载体的加速度是根据惯性质量沿加速度计敏感轴的偏差确定的。在摆式加速度计中，加速度是根据摆的偏转角求出的。通常，陀螺和加速度计工作在采用万向支承的平台式惯性导航系统中或者捷联式惯性导航系统中。

在捷联式惯性导航系统中，万向支承的角色由机上计算机扮演。这些系统完成运动载体的导航、定位和控制任务。

运动载体的加速度和角速度是惯性导航系统的输入值。加速度和角速度由传感器——加速度计和陀螺仪测量。加速度计和陀螺仪通常安装在陀螺稳定平台上。陀螺稳定平台将加速度计和陀螺仪保持在相对惯性坐标系或地球坐标系确定的位置。测出的加速度和角速度进行必要次数的积分，在考虑初始条件和一系列修正值的情况下，在输出端得到瞬时角坐标和线坐标以及运动载体的速度。

除惯性传感器（陀螺仪和加速度计）之外，在航空、航天、航海运动载体控制系统的组成中，还包括绝对压力传感器、剩余压力传感器、快速压力变化传感器、声压传感器、测量变形用的传感器、线性位移传感器，以及建立在这些传感器基础上的测量仪表和系统、诊断仪表和系统、应急保障仪表和系统。

数千种不同类型的传感器和由它们组成的航天器曾经和正在用于一些闻名的苏联/俄罗斯和国际航天计划，例如：东方号，联盟号，宇宙号，和平号，质子号，能源-暴风雪，联盟-阿波罗，海上-发射，国际空间站，光子-M和许多其他计划。

在极端恶劣的使用条件下（宽的温度范围、温度冲击、强烈的振动和冲击、大的线加速度、各种腐蚀性介质的作用等），对于现代传感器、惯性仪表和惯导系统，最迫切的任务是达到高精度和测量的可靠性，还要具有质量小、体积小、耗能小的特性，以及多功能和性价比合理等优点。

另一方面，现代航空航天精密仪表制造业，其中包括运动载体导航、定位和控制系统使用的仪表制造业，最重要的发展方向之一，就是完善使用高速旋转转子的“经典”陀螺，并在它们的基础上研制新型惯性信息传感器、陀螺仪表和惯导系统。在这一工作中，现有惯性传感器的完善和新型惯性传感器的创建都最大限度地采用了各种物理原理和过程，以及它们的组合。这也是该项工作的最基本特征。

这里包括采用动压液浮和静压液浮支承、电磁定心、多级和多区域温控的液浮惯性传感器；转子振动动力调谐惯性传感器；具有高速旋转球形转子的无接触支承静电陀螺；固体波动陀螺；微机械陀螺；光纤陀螺等惯性传感器，以及许多其他类型的陀螺和系统。

陀螺的工作效率和精度在很大程度上取决于各种物理过程（机械的、弹性的、热弹性的、流体力学的、电磁的、静电的、光学的、热的等）的相互影响。正是这些物理过程保证了这些陀螺的功能。特别重要的是，对陀螺传感器及惯性导航和定位系统的精度要求越来越高。例如，对现代精密导航系统“漂移”的要求为每小时百分之几度、千分之几度，甚至更小［比较一下，地球自转角速度为15（°）/h］。

生产如此精密的陀螺传感器，必须进行深入的、综合性的理论研究。研究机理不同的各种物理过程的相互影响及其特点，考虑这些陀螺传感器工作所处的外部环境的影响。其中一个非常重要的影响惯性传感器、陀螺仪表和惯导系统精度及工作效率的因素就是：复杂的、无规则的、随机的温度作用。

为了解决多种类型惯性信息传感器和其他物理量传感器，精密仪表和运动载体导航、定位、控制系统的设计和生产、分析与综合问题，同时充分考虑温度的作用，制定一个统一的理论和方法，并通过数学算法和程序软件来实现，是非常重要和有意义的。

在陀螺系统非线性扰动理论中，研发一种新的途径是有相当重要的意义的。这种新途径就是，在飞行器的有序运动中，确定陀螺系统输出信号中可能产生的无规则现象。从这一观点出发，进一步研究陀螺系统。

本书研究的对象是：

1）受温度干扰的各种初始惯性信息传感器（液浮陀螺、动力调谐陀螺、静电陀螺、固体波动陀螺、光纤陀螺、微机械陀螺、微机械加速度计），电子部件，航空、航天和航海仪表，导航、定位和控制系统。

2）用于航空航天技术的，受温度干扰的压力传感器和线位移传感器。

3）发生在这些惯性信息传感器、陀螺装置和系统中的相互关联的物理过程（力学的、弹性的、热弹性的、流体动力学的、电磁的、静电的、光学的、热学的和某些其他过程）以及它们之间的相互联系及其特点。

**读完这本书后，你将获得什么知识**

你将获得现代陀螺仪和加速度计的最新概念。它们的作用原理是建立在各种物理原理和力学、电气机械学、弹性理论、热弹性理论、光学、非线性动力学等定律基础上的。

你将获得研究其工作性能的方法和手段，并考虑其工作介质的影响，其中包括复杂的温度作用及其影响。

书中阐述了对处于不同工作介质中的惯性传感器、陀螺仪表和惯导系统分析与综合的科学基础。在这里，温度的作用不像通常那样受到限制，而是以热过程和物理过程相互联系、相互作用的形式出现。而这种相互联系和相互作用，正体现了这种或者那种传感器的特性。

最终，你将获得惯性信息传感器和其他物理量传感器非线性动态温度干扰系统的理论和概念。这是一个新课题，也是一种新途径。这种新途径是从热分析的角度研究这些系统，即在这些系统的输出信号中可能产生温度扰动引进的可判定无规则信号。

不同工作原理的惯性传感器其结构的复杂性，传感器内部物理过程的多样性与关联性，传感器构成零部件的多样性，以及其各不相同的外部工作环境和工作频带，决定了这本书需具备超强的综合性能。本书讲述的惯性传感器理论研究方法、计算方法和性能分析方法具有广泛的实用价值。

在本书撰写过程中，作者力图做到，使现代数学的形式，不仅不会使问题变得复杂，相反，能够最明显、最大限度地反映所研究的惯性信息传感器、陀螺仪表和惯导系统中的物理过程及其本质。

书中内容是这样叙述的：先阐述物理作用原理各异的陀螺传感器，其他物理量传感器，伺服电路，航空、航天、航海仪表数学模型建模和研究的一般途径和原则；然后，把所阐述的途径和方法应用于受到温度干扰的各种类型陀螺传感器、其他物理量传感器、专用伺服电路、惯性仪表和惯导系统数学模型的建模和研究，并在此基础上提出改进和完善结构的实际建议。

本书是作者另外两本书[16,18]的发展和补充。

# 目　录

# 第1章　惯性传感器、陀螺仪表、惯导系统中的热过程和机械过程的数学模型及其研究方法

## 1.1　惯性传感器、陀螺仪表、惯导系统中的三维不稳定不均匀温度场的综合分析和计算方法

在建立和研究惯性传感器、陀螺仪表和惯导系统的温度扰动数学模型时，产生两个基本问题[16,18]：

1）通常情况下，要计算和分析的惯性传感器、陀螺仪表和惯导系统的温度场是一个三维的、不稳定的、不均匀的温度场。

2）要建立和研究的数学模型是一个相互关联的数学模型，既是惯性传感器、陀螺仪表、惯导系统工作的数学模型（包括机械运动方程的推导），也要考虑温度对它们的干扰因素和热漂移。

对以上问题的分析表明，它们之间存在一定的相互联系[16,18]，我们可以构思一个统一的，能够解决所有不同类型和级别的惯性传感器、陀螺仪表和惯导系统问题的通用方法。

研究工作从陀螺仪表或者惯导系统的基本结构开始。按等级原则从大到小进行（从系统、部件到组成它们的组件、零件）。

建立陀螺传感器及其零部件热过程的数学模型，考虑热过程的特点及其发生的物理过程。一般情况下，计算和分析时必须考虑，在给定计算点，陀螺仪表的温度场是三维的、不均匀的、不稳定的。

根据惯性信息传感器的种类、工作原理，以及它们的物理现象和物理过程的特点，建立干扰因素和热漂移的数学模型。在数学模型中温度场的性能是输入数据。

利用我们制定的方法，对数学模型、算法和程序软件，进行计算机仿真实验，对所建数学模型进行自动化的、直观的、定性和定量的分析。在分析的基础上，必要时，按温度漂移最小化的原则，解决综合问题。进行有效的结构变化，采用算法补偿，进行惯性信息传感器、仪表、电子部件或者温控系统参数的最佳化。根据综合的结果，提出对惯性信息传感器及其零部件和温控系统结构、算法和其他性能的改进意见。

上述统一构思和解决问题的方法可以用相互关联的闭合框图表示，如图 1－1 所示。

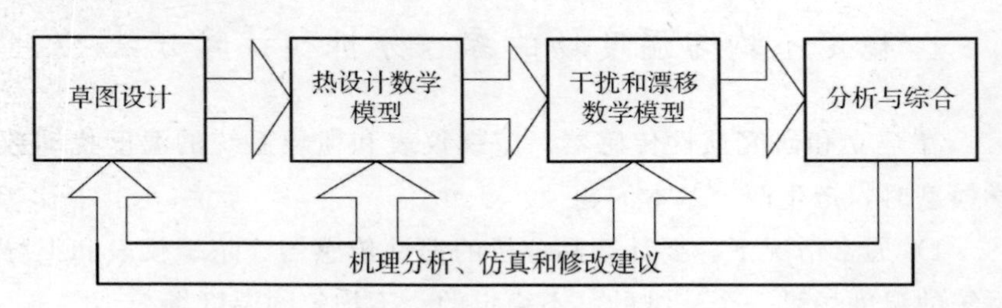


图 1－1　研究方法框图

这种解决问题的综合方法，在惯性传感器、陀螺仪表和惯导系统温度扰动理论中是必要的，因为现代仪表制造技术包含了多种多样的传感器、仪表、电子部件和系统。它们的工作原理不同，在其内部发生的物理过程又是相互关联的。

简单讨论该方法的几个特点。这些问题的复杂性和相互联系决定了，除采用传统的惯性传感器、陀螺仪表和惯导系统研究方法外[29]，在解决问题时，必须采用热状态计算方法[23]、弹性理论和热弹性理论方法[31]、流体力学[36]、振动理论和光学等方法。

特别是陀螺系统温度扰动的非线性，在其内部发生的物理过程本质的多样性，以及这些物理过程之间的相互联系，决定了必须采用以前研究惯性传感器从来没有采用过的一些方法。例如，动态系统无规则信号判定通用理论方法[47]。

惯性信息传感器、陀螺仪表、惯导系统、电子部件等均可看成是一个复杂的动态系统。该动态系统是由数量有限的 $N$ 个零件和介质以某种方式组成的。在这个系统中热交换过程具有推定随机的、复杂的传导、对流和辐射性能的功能。

描述这种具有分布参数系统机械运动和热交换过程的数学模型，在其物理过程的特点确定的情况下，通常为普通代数方程组、微分方程组和偏导数方程组[16,18]。

机械运动方程组为

$$\dot{\boldsymbol{X}} = \boldsymbol{A}(T_i)F(\boldsymbol{X}) + \boldsymbol{B}(\boldsymbol{X}, T_i, \cdots) \tag{1-1}$$

能量（热质传递）方程组为

$$c_{ij}\rho_{ij}\left(\frac{\partial T_i}{\partial t} + k_1 \mathbf{V}_j \nabla T_i\right) = \nabla(\lambda_{ij} \nabla T_i) - k_2(3\lambda_i^* + 2\mu_i^*)\alpha_{\mathrm{T}i} T_{0i} \operatorname{div} \frac{\partial \boldsymbol{U}_i}{\partial t} + k_3 Q_i^{\text{ис}} + Q_i^{y} \tag{1-2}$$

不可压缩黏稠介质不等温运动纳维—斯托克斯方程组在奥韦尔别克—布西内斯克逼近时（当仅在质量力中考虑参数与温度的关系时）为

$$\frac{\partial \mathbf{V}_j}{\partial t} + (\mathbf{V}_j \nabla)\mathbf{V}_j = -\frac{\nabla P_j}{\rho_{0ij}} + \nu_j \nabla^2 \mathbf{V}_j + \mathbf{g}\beta_{\mathrm{T}i} T_i \tag{1-3}$$

$$\operatorname{div}\mathbf{V}_j = 0 \tag{1-4}$$

运动中的热弹性动态方程组为

$$\rho_{ii} \frac{\partial^2 \boldsymbol{U}_i}{\partial t^2} = \mu_i^* \nabla^2 \boldsymbol{U}_i + (\lambda_i^* + \mu_i^*) \operatorname{grad} \operatorname{div}\boldsymbol{U}_i - (3\lambda_i^* + 2\mu_i^*)\alpha_{\mathrm{T}i} \operatorname{grad}(T_i - T_{0i}) \tag{1-5}$$

状态方程组为

$$\rho_{ij} = \rho_{ij}(T_i, P_j) \tag{1-6}$$

在式（1-1）～式（1-6）中符号含义如下所示。

$\boldsymbol{X} = \{x_1, \cdots, x_m\}$—— 传感器、仪表或系统力学状态的 $m$ 维矢量；

$\dot{\boldsymbol{X}} = \{\dot{x}_1, \cdots, \dot{x}_m\}$—— 传感器、仪表或系统力学状态的时间导数；

$T_i(x,y,z,t)(i = 1,\cdots,N)$ ——仪表零件和携热介质的温度场；

$\mathbf{V}_j(x,y,z,t)(j = 1,\cdots,N_*)$ ——携热介质的速度矢量场；

$\boldsymbol{U}_i(x,y,z,t)$ ——仪表零件变形时的位移矢量场；

$P_j(x,y,z,t)$ ——介质中的压力场；

$\boldsymbol{A}(T_i)$ ——表征传感器散逸性、弹性、惯性、几何参数和其他性能的系数矩阵；

$\nabla$ ——那勃勒算子；

$\boldsymbol{B}(\boldsymbol{X},T_i,\cdots)$ —— $m$ 维输入和干扰矢量；

$\nabla^2$ ——拉普拉斯算子；

$c_{ij}$ ——比热；

$\rho_{ij}$ ——密度；

$\lambda_{ij}$ ——导热系数；

$\nu_{ij}$ ——运动黏度；

$\alpha_{\mathrm{T}i}$ ——温度线膨胀系数；

$\beta_{\mathrm{T}i}$ ——温度体膨胀系数；

$\rho_{0ij}$，$T_{0i}$ ——介质和零件的额定密度和额定温度；

$\lambda_i^*$，$\mu_i^*$ ——拉梅系数；

$t$ ——时间；

$g$ ——重力加速度；

$Q_i^{\text{ис}}$，$Q_i^{\text{у}}$ ——散热（致冷）器件和温控系统热源的换算功率；

下标 $j$ ——在热物理参数中表示液体或者气体介质；

下标 $i$ ——在热物理参数中表示固体材料；

$k_1,k_2,k_3$ ——反映发生在传感器、仪表和系统中的物理过程及其相关性能的系数，通常为0或1。

在研究具体传感器、仪表和系统时，需要在式（1-1）～式(1-6)中补充初始条件和边界条件，并考虑其安装固定特点和它们与外部的热交换，还要补充表征惯性传感器作用原理的特殊方程和关系式。

虽然不可能用解析方法解决这样复杂的问题，但我们推荐的广义命题，使我们在建立和分析作用原理不同的传感器、仪表和系统的热过程数学模型、温度干扰因素数学模型和温度误差数学模型时，可以用统一的方法和途径实现。

航空、航天和航海的传感器、仪表和系统是一个复杂的系列。它是由不同物理作用原理的陀螺仪表和加速度计、其他物理量传感器、平台式和捷联式惯性导航系统，以及电子部件和印制板等组成。

在研究这种系统的热过程时，要遵循建立数学模型的等级原则[16,18]，可以分成下列等级。

第 1 级：不破坏其完整性就不能再分离的仪表零件。例如，结构零件（壳体、屏蔽罩、线圈）、光辐射源等。

第 2 级：由第 1 级零件组成的、相对独立的组合，具有自主功能和用途，通常是机械或电子部件。例如，陀螺仪表、加速度计有自身温控系统的机电部件。

第 3 级：由第 2 级独立组合和第 1 级零件构成的仪表系统，能够完成确定的功能，而且形成了一个完整的结构。

第 4 级：位于仪器舱的仪表系统。

更高的等级是仪器舱，它是载体安装各种仪表的舱段。从划分等级的观点出发，本书的研究对象航空、航天和航海传感器及仪表和系统，属于第 2 级和第 3 级。这就决定了建立它们的热过程数学模型的特点。

我们研究对象热状态的基本特点是，解决这些问题必须考虑仪表的工作性能。这时，绝对温度与额定温度之间的偏差和内部温度梯度的存在都很重要。

研究对象的热状态和它们功能之间的紧密联系，使得仪表系统结构方案和布局二者择其一的选择成了保证它的热稳定性的最重要的途径之一。理想情况下，热设计和功能设计最好作为一个统一的、相互关联的过程考虑。进行热设计时，可以根据建立数学模型的等级原则，从对象的高水平等级向低水平等级方向实施（从上至下），也可以相反（从下至上）。

对于航空航天传感器、仪表和系统，最好是从上至下。这是因为，进行一定等级水平的热设计时，必须考虑与高一级热设计方案有关的热作用。例如，设计陀螺的温控系统时，需要了解陀螺周围介质温度场的信息。为此，应当解决整个仪表系统温度场的问题，因为陀螺位于仪表系统之中。

另一个重要特点是，保证仪表热状态的问题，应当在与它们相关的机械、电子和其他分系统设计时就加以考虑。例如，选择对温度作用极敏感的陀螺结构方案时，可能有必要采用高精度温控系统，但这会使得温控系统的体积和能耗变得不能接受。

为了更直观地说明保证仪表系统热状态这一任务，下面列出在进行仪表系统热设计布置时，需要在一定等级上完成的计算工作。

1）选择仪表系统的基本结构。为了保证对热状态的要求，必要时选择放热或吸热温控系统。

2）计算仪表系统基本结构参数。

3）考虑对研究对象的功能和热物理要求，在研究对象相应的等级水平上布置模块（散热元件、电子组合、印制板、隔热板等）。

4）选择温控系统参数（发热或制冷功率、控制规律、温度传感器位置等）。

5）从满足技术任务书要求的观点出发，分析热状态。

这种装置中复杂热交换过程的数学仿真是这些阶段的基础。

现代传感器、仪表和系统都是复杂的多元动态系统。在这些系统中，进行着不同性质的相互关联的物理过程（热、机械、弹性、热弹性、电、光等）。这些系统包含一系列分系统，其中主要是信息分系统和动力分系统。这些分系统既是相互关联的，也具有自己的特点。这些特点严重影响仪表和电子部件的工作。

动力分系统的基本特点是，在系统中通常有热源工作，进入系统的能量大部分变成了热量。此外，外部介质具有不均匀、在很宽范围内变化和不稳定的性能。

热过程作为仪表系统中动力分系统的一部分，其重要意义在于，热过程在很大程度上不仅决定这些系统的精度，而且决定系统的其他一些重要参数，例如可靠性、寿命和准备时间。

从影响现代航空航天传感器、仪表和系统工作的有效性、可靠性、寿命、精度和准备时间的观点看，绝对温度变化几度至几十度，内部温降保持在0.1～1 ℃之间，不同零件的温度稳定性水平达到0.01 ～ 0.1 ℃非常重要。因此，在建立和研究航空航天传感器、仪表和系统的温度扰动数学模型时，最重要和最迫切的任务之一，就是以相当高的精度确定它们的温度场。

在计算不稳定三维温度场时产生的边界问题的复杂性[23,37]（考虑不同类型的热交换，存在不对称热源，也可能是活动热源；考虑温控系统，具有多元结构，安装特点，与外部介质进行热交换的条件等)，决定了利用现代计算机和数字方法的必要性。

在温度场的现代数值计算方法中，最适合这个目的和要求的(实现过程简单、可靠、精度高、通用等）计算方法是有限元法和有限差分法。

在经典有限差分法中，微分方程和边界条件用差分关系式近似表示，在这个基础上，建立计算机算法。

有限元法实质上是解决边界问题的变分法。因为它是建立在边界问题两者之中必择其一的基础上的，不是以微分方程组的形式，而是以相应函数极值变分问题的形式存在。所以，在解决上述类型的稳定问题时，有限元法的应用相当广泛。这里还应当指出，在应用有限元法和有限差分法解决多维问题时，差分方程组的阶次很高，一般情况下，要解这样的方程组，没有在一维任务中使用的那种有效递推算法。这个情况使得不稳定方程组的解变得特别复杂，因为在采用隐性差分法时，在时间的每一步长都要与高阶方程组（相对未知温度）打交道。而时间步长的数量在实际问题中可达数千个。

本书建议，采用近似数值法[16,18]计算航空航天传感器、仪表和系统的三维不均匀、不稳定温度场。这是一种改进了的元素平衡法方案[23]。

选择这种方法的原因是，可以解决三维不稳定温度场问题的复杂性、结构的多元性、存在的热源和温控系统物理现象的多样性和物理过程的相关性，以及其他一些特点。在我们研究的装置中，这些现象和特点都是存在的。

为建立热平衡，我们采用下面一些热交换（传导、对流、辐射）的基本定律：能量守恒定律、傅里叶定律、牛顿定律、斯忒藩－玻耳兹曼定律。利用热交换的基本定律和假说，使我们能够不建立微分方程而直接得到算法。

本书建议的计算方法的实质在于：传感器、仪表、仪表系统、电子部件、印制板或者其他装置被分成一些数量有限的“单元”几何形状（体积），它们可以是平行六面体、圆柱体、球体，或其他典型的、合乎规范的形状。这些形状取决于不同类型装置的结构特点。

这些体积分两种类型。

1）固体，其温度为 $T_i(t)$ ，$i = 1,2,\cdots,N$ ，此处 $N$ 是固体单元的数量；

2）充满气体或液体介质的容积－通道。气体和液体介质是热能的携带者，其温度为 $T_{*\ell}(t),\ell = 1,2,\cdots,N_*$ ，此处 $N_*$ 是充满气体或液体介质的容积－通道的数量。

在这些容积中，可能有功率为 $Q_i$ 和 $Q_{*\ell}$ 的热源或热量流。这些体积可能是内部的（不接触仪表周围的介质），也可能是外部的［表面的某一部分与周围介质有接触，周围介质的温度是 $T_c(t)$ ］。

本阶段我们的任务是，根据装置的体积，研制一种能够近似计算温度场的算法。

在此作下列设想。

1）在某个时间段 $\Delta t$ 内，经过某个表面的热流的平均值与温度梯度的初始值成正比（在 $\Delta t$ 范围内）；

2）单元体积热量的增长与该体积计算点（几何中心）温度的增长成正比；

3）假定，在第 $\ell$ 容积－通道输入端可以进行几个热流的混合，其中一个是从其他体积通道（序号 $m$ ）流出的，其余是从周围介质流出的，周围介质的温度 $T_c$ 为已知量。

这时，对携热介质在第 $\ell$ 容积—通道输入端和输出端的平均损耗温度 $T_{*\ell}^{\text{вх}}$ 和 $T_{*\ell}^{\text{вых}}$ 来说，下式是正确的[23]

$$\sum_{m=1}^{N_*}(G_{m\ell}+G_{c\ell})T_{*\ell}^{\text{вх}}=\sum_{m=1}^{N_*}G_{m\ell}T_{*m}^{\text{вых}}+G_{c\ell}T_{\text{c}} \tag{1-7}$$

式中　$\ell=1，\cdots，N_*$；

$G_{m\ell}$ ——从第 $m$ 容积—通道流入第 $\ell$ 容积—通道携热介质的质量损耗；

$G_{c\ell}$ ——从外部介质流入第 $\ell$ 容积—通道的携热介质的质量损耗。

还假设，携热介质温度变化的空间特性，可用温度 $T_{*\ell}$ 与温度 $T_{*\ell}^{\text{вх}}$ 和 $T_{*\ell}^{\text{вых}}$ 的关系表示

$$T_{*\ell}=f_\ell T_{*\ell}^{\text{вых}}+(1-f_\ell)T_{*\ell}^{\text{вх}} \tag{1-8}$$

其中　$$0\leqslant f_\ell\leqslant 1$$

在温度沿容积—通道长度线性变化的特殊情况下，式（1-8）中的 $f_\ell=1/2$，$T_{*\ell}=(T_{*\ell}^{\text{вх}}+T_{*\ell}^{\text{вых}})/2$。在对第 $\ell$ 容积—通道中的携热介质进行充分搅拌的情况下，$f_\ell=1, T_{*\ell}=T_{*\ell}^{\text{вых}}$。

根据第一个假设和热交换定律，在时间 $\Delta t$ 内，进入第 $i$ 个单位体积中的热量通常等于

$$K_i=\Delta t\sum_{j=1}^{N}q_{ij}(T_j-T_i)+\Delta t\sum_{\ell=1}^{N_*}q_{*i\ell}(T_{*\ell}-T_i)+\Delta tq_{i\text{c}}(T_{\text{c}}-T_i)+Q_i\Delta t$$

式中　$i=1,2,\cdots,N$；

$q_{ij}$ ——固体单位 $i,j$ 之间的导热率；

$q_{*i\ell}$ ——容积—通道与固态单元之间的导热系数；

$q_{i\text{c}}$ ——第 $i$ 固体单元与周围介质的导热系数。

根据第 2 个假设和能量守恒定律，进入单位体积的热量之和等于它的含热量的增加值，即

$$K_i=c_i[T_i(t+\Delta t)-T_i]$$

式中　$c_i$ ——第 $i$ 个单位体积的比热；

$T_i(t+\Delta t)$ ——第 $i$ 个单位体积在下一时段的温度。

将上述关系式进行变换后得

$$T_i(t+\Delta t)=\left[1-\frac{\Delta t}{c_i}\left(\sum_{j=1}^{N}q_{ij}+\sum_{\ell=1}^{N_*}q_{*i\ell}+q_{ic}\right)\right]T_i+$$

$$\frac{\Delta t}{c_i}\left(\sum_{j=1}^{N}q_{ij}T_j+\sum_{\ell=1}^{N_*}q_{*i\ell}T_{*\ell}+q_{ic}T_c+Q_i\right) \quad (1-9)$$

用类似方法建立充满携热介质的单位体积的平衡方程，得

$$K_{*\ell}=\Delta tc_{*y\ell}G_\ell(T_{*\ell}^{\text{вх}}-T_{*\ell}^{\text{вых}})+\Delta t\sum_{i=1}^{N}q_{*i\ell}(T_i-T_{*\ell})+\Delta tQ_{*\ell} \quad (1-10)$$

式中 $c_{*y\ell}$ ——第 $\ell$ 单位体积内携热介质的比热；

$G_\ell$ ——流过第 $\ell$ 单位体积的携热介质的质量损耗。

第 $\ell$ 单位体积含热量的增加值为

$$K_{*\ell}=c_{*\ell}[T_{*\ell}(t+\Delta t)-T_{*\ell}] \quad (1-11)$$

式中 $c_{*\ell}$ ——第 $\ell$ 单位体积中携热介质的总比热。

将式（1-10）和式（1-11）进行变换后得

$$T_{*\ell}(t+\Delta t)=\left(1-\frac{\Delta t}{c_{*\ell}}\sum_{i=1}^{N}q_{*i\ell}\right)T_{*\ell}+\frac{\Delta tc_{*y\ell}G_\ell}{c_{*\ell}}(T_{*\ell}^{\text{вх}}-T_{*\ell}^{\text{вых}})+$$

$$\frac{\Delta t}{c_{*\ell}}\sum_{i=1}^{N}q_{*i\ell}T_i+\frac{\Delta t}{c_{*\ell}}Q_{*\ell} \quad (1-12)$$

式中 $q_{*i\ell}$ ——第 $i$ 个单元与充满携热介质的第 $\ell$ 个单位体积之间的导热系数。

对所得差分关系式和其他关系式（1-7）～式（1-12）需要补充初始条件

$$\begin{cases} T_i\big|_{t=0}=T_{i0} \\ T_{*\ell}^{\text{вых}}\big|_{t=0}=T_{*\ell0} \\ T_c\big|_{t=0}=T_{c0} \end{cases} \quad (1-13)$$

任务转化成了确定所有单位体积的函数 $T_i(t),T_{*\ell}(t)$ 。

我们建议的计算方法适合所述级别传感器、仪表和系统中具有的基本热交换类型（传导、自然对流、强制对流、辐射）。

用式（1-9）和式（1-12）中导热系数表征的总导热系数 $q$ 可写成

$$q = q_{Т} + q_{К} + q_{И} \tag{1-14}$$

式中　$q_{Т}, q_{К}, q_{И}$ ——分别为热传导、热对流和热辐射的导热系数。

在使用得到的差分关系式时最重要的任务之一，是确定内部和外部单位体积与周围介质之间导热系数的结构和量值。

下面列出仪表中热交换种类和某些特殊情况下计算这些系数的公式和关系式[23,36-37]。这些公式和关系式是在傅里叶热质交换定律、牛顿定律、斯忒藩一玻耳兹曼定律、努塞尔特（Nusselt）方程判据定律、雷诺定律、格拉晓夫（Grashof）定律、普朗特（Prandtl）定律、空气动力学相似理论、电子理论、热过程理论和实验研究的基础上得到的。

### 1.1.1　通过热传导进行热交换

通过热传导进行热交换是发生在仪表和电子部件中的基本热交换类型之一。在这种情况下，导热系数用下列多层墙公式计算（见图 1－2）。

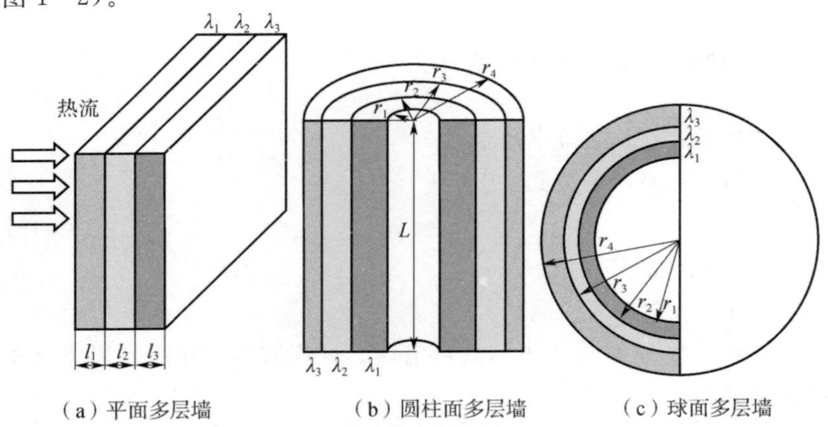


（a）平面多层墙　　（b）圆柱面多层墙　　（c）球面多层墙

图 1－2　当热流经过多层墙时传热系数计算

平面多层墙

$$q_{ТП} = \frac{S}{\sum_{i=1}^{n} \frac{\ell_i}{\lambda_i}} \tag{1-15}$$

式中 $S$ ——接受热流的额定表面面积；

$\ell_i$ ——第 $i$ 层的厚度；

$\lambda_i$ ——第 $i$ 层的导热系数。

圆柱面多层墙

$$q_{\text{ТЦ}} = \frac{2\pi L}{\sum_{i=1}^{n} \frac{1}{\lambda_i} \ln \frac{r_{i+1}}{r_i}} \tag{1-16}$$

式中 $L$ ——圆柱面长度；

$r_i$ ——第 $i$ 层的半径。

球面多层墙

$$q_{\text{ТШ}} = \frac{4\pi}{\sum_{i=1}^{n} \frac{1}{\lambda_i}\left(\frac{1}{r_i} - \frac{1}{r_{i+1}}\right)} \tag{1-17}$$

式中 $r_i$ ——第 $i$ 层的半径。

当 $i=1$ 时，从式（1-15）～式（1-17）得到均匀墙特殊情况的公式。

### 1.1.2 通过自然对流进行热交换

#### 1.1.2.1 在无限空间中的散热

计算导热系数的公式为

$$q_{\text{K}} = \alpha_{\text{k}} S \tag{1-18}$$

式中 $\alpha_{\text{k}}$ ——散热系数；

$S$ ——散热表面面积。

散热系数 $\alpha_{\text{k}}$ 取决于下列散热定律，这些散热定律决定周围介质的运动状态。

（1）膜状态

在膜状态，加热周围的气态或液态介质在物体表面形成一层静止的膜。当温降不大时，轮廓平滑的物体可能发生这种情况：热交换主要决定于热传导（$\alpha_{\text{k}}=0$）。用式(1-15)～式（1-17）计算导热系数。

(2) 1/8 次方定律

对应的是周围介质的层流运动状态。对于流经细导体的介质，这种状态很典型。

利用下列公式计算散热系数

$$\alpha_k = A_1\left(\frac{T-T_c}{d^5}\right)^{1/8}\ [\mathrm{W/(m^2\cdot ℃)}] \tag{1-19}$$

式中　$d$ ——导体直径 (m)；

$(T-T_c)$ ——表面与介质之间的温降；

$A_1$ ——表征介质物理参数的系数。

当 $(Gr\cdot Pr)=0.001\sim 500$ 时，式 (1-19) 的应用领域由准数方程决定

$$Gr=\frac{g\beta\Delta T\delta^3}{\nu^2}$$

格拉晓夫数，它表征引起介质自然对流运动升力的相对有效性

$$Pr=\frac{\nu}{a}$$

普朗特数，它是携热介质的热物理性能。

式中　$g$ ——重力加速度；

$\beta$ ——体膨胀系数；

$\Delta T$ ——温降；

$\delta$ ——物体的几何参数；

$\nu$ ——动态黏度；

$a$ ——导热性。

对于空气，$A_1$ 的值已列入表格内，当 $T_m=0.5(T+T_c)=(0\sim 100)℃$ 时，$A_1$ 的变化范围是 $0.291\sim 0.315$ 。

(3) 1/4 次方定律

对应介质剧烈的层流运动状态。这种状态发生在中等尺寸机构的平面和圆柱面外罩附近、散热器平板肋片附近、底盘附近等。

利用下列公式计算散热系数。

对于高为 $h$ 的垂直走向的平面或者直径为 $h$ 的圆柱面

$$\alpha_k = A_2\left(\frac{T-T_c}{h}\right)^{1/4} \ [\mathrm{W/(m^2 \cdot ℃)}] \qquad (1-20)$$

对于水平走向的表面，加温面朝上，表面最小的面

$$\alpha_k = 1.3A_2\left(\frac{T-T_c}{L}\right)^{1/4} \ [\mathrm{W/(m^2 \cdot ℃)}] \qquad (1-21)$$

对于水平走向的表面，加温面朝下

$$\alpha_k = 0.7A_2\left(\frac{T-T_c}{L}\right)^{1/4} \ [\mathrm{W/(m^2 \cdot ℃)}] \qquad (1-22)$$

式中 $(T-T_c)$——表面和介质之间的温降；

$A_2$——表征介质物理参数的系数。

式（1-20）～式（1-22）的适用领域可从下列不等式推出

$$T-T_c \leqslant (840/L_0)^3 \qquad (1-23)$$

式中 $L_0$——表面的检定尺寸（mm）。

对于空气，$A_2$ 的值已列入表格内。当 $T_m = 0.5(T+T_c) = (10 \sim 150)$ ℃时，$A_2$ 位于 $1.40 \sim 1.245$ 之间。

（4）1/3 次方定律

对应介质的涡流运动状态。物体的尺寸不影响过程的强度。这种状态发生在大尺寸机构和仪表的平面和圆柱形护罩表面附近、散热器平板的肋骨附近、圆盘等附近。

利用下列公式计算散热系数。

对于垂直定向的平面、圆柱形和球形表面

$$\alpha_k = A_3(T-T_c)^{1/3} \ [\mathrm{W/(m^2 \cdot ℃)}] \qquad (1-24)$$

对于水平定向加热面向上的表面

$$\alpha_k = 1.3A_3(T-T_c)^{1/3} \ [\mathrm{W/(m^2 \cdot ℃)}] \qquad (1-25)$$

对于水平定向加热面向下的表面

$$\alpha_k = 0.7A_3(T-T_c)^{1/3} \ [\mathrm{W/(m^2 \cdot ℃)}] \qquad (1-26)$$

式中 $(T-T_c)$——表面和介质之间的温降；

$A_3$——表征介质物理参数的系数。

式（1-24）～式（1-26）的适用领域可从下列不等式推出

$$T-T_c \leqslant (840/L_0)^3 \qquad (1-27)$$

对于空气，$A_3$ 的值已列入表格内。当 $T_m = 0.5(T + T_c) = (0 \sim 150)$ ℃时，$A_2$ 位于 1.69 ～ 1.23 之间 。

说明 1。散热系数的变化范围最常遇到的是 1/4 次方定律，通常平均温度值为 $T_m$ ，温降（$T - T_c$）为几度或几十度时，$\alpha_k$ 为(0.000 3 ～ 0.001 4) W/（cm² · ℃）。

### 1.1.2.2　在有限空间（夹层）中的散热

在封闭空间热交换的复杂过程是一种通过传导途径散热的现象。为了避开表面与它包围的介质之间的散热系数，引入表面之间的等值散热系数这个概念。

在这种情况下，计算平面夹层传热系数的公式为

$$q_{KP} = kS \tag{1-28}$$

$$k = \frac{\lambda_{экв}}{\delta} = \frac{\varepsilon_k \lambda}{\delta} \tag{1-29}$$

式中　$k$ ——散热系数；

$\varepsilon_k$ ——对流系数；

$\lambda$ ——夹层中介质的传热系数；

$\delta$ ——夹层的大小；

$S$ ——散热表面面积。

$\varepsilon_k$ 的值由格拉晓夫和普朗特数方程决定。

当 $Gr \cdot Pr \leqslant 1\,000$ 时，$\varepsilon_k = 1$ 。当 $Gr \cdot Pr > 1\,000$ 时，$\varepsilon_k = A_4\delta\left(\frac{\Delta T}{\delta}\right)^{1/4}$ ，$A_4$ 为表征介质物理参数的系数。

例如，如果平面夹层中充满了空气，则 $A_4\delta = \text{const}$ ，散热系数的公式（1－29）取下列形式

$$k = 0.453\left(\frac{\Delta T}{\delta}\right)^{1/4} \tag{1-30}$$

说明 2。无限空间和有限夹层中的对流随介质压力而变化。如果大气压为标准值 $H_0$ 时，散热系数和传热系数分别等于 $\alpha_k$ 和 $k$ ，而当压力等于 $H$ 时，散热系数和传热系数分别等于 $\alpha_{kH}$ 和 $k_H$ ，则下列近似公式是正确的

$$\alpha_{kH} \approx \alpha_k \left(\frac{H}{H_0}\right)^{0.5} \tag{1-31}$$

$$k_H \approx k \left(\frac{H}{H_0}\right)^{0.5} \tag{1-32}$$

### 1.1.3 通过强制对流进行热交换

如果在仪表中实行强制通风，或者用旋转部件（风扇、飞轮、转子等）进行强制对流热交换，则计算传热系数的通用公式为

$$q_{KB} = \alpha_{ki} S \tag{1-33}$$

式中 $\alpha_{ki}$ ——散热系数；

$S$ ——散热表面面积。

散热系数 $\alpha_{ki}$ 用实验中得到的或者在判据方程基础上得到的公式计算。

假设用横向空气流对各种形状物体进行强制通风（吹风）。这些物体可以是仪表零件、电路板或其他装置。引入表示物体尺寸的概念。例如，作为平板的特征尺寸，利用它在气流方向的长，而对于球体和圆柱体，特征尺寸为直径。

用空气向物体吹风时，散热系数的计算公式具有下列形式

$$\alpha_{k1} = 0.8 \frac{\lambda}{\ell}\left(\frac{G\ell}{\nu F}\right)^{1/2} \quad [\mathrm{W/(m^2 \cdot ℃)}] \tag{1-34}$$

式中 $G$ ——流经有限空间的空气流量；

$\ell$ ——被气流环绕的物体的特征尺寸；

$F$ ——气流截面的平均面积；

$\lambda$，$\nu$ ——气体的导热率和动态黏度。

公式（1-34）适合在表征气流强度的雷诺数中使用，雷诺数的变化范围是

$$10 < Re = V\ell/\nu < 10^5$$

其中
$$V = G/F$$

式中 $V$ ——物体附近空气运动的速度。

如果，在无限空间中旋转的转子是从转子的外表面散热，则散

热系数用下列表达式确定。这些表达式是在热过程与空气动力学过程相似基础上得到的。

对于空气　$$\alpha_{k2} = 0.852 \times 10^{-5} n^{0.7} [p]^{0.7} D^{0.4} \tag{1-35}$$

对于氦气　$$\alpha_{k3} = 1.95 \times 10^{-4} n^{0.5} [p]^{0.5} \tag{1-36}$$

对于氢气　$$\alpha_{k4} = 2.54 \times 10^{-4} n^{0.5} [p]^{0.5} \tag{1-37}$$

式中　$n$——转子旋转角速度（r/min）；

$p$——介质压力（大气压力的百分之几或几十）；

$D$——转子直径。

当转子在有限空间（外罩中）旋转时，它们之间的相对间隙

$$\delta/D = 0.01 \sim 0.05$$

式中　$\delta$——间隙的大小。

散热系数的表达式具有下列形式：

对于空气　$$\alpha_{k5} = 0.5\alpha_{k2} \tag{1-38}$$

对于氦气　$$\alpha_{k6} = 0.7\alpha_{k3} \tag{1-39}$$

对于氢气　$$\alpha_{k7} = 0.7\alpha_{k4} \tag{1-40}$$

### 1.1.4　通过辐射进行热交换

在仪表系统中，通过辐射进行热交换起重要作用。特别是对于有热源的真空仪表和充气不多的仪表特别重要。

通过辐射进行热交换时，导热系数的结构如下

$$q_{И} = \alpha_{И} S \tag{1-41}$$

$$\alpha_{И} = 5.67 \times 10^{-8} \varepsilon_{\Pi} [(T_1 + 273)^2 + (T_2 + 273)^2] + (T_1 + T_2 + 546)^2 \tag{1-42}$$

其中
$$\varepsilon_{\Pi} = \frac{\varepsilon_1 \varepsilon_2}{\varepsilon_1 + \varepsilon_2 + \varepsilon_1 \varepsilon_2}$$

式中　$\varepsilon_{\Pi}$——物体表面黑度的换算幂，在这些表面之间进行着热交换；

$0 < \varepsilon_1, \varepsilon_2 < 1$——物体表面黑度的幂；

$T_1, T_2$——表面的温度（℃）。

说明 3。辐射散热系数的变化范围，在最常遇到的辐射型热交换条件下，当平均温度 $T_m = 0.5(T_1 + T_2)$，温降 $(T_1 - T_2)$ 为几度或几十度时，$\alpha_И$ 为 0.000 4 ～ 0.000 8 W/（$cm^2$ · ℃）。

### 1.1.5 特殊公式

除上述计算传热系数的公式外，还可以利用其他一些关系式进行评估[23]。

在计算复杂连接件的传热系数时，例如，用螺钉或螺杆连接件把零件或电路板固定在壳体或底座上时，对于串连和并连的板，在热过程电热相似和基尔霍夫电路定律的基础上，采用复合关系式。

在这种情况下，如果热流方向垂直于串连分布的多层构造（见图 1-2），则总热流和热流分量（传热系数）之间的下列关系式是正确的

$$q_{\perp} = \frac{1}{\sum_{i=1}^{n} \frac{1}{q_i}} \tag{1-43}$$

如果热流方向平行于多层构造，而多层构造又是分离的绝热层，则总热量和热流分量（传热系数）之间的下列关系式是正确的

$$q_{//} = \sum_{i=1}^{n} q_i \tag{1-44}$$

这些关系式可以作为计算传热系数的基础关系式。例如，光纤陀螺光纤线圈中的传热系数就可以用这些关系式计算。光纤线圈可以看做是由光纤层和层间介质组成的有序的多层构造（见图 1-3）。假设，光纤线圈中的热流方向是沿着光纤或者垂直于光纤。

在式（1-43）、式（1-44）和多层构造关系式[23]的基础上，可得下列近似计算光纤线圈中传热系数的公式

$$q_{//}^{n,m} = n \cdot m \cdot \left[\lambda_{\mathrm{p}} \frac{b^2 - c^2}{a} + \lambda_{\mathrm{k}} \frac{c^2}{a}\right] + \lambda_{\mathrm{f}} \frac{bf}{a}[(n-1)m + (m-1)n] \tag{1-45}$$

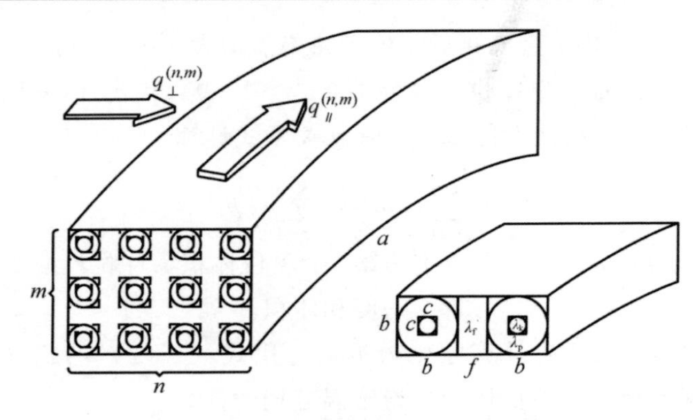


图 1-3　计算光纤线圈中的传热系数

$$q_{\perp}^{n,m}=\frac{ma(b-c)}{n\dfrac{b}{\lambda_{p}}+(n-1)\dfrac{f}{\lambda_{f}}}+\frac{mac}{n\left(\dfrac{b-c}{\lambda_{p}}+\dfrac{c}{\lambda_{k}}\right)+(n-1)\dfrac{f}{\lambda_{f}}}+\frac{m-1}{n}\cdot\frac{af\lambda_{f}}{b} \tag{1-46}$$

式中　$n$，$m$ ——分别为纵向和横向传播热流的光纤的数量；

$\lambda_p$，$\lambda_k$，$\lambda_f$ ——分别为光纤包皮、芯线和线匝间介质的传热系数；

$a$，$b$，$c$，$f$ ——几何参数。

其他一些计算传热系数的特殊公式也是人所共知的，例如，经过滚珠轴承进行接触式热交换时，传热系数的计算公式

$$q_{\text{ш n}}=0.36R\lambda z \tag{1-47}$$

式中　$R$ ——滚珠半径；

$\lambda$ ——滚珠材料的导热率；

$z$ ——滚珠轴承中的滚珠数量。

确定传热系数时重要和复杂的任务之一，就是进行有发热源的构造复杂的电路板的热计算时，对它们传热系数的评估。

如果传感器、仪表系统或电子部件包含有发热源，则根据文献[23]，可以认为板是厚度为 $\delta$，等值导热率为 $\lambda$ 的准均质薄板。

在确定等值导热率 $\lambda$ 时，必须考虑印制板的金属化，它会使等值导热率显著增加。例如，当夹布胶木板的导热率为 0.003～0.007

W/（cm·℃）时，金属化后等值导热率能增大 10～50 倍。

单位体积的比热 $c_i$ 也是差分关系式（1-9）和式（1-12）中的重要性能参数。这些性能参数用叠加关系式计算

$$c_i = \sum_{j=1}^{m} c_{jy} m_j = \sum_{j=1}^{m} c_{jy} \rho_j V_j \tag{1-48}$$

式中 $c_{jy}, m_j, \rho_j, V_j$ ——分别为第 $i$ 个单位体积零件材料的比热、质量、密度和体积。

必要时，在预先计算原始数据后，用式（1-7）～式（1-48）可以实现下列所有单位体积不稳定温度场的计算。

1）根据已知通道出口携热介质的温度值 $T_{*\ell 0}^{\text{вых}}$，周围介质的初始温度 $T_{c0}$ 和式（1-7）、式（1-8）计算携热介质所在体积的温度值 $T_{*\ell 0}^{\text{вх}}, T_{*\ell 0}$。

2）如果导热系数与温度有关，则用式（1-14）～式（1-48），并参考文献[23, 36, 37]，计算它们初始时刻的值（在每个下一时刻再次迭代）。

3）从式（1-9）和式（1-12）求得下一时刻 $(t+\Delta t)$ 的温度值 $T_i(t+\Delta t), T_{*\ell}(t+\Delta t)$。

4）从式（1-7）和式（1-8）确定温度值 $T_{*\ell}^{\text{вых}}(t+\Delta t), T_{*\ell}^{\text{вх}}(t+\Delta t)$，然后，重复迭代法。

在特殊情况下，当传感器、仪表、仪表组合、电子部件仅有固态单元体积组成时，采用基本差分关系式（1-9）的算法。

在某些情况下，对于分成固体单元体积的传感器、仪表、仪表系统或其他装置，可以采用其他更理想的途径建立热平衡方程[16, 18, 23]，不以差分关系式的形式，而以普通微分方程的形式

$$c_i \frac{dT_i}{dt} + \sum_{j=1}^{N} q_{ij}(T_i - T_j) + q_{ic}(T_i - T_c) = Q_i, i = 1, \cdots, N \tag{1-49}$$

式中 $T_i(t)$ ——第 $i$ 个单元体积的平均温度；

$T_c$ ——周围介质温度；

$Q_i$ ——内部热源功率；

$c_i$ ——单位体积的比热；

$q_{ij}$，$q_{ic}$ ——导热系数。

这些方程与差分算法式（1-9）完全相似。当单元体积数量较少（几个或几十个）时，使用它们进行数值计算比较方便，对仪表和系统的热状态以及仪表和系统中温控系统的功能进行解析评估也比较方便。

通常，单元体积的数量（计算点的数量）在几个、几十个到几百、上千个范围内变化，这取决于要求解题的精度、仪表和系统的类型以及温度问题的复杂程度。

把装置分成单元体积的方案有3种基本类型（见图1-4）。

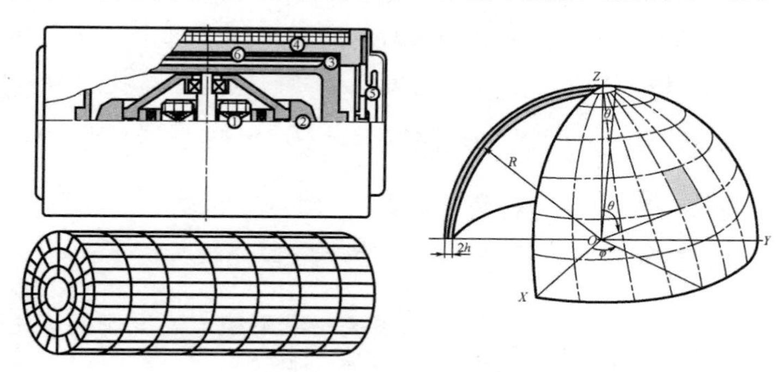


（a）刚性分法

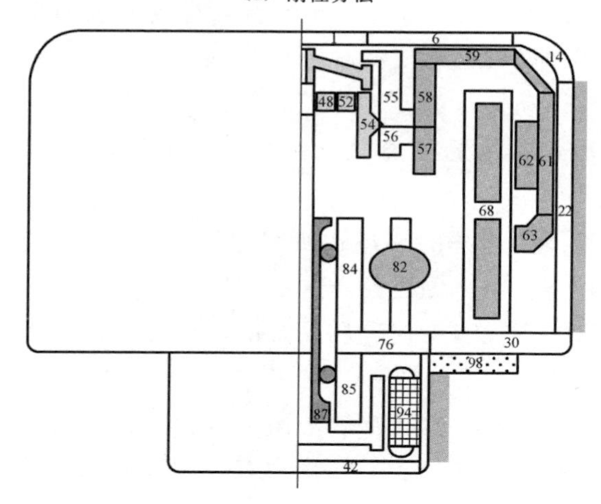


（b）按零件分法

图1-4 分单位体积方案

1）当仪表或元件接近给定图形（液浮陀螺、半球谐振器、电路板等）时，为刚性类型，图 1-4（a）为这种类型的例子。

2）如果把某些零部件作为单元体积（动力调谐陀螺、加速度计等），称为零件类型，图 1-4（b）为这种类型的例子。

3）当同时使用两种单元体积分法时（微机械加速度计、光纤陀螺等），叫做混合类型。下面我们将讨论混合类型。

总之，我们建立并用程序软件实现的关系式、公式和式（1-7）～式（1-49）构成了航空航天传感器、仪表、系统、电子部件和装置热过程数学模型的基础，能够在给定计算点数量的情况下，计算和分析这些装置的三维不均匀、不稳定的温度场。

## 1.2 考虑其结构零件相对运动的动态特性时，惯性传感器、陀螺仪表、惯导系统不稳定温度场的分析计算方法和直观化

1.1 节讨论的传感器、仪表和系统三维不稳定温度场的算法适用于仪表和装置的结构零件没有相互位移的状况。

但那种方法不能直接用于一般情况，即当仪表和系统工作过程中某些结构零件随时间相对其他零件移动的情况。这时，热传播和热传递对机械运动性能的影响，产品零件工作期间相对位移对热传导过程的影响都具有重要意义。对高精度测量装置这一情况尤其重要。

已知的带活动热源的热过程研究方法[32]，是为规范形状（杆、面、圆柱体）均质物体创建的。这些方法不适合研究有相对运动零件的结构复杂的现代多元仪表和系统的热过程与机械运动过程的相互影响。

产生一个问题，能否将基础平衡法进行完善和改进，使它能解决更大范围的温度问题，包括结构中有运动部件，且运动部件又是发热源的仪表温度场的计算。

以陀螺稳定平台定位系统为例，当安装平台定位系统的载体有

角运动时，万向支承框架相对装有敏感元件的平台台体运动。

因为在框架（或壳体）上安装着热源（传感器和力矩器、稳定电机、电子部件、温控系统的执行机构等），则在平台上产生移动的“热影”。这会引起对陀螺的热干扰，最终引起陀螺误差。这不仅取决于电子元件的发热动力学，而且取决于一些结构零件相对其他结构零件的机械运动。

因此，当系统结构零件具有有限（宏观）相对运动时，热源和热屏蔽可能对系统温度的分布产生影响。

另一方面，这种温度分布是引起敏感元件微小（微米级）运动的因素，因此也是决定系统误差的因素。为解决这类问题，研制了新的方法——热影法。

### 1.2.1　热影法的基础

这种方法的实质在于[16-17,22]，在热平衡方程中，给出热模型的部分热物理参数（比热、热源功率、导热率）根据结构零件相对机械运动的性能相互变化的规律。换句话说，热模型部分计算点（单位体积）热物理性能随时间的变化是相互关联的，好像在跟踪运动着的结构零件的热影（见图1-5）。

从数学的观点看，这种方法是建立在用某种方式解与系统相关的机械运动方程和热状态方程基础上的。

将有分布参数的原始对象（传感器、仪表、装置）理想化成一个参数集中的区域，它由数量有限的几个相互关联的分区组成。每一个分区都有自己的热物理性能和能量连结方式。

对象结构零件的相对机械运动及其热状态可用矩阵描述

$$\dot{\boldsymbol{X}} = \boldsymbol{A}(\boldsymbol{T})\boldsymbol{F}(\boldsymbol{X}) + \boldsymbol{B}(\boldsymbol{X},\boldsymbol{T}) \tag{1-50}$$

$$\dot{\boldsymbol{T}} = \boldsymbol{G}(\boldsymbol{X})\boldsymbol{T} + \boldsymbol{D}(\boldsymbol{T},\boldsymbol{T}_c,\boldsymbol{X}) \tag{1-51}$$

式中　$\boldsymbol{X}$——对象的机械状态矢量；

$\boldsymbol{T},\boldsymbol{T}_c$——对象和周围介质的热状态矢量；

$\boldsymbol{A}(\boldsymbol{T})$——对象的惯性、散逸性、弹性和其他性能矩阵；

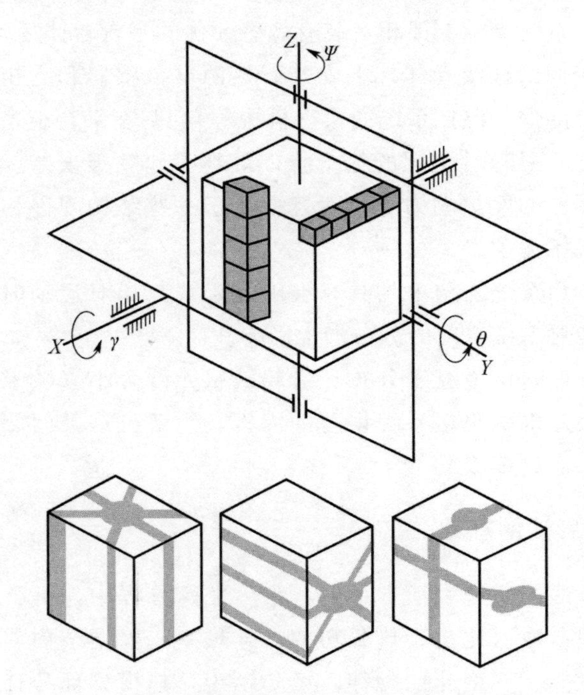


(a) 万向支架中的平台和从框件到平台的热影

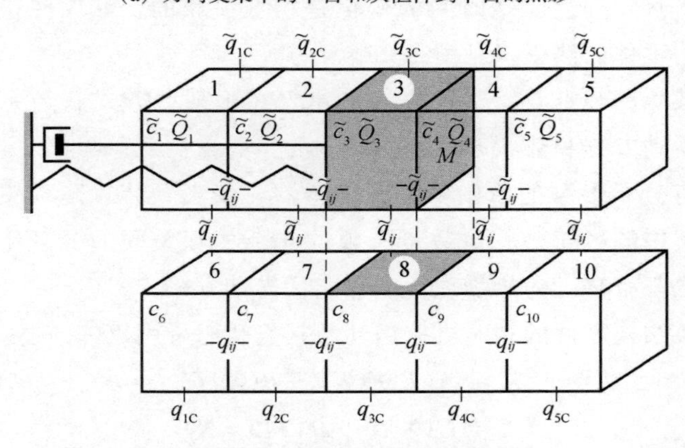


（b）运动零件M沿基座移动时平台的热模型

图 1-5　考虑仪表相对运动动力学，研究仪表热过程和热误差的热影法

$\boldsymbol{G}(\boldsymbol{X})$ ——对象零件的热物理性能矩阵；

$\boldsymbol{B}(\boldsymbol{X},\boldsymbol{T}),\boldsymbol{D}(\boldsymbol{T},\boldsymbol{T}_c,\boldsymbol{X})$ ——分别为机械和热状态的输入控制矢量和干扰矢量。

式（1-50）和式（1-51）的特点是，机械分系统和热分系统通过矩阵 $\boldsymbol{A},\boldsymbol{G}$ 和输入作用 $\boldsymbol{B},\boldsymbol{D}$ 相联系。

在这种情况下，矩阵 $\boldsymbol{A}$ 中的部分（或全部）机械状态系数与温度有关，而矩阵 $\boldsymbol{G}$ 中的部分热物理参数与结构零件移动的坐标有关。而且这些参数的变化是根据结构零件相对运动的性质相互制约的。在这种相互制约的参数变化中，结构的运动部分仿佛相互叠加了热影，所以起了"热影法"这个名称。

假设，系统中仅有传导热交换，而且没有重力。

为说明这种方法的用途和更直观地分析其结果，请看式（1-50）和式（1-51）的具体应用实例。在最简单的情况下，系统由两个不动的单位体积和一个相对它们进行相对运动的体积组成（图 1-6）。

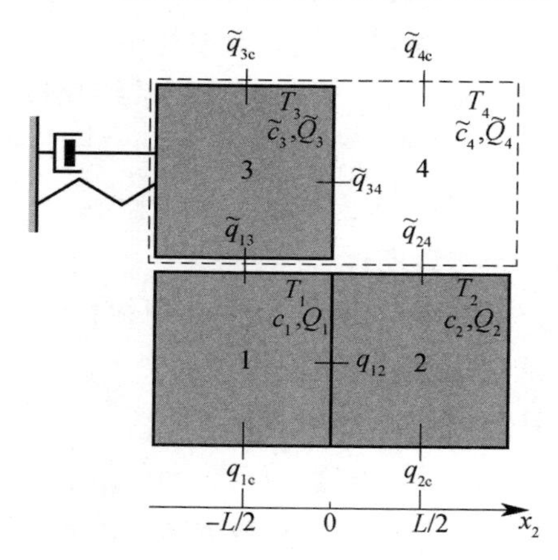


图 1-6　运动零件沿底座移动的简化热模型

不动的体积占据编号为 1 和 2 的区域。活动的体积占据用虚线表示的、编号为 3 和 4 的区域（见图 1-6）。

这些区域有自己的热物理参数（热容量、热源）和传热方式

（传导），其中一部分热物理参数和传热方式与运动体积的位置无关，但另一部分与运动体积的位置有关。

对于对象的机械分系统，设方程（1-50）中 $\boldsymbol{F}(\boldsymbol{X})=\boldsymbol{X}$，则有下列描述活动单位体积在 3 和 4 区域运动的振子微分方程

$$\dot{\boldsymbol{X}}=\boldsymbol{A}(\boldsymbol{T})\boldsymbol{X}+\boldsymbol{B} \tag{1-52}$$

$$\begin{cases}\boldsymbol{X}=\{x_1,x_2\}\\ \dot{\boldsymbol{X}}=\{\dot{x}_1,\dot{x}_2\}\end{cases} \tag{1-53}$$

$$\boldsymbol{A}(\boldsymbol{T})=\begin{Bmatrix}-2n(\boldsymbol{T}) & -\omega^2(\boldsymbol{T})\\ 1 & 0\end{Bmatrix} \tag{1-54}$$

$$\boldsymbol{B}(\boldsymbol{X},\boldsymbol{T})=\{f(t),0\} \tag{1-55}$$

$$\begin{cases}n(\boldsymbol{T})=n_0(1-\eta\Delta\boldsymbol{T}+\cdots)\\ \omega^2(\boldsymbol{T})=\omega_0^2(1-\varepsilon\Delta\boldsymbol{T}+\cdots)\end{cases} \tag{1-56}$$

$$\begin{cases}\Delta\boldsymbol{T}=\boldsymbol{\Psi}(T_c)-T_{HOM}\\ T_c=T_{c0}+T_{cc}\sin\omega_c t\end{cases} \tag{1-57}$$

式中 $x_2$，$x_1=\dot{x}_2$ ——活动体积的坐标和速度；

$n(\boldsymbol{T})$，$\omega^2(\boldsymbol{T})$，$\eta,\varepsilon$ ——表征机械分系统耗散性和弹性的与温度有关的项和参数；

$n_0$，$\omega_0$ ——额定值；

$T_c$ ——周围介质温度；

$T_{c0}$，$T_{cc}$ ——周围介质温度 $T_c$ 变化规律特性；

$T_{HOM}$ ——额定温度；

$\omega_c$ ——周围介质温度 $T_c$ 变化频率；

$\boldsymbol{\Psi}(T_c)$ ——表示对象温度与周围介质温度关系的函数。

对于热分系统，由式（1-51）得下列热平衡微分方程

$$\dot{\boldsymbol{T}}=\boldsymbol{G}(\boldsymbol{X})\boldsymbol{T}+\boldsymbol{D} \tag{1-58}$$

$$\boldsymbol{T}=\{T_1,T_2,T_3,T_4\},\quad \dot{\boldsymbol{T}}=\{\dot{T}_1,\dot{T}_2,\dot{T}_3,\dot{T}_4\} \tag{1-59}$$

$$
\boldsymbol{G}=\begin{Bmatrix}
-\dfrac{q_{12}+\tilde{q}_{13}+q_{1c}}{c_1} & \dfrac{q_{12}}{c_1} & \dfrac{\tilde{q}_{13}}{c_1} & 0 \\
\dfrac{q_{12}}{c_2} & -\dfrac{q_{12}+\tilde{q}_{24}+q_{2c}}{c_2} & 0 & \dfrac{\tilde{q}_{24}}{c_2} \\
\dfrac{\tilde{q}_{13}}{\tilde{c}_3} & 0 & -\dfrac{\tilde{q}_{13}+\tilde{q}_{34}+\tilde{q}_{3c}}{\tilde{c}_3} & \dfrac{\tilde{q}_{34}}{\tilde{c}_3} \\
0 & \dfrac{\tilde{q}_{24}}{\tilde{c}_4} & \dfrac{\tilde{q}_{34}}{\tilde{c}_4} & -\dfrac{\tilde{q}_{24}+\tilde{q}_{34}+\tilde{q}_{4c}}{\tilde{c}_4}
\end{Bmatrix} \tag{1-60}
$$

$$
\boldsymbol{D}=\left\{\frac{q_{1c}T_c+Q_1}{c_1},\frac{q_{2c}T_c+Q_2}{c_2},\frac{\tilde{q}_{3c}T_c+\tilde{Q}_3}{\tilde{c}_3},\frac{\tilde{q}_{4c}T_c+\tilde{Q}_4}{\tilde{c}_4}\right\} \tag{1-61}
$$

式中　$T_i$ ——单位体积的温度；

$q_{ij}$，$\tilde{q}_{ij}$ ——体积之间的热传导系数；

$q_{ic}$，$\tilde{q}_{ic}$ ——体积与周围介质之间的热传导系数；

$c_i$，$\tilde{c}_i$ ——比热；

$Q_i$，$\tilde{Q}_i$ ——体积中的热源。

符号“$\tilde{c}_i$”表示热物理参数与运动零件的相对位置有关。

假设，单位体积的热物理性能和热传导系数 $\tilde{c}_3$，$\tilde{Q}_3$，$\tilde{q}_{3c}$，$\tilde{q}_{13}$ 和 $\tilde{c}_4$，$\tilde{Q}_4$，$\tilde{q}_{4c}$，$\tilde{q}_{24}$ 与运动着的结构零件质心的坐标 $x_2$ 成线性关系。比如，单位体积（区域）的有效比热与进入这个区域的那部分结构运动零件的体积成正比。热传导系数 $\tilde{q}_{34}$ 除外，它与坐标 $x_2$ 是平方关系。当结构的运动零件从一个区域向另一个区域过渡时，与其他参数比较，这个参数的变化频次加倍。

对于我们讨论的情况，对象的热物理性能与结构运动零件机械状态空间变化的关系取下列形式

$$
\begin{cases}
\tilde{f}_i=\dfrac{f_{\max}-f_{\min}}{L}x_2(t)+\dfrac{f_{\max}+f_{\min}}{2} \\
\tilde{q}_{34}=\dfrac{4}{L^2}(q_{\min}-q_{\max})x_2^2(t)+q_{\max}
\end{cases} \tag{1-62}
$$

式中　$i=3$，4；

函数 $\tilde{f}_3$ ——对应参数 $\tilde{c}_3$，$\tilde{Q}_3$，$\tilde{q}_{3c}$，$\tilde{q}_{13}$；

函数 $\tilde{f}_4$ ——对应参数 $\tilde{c}_4, \tilde{Q}_4, \tilde{q}_{4c}, \tilde{q}_{24}$；

$f_{min}, q_{min}, f_{max}, q_{max}$ ——参数的最小值和最大值；

$L$ ——运动零件运动区域的限定距离。

示例。如果结构运动零件运动的具体规律是给定的：$x_2(t) = -0.5L\cos t$，则根据微分方程（1－52），热物理性能和热传导相互制约的变化规律取下列形式

$$\begin{cases} \tilde{f}_3 = 0.5(f_{max} - f_{min})\cos t + 0.5(f_{max} + f_{min}) \\ \tilde{f}_4 = 0.5(f_{min} - f_{max})\cos t + 0.5(f_{max} + f_{min}) \\ \tilde{q}_{34} = 0.5(q_{min} - q_{max})\cos 2t + 0.5(q_{max} + q_{min}) \end{cases} \tag{1-63}$$

热物理性能和热连接相互关联的周期变化如图 1－7 所示。

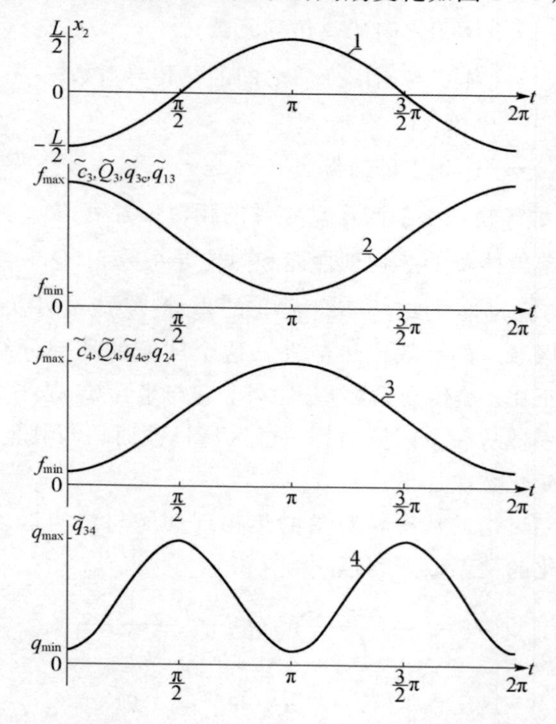


图 1－7　结构零件运动时，热物理性能和热连结相互关联变化的周期图

1—给定运动规律 $x_2(t) = -0.5L\cos t$；2，3，4—热物理性能和热连接的变化

式（1－52）～式（1－62）组成了研究热过程和机械过程相互影响的数学模型，这些关系式是相互关联的。数学模型的阶次（$R_x = 2, R_{\mathrm{T}} = 4$），对象结构中有运动部件。

复杂装置中热过程和机械运动相互影响的重要研究任务，是关于仪表中和仪表在周围介质不均匀温度场中运动的热源。

当 $\boldsymbol{A}(\boldsymbol{T}) = \boldsymbol{A}_0$ , $\boldsymbol{G}(\boldsymbol{X}) = \boldsymbol{G}_0$ , $\boldsymbol{D}(\boldsymbol{T}, \boldsymbol{T}_{\mathrm{c}}, \boldsymbol{X}) = \widetilde{\boldsymbol{D}}(\boldsymbol{T}_{\mathrm{c}}, \boldsymbol{X})$ , $\boldsymbol{B}(\boldsymbol{X}, \boldsymbol{T}) = \widetilde{\boldsymbol{B}}(\boldsymbol{X})$ 时，式（1－50）和式（1－51）具有下列形式

$$\dot{\boldsymbol{X}} = \boldsymbol{A}_0 \boldsymbol{F}(\boldsymbol{X}) + \widetilde{\boldsymbol{B}}(\boldsymbol{X}) \tag{1-64}$$

$$\dot{\boldsymbol{T}} = \boldsymbol{G}_0 \boldsymbol{T} + \widetilde{\boldsymbol{D}}(\boldsymbol{T}_{\mathrm{c}}, \boldsymbol{X}) \tag{1-65}$$

通常，机械分系统和热分系统的因次取决于对象的结构复杂程度，要求温度场和运动参数的计算精度，以及计算机术的可能性。

对于实际传感器、仪表和系统，机械分系统的阶次为 $2 \leqslant R_x \leqslant 20$ ；热分系统的阶次通常为 $1 \leqslant R_{\mathrm{T}} \leqslant 1\ 000$。

下面，将通过模型的实验任务，分析这种方法的可用性，并进行所建数学模型相符程度的定性分析。

### 1.2.2　用热影法研究被温度干扰的振子

研究了在静基座上扫描的振子的热过程（热分系统因次 $R_{\mathrm{T}} = 10$）与自由和受迫机械运动过程（机械分系统因次 $R_x = 2$ ）的相互影响，作为模型的实验任务（见图 1－5）。

机械运动和热状态相互关联的式（1－50）和式（1－51）（或它的特殊情况），用龙格－库塔算法和研制的专用程序软件进行数字积分。

在分析运动零件（热源）的自由机械振动对结构静止零件热过程的影响时，对相互关联的微分方程组和式（1－52）～式（1－58）进行了数字积分。数字积分时采用了下列初始数据：没有阻尼 $n_0 = 0$；周围介质温度为常值，等于额定温度；运动零件上的热源功率为常值；初始时刻振动热源偏离平衡位置的距离 $x_0 = 0.4L$ ；自由振荡频率在给定范围 $\omega = \omega_0 = 0 \sim 0.06\ \mathrm{s}^{-1}$内变化。

研究结果表明，当热源在结构静止零件上方以频率 $\omega=\omega_0$ 扫描时，而且耗散性和弹性与温度无关的条件下，运动零件（功率为 $Q_0$ 的热源）自由振动对结构中静止零件热过程的影响如图 1-8 和图 1-9所示。

图 1-8 给出了运动零件的运动规律曲线和静止结构零件所有单位体积温度与时间的关系曲线。图中的每一条曲线，是这个或者那个参数（运动零件的运动规律和单位体积的温度）与时间的关系曲线。

图 1-8（a）表示，热源静止不动（$\omega_0=0$），位于结构静止零件上方的最右边。可以看出，系统的热时间常数为 600 s。图 1-8（b）表示，热源在静止结构零件的上方以频率 $\omega_0=0.01\ s^{-1}$ 沿全长扫描（振动周期 $\tau=\dfrac{2\pi}{\omega_0}$ 与系统的热时间常数可比）。图 1-8（c）表示，热源在静止结构零件的上方以频率 $\omega_0=0.06\ s^{-1}$ 沿全长扫描（振动周期远远小于系统的热时间常数）。

图 1-9　给出了自由振动频率 $\omega_0$ 不同值时，作为结构静止零件空间坐标和时间函数的温度场。这里的每一条曲线（摆线）对应固定的时间，摆线分布密实的区域对应运动热源扫描过程中温度的重复稳定值。

当结构零件的耗散性和弹性与温度无关时，当热源在静止结构零件上方以频率 $\omega=\omega_0$ 扫描时，运动零件（功率为 $Q_0$ 的热源）自由振动对静止结构零件中热过程的影响的数学仿真证明下列几点。

当振动时间周期 $\tau=\dfrac{2\pi}{\omega}$ 大于或者与对象的热时间常数可比时，热过渡过程曲线“跟踪”运动热源的运动。

当运动零件的机械振动周期减小时（与对象的热时间常数相比），温降值减小，绝对温度降低。这种现象说明，对象加温的惯性很大。还说明，当结构零件（热源）运动时，流向周围介质的积分热流 $q_c(T-T_c)$ 大于热源不运动时的热流。

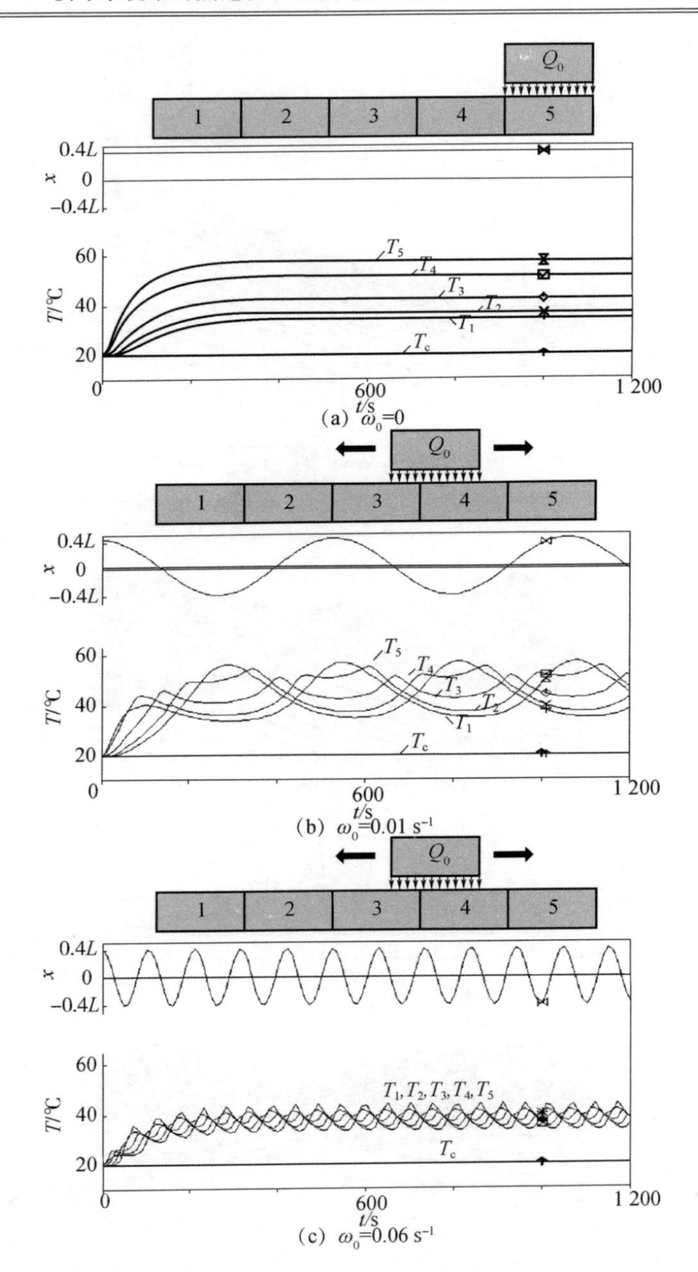

(a) $\omega_0=0$

(b) $\omega_0=0.01\ s^{-1}$

(c) $\omega_0=0.06\ s^{-1}$

图 1-8　运动热源的自由振动频率对静止结构零件热过程的影响

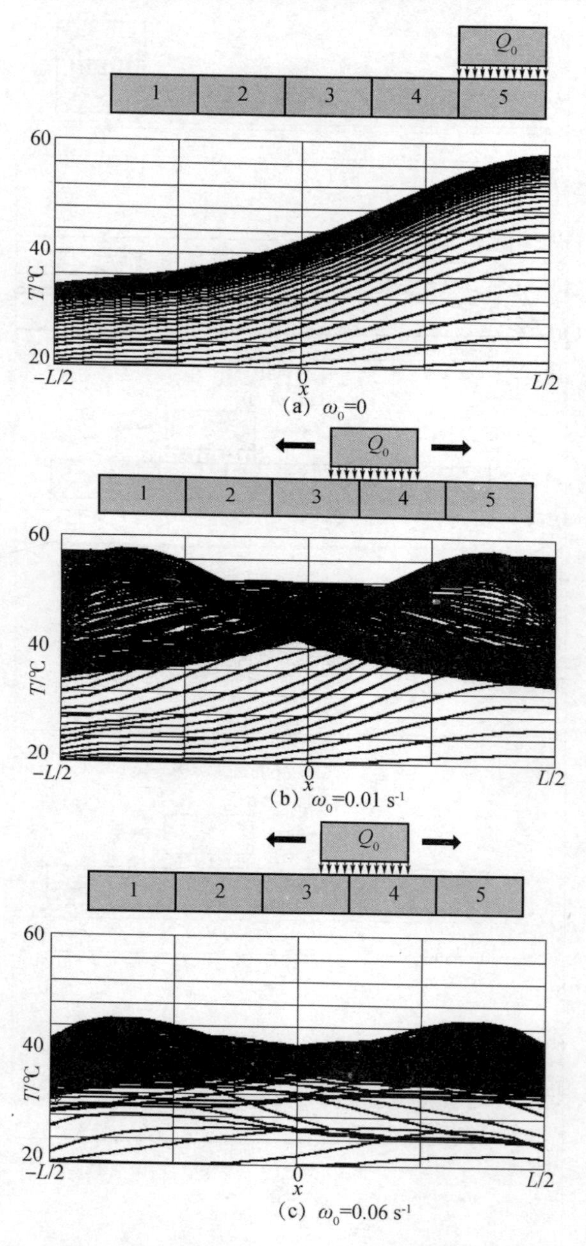

(a) $\omega_0=0$


(b) $\omega_0=0.01\ \mathrm{s}^{-1}$


(c) $\omega_0=0.06\ \mathrm{s}^{-1}$

图 1-9 运动热源的自由振动频率对静止结构零件温度场的影响

为了研究热过程对振子自由振荡的相反影响，对相互关联的微分方程组和式（1－52）～式（1－58）进行了数字积分。数字积分时采用的原始数据如下：没有阻尼 $n_0=0$；介质温度按谐波规律变化，其中 $T_{c0}=T_{HOM}$（额定温度），幅值为 $T_{cc}$，频率为 $\omega_c$；运动零件上无热源 $Q_0=0$；考虑式（1－56），振子弹性与温度的关系 $\varepsilon \neq 0$。

所进行的数学仿真证明，模型能够反映系统的行为、质量和特点。例如，在自由机械振动频率和周围介质温度变化频率一定的组合下（$\omega_0/\omega_c=0.5$），可以出现参数谐振。在这种情况下，振子方程就是霍耳方程［或者，如果 $\omega(T)$ 为周期函数，霍耳方程的特殊情况，就是马蒂厄方程］。

考虑关系式 $\omega=\omega(T)$，进行运动部件运动的数学仿真，可以查明参数谐振频率 $\omega_0/\omega_c=0.5$ 和 $\omega_0/\omega_c=1$ 的不稳定区域。这与霍耳方程和马蒂厄方程的研究结果[3]完全相符。在此必须指出，在我们研究的实际仪表和系统中，振动频率与温度关系 $\omega=\omega(T)$ 很小，$\varepsilon \approx 10^{-5} \ll 1$，因此，在我们研究的系统中实际上不会发生“温度”参数谐振。

如果接通一定功率的运动热源，在参数谐振频率上仿真过渡过程，则过渡过程变得稳定。这说明，接通的热源能升高温度，彷佛减小了系统的视在“刚度”，进而减小了自由振动频率 $\omega_0$（改变了 $\omega_0/\omega_c$），最终使工作点跑出了参数谐振区。

因此，接通和断开运动部件上的热源，可以改变机械分系统与温度有关的固有性能，从而控制机械过度过程。

用热影法研究振子中的热过程与受迫机械振动的相互影响有特别的意义。

下面，针对图 1－6 所示阶次 $R_x=2$，$R_T=4$ 的相互关联的分系统的数学模型进行解析研究。

在机械分系统，将考虑它的耗散性与温度的关系（$\eta \neq 0$），具有周期变化的强制力，具有与静止体积之间温降成正比的可控温度作用。在热分系统，将考虑具有功率为常值的运动热源。

还假设，$\Psi(T_c) = T_c$；从静止单位体积向周围介质的散热相同 $q_{c1} = q_{c2} = q_c$；周围介质温度按式（1-57）所示的谐波规律变化，$T_{c0} = T_{HOM}$，幅值为 $T_{cc}$ 频率为 $\omega_c$；振子弹性与温度的关系可忽略不计（$\varepsilon = 0$）。

因此，主要的机械作用是周期变化的强制力，而主要的热作用则是成谐波变化的周围介质温度。这时，从方程组和式（1-52）～式（1-61）以及图1-6，得到下列互相关联的机械运动和热状态方程组。

振子运动方程

$$\ddot{x} + 2n_0(1 - \eta T_{cc}\sin\omega_c t)\dot{x} + \omega_0^2 x = F_0\sin(\nu t + \delta) + \gamma(T_1 - T_2) \tag{1-66}$$

不动体积的热平衡方程

$$c\dot{T}_1 + q(T_1 - T_2) + q_c(T_1 - T_{c0} - T_{cc}\sin\omega_c t) = -\frac{Q_0}{L}x + \frac{Q_0}{2} \tag{1-67}$$

$$c\dot{T}_2 + q(T_2 - T_1) + q_c(T_2 - T_{c0} - T_{cc}\sin\omega_c t) = \frac{Q_0}{L}x + \frac{Q_0}{2} \tag{1-68}$$

式中 $x(t)$ ——有热源的运动体积的坐标；

$T_1, T_2$ ——不动单位体积的温度；

$q$ ——不动体积之间的热传导系数；

$q_c$ ——周围介质的热传导系数；

$c$ ——单位体积的比热；

$n_0, \omega_0$ ——额定阻尼自振频率；

$T_{c0}, T_{cc}$ ——周围介质温度变化规律特性；

$\omega_c$ ——周围介质温度变化频率；

$F_0, \nu, \delta$ ——强制力的幅值、频率和相位；

$Q_0$ ——热源功率；

$\gamma$ ——温度作用控制系数；

$\eta$ ——反映机械分系统耗散性与温度关系的参数。

从式（1－67）中减去式（1－68），得温降 $\Delta T = T_1 - T_2$ 的方程

$$\Delta\dot{T} + \lambda\Delta T = -\frac{2Q_0}{Lc}x \tag{1-69}$$

其中 $$\lambda = (2q + q_c)/c$$

用常变分法解方程（1－69），将得到的解代入方程（1－66），则有受温度干扰的振子的微积分方程

$$\ddot{x} + 2n_0(1 - \eta T_{cc}\sin\omega_c t)\dot{x} + \omega_0^2 x = F_0\sin(\nu t + \delta) - \gamma\frac{2Q_0}{Lc}e^{-\lambda t}\int_0^t x e^{\lambda t}\,dt \tag{1-70}$$

设温度作用参数 $\mu = \eta T_{cc}$ 是小量，根据小参数法，将描述振子振动的解按该参数的阶次 $x = x_0 + \mu x_1$ 变成展开式。

考虑一阶小量，从方程（1－70）得 $x_0, x_1$ 的零次和一次近似微分方程

$$\mu^0: \ddot{x}_0 + 2n_0\dot{x}_0 + \omega_0^2 x_0 = F_0\sin(\nu t + \delta) - \gamma\frac{2Q_0}{Lc}e^{-\lambda t}\int_0^t x_0 e^{\lambda t}\,dt \tag{1-71}$$

$$\mu^1: \ddot{x}_1 + 2n_0\dot{x}_1 + \omega_0^2 x_1 - (2n_0\sin\omega_c t)\dot{x}_0 = -\gamma\frac{2Q_0}{Lc}e^{-\lambda t}\int_0^t x_1 e^{\lambda t}\,dt \tag{1-72}$$

现在讨论零次近似方程（1－71）的解。

将方程（1－71）乘以 $e^{\lambda t}$，接下来对它进行时间的微分，经变换后得

$$\dddot{x}_0 + a_2\ddot{x}_0 + a_1\dot{x}_0 + a_0 x_0 = A\cos\nu t + D\sin\nu t \tag{1-73}$$

其中

$$a_0 = \omega_0^2\lambda + \gamma\frac{2Q_0}{Lc}$$

$$a_1 = 2n_0\lambda + \omega_0^2$$

$$a_2 = 2n_0 + \lambda$$

$$A = F_0(\nu\cos\delta + \lambda\sin\delta)$$

$$D = F_0(\lambda\cos\delta - \nu\sin\delta)$$

微分方程（1-73）的通解是稳定的，因为三阶方程稳定性条件成立，$a_0 > 0$，$a_1 > 0$，$a_2 > 0$，$a_1 a_2 - a_0 > 0$。

因此，在零次近似中决定振子强迫振动的方程（1-73）的特殊解为

$$x_0 = E_1 \cos\nu t + E_2 \sin\nu t \tag{1-74}$$

其中

$$E_1 = \frac{A(a_0 - a_2\nu^2) - D(a_1\nu - \nu^3)}{(a_0 - a_2\nu^2)^2 + (a_1\nu - \nu^3)^2}$$

$$E_2 = \frac{D(a_0 - a_2\nu^2) + A(a_1\nu - \nu^3)}{(a_0 - a_2\nu^2)^2 + (a_1\nu - \nu^3)^2}$$

考虑得到的零次近似解（1-74），研究一次近似方程（1-72）的解。

将方程（1-72）乘以 $e^{\lambda t}$，接着对它进行时间的微分，变换后得

$$\dddot{x}_1 + a_2\ddot{x}_1 + a_1\dot{x}_1 + a_0 x_1 = 2n_0\dot{x}_0(\lambda\sin\omega_c t + \omega_c\cos\omega_c t) + 2n_0\ddot{x}_0\sin\omega_c t \tag{1-75}$$

或者，考虑近似解（1-74），方程（1-75）变成下面的形式

$$\begin{aligned}&\dddot{x}_1 + a_2\ddot{x}_1 + a_1\dot{x}_1 + a_0 x_1 = 2n_0\nu(E_2\cos\nu t - E_1\sin\nu t)\cdot \\ &(\lambda\sin\omega_c t + \omega_c\cos\omega_c t) - 2n_0\nu^2(E_1\cos\nu t + E_2\sin\nu t)\sin\omega_c t\end{aligned} \tag{1-76}$$

齐次方程（1-76）的通解是稳定的，但根据方程（1-76）右边的形式，它的特殊解具有频率不同的复杂的振动性能。

下面研究振子受到温度干扰时方程的特殊解，即当机械强制力谐波变化的频率与周围介质温度谐波变化的频率重合时（$\nu = \omega_c$）方程的特殊解。在实践中，这是一种非常重要的特殊情况。这种情况叫做热谐振。

当热谐振条件 $\nu = \omega_c$ 成立时，方程（1-76）具有下列形式

$$\dddot{x}_1 + a_2\ddot{x}_1 + a_1\dot{x}_1 + a_0 x_1 = R_1\sin 2\nu t + R_2\cos 2\nu t + R_0 \tag{1-77}$$

其中

$$R_1 = n_0\nu(E_2\lambda - 2E_1\nu)$$

$$R_2 = n_0\nu(E_1\lambda - 2E_2\nu)$$

$$R_0 = -n_0 E_1\nu\lambda$$

由振子的强制振动决定的方程（1-77）的特殊解具有如下形式

$$x_1 = S_1 \sin 2\nu t + S_2 \cos 2\nu t + S_0 \tag{1-78}$$

其中

$$S_1 = \frac{R_1(a_0 - 4a_2\nu^2) - R_2(8\nu^3 - 2a_1\nu)}{(a_0 - 4a_2\nu^2)^2 + (2a_1\nu - 8\nu^3)^2}$$

$$S_2 = \frac{R_2(a_0 - 4a_2\nu^2) + R_1(8\nu^3 - 2a_1\nu)}{(a_0 - 4a_2\nu^2)^2 + (2a_1\nu - 8\nu^3)^2}$$

$$S_0 = -\frac{E_1 n_0 \lambda\nu}{\omega_0^2\lambda + \gamma\dfrac{2Q_0}{Lc}}$$

因此，在 $\nu = \omega_c$ 时的热谐振状态，被温度干扰的振子的强迫振动由下式决定

$$x = x_0 + \mu x_1 = E_1 \cos\nu t + E_2 \sin\nu t + \mu(S_1 \sin 2\nu t + S_2 \cos 2\nu t + S_0) \tag{1-79}$$

可以看出，在热谐振情况下，被温度干扰的振子的受迫振动，由振动频率为 $\nu$ 的强制力的主振动和振动频率为 $2\nu$ 的附加振动叠加而成。附加振动是由参数为 $\mu = \eta T_{cc}$ 的周期性温度作用决定的。

还有一点要指出，当强制力的频率与周围介质温度变化的频率重合时，即当 $\nu = \omega_c$ 时，方程（1－79）的特殊解里出现常值项 $\mu S_0$ 。

因此，当 $\nu$ 与 $\omega_c$ 重合时，在耗散性与温度有关的仪表中，因为出现常值“机械”项 $\langle x \rangle$ 而产生误差。

请看决定“机械”误差项 $\langle x \rangle$ 的常值项 $S_0$ 的构造。

考虑式（1－73）和式（1－74）中引入的标记，有

$$S_0 = \frac{F_0 n_0 \lambda\nu^2\left[2n_0(\lambda^2 + \nu^2) - \gamma\dfrac{2Q_0}{Lc}\right]\left(\omega_0^2\lambda + \gamma\dfrac{2Q_0}{Lc}\right)^{-1}}{\nu^2(\nu^2 - \omega_0^2 - 2n_0\lambda)^2 + \left[\lambda(\omega_0^2 - \nu^2) - 2n_0\nu^2 + \gamma\dfrac{2Q_0}{Lc}\right]^2} \tag{1-80}$$

分析式（1－80）可知，随着固有振动频率 $\omega_0$ 的减小，常值项 $S_0$ 增大。如果在机械分系统引入温度控制作用，则可以补偿掉这个常值项。温度控制作用由方程（1－66）中的最后一项决定。

从式（1－80）可以看出，选择温度控制作用的系数 $\gamma$，使条件 $2n_0(\lambda^2+\nu^2)-\gamma\dfrac{2Q_0}{Lc}=0$ 成立，可以使 $S_0$ 最小化。

用阶次 $R_T=10$ 的热分系统更完整的数学模型进行的数值计算完全证实了解析结果的正确性。

图 1－10 和图 1－11 中给出了热源在结构固定零件上面扫描时，功率为 $Q_0$ 的运动热源的强迫振动与结构固定零件中热过程相互影响的数值研究。

在计算中，考虑了振子耗散性与温度的关系，周围介质温度和温度控制作用的周期性变化。

作用在受温度干扰的振子上的主要机械作用是成谐波变化的强制力，其振幅 $F_0$ 和频率 $\nu$ 是给定的。主要的温度作用是按谐波规律变化的周围介质温度，其振幅 $T_{cc}$ 和频率 $\omega_c$ 也是给定的。

讨论了当 $\nu=\omega_c$ 时的热谐振状态。振子的固有振动频率选成略小于强制力的频率，$\omega_0=0.8\nu=0.8\omega_c$，目的是阐明运动零件的常值偏移 $S_0$ 与所得表达式（1－80）中的完全相符。

在图 1－10（a）中，给出了运动零件运动规律曲线 $x(t)$，振子温度和阻尼系数与时间的关系曲线，以及没有温度控制作用时（$\gamma=0$）的相位图 $(x,\dot{x})$。图 1－10（b）中给出了实行温度控制作用后 $(\gamma\neq0)$ 的这些曲线。该图中的每一条曲线都是这个或者那个参数与时间的关系。

图 1－11 中展示出有温度控制作用和无温度控制作用时的温度场。温度场是不动结构零件立体坐标和时间的函数。

图中的每一条曲线（摆线）对应固定的时刻，曲线密实分布的区域对应运动热源正常扫描过程中重复稳定的温度值。

从图 1－10（a）可以看出，当热谐振时，机械过程乃是振幅和频率均为常值的谐振，谐振频率与频率 $\nu$ 重合。热过程也是频率为 $\nu$ 的谐振，模型不动基座点之间温降的常值分量为 $\Delta T$。

过程的这种性质说明，温度的变化引起机械系统耗散性能的变

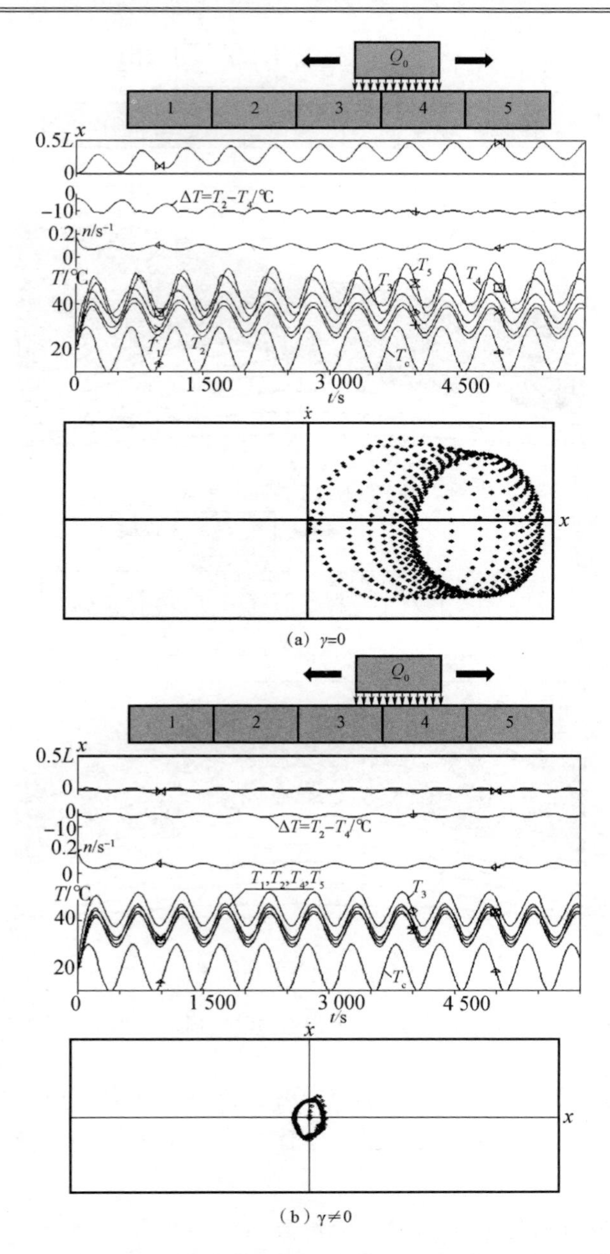


(a) γ=0



(b) γ≠0

图 1-10　运动热源的强迫振动和相位图及热谐振时固定结构零件中的热过程（续）

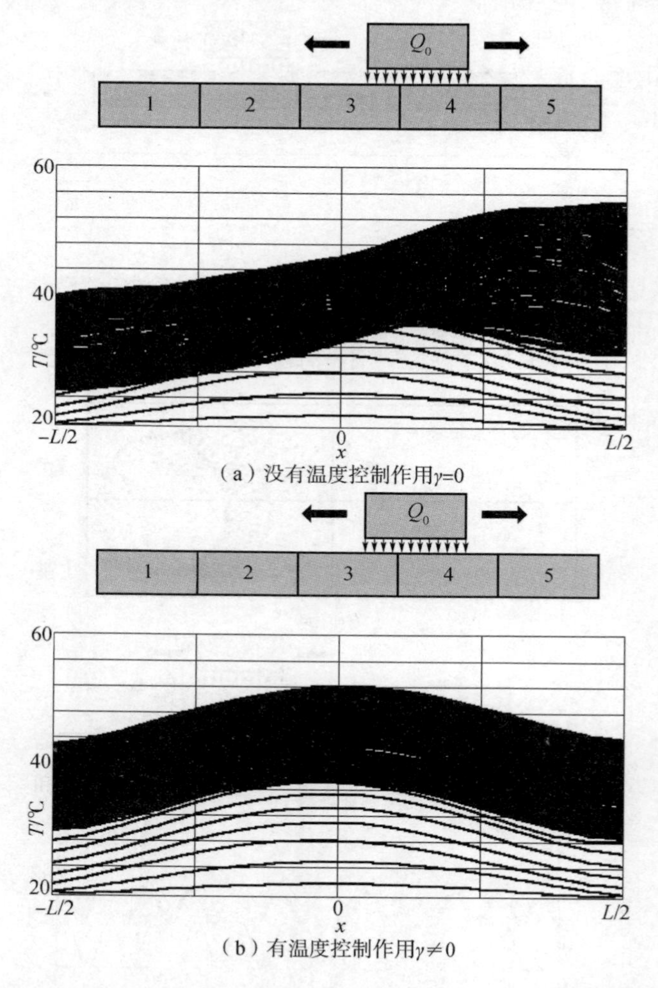


图 1 - 11　热谐振状态下运动热源强迫振动时固定结构零件的温度场 $T$

化，强制力能量相互作用和系统固有性能的不对称，引起振动零件常值偏差 $\langle x \rangle$ 出现。因为在“偏移的”运动零件中有热源，则出现温降 $\Delta T$ 。

在完成分析任务的同时，所建数学模型和我们制定的方法，还能用热分系统解决机械分系统控制的综合问题或解决相反的问题。

例如，在机械分系统（1－66）的反馈中引入与对象零件之间的温降成正比的信号 $\gamma\Delta T$，可以大大改善机械和热过渡过程的质量（振子的振幅明显减小，消除了机械和热过程中的常值项）。

总结得到的结果，应当指出，当温度与强制力的振动频率重合时，当存在对象的耗散性与温度的关系时，而且在系统的运动零件中具有发热源的情况下，仪表会有“两部分的”误差。一部分是由敏感元件的机械常值偏差决定的，另一部分是由常值温降决定的。

另一方面，热过程和机械运动过程相互关系的存在，使我们能够利用研制的理论和方法解决精密仪表机械分系统误差的最小化问题，利用热作用作为控制作用或相反。

### 1.2.3　应用“热影法”对运动热源及传感器、仪表和系统零件表面激光热加工工艺进行数学仿真

当没有必要考虑运动零件（热源）的体积－质量性能，而必须研究其热影对热源扫描表面的影响时，用我们研制的方法可以解决仪表中运动热源的子类问题。

这种类型的任务用方程组式（1－64）和式（1－65）解决。此处，描述热状态和机械状态的方程只通过控制作用 $\widetilde{D}(T_c, X)$ 相互联系。作为试验模型，在这种情况下，讨论具有有限尺寸和热物理性能的薄板（模拟仪器表面）中的运动热源。

在实行零件表面激光热加工工艺时，出现类似任务。这时，一个或几个激光束在加工表面上扫描。激光束具有一定强度和形状的热斑。

我们研制的方法可以仿真一定数量热源各种形式的运动规律，各种形式的热影以及热斑中散热强度的分布规律。

按给定规律用激光热源扫描时，零件表面不稳定温度场计算结果的直观图如图 1－12 所示。

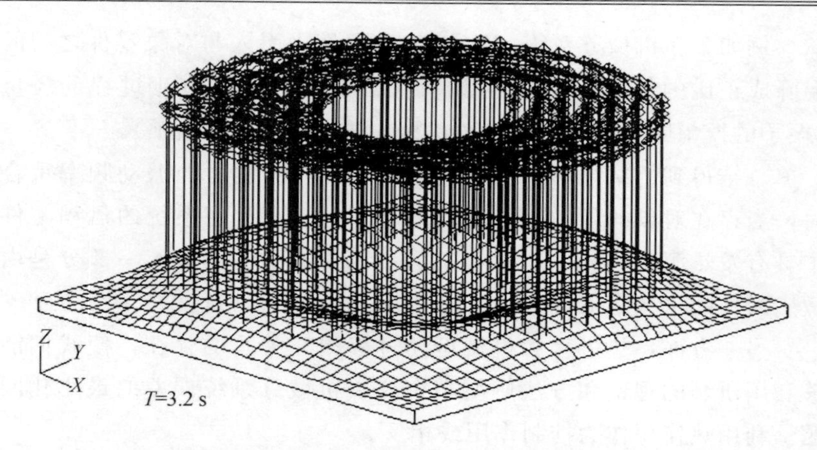


(a) 散热强度不均匀的“圆形”激光热斑运动时的温度场

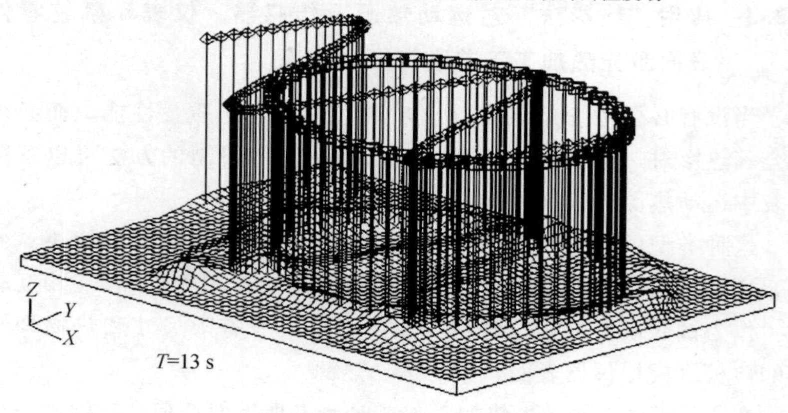


(b) 两点激光源运动时的温度场

图 1-12　表面激光热加工时，热影法用于热过程的数学仿真

所建数学模型的相符性是最重要的问题。

而解决有关运动热源的问题，可以从定性和定量两方面检查所建数学模型的相符性。

为此，将所得数字解与已知无限薄薄板温度场的解析解[32]相比较。薄板由功率一定的按给定规律运动的点热源加温。

比较结果见图 1-13 。

图 1-13 中上面的图表示扫描热源在相对坐标中的运动规律

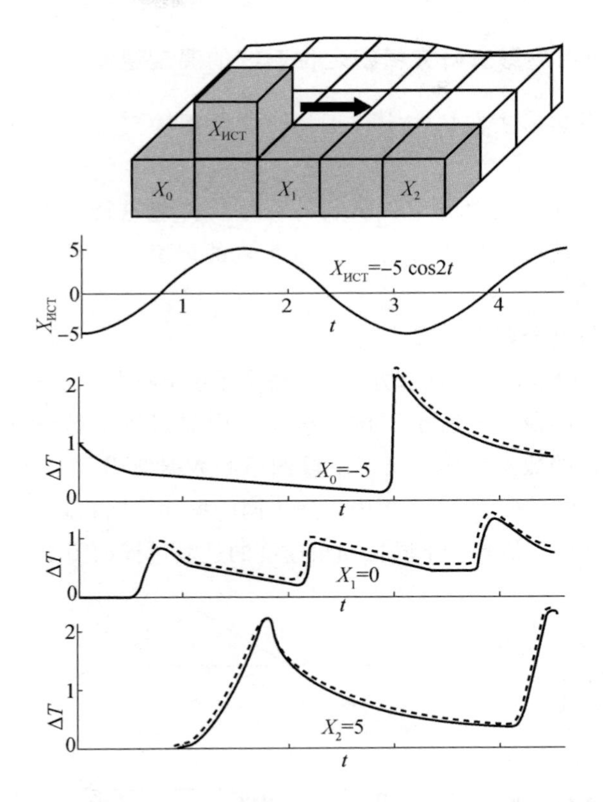


图 1-13　通过比较运动热源解析解和数字解分析热影法的相符性

$X_0$，$X_1$，$X_2$ —体积坐标；$X_{ист}$ —热源运动规律；$\Delta T$ —温降；——解析解；………数字解

$X_{ист}(t)$，下面的图是在极限点和中点随时间变化的温度值 $\Delta T(t)$。这些温度值是用热影法得到的数字解和用解析方法得到的解析解。

可以看出，数字解曲线与解析解曲线从定性的观点看是重合的。当计算点的数量为 225 时，数字解和解析解的误差散布不大于 4%，就是说，可以认为数学模型是相符的。至于解析解略小于数字解，是因为解析解是针对无限薄的板得出的，而数字解是有实际尺寸情况下得出的。

### 1.2.4 利用热影法研究精密定位系统的温度误差

现在看热影法在精密定位系统——陀螺稳定平台中的应用［见图 1 - 5 (a)］。

利用建立的数学模型和研制的程序软件包进行了万向支承框架相对机械运动对陀螺表面温度误差影响的研究。陀螺位于定位系统的平台上。

数学仿真分两个阶段进行。

在第一阶段，按算法和方法计算整个系统 700 多个计算点的温度场。

在第二阶段，进行了定位系统陀螺中热过程的数学仿真。在第一阶段获得的数据，作为第二阶段的原始数据使用。

在 $-30° \leqslant \theta \leqslant 30°$ 范围内，用不同的振动周期和倾差对外框架的均匀摆动进行了仿真。不同振动角速度的过渡过程如图 1 - 14 所示。

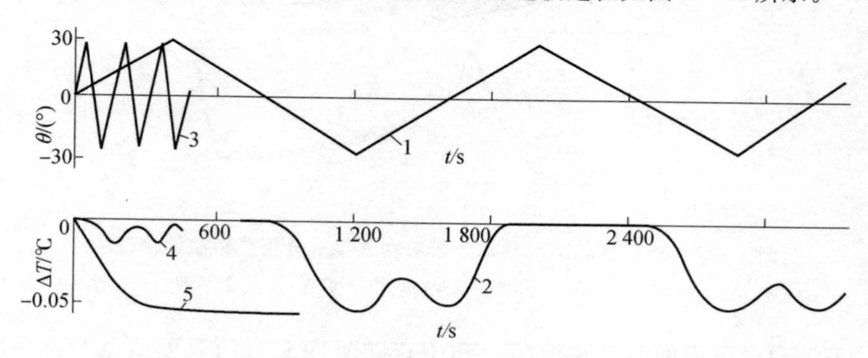


图 1 - 14　当支承框架均匀摆动时，定位系统陀螺表面的热过程

曲线 1，2—摆动周期 1 600 s；曲线 3，4—摆动周期 160 s；

曲线 5—当框架瞬时由基准位置过渡到陀螺上方位置时

可以看出，框架和平台相对位置的动态变化影响陀螺中热过程的性能。对温度曲线性能影响最大的，是摆动周期 ≥ 1 600 s 的框架摆动。这说明，系统的热时间常数与热影从平台这一零件向平台另一零件移动的时间是可比的。

在这种定位系统中，为了提高系统的精度，采用自动补偿方法[27]。自动补偿方法在于使位于平台上的陀螺作受迫旋转。

陀螺表面温降的过渡过程及陀螺表面温降与敏感元件旋转角速度的关系见图 1－15。

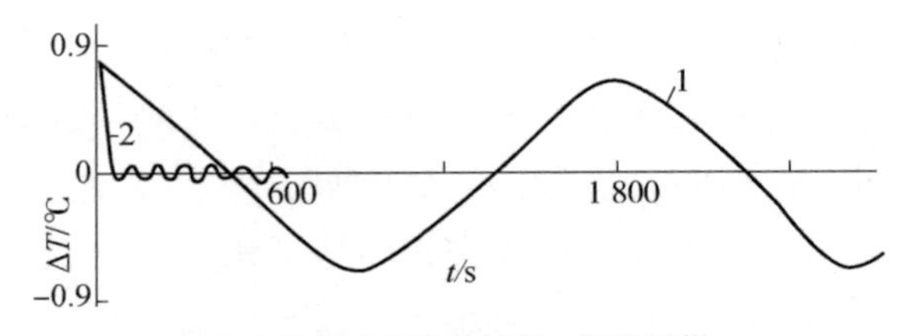


(a) 陀螺表面的热过程，无热屏蔽
曲线1—旋转频率0.2(°)/s；曲线2—旋转频率2(°)/s

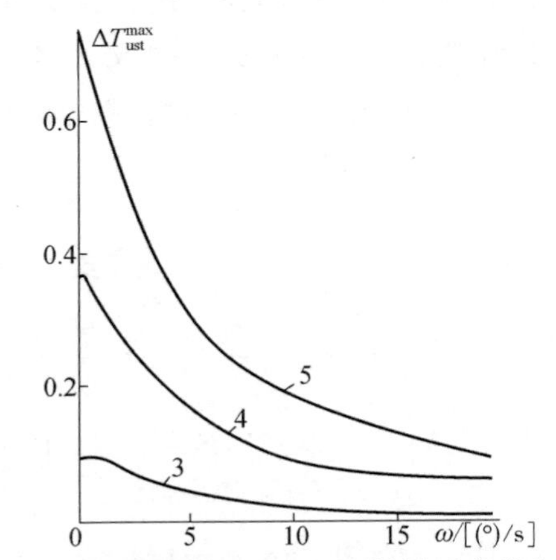


(b) 陀螺表面稳态温降与它的旋转频率的关系
3—密实屏蔽；4—有孔屏蔽；5—无屏蔽

图 1－15　定位系统陀螺自动补偿旋转对热稳定误差的影响

分析所得结果，应当指出，在敏感元件表面可能有两种温降的动态变化状态和由这两种温降状态决定的两种敏感元件误差状态。

第一种状态，当强迫旋转周期大于敏感元件的热时间常数或与其可比时（图 1－15 中的曲线 1）。

第二种状态，当强迫旋转周期明显小于敏感元件的热时间常数时（图 1－15 中的曲线 2）。

在第一种状态，敏感元件的动态热漂移同步跟踪零件相对其周围的平台和其他结构零件温度场的旋转规律。

第二种状态的特点在于，与敏感元件表面温降有关的动态温度漂移的最大值远远小于第一种状态的最大漂移量。

我们指出，敏感元件悬臂部采用密实或带孔隔热屏蔽对最大稳态温降与旋转角速度的关系影响很大（见图 1－15 的曲线 3，4，5）。

所建数学模型和用数学模型进行的计算机实验证明，相互关联的机械过程和热过程对有运动散热源和互相移动结构的平台定位系统陀螺表面温度稳定误差影响很大。

因此，我们研制的实现热影法的理论、数学模型、算法和程序软件包能够解决各种类型的、在有运动结构部件（热源或热屏蔽）的仪表和系统中进行的、与热过程和机械过程相互影响有关的问题。

## 1.3 惯性传感器、陀螺仪表、惯导系统独特的机械运动过程的数学模型和研究方法

在航空、航天和航海仪表中使用的传感器可以分为两大类：用于获得惯性信息的传感器（陀螺和加速度计）和测量其他物理量（压力、线位移、形变、力、扭矩等）的传感器。

在这些类型的传感器中，存在相互关联的现象和过程。这些现象和过程建立在力学、航空流体力学、电气机械学、弹性、热弹性、热交换、光学和其他物理定律的基础上。例如，惯性信息传感器用于获得安装它们的载体的位置和运动的数据。获得这种信息的方法完全取决于这种或那种传感器的物理作用原理。

为推导传统陀螺惯性传感器——有“古典”高速旋转转子的液浮陀螺、动力调谐陀螺、静电陀螺的机械运动微分方程，利用力学定律和原理及其推论——欧拉动态方程或者拉格朗日二型方程。

这些方程和方法也可以用于推导和研究微机械惯性传感器和固

体波动惯性传感器的微分方程，虽然这些传感器中没有高速旋转的转子，但它们的作用原理也是建立在力学定律的基础上的。

从获得载体位置和运动信息的观点看，光纤和激光惯性传感器占有特殊地位。在光纤和激光陀螺中，关于载体位置和运动的信息是通过对光学信息的转换和处理获得的。因此，在建立和研究它们的数学模型时，线性光学和非线性光学定律起着重要作用。

为了演示应用力学定律推导机械运动微分方程的过程，下面推导受周期性干扰的有一个和几个自由度的数学摆的非线性运动方程。选择复杂数学摆的方程，是因为在建立数学摆的数学模型时，其主要特点对建立和研究惯性传感器、仪表和系统的机械运动数学模型有益。

此外，数学摆的运动方程在许多情况下与陀螺和加速度计，还有航空航天技术中使用的其他仪表的运动方程相似。例如，液浮陀螺、动力调谐陀螺、固体波动陀螺、微机械陀螺和微机械加速度计，动基座上的压力传感器和其他物理量传感器。

### 1.3.1　单自由度数学摆

请看悬挂在固定点的不可伸长的无质量拉杆上的数学摆，其质量为 $m$，拉杆长度为 $\ell$（图 1－16）。

作用在数学摆上的力有干扰力

$$F_{\text{в}} = F\cos\omega t$$

式中　$F$——幅值；

$\omega$——频率；

$t$——时间。

它指向数学摆运动轨迹的切线，力的模数按谐波规律变化。

还有阻力

$$F_{\text{c}} = \gamma v$$

式中　$\gamma$——阻尼系数。

阻力的模数与数学摆的速度 $v$ 成正比。

必须利用拉格朗日二型方程把数学摆的运动方程推导出来，并把它变成标准的柯西方程。

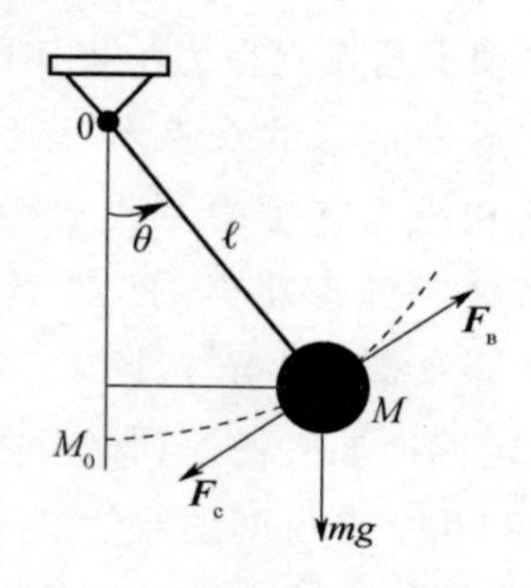


图 1-16　单自由度数学摆

解题：该系统有一个自由度。用数学摆偏离垂线的角度 $\theta$ 表示广义坐标，广义速度为 $\dot{\theta}$。

拉格朗日二型方程的形式为

$$\frac{\mathrm{d}}{\mathrm{d}t}\left(\frac{\partial E}{\partial \dot{\theta}}\right)-\frac{\partial E}{\partial \theta}=Q-\frac{\partial \Pi}{\partial \theta} \tag{1-81}$$

式中　$E$——数学摆的动能；

$Q$——广义力，包括耗散力和干扰力；

$\Pi$——数学摆在重力场的势能。

计算数学摆的动能

$$E=\frac{mv^2}{2}=\frac{m\ell^2\dot{\theta}^2}{2} \tag{1-82}$$

通过计算耗散力和干扰力在数学摆位移中作的功，求出广义力的表达式

$$Q=-F_c\ell+F_в\ell=-\gamma\ell^2\dot{\theta}+F\ell\cos\omega t \tag{1-83}$$

为了计算数学摆偏离位置的势能，求出数学摆从 $M$ 点移动到稳态平衡点 $M_0$（$\theta=0$）时重力所作的功

$$\Pi=mg\ell(1-\cos\theta) \tag{1-84}$$

将式（1-82）～式（1-84）代入式（1-81），经变换后得数学摆的非线性微分方程

$$\ddot{\theta}+\gamma_*\dot{\theta}+g_*\sin\theta=F_*\cos\omega t \tag{1-85}$$

其中 $$\gamma_* = \frac{\gamma}{m},\quad g_* = \frac{g}{\ell},\quad F_* = \frac{F}{m\ell}$$

将变量进行置换

$$\dot{\theta} = x,\quad z = \omega t \tag{1-86}$$

从式（1-85）得到写成柯西形式的普通非线性微分方程

$$\begin{cases}\dot{\theta} = x = f_1(\theta,x,z)\\ \dot{x} = -g_*\sin\theta - \gamma_* x + F_*\cos z = f_2(\theta,x,z)\\ \dot{z} = \omega = f_3(\theta,x,z)\end{cases} \tag{1-87}$$

式中　$\theta,x,z$ ——系统的相位变量；

$g_*,\gamma_*,F_*,\omega$ ——系统的参数。

### 1.3.2　双数学摆

请看具有两个自由度的双数学摆，其质量为 $m_1,m_2$ 。双数学摆悬挂在固定点不可伸长的无质量拉杆上，拉杆长度为 $\ell_1,\ell_2$（图1-17）。

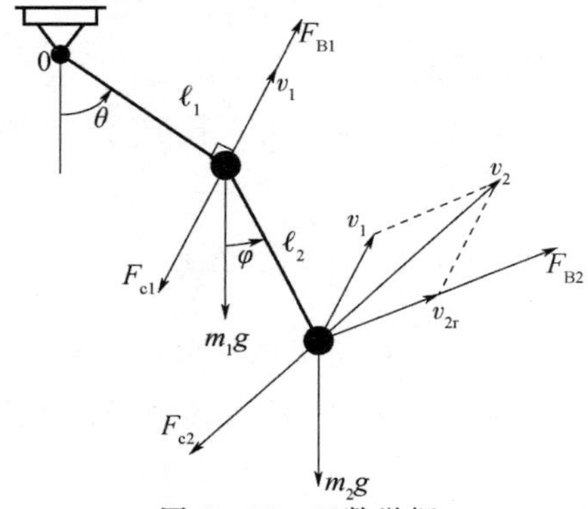

图1-17　双数学摆

数学摆的质量受到干扰力和阻力的作用。干扰力指向支承杆的垂直方向（图1-17），它们的模数按谐波规律变化

$$F_{B1} = F_1\cos\omega_1 t$$

$$F_{B2} = F_2\cos\omega_2 t$$

式中　$F_1,F_2$ ——幅值；

$\omega_1,\omega_2$ ——频率；

$t$ ——时间 。

阻力的模数与数学摆质量的速度成正比

$$F_{c1} = \gamma_1 v_1 = \gamma_1 \ell_1 \dot{\theta}\ , F_{c2} = \gamma_2 v_2$$

式中 $\gamma_1$ ，$\gamma_2$ ——阻尼系数。

必须利用拉格朗日二型方程把双数学摆的运动方程推导出来，并把它变成标准的柯西方程。

解题：该系统有 2 个自由度。用数学摆拉杆 $\ell_1$ 和质量点 $m_1$ 偏离垂线的角度 $\theta$ 表示广义坐标，广义速度为 $\dot{\theta}$ 。

第 2 个广义坐标为数学摆的拉杆 $\ell_2$ 和质量点 $m_2$ 偏离垂线的角度 $\varphi$，广义速度为 $\dot{\varphi}$ 。

拉格朗日方程具有下列形式

$$\begin{cases} \dfrac{\mathrm{d}}{\mathrm{d}t}\left(\dfrac{\partial E}{\partial \dot{\theta}}\right) - \dfrac{\partial E}{\partial \theta} = Q_\theta \\ \dfrac{\mathrm{d}}{\mathrm{d}t}\left(\dfrac{\partial E}{\partial \dot{\varphi}}\right) - \dfrac{\partial E}{\partial \varphi} = Q_\varphi \end{cases} \tag{1-88}$$

式中 $E$ ——数学摆的动能；

$Q_\theta , Q_\varphi$ ——广义力，包括势力、耗散力和干扰力。

计算动能

$$E = \frac{m_1 v_1^2}{2} + \frac{m_2 v_2^2}{2} \tag{1-89}$$

式中 $v_1$ ，$v_2$ ——双数学摆质量点的绝对速度。

对于质量点的相对速度、牵连速度和绝对速度，下列关系式正确

$$\begin{cases} v_1 = \ell_1 \dot{\theta} \\ v_{2r} = \ell_2 \dot{\varphi} \\ v_2^2 = \ell_1^2 \dot{\theta}^2 + \ell_2^2 \dot{\varphi}^2 + 2\ell_1 \ell_2 \dot{\theta} \dot{\varphi} \cos(\theta - \varphi) \end{cases} \tag{1-90}$$

考虑式 (1-90)，经变换后，用广义坐标表示的动能表达式(1-89)取下列形式

$$E = \frac{(m_1 + m_2)\ell_1^2}{2} \dot{\theta}^2 + \frac{m_2 \ell_2^2}{2} \dot{\varphi}^2 + m_2 \ell_1 \ell_2 \dot{\theta} \dot{\varphi} \cos(\theta - \varphi) \tag{1-91}$$

通过计算势力、耗散力和干扰力在数学摆全部构件的移动中所作的功，得到下列形式的广义力表达式

$$\begin{aligned} Q_\theta = & -(m_1+m_2)g\ell_1\sin\theta-\gamma_1\ell_1^2\dot{\theta}- \\ & \gamma_2\ell_1\ell_2\dot{\varphi}\cos(\theta-\varphi)-\gamma_2\ell_1^2\dot{\theta}+ \\ & F_1\ell_1\cos\omega_1 t+F_2\ell_1\cos(\theta-\varphi)\cos\omega_2 t \end{aligned} \tag{1-92}$$

$$\begin{aligned} Q_\varphi = & -m_2g\ell_2\sin\varphi-\gamma_2\ell_2^2\dot{\varphi}- \\ & \gamma_2\ell_1\ell_2\dot{\theta}\cos(\theta-\varphi)+F_2\ell_2\cos\omega_2 t \end{aligned} \tag{1-93}$$

采用拉格朗日公式，经变换后，得到下列双数学摆运动的普通非线性微分方程组

$$\begin{aligned} & \ddot{\theta}+\frac{\gamma_1}{m_1+m_2}\dot{\theta}+\frac{g}{\ell_1}\sin\theta+\frac{m_2\ell_2}{(m_1+m_2)\ell_1}[\ddot{\varphi}\cos(\theta-\varphi)+\dot{\varphi}^2\sin(\theta-\varphi)]+ \\ & \frac{\gamma_2\ell_2}{(m_1+m_2)\ell_1}\dot{\varphi}\cos(\theta-\varphi)+\frac{\gamma_2}{(m_1+m_2)}\dot{\theta}= \\ & \frac{F_1}{(m_1+m_2)\ell_1}\cos\omega_1 t+\frac{F_2\cos(\theta-\varphi)}{(m_1+m_2)\ell_1}\cos\omega_2 t \end{aligned} \tag{1-94}$$

$$\begin{aligned} & \ddot{\varphi}+\frac{\gamma_2}{m_2}\dot{\varphi}+\frac{g}{\ell_2}\sin\varphi+\frac{\ell_1}{\ell_2}[\ddot{\theta}\cos(\theta-\varphi)-\dot{\theta}^2\sin(\theta-\varphi)]+ \\ & \frac{\gamma_2\ell_1\dot{\theta}\cos(\theta-\varphi)}{m_2\ell_2}=\frac{F_2}{m_2\ell_2}\cos\omega_2 t \end{aligned} \tag{1-95}$$

现在把式（1-94）和式（1-95）变成柯西形式。

为此，引入新的变量和代号

$$\dot{\theta}=\beta,\quad \dot{\varphi}=\psi,\quad z_1=\omega_1 t,\quad z_2=\omega_2 t \tag{1-96}$$

$$\begin{aligned} & a_1=\frac{\gamma_1}{m_1+m_2},\quad a_2=\frac{g}{\ell_1},\quad a_3=\frac{m_2\ell_2}{(m_1+m_2)\ell_1},\quad a_4=\frac{\gamma_2\ell_2}{(m_1+m_2)\ell_1} \\ & H_1=\frac{F_1}{(m_1+m_2)\ell_1},\quad H_2=\frac{F_2}{(m_1+m_2)\ell_1} \\ & b_1=\frac{\gamma_2}{m_2},\quad b_2=\frac{g}{\ell_2},\quad b_3=\frac{\ell_1}{\ell_2},\quad h_2=\frac{F_2}{m_2\ell_2} \end{aligned} \tag{1-97}$$

这时，从式（1-94）～式（1-97）得到相对导数（柯西形式）求解的下列普通非线性微分方程组

$$\dot{\beta}=\frac{H_1\cos z_1+H_2\cos(\theta-\varphi)\cos z_2-a_1\beta-a_2\sin\theta}{1-a_3b_3\cos^2(\theta-\varphi)}-$$

$$\frac{a_3\cos(\theta-\varphi)[h_2\cos z_2-b_1\psi-b_2\sin\varphi+b_3\beta^2\sin(\theta-\varphi)]}{1-a_3b_3\cos^2(\theta-\varphi)}-$$

$$\frac{a_3\psi^2\sin(\theta-\varphi)+a_4\psi\cos(\theta-\varphi)+a_4b_3\beta}{1-a_3b_3\cos^2(\theta-\varphi)}$$

$$=f_1(\beta,\psi,\theta,\varphi,z_1,z_2) \tag{1-98}$$

$$\dot{\psi}=-f_1b_3\cos(\theta-\varphi)+h_2\cos z_2-b_1\psi-b_2\sin\varphi+b_3\beta^2\sin(\theta-\varphi)-$$

$$b_1b_3\beta\cos(\theta-\varphi)$$

$$=f_2(\beta,\psi,\theta,\varphi,z_1,z_2)$$

$$\dot{\theta}=\beta,\quad \dot{\varphi}=\psi,\quad \dot{z}_1=\omega_1,\quad \dot{z}_2=\omega_2$$

式中 $\beta,\psi,\theta,\varphi,z_1,z_2$ ——系统的相位变量。

### 1.3.3 支承点水平振动的数学摆

请看具有 2 个自由度的质量为 $m_1$ 的数学摆。该数学摆的支承点是活动的，其质量为 $m_2$（图 1 - 18）。质量 $m_2$ 可在水平方向运动。质量 $m_1$ 与质量 $m_2$ 用无质量不能伸长的拉杆连接，拉杆长度为 $\ell$。

有干扰力作用在数学摆的质量点上，干扰力的方向如图 1 - 18 所示。这些干扰力的模数按谐波规律变化

$$F_{B1}=F_1\cos\omega_1t,\ F_{B2}=F_2\cos\omega_2t$$

式中 $F_1$，$F_2$ ——幅值；

$\omega_1$，$\omega_2$ ——频率；

$t$ ——时间。

阻力也作用在数学摆的质量点上，阻力的方向如图 1 - 18 所示。阻力的模数与数学摆质量点运动的速度成正比

$$F_{c1}=\gamma_1v_1,\ F_{c2}=\gamma_2v_2=\gamma_2\dot{y}$$

式中 $\gamma_1$，$\gamma_2$ ——阻尼系数。

在数学摆的质量点 $m_2$ 上，还作用着恢复力。恢复力的模数与弹性元件的变形成正比

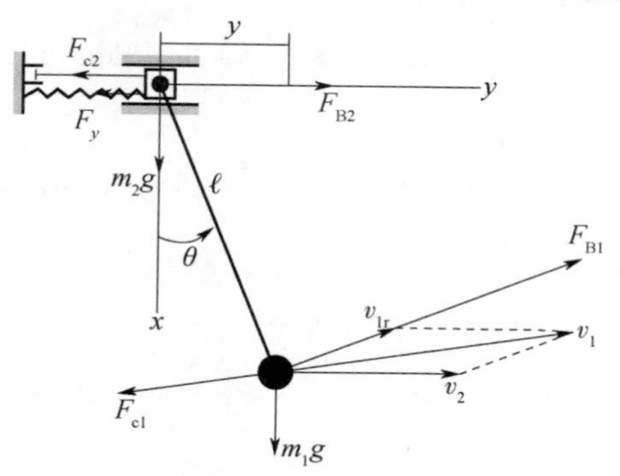


图 1-18　支承点水平振动的数学摆

$$F_y = cy$$

式中　$c$——弹性元件的刚度。

必须利用拉格朗日二型方程，把支承点能水平摆动的二自由度数学摆的运动方程推导出来，并把得到的方程变成标准的柯西方程。

解题：该系统有 2 个自由度。用数学摆的拉杆 $\ell$ 和质量点 $m_1$ 偏离垂线的角度 $\theta$ 表示第一个广义坐标（图 1-18），广义速度为 $\dot{\theta}$ 。

第二个广义坐标 $y$ 为质量点 $m_2$ 的水平位移，广义速度 $\dot{y}$ 。

拉格朗日方程具有下列形式

$$\begin{cases} \dfrac{\mathrm{d}}{\mathrm{d}t}\left(\dfrac{\partial E}{\partial \dot{\theta}}\right) - \dfrac{\partial E}{\partial \theta} = Q_\theta \\ \dfrac{\mathrm{d}}{\mathrm{d}t}\left(\dfrac{\partial E}{\partial \dot{y}}\right) - \dfrac{\partial E}{\partial y} = Q_y \end{cases} \tag{1-99}$$

式中　$E$——数学摆的动能；

$Q_\theta$，$Q_y$——广义力，包括势力、耗散力和干扰力。

计算动能

$$E = \frac{m_1 v_1^2}{2} + \frac{m_2 v_2^2}{2} \tag{1-100}$$

式中　$v_1$，$v_2$——质量点的绝对速度。

对于质量点的相对速度、牵连速度和绝对速度，下列关系式是正确的

$$v_{1r} = \ell\dot{\theta}\text{，}v_2 = \dot{y}\text{，}v_1^2 = \dot{y}^2 + \ell^2\dot{\theta}^2 + 2\ell\dot{\theta}\dot{y}\cos\theta \tag{1-101}$$

考虑式（1 - 101），动能表达式（1 - 100）用广义坐标表示将变成

$$E = \frac{(m_1 + m_2)}{2}\dot{y}^2 + \frac{m_1 \ell^2}{2}\dot{\theta}^2 + m_1 \ell \dot{\theta}\dot{y}\cos\theta \tag{1-102}$$

通过计算势力、耗散力和干扰力在数学摆全部构件移动中所作的功，得到下列形式的广义力表达式

$$Q_y = -\gamma_2 \dot{y} - cy - \gamma_1 \ell \dot{\theta}\cos\theta - \gamma_1 \dot{y} + F_1 \cos\theta\cos\omega_1 t + F_2 \cos\omega_2 t \tag{1-103}$$

$$Q_\theta = -m_1 g\ell\sin\theta - \gamma_1 \ell^2 \dot{\theta} - \gamma_1 \ell\dot{y}\cos\theta + F_1 \ell\cos\omega_1 t \tag{1-104}$$

采用拉格朗日公式，经变换后，得到下列支承点水平摆动的数学摆运动的普通非线性微分方程组

$$\ddot{\theta} + \frac{\gamma_1}{m_1}\dot{\theta} + \frac{\gamma_1}{m_1 \ell}\dot{y}\cos\theta + \frac{g}{\ell}\sin\theta + \frac{\ddot{y}\cos\theta}{\ell} = \frac{F_1}{m_1 \ell}\cos\omega_1 t \tag{1-105}$$

$$\ddot{y} + \frac{\gamma_2}{m_1 + m_2}\dot{y} + \frac{c}{m_1 + m_2}y + \frac{m_1 \ell}{m_1 + m_2}(\ddot{\theta}\cos\theta - \dot{\theta}^2 \sin\theta) + \frac{\gamma_1}{m_1 + m_2}\dot{y} + \frac{\gamma_1 \ell}{m_1 + m_2}\dot{\theta}\cos\theta = \frac{F_2 \cos\omega_2 t + F_1 \cos\theta\cos\omega_1 t}{m_1 + m_2} \tag{1-106}$$

把式（1 - 105）和式（1 - 106）变成柯西方程的形式，为此，引入新的变量和代号

$$\dot{\theta} = \beta, \quad \dot{y} = v, \quad z_1 = \omega_1 t, \quad z_2 = \omega_2 t \tag{1-107}$$

$$a_1 = \frac{\gamma_1}{m_1}, \quad a_2 = \frac{g}{\ell}, \quad a_3 = \frac{1}{\ell},$$

$$H_1 = \frac{F_1}{m_1 \ell}, \quad H_2 = \frac{F_2}{m_1 + m_2}, \quad h_2 = \frac{F_1}{m_1 + m_2}$$

$$b_1 = \frac{\gamma_2}{m_1 + m_2}, \quad b_2 = \frac{c}{m_1 + m_2}, \quad b_3 = \frac{m_1 \ell}{m_1 + m_2}, \quad b_4 = \frac{\gamma_1 \ell}{m_1 + m_2} \tag{1-108}$$

这时，考虑式（1 - 107）和式（1 - 108），从式（1 - 105）和式（1 - 106）得到相对导数（柯西格式）求解的下列普通非线性微分方程组

$$\dot{\beta}=\frac{H_1\cos z_1-a_1\beta-a_2\sin\theta-a_1a_3v\cos\theta}{1-a_3b_3\cos^2\theta}-$$
$$\frac{a_3\cos\theta(H_2\cos z_2+h_2\cos\theta\cos z_1-b_1v-b_2y+b_3\beta^2\sin\theta-b_4\beta\cos\theta-b_4a_3v)}{1-a_3b_3\cos^2\theta}$$
$$=f_1(\beta,v,\theta,y,z_1,z_2)$$
$$\dot{v}=-f_1b_3\cos\theta+H_2\cos z_2+h_2\cos\theta\cos z_1-b_1v-b_2y+b_3\beta^2\sin\theta-$$
$$b_4\beta\cos\theta-b_4a_3v$$
$$=f_2(\beta,v,\theta,y,z_1,z_2)$$
$$\tag{1-109}$$
$$\dot{\theta}=\beta,\ \dot{y}=v,\ \dot{z}_1=\omega_1,\ \dot{z}_2=\omega_2$$

式中　$\beta,v,\theta,y,z_1,z_2$ ——系统的相位变量。

### 1.3.4　支承点垂直摆动的数学摆

现在讨论有 2 个自由度的质量为 $m_1$ 的数学摆，该数学摆的支承点是可动的，其质量为 $m_2$（图 1－19）。质量 $m_2$ 可在垂直方向运动。质量 $m_1$ 和质量 $m_2$ 用无质量且不能伸长的拉杆连接，拉杆长度为 $\ell$ 。

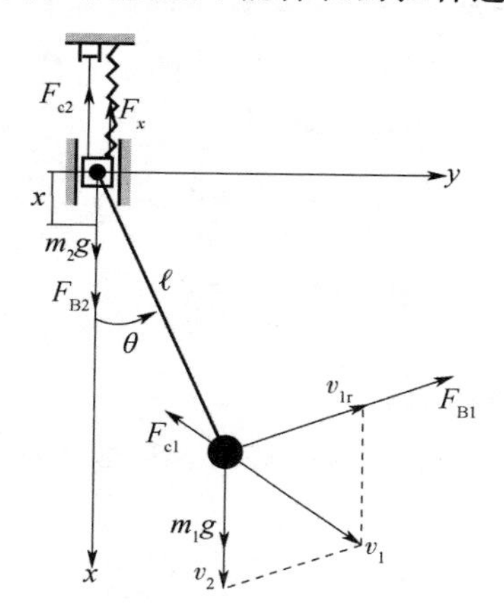


图 1－19　支承点垂直摆动的数学摆

有干扰力作用在数学摆的质量点上，干扰力的方向如图 1－19 所示。这些干扰力的模数按谐波规律变化

$$F_{B1} = F_1 \cos\omega_1 t\ , F_{B2} = F_2 \cos\omega_2 t$$

式中 $F_1$ , $F_2$ ——幅值；

$\omega_1$ , $\omega_2$ ——频率；

$t$ ——时间。

阻力也作用在数学摆的质量点上。阻力的作用方向如图 1 - 19 所示。阻力的模数与数学摆质量点运动的速度成正比

$$F_{c1} = \gamma_1 v_1\ , F_{c2} = \gamma_2 v_2 = \gamma_2 \dot{x}$$

式中 $\gamma_1$ , $\gamma_2$ ——阻尼系数。

在数学摆的质量点 $m_2$ 上，还作用着恢复力。恢复力的模数与弹性元件的变形成正比

$$F_x = cx$$

式中 $c$ ——弹性元件的刚度。

必须利用拉格朗日二型方程，把支承点能垂直摆动的二自由度数学摆的运动方程推导出来，并把得到的方程变成标准的柯西方程。

解题：该系统有 2 个自由度。用数学摆的拉杆 $\ell$ 和质量点 $m_1$ 偏离垂线的角度 $\theta$ 表示第一个广义坐标（图 1 - 19），广义速度为 $\dot{\theta}$ 。

第二个广义坐标 $x$ 表示质量点 $m_2$ 的垂直位移，广义速度为 $\dot{x}$ 。

拉格朗日方程具有下列形式

$$\begin{cases} \dfrac{\mathrm{d}}{\mathrm{d}t}\left(\dfrac{\partial E}{\partial \dot{\theta}}\right) - \dfrac{\partial E}{\partial \theta} = Q_\theta \\ \dfrac{\mathrm{d}}{\mathrm{d}t}\left(\dfrac{\partial E}{\partial \dot{x}}\right) - \dfrac{\partial E}{\partial x} = Q_x \end{cases} \tag{1-110}$$

式中 $E$ ——数学摆的动能；

$Q_\theta$, $Q_x$ ——广义力，包括势力、耗散力和干扰力。

计算动能

$$E = \frac{m_1 v_1^2}{2} + \frac{m_2 v_2^2}{2} \tag{1-111}$$

式中 $v_1$ , $v_2$ ——质量点的绝对速度。

质量点相对速度、牵连速度和绝对速度的下列关系式是正确的（图 1 - 19）

$$v_{1r}=\ell\dot{\theta}\,,\ v_2=\dot{x}\,,\ v_1^2=\dot{x}^2+\ell^2\dot{\theta}^2-2\ell\dot{\theta}\dot{x}\sin\theta \tag{1-112}$$

考虑式（1－112），经变换后，动能表达式（1－111）改用广义坐标表示，变成下列形式

$$E=\frac{(m_1+m_2)}{2}\dot{x}^2+\frac{m_1\ell^2}{2}\dot{\theta}^2-m_1\ell\dot{\theta}\dot{x}\sin\theta \tag{1-113}$$

通过计算势力、耗散力和干扰力在垂直振动的数学摆全部构件移动中所作的功，得到下列形式的广义力表达式

$$Q_x=-\gamma_2\dot{x}-cx+\gamma_1\ell\dot{\theta}\sin\theta-\gamma_1\dot{x}-F_1\sin\theta\cos\omega_1 t+F_2\cos\omega_2 t \tag{1-114}$$

$$Q_\theta=-m_1 g\ell\sin\theta-\gamma_1\ell^2\dot{\theta}+\gamma_1\ell\dot{x}\sin\theta+F_1\ell\cos\omega_1 t \tag{1-115}$$

采用拉格朗日公式，经变换后，得到下列支承点垂直摆动的数学摆运动的普通非线性微分方程组

$$\ddot{\theta}+\frac{\gamma_1}{m_1}\dot{\theta}-\frac{\gamma_1}{m_1\ell}\dot{x}\sin\theta+\frac{g}{\ell}\sin\theta-\frac{\ddot{x}\sin\theta}{\ell}=\frac{F_1}{m_1\ell}\cos\omega_1 t \tag{1-116}$$

$$\ddot{x}+\frac{\gamma_2}{m_1+m_2}\dot{x}+\frac{c}{m_1+m_2}x-\frac{m_1\ell}{m_1+m_2}(\ddot{\theta}\sin\theta+\dot{\theta}^2\cos\theta)+$$
$$\frac{\gamma_1}{m_1+m_2}\dot{x}-\frac{\gamma_1\ell}{m_1+m_2}\dot{\theta}\sin\theta=\frac{F_2\cos\omega_2 t-F_1\sin\theta\cos\omega_1 t}{m_1+m_2} \tag{1-117}$$

将方程组（1－116）和方程组（1－117）变成柯西方程的形式。为此，引入新的变量和符号

$$\dot{\theta}=\beta,\quad \dot{x}=w,\quad z_1=\omega_1 t,\quad z_2=\omega_2 t \tag{1-118}$$

$$a_1=\frac{\gamma_1}{m_1},\quad a_2=\frac{g}{\ell},\quad a_3=\frac{1}{\ell}$$

$$H_1=\frac{F_1}{m_1\ell},\quad H_2=\frac{F_2}{m_1+m_2},\quad h_2=\frac{F_1}{m_1+m_2}$$

$$b_1=\frac{\gamma_2}{m_1+m_2},\quad b_2=\frac{c}{m_1+m_2},\quad b_3=\frac{m_1\ell}{m_1+m_2},\quad b_4=\frac{\gamma_1\ell}{m_1+m_2} \tag{1-119}$$

这时，考虑式（1－118）和式（1－119），从方程组（1－116）

和方程组（1-117）得到相对导数求解的下列普通非线性微分方程组（柯西形式）

$$\dot{\beta}=\frac{H_1\cos z_1-a_1\beta-a_2\sin\theta-a_1a_3w\sin\theta}{1-a_3b_3\sin^2\theta}+$$

$$\frac{a_3\sin\theta(H_2\cos z_2-h_2\sin\theta\cos z_1-b_1w-b_2x+b_3\beta^2\cos\theta+b_4\beta\sin\theta-b_4a_3w)}{1-a_3b_3\sin^2\theta}$$

$$=f_1(\beta,w,\theta,x,z_1,z_2)$$

$$\dot{w}=f_1b_3\sin\theta+H_2\cos z_2-h_2\sin\theta\cos z_1-$$

$$b_1w-b_2x+b_3\beta^2\cos\theta+b_4\beta\sin\theta-b_4a_3w$$

$$=f_2(\beta,w,\theta,x,z_1,z_2)\tag{1-120}$$

$$\dot{\theta}=\beta,\quad \dot{x}=w,\quad \dot{z}_1=\omega_1,\quad \dot{z}_2=\omega_2$$

式中　$\beta,w,\theta,x,z_1,z_2$ ——系统的相位变量。

### 1.3.5　用弹簧弹性连接的数学摆

现在讨论有两个自由度的动态系统。这个动态系统是由两个用弹簧进行弹性连接的数学摆组成。两个数学摆的质量点分别为 $m_1$ 和 $m_2$（图 1-20）。质量 $m_1$ 和质量 $m_2$ 用无质量且不能伸长的拉杆与固定的安装点连接，拉杆长度为 $\ell$ 。

数学摆安装点之间的距离等于 $a$ ，从数学摆安装点到弹簧固定点的距离等于 $h$ ，弹簧刚度等于 $c$ 。

干扰力作用在数学摆的质点上，干扰力的方向如图 1-20 所示。这些干扰力的模数按谐波规律变化

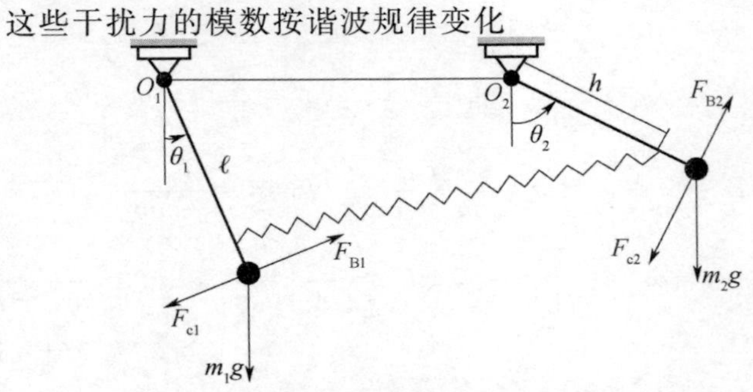


图 1-20　用弹簧弹性连接的数学摆

$$F_{B1} = F_1\cos\omega_1 t\ ,\ F_{B2} = F_2\cos\omega_2 t$$

式中　$F_1$，$F_2$——幅值；

$\omega_1$，$\omega_2$——频率；

$t$——时间。

阻力也作用在数学摆的质点上，阻力的作用方向如图 1－20 所示。阻力的模数与数学摆质点的运动速度成正比

$$F_{c1} = \gamma_1 v_1\ ,\ F_{c2} = \gamma_2 v_2$$

式中　$\gamma_1$，$\gamma_2$——阻尼系数。

必须利用拉格朗日二型方程，把用弹簧弹性连接的数学摆动态系统的运动方程推导出来，并把得到的方程变成标准的柯西方程。

解题：系统有两个自由度。用数学摆的拉杆 $\ell$ 及其质量点 $m_1$，$m_2$ 偏离垂线的角度 $\theta_1$，$\theta_2$ 表示广义坐标（图 1－20），广义速度为 $\dot{\theta}_1,\dot{\theta}_2$ 。

拉格朗日方程具有下列形式

$$\begin{cases}\dfrac{\mathrm{d}}{\mathrm{d}t}\left(\dfrac{\partial E}{\partial\dot{\theta}_1}\right)-\dfrac{\partial E}{\partial\theta_1}=Q_{\theta_1}\\[2ex]\dfrac{\mathrm{d}}{\mathrm{d}t}\left(\dfrac{\partial E}{\partial\dot{\theta}_2}\right)-\dfrac{\partial E}{\partial\theta_2}=Q_{\theta_2}\end{cases}\tag{1－121}$$

式中　$E$——数学摆的动能；

$Q_{\theta_1}$，$Q_{\theta_2}$——广义力，包括势力、耗散力和干扰力。

计算动能

$$E = \frac{m_1 v_1^2}{2} + \frac{m_2 v_2^2}{2}\tag{1－122}$$

式中　$v_1$，$v_2$——质点的绝对速度。

质点绝对速度的下列关系式是正确的（图 1－20）

$$v_1 = \ell\dot{\theta}_1\ ,\ v_2 = \ell\dot{\theta}_2\tag{1－123}$$

考虑关系式（1－123），经变换后，动能的表达式（1－122）用广义坐标表示变成

$$E = \frac{m_1}{2}\ell^2\dot{\theta}_1^2 + \frac{m_2}{2}\ell^2\dot{\theta}_2^2\tag{1－124}$$

通过计算势力、耗散力和干扰力在数学摆全部构件移动中所作的功，得到下列形式的广义力表达式

$$Q_{\theta_1} = -m_1 g\ell\sin\theta_1 - \gamma_1\ell^2\dot{\theta}_1 + F_1\ell\cos\omega_1 t + c\cdot h\cdot g_1(\theta_1,\theta_2) \tag{1-125}$$

$$Q_{\theta_2} = -m_2 g\ell\sin\theta_2 - \gamma_2\ell^2\dot{\theta}_2 + F_2\ell\cos\omega_2 t - c\cdot h\cdot g_2(\theta_1,\theta_2) \tag{1-126}$$

其中 $g_1(\theta_1,\theta_2) = -\dfrac{|\cos\theta_1(\cos\theta_2-\cos\theta_1)|}{\cos\theta_1(\cos\theta_2-\cos\theta_1)}\times$

$$\left[1-\frac{a}{\sqrt{h^2(\cos\theta_2-\cos\theta_1)^2+(a+h\sin\theta_2-h\sin\theta_1)^2}}\right]\times$$

$$[h\sin\theta_1(\cos\theta_2-\cos\theta_1)-\cos\theta_1(a+h\sin\theta_2-h\sin\theta_1)]$$

$$g_2(\theta_1,\theta_2) = -\frac{|\cos\theta_2(\cos\theta_2-\cos\theta_1)|}{\cos\theta_2(\cos\theta_2-\cos\theta_1)}\times$$

$$\left[1-\frac{a}{\sqrt{h^2(\cos\theta_2-\cos\theta_1)^2+(a+h\sin\theta_2-h\sin\theta_1)^2}}\right]\times$$

$$[h\sin\theta_2(\cos\theta_2-\cos\theta_1)-\cos\theta_2(a+h\sin\theta_2-h\sin\theta_1)]$$

式中 $g_1(\theta_1,\theta_2)$，$g_2(\theta_1,\theta_2)$——描述两个数学摆之间弹性连接（弹簧变形）的函数。

采用拉格朗日公式，经变换后，得到下列用弹簧弹性连接的两个数学摆动态系统运动的普通非线性微分方程组

$$\ddot{\theta}_1 + \frac{\gamma_1}{m_1}\dot{\theta}_1 + \frac{g}{\ell}\sin\theta_1 - \frac{ch}{m_1\ell^2}g_1(\theta_1,\theta_2) = \frac{F_1}{m_1\ell}\cos\omega_1 t \tag{1-127}$$

$$\ddot{\theta}_2 + \frac{\gamma_2}{m_2}\dot{\theta}_2 + \frac{g}{\ell}\sin\theta_2 + \frac{ch}{m_2\ell^2}g_2(\theta_1,\theta_2) = \frac{F_2}{m_2\ell}\cos\omega_2 t \tag{1-128}$$

将式（1-127）和式（1-128）变成柯西方程的形式。为此，引入新的变量和符号

$$\dot{\theta}_1 = \alpha_1,\quad \dot{\theta}_2 = \alpha_2,\quad z_1 = \omega_1 t,\quad z_2 = \omega_2 t \tag{1-129}$$

$$a_1 = \frac{\gamma_1}{m_1},\quad a_2 = \frac{g}{\ell},\quad a_3 = \frac{ch}{m_1\ell^2},\quad H_1 = \frac{F_1}{m_1\ell}$$

$$b_1 = \frac{\gamma_2}{m_2},\quad b_2 = a_2,\quad b_3 = \frac{ch}{m_2\ell^2},\quad H_2 = \frac{F_2}{m_2\ell} \tag{1-130}$$

这时，从式（1－127）～式（1－130）得到相对导数求解的普通非线性微分方程组（柯西形式）

$$\begin{cases}\dot{\alpha}_1 = H_1\cos z_1 - a_1\alpha_1 - a_2\sin\theta_1 + a_3 g_1(\theta_1,\theta_2)\\ \quad = f_1(\alpha_1,\alpha_2,\theta_1,\theta_2,z_1,z_2)\\ \dot{\alpha}_2 = H_2\cos z_2 - b_1\alpha_2 - a_2\sin\theta_2 + b_3 g_2(\theta_1,\theta_2)\\ \quad = f_2(\alpha_1,\alpha_2,\theta_1,\theta_2,z_1,z_2)\\ \dot{\theta}_1 = \alpha_1\\ \dot{\theta}_2 = \alpha_2\\ \dot{z}_1 = \omega_1\\ \dot{z}_2 = \omega_2\end{cases} \tag{1-131}$$

式中　$\alpha_1,\alpha_2,\theta_1,\theta_2,z_1,z_2$——系统的相位变量。

### 1.3.6　用螺旋形弹簧弹性连接的数学摆

请看有两个自由度的动态系统。该系统由两个用螺旋形弹簧弹性连接的数学摆组成。这两个数学摆的质点分别为 $m_1$ 和 $m_2$（图 1－21）。

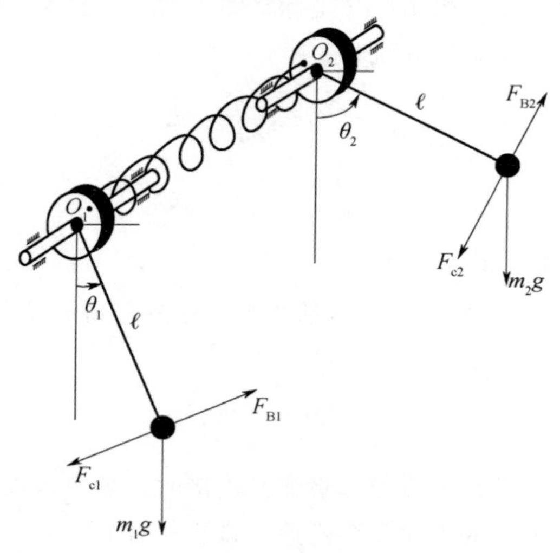


图 1－21　用螺旋形弹簧弹性连接的数学摆

质点 $m_1$ 和质点 $m_2$ 用无质量不伸长的拉杆与固定的安装点连接，拉杆长度为 $\ell$，螺旋形弹簧的刚度等于 $c$ 。

干扰力作用在数学摆的质点上，干扰力的作用方向如图 1－21 所示。这些干扰力的模数按谐波规律变化

$$F_{B1} = F_1 \cos\omega_1 t \text{ , } F_{B2} = F_2 \cos\omega_2 t$$

式中 $F_1$ , $F_2$ ——幅值；

$\omega_1$ , $\omega_2$ ——频率；

$t$ ——时间。

阻力也作用在数学摆的质点上，阻力的作用方向如图 1－21 所示。阻力的模数与数学摆质点的运动速度成正比

$$F_{c1} = \gamma_1 v_1 \text{ , } F_{c2} = \gamma_2 v_2$$

式中 $\gamma_1$ , $\gamma_2$ ——阻尼系数。

必须利用拉格朗日二型方程，把用螺旋形弹簧弹性连接的数学摆动态系统的运动方程推导出来，并把得到的方程变成标准的柯西方程。

解题：系统有两个自由度。用数学摆拉杆 $\ell$ 及其质点 $m_1$ , $m_2$ 偏离垂线的角度 $\theta_1$ , $\theta_2$ 表示广义坐标（图 1－21），广义速度为 $\dot{\theta}_1$ ,$\dot{\theta}_2$ 。

拉格朗日方程具有下列形式

$$\begin{cases} \dfrac{\mathrm{d}}{\mathrm{d}t}\left(\dfrac{\partial E}{\partial \dot{\theta}_1}\right) - \dfrac{\partial E}{\partial \theta_1} = Q_{\theta_1} \\ \dfrac{\mathrm{d}}{\mathrm{d}t}\left(\dfrac{\partial E}{\partial \dot{\theta}_2}\right) - \dfrac{\partial E}{\partial \theta_2} = Q_{\theta_2} \end{cases} \tag{1-132}$$

式中 $E$ ——数学摆的动能；

$Q_{\theta_1}$ ,$Q_{\theta_2}$ ——广义力，包括势力、耗散力和干扰力。

计算动能

$$E = \frac{m_1 v_1^2}{2} + \frac{m_2 v_2^2}{2} \tag{1-133}$$

式中 $v_1$ , $v_2$ ——用螺旋形弹簧弹性连接的数学摆质点的绝对速度。

质点绝对速度的下列关系式是正确的（图 1－21）

$$v_1 = \ell\,\dot{\theta}_1 \text{ , } v_2 = \ell\,\dot{\theta}_2 \tag{1-134}$$

考虑关系式（1－134），经变换后，用广义坐标表示的计算动能

的公式（1－133）变成

$$E=\frac{m_1}{2}\ell^2\dot{\theta}_1^2+\frac{m_2}{2}\ell^2\dot{\theta}_2^2 \tag{1-135}$$

通过计算势力、耗散力和干扰力在数学摆全部构件移动中所作的功，得到下列形式的广义力表达式

$$Q_{\theta_1}=-m_1g\ell\sin\theta_1-\gamma_1\ell^2\dot{\theta}_1+F_1\ell\cos\omega_1t-c(\theta_1-\theta_2)-\gamma(\dot{\theta}_1-\dot{\theta}_2) \tag{1-136}$$

$$Q_{\theta_2}=-m_2g\ell\sin\theta_2-\gamma_2\ell^2\dot{\theta}_2+F_2\ell\cos\omega_2t+c(\theta_1-\theta_2)+\gamma(\dot{\theta}_1-\dot{\theta}_2) \tag{1-137}$$

式中 $\gamma$——两个数学摆之间的相对阻尼系数。

采用拉格朗日公式，经变换后，得出两个用螺旋形弹簧弹性连接的数学摆动态系统运动的普通非线性微分方程组

$$\ddot{\theta}_1+\frac{\gamma_1}{m_1}\dot{\theta}_1+\frac{g}{\ell}\sin\theta_1+\frac{c}{m_1\ell^2}(\theta_1-\theta_2)+\frac{\gamma}{m_1\ell^2}(\dot{\theta}_1-\dot{\theta}_2)=\frac{F_1}{m_1\ell}\cos\omega_1t \tag{1-138}$$

$$\ddot{\theta}_2+\frac{\gamma_2}{m_2}\dot{\theta}_2+\frac{g}{\ell}\sin\theta_2-\frac{c}{m_2\ell^2}(\theta_1-\theta_2)-\frac{\gamma}{m_2\ell^2}(\dot{\theta}_1-\dot{\theta}_2)=\frac{F_2}{m_2\ell}\cos\omega_2t \tag{1-139}$$

将式（1－138）和式（1－139）变成柯西方程的形式。

为此，引入新的变量和符号

$$\begin{cases}\dot{\theta}_1=\alpha_1\\ \dot{\theta}_2=\alpha_2\\ z_1=\omega_1t\\ z_2=\omega_2t\end{cases} \tag{1-140}$$

$$\begin{cases}a_1=\dfrac{\gamma_1}{m_1}, & a_2=\dfrac{g}{\ell}, & a_3=\dfrac{c}{m_1\ell^2}, & a_4=\dfrac{\gamma}{m_1\ell^2}, & H_1=\dfrac{F_1}{m_1\ell}\\ b_1=\dfrac{\gamma_2}{m_2}, & b_2=a_2, & b_3=\dfrac{c}{m_2\ell^2}, & b_4=\dfrac{\gamma}{m_2\ell^2}, & H_2=\dfrac{F_2}{m_2\ell}\end{cases} \tag{1-141}$$

这时，从式（1－138）～式（1－141）得到相对导数求解的普通

非线性微分方程组（柯西形式）

$$\begin{cases}\dot{\alpha}_1 = H_1\cos z_1 - a_1\alpha_1 - a_2\sin\theta_1 - a_3(\theta_1-\theta_2) - a_4(\alpha_1-\alpha_2) \\ \quad = f_1(\alpha_1,\alpha_2,\theta_1,\theta_2,z_1,z_2) \\ \dot{\alpha}_2 = H_2\cos z_2 - b_1\alpha_2 - a_2\sin\theta_2 + b_3(\theta_1-\theta_2) + b_4(\alpha_1-\alpha_2) \\ \quad = f_2(\alpha_1,\alpha_2,\theta_1,\theta_2,z_1,z_2) \\ \dot{\theta}_1 = \alpha_1 \\ \dot{\theta}_2 = \alpha_2 \\ \dot{z}_1 = \omega_1 \\ \dot{z}_2 = \omega_2 \end{cases} \tag{1-142}$$

式中　$\alpha_1,\alpha_2,\theta_1,\theta_2,z_1,z_2$ ——系统的相位变量。

### 1.3.7　悬挂在弹簧上的数学摆

请看具有两个自由度的动态系统。该动态系统由悬挂在弹簧上的质点为 $m$ 的数学摆组成，弹簧的另一头紧固在固定点上（图 1－22）。

悬挂数学摆的弹簧在没有变形的时候长度为 $\ell_0$ 。弹簧弹力的方向如图 1－22 所示。弹力的模数与弹簧的变形成正比，$F_y = c \cdot \Delta s$ ，此处 $c$ 为弹簧刚度。

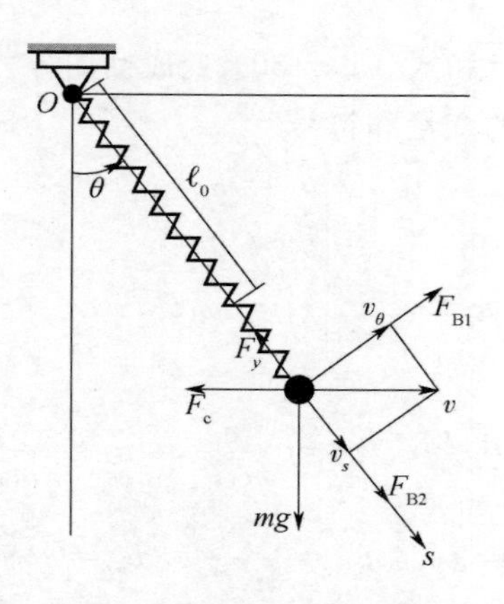


图 1－22　悬挂在弹簧上的数学摆

干扰力作用在数学摆的质点上，干扰力的作用方向见图1-22。这些干扰力的模数按谐波规律变化

$$F_{B1} = F_1\cos\omega_1 t\ ,\ F_{B2} = F_2\cos\omega_2 t$$

式中　$F_1$，$F_2$——幅值；

$\omega_1$，$\omega_2$——频率；

$t$——时间。

阻力也作用在数学摆的质点上，阻力的作用方向见图1-22。阻力的模数与数学摆质点运动的绝对速度成正比

$$F_c = \gamma v$$

式中　$\gamma$——阻尼系数。

必须利用拉格朗日二型方程，把悬挂在弹簧上的数学摆动态系统的运动方程推导出来，并把得到的方程变成标准的柯西方程。

解题：系统有两个自由度。用质点为 $m$ 的数学摆偏离垂线的角度 $\theta$ 和弹簧伸长的绝对长度 $s$ 表示广义坐标（图1-22）。广义速度为 $\dot{\theta}$，$\dot{s}$。弹簧的变形用公式 $\Delta s = s - \ell_0 - \Delta_{st} = s - \ell_0 - mg\cos\theta/c$ 计算。

拉格朗日方程的形式

$$\begin{cases} \dfrac{\mathrm{d}}{\mathrm{d}t}\left(\dfrac{\partial E}{\partial \dot{\theta}}\right) - \dfrac{\partial E}{\partial \theta} = Q_\theta \\ \dfrac{\mathrm{d}}{\mathrm{d}t}\left(\dfrac{\partial T}{\partial \dot{s}}\right) - \dfrac{\partial T}{\partial s} = Q_s \end{cases} \tag{1-143}$$

式中　$E$——数学摆的动能；

$Q_\theta$，$Q_s$——广义力，包括势力、耗散力和干扰力。

计算动能

$$E = \frac{mv^2}{2} \tag{1-144}$$

式中　$v$——数学摆质点的绝对速度。

数学摆质点绝对速度的下列关系式是正确的（图1-22）

$$\begin{cases} v_\theta = s\dot{\theta} \\ v_s = \dot{s} \\ v^2 = s^2\dot{\theta}^2 + \dot{s}^2 \end{cases} \tag{1-145}$$

考虑关系式（1－145），经变换后，动能表达式（1－144）用广义坐标表示具有下列形式

$$E = \frac{m}{2}(s^2\dot{\theta}^2 + \dot{s}^2) \tag{1-146}$$

通过计算势力、耗散力和干扰力在数学摆所有部件移动时所作的功，得到的广义力表达式可写成下面的形式

$$Q_\theta = -mg \cdot s \cdot \sin\theta - \gamma s^2\dot{\theta} + F_1 s\cos\omega_1 t \tag{1-147}$$

$$Q_s = mg\cos\theta - cs + c\ell_0 - \gamma\dot{s} + F_2\cos\omega_2 t \tag{1-148}$$

利用拉格朗日公式化，经变换后，得到下列悬挂在弹簧上的数学摆的普通非线性微分方程组

$$\ddot{\theta} + \frac{\gamma}{m}\dot{\theta} + \frac{g}{s}\sin\theta + \frac{2}{s}\dot{\theta}\dot{s} = \frac{F_1}{ms}\cos\omega_1 t \tag{1-149}$$

$$\ddot{s} + \frac{\gamma}{m}\dot{s} + \frac{c}{m}s - s\dot{\theta}^2 - g\cos\theta - \frac{c\ell_0}{m} = \frac{F_2}{m}\cos\omega_2 t \tag{1-150}$$

把式（1－149）和式（1－150）变成柯西方程的形式。为此，引入新的变量和符号

$$\dot{\theta} = \beta, \quad \dot{s} = r, \quad z_1 = \omega_1 t, \quad z_2 = \omega_2 t \tag{1-151}$$

$$a_1 = \frac{\gamma}{m}, \quad b_2 = \frac{c}{m}, \quad b_3 = \frac{c\ell_0}{m}, \quad H_1 = \frac{F_1}{m}, \quad H_2 = \frac{F_2}{m} \tag{1-152}$$

考虑式（1－151）和式（1－152），从式（1－149）和式（1－150）得到相对导数求解的下列普通非线性微分方程组

$$\begin{cases} \dot{\beta} = \dfrac{H_1}{s}\cos z_1 - a_1\beta - \dfrac{g}{s}\sin\theta - \dfrac{2}{s}\beta r = f_1(\beta, r, \theta, s, z_1, z_2) \\ \dot{r} = H_2\cos z_2 - a_1 r - b_2 s + s\beta^2 + g\cos\theta + b_3 = f_2(\beta, r, \theta, s, z_1, z_2) \\ \dot{\theta} = \beta \\ \dot{s} = r \\ \dot{z}_1 = \omega_1 \\ \dot{z}_2 = \omega_2 \end{cases} \tag{1-153}$$

式中　$\beta,r,\theta,s,z_1,z_2$ ——系统的相位变量。

### 1.3.8　不均匀不稳定温度场对有一个固定点的物体运动的干扰

我们研制的方法和建立的热过程与机械运动过程相关联的数学模型能够提出和解决基础性的问题。

现在用基准综合方法研究受温度干扰的、有一个固定点的物体在重力场或牵连加速度场中的运动，而且物体的形状在运动中有微小变化[19]。

得到的综合数学模型，能够研究在不均匀温度场强度随时间周期变化的条件下，有一个固定点的杆（作为梯度仪的模型）的振动。证明，这种性质的干扰，可能引起类似振子在摇摆基座上谐波振荡零偏的效应。

请看有一个固定点的固体。该物体从一开始是均匀的各向同性的，而且相对某个初始平衡状态经受着微小的位移。

我们还假设，像文献［31］那样，认为温度引起的物体形状的变化很小，但与其他干扰相比，它的影响最突出。即，由（稳定的或不稳定的）热作用引起的物体形状和密度的变化，与其他作用相比，对物体运动产生的影响最大。

事实上，如果有一个水平梁，$P$ 和 $\ell$ 分别为水平梁的质量和长度。水平梁的一头刚性固定，另一头处于自由状态。设水平梁的弯度为 $y_{\max}$，则 $|y_{\max}| = P\ell^3/(12E_* J_*)$。对于水平梁来说，$\delta_1 = |y_{\max}|\ell$ 是小量，$\delta_1 \ll \delta_2 = \Delta x/\ell$（此处 $\Delta x = \alpha_T \Delta T \ell$ ——温度作用下水平梁的伸长量），则与热变形相比，水平梁的弹性变形可以忽略不计。

换句话说，如果仅限于研究这样的温度场，杨氏模数 $E_*$，惯性矩 $J_*$，物体的截面和温度线膨胀系数 $\alpha_T$，而且，对于上述参数，条件 $\delta_1 \ll \delta_2$ 成立。则这表明，温度造成的物体形状的变化和物体密度的变化，以及物体质心的偏移胜过物体的弹性变形，或者说，比物体弹性变形占的比例大。

在初始状态，静止和运动读数系统的原点（支承中心）与物体的质心重合，运动读数系统的轴与物体的惯性主轴重合。

不均匀不稳定温度场对物体作用的结果是，物体密度在体积中的重新分配，物体形状的改变，最后导致其动态积分性能的变化，即惯性矩和质心相对支承中心偏移的变化。

根据理论力学公式计算围绕不动点运动的物体的动能

$$E = \frac{1}{2}\iiint_V [\omega^2 r^2 - (\boldsymbol{\omega r})^2]\rho \mathrm{d}V \tag{1-154}$$

式中 $\boldsymbol{\omega}$ ——物体瞬时旋转角速度矢量。

密度与温度的关系具有下列形式

$$\rho(t,q_i) = \rho_0[1-\beta_{\mathrm{T}} T(t,q_i)] \tag{1-155}$$

式中 $\rho_0$ ——物体的额定密度；

$\beta_T$ ——密度变化的温度系数；

$T(t,q_i)$ ——物体的温度场；

$q_i$ ——广义坐标；

$t$ ——时间。

根据理论力学公式，惯性矩和质心位移的表达式具有下列形式

$$\begin{cases} J = \iiint_V \rho r^2 \mathrm{d}V \\ M\boldsymbol{r}_{\mathrm{c}} = \iiint_V \rho \boldsymbol{r} \mathrm{d}V \end{cases} \tag{1-156}$$

式中 $V = V_0 + \Delta V_T$ ——考虑物体形状的微小温度变化时物体的体积；

$M$ ——物体的质量。

从第 1 章中的式（1-5）可知，为确定 $\Delta V_{\mathrm{T}}$，需解决移动中的准静态热弹性问题[31]

$$(1-2\nu)\nabla^2 \boldsymbol{U} + \mathrm{grad\ div}\boldsymbol{U} - 2(1+\nu)\alpha_T \mathrm{grad}\Delta T = 0 \tag{1-157}$$

式中 $\nu$ ——泊松系数；

$\boldsymbol{U}$ ——位移矢量。

固体机械运动方程组

$$\dot{\boldsymbol{X}} = \boldsymbol{A}(\boldsymbol{T})\boldsymbol{F}(\boldsymbol{X}) + \boldsymbol{S}(\boldsymbol{X}) \tag{1-158}$$

式中　$\boldsymbol{X}$ ——机械状态矢量；

$\boldsymbol{A}(\boldsymbol{T})$ ——物体惯性、耗散性和其他性能矩阵；

$\boldsymbol{S}(\boldsymbol{X})$ ——输入作用矢量和作用在物体机械状态的干扰矢量。

从热的观点来看，物体可以理想化成一个由有限数量体积组成的，有自己的热物理性能和热连接的，有集中参数的系统[23]。

这种系统的热状态，在改进了的热平衡方法的基础上，可以用下列方程组描述

$$\dot{\boldsymbol{T}} = \boldsymbol{G}_0\boldsymbol{T} + \boldsymbol{D}(\boldsymbol{T}_c, \boldsymbol{X}) \tag{1-159}$$

式中　$\boldsymbol{T}, \boldsymbol{T}_c$ ——分别为物体和周围介质的热状态矢量；

$\boldsymbol{G}_0$ ——对象单元的热物理性能矩阵；

$\boldsymbol{D}(\boldsymbol{T}_c, \boldsymbol{X})$ ——输入作用矢量和作用在物体热状态的干扰矢量。

选欧拉角作为广义坐标。物体的动能用著名的表达式[29]表示

$$E = \frac{A}{2}(\dot{\psi}\sin\theta\sin\varphi + \dot{\theta}\cos\varphi)^2 + \frac{B}{2}(\dot{\psi}\sin\theta\cos\varphi - \dot{\theta}\sin\varphi)^2 + \frac{C}{2}(\dot{\psi}\cos\theta + \dot{\varphi})^2 \tag{1-160}$$

考虑表达式 (1-160)，利用拉格朗日公式化和计算机代数程序资源“MATHEMATIC”或者“DERIVE”，求得下列形式的物体运动方程

$$\begin{aligned}
&\ddot{\psi}(C\cos^2\theta + A\sin^2\theta\sin^2\varphi + B\cos^2\theta\sin^2\varphi) + \dot{\psi}\dot{\varphi}(A-B)\sin^2\theta\sin2\varphi + \\
&\dot{\psi}\dot{\theta}(A\sin^2\varphi + B\cos^2\varphi - C)\sin2\theta + \frac{\ddot{\theta}}{2}(A-B)\sin\theta\sin2\varphi + \\
&\dot{\theta}\dot{\varphi}[(A-B)\cos2\varphi - C] + \frac{\dot{\theta}^2}{2}(A-B)\cos\theta\sin2\varphi + \\
&\dot{A}\left(\frac{\dot{\theta}}{2}\sin\theta\sin2\varphi + \dot{\psi}\sin^2\theta\sin^2\varphi\right) + \dot{B}(\dot{\psi}\sin^2\theta\cos^2\varphi - \frac{\dot{\theta}}{2}\sin\theta\sin2\varphi + \\
&C\ddot{\varphi}\cos\theta) + \dot{C}(\dot{\varphi}\cos\theta + \dot{\psi}\cos^2\theta) = Q_\psi
\end{aligned} \tag{1-161}$$

$$\begin{aligned}
&\ddot{\theta}(A\cos^2\varphi + B\sin^2\varphi) + \dot{\theta}\dot{\varphi}(B-A)\sin2\varphi + \dot{\psi}\dot{\varphi}[(A-B)\sin\theta\cos2\varphi] + \\
&\frac{\ddot{\psi}}{2}(A-B)\sin\theta\sin2\varphi + \frac{\dot{\psi}^2}{2}(C - A\sin^2\varphi + B\cos^2\varphi)\sin2\theta +
\end{aligned}$$

$$\dot{A}(\dot{\theta}\cos^2\varphi+\dot{\psi}\frac{\sin\theta\sin2\varphi}{2})+\dot{B}(\dot{\theta}\sin^2\varphi-\dot{\psi}\frac{\sin\theta\sin2\varphi}{2})=Q_\theta \tag{1-162}$$

$$C\ddot{\varphi}+\dot{\psi}\dot{\theta}(B-A-C)\sin\theta+C\ddot{\psi}\cos\theta+\frac{\dot{\theta}^2}{2}(B-A)\sin2\varphi+$$

$$\frac{\dot{\psi}^2}{2}(B-A)\sin^2\varphi\sin^2\theta+\dot{C}(\varphi+\dot{\psi}\cos\theta)=Q_\varphi \tag{1-163}$$

在式（1-161）～式（1-163）中，惯性矩 $A,B,C$ 和广义力 $Q_\psi$，$Q_\theta,Q_\varphi$ 不仅与时间有关，而且与物体中温度场的形状和分布有关。温度分布不仅取决于外部热源和与周围介质进行热交换的条件，而且取决于物体本身内部热源的存在。在机电装置的实际结构中正是这样。

方程（1-159）的数值解就是物体体积中不稳定的温度场，该温度场通常可以用下面的傅里叶级数描述

$$T(t,q_i)=f(t)\sum_{n,m,k=-\infty}^{\infty}\gamma_{nmk}\exp[(nq_1+mq_2+kq_3)i] \tag{1-164}$$

式中　$f(t)$——温度场与时间关系的函数。

因此，在这种情况下，有一个固定点的物体运动的数学模型是一个机械运动和热状态相互关联的方程组。物体形状的微小变化取决于不稳定、不均匀温度场的干扰。

为简化计算和增加通用性，请看均质杆围绕其质心旋转的情况。

设在初始状态，杆在稳定而均匀的温度场中绕静止坐标系的 $z_1$ 轴在垂直于牵连加速度矢量的平面内旋转（图 1-23）。

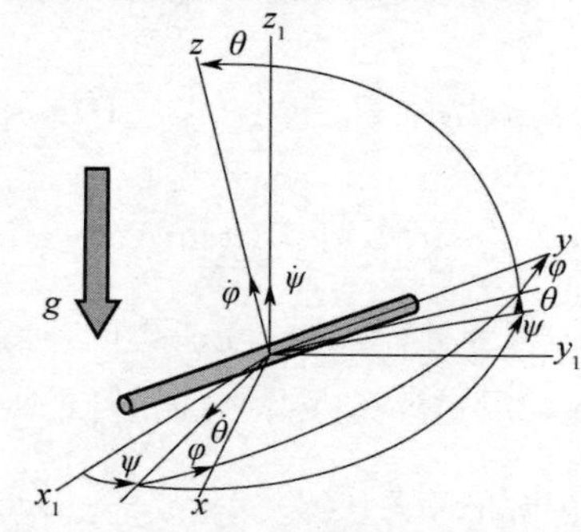


图 1-23　有一个固定点的杆的坐标系和欧拉角

温度场不均匀和不稳定会产生角速度分量 $\dot{\theta}$ 。

类似配置可作为建立精密梯度测量仪误差模型的基础，或者在人造地球卫星运动中，由太阳辐射热作用的周期性造成的轨道干扰任务中使用。

对于我们研究的情况，$J = A = C$ , $B = 0$ , $Q_{\varphi} = 0$ , $\dot{\varphi} = 0$ ，式（1-161）～式（1-163）取下列形式

$$\begin{cases} J\ddot{\psi}\cos^2\theta - J\dot{\psi}\dot{\theta}\sin 2\theta + \dot{J}\dot{\psi}\cos^2\theta = Q_{\psi} \\ J\ddot{\theta} + J\dfrac{\dot{\psi}^2}{2}\sin 2\theta + \dot{J}\dot{\theta} = Q_{\theta} \end{cases} \tag{1-165}$$

设 $Q_{\psi} = 0$（当围绕 $z_1$ 轴旋转时，电动机力矩与摩擦力矩平衡），$\theta, \dot{\theta}$ 为一阶小量，在一次近似中将有角速度 $\dot{\psi}$ 的方程

$$J\ddot{\psi} + \dot{J}\dot{\psi} = 0 \tag{1-166}$$

在杆的导热性足够的情况下，温度引起的相对旋转轴的惯性矩的变化为小量，温度场按谐波规律随时间变化。

这时，受温度扰动的杆的惯性矩可写成

$$J = b + a\sin\lambda t \tag{1-167}$$

式中 $\lambda$ ——温度场变化的频率；

$b, a$ ——解热弹性问题时得到的系数。

当杆围绕轴 $z_1$ 的初始角速度等于 $\omega_0$ 时，方程（1-166）的近似解可写成下面的形式

$$\dot{\psi} \approx \omega_0\left(1 - \frac{a}{b}\sin\lambda t\right) \tag{1-168}$$

从解热弹性问题中，求出系数 $b, a$ 。

设温度场沿杆长按线性规律变化

$$T(t,x) = f(t)T_{00}\frac{x+\ell}{2\ell} \tag{1-169}$$

式中 $2\ell$ ——杆在均匀温度场中的长度。

考虑式（1-155）～式（1-157），有下列受温度干扰的惯性矩和质心偏移的表达式

$$J = \frac{2\rho_0^* \ell^3}{3}\left\{1 + \frac{3}{2}T_{00}f(t)\left[\frac{1+\nu}{1-\nu}\alpha_T - \beta_T\right]\right\} \tag{1-170}$$

$$Mx_c = \rho_0^* T_{00} f(t) \ell^2 \left( \frac{1+\nu}{1-\nu} \cdot \frac{\alpha_T}{2} - \frac{\beta_T}{3} \right) \tag{1-171}$$

式中 $\alpha_T$ ——杆的温度线膨胀系数；

$\rho_0^*$ ——杆的材料的换算密度。

因为 $\beta_T \approx 3\alpha_T$，把得到的惯性矩表达式（1－170）与式（1－167）比较，得

$$\begin{cases} b = \dfrac{2}{3}\rho_0^* \ell^3 \\ a = 2\rho_0^* \ell^3 \alpha_T T_{00} \dfrac{2\nu - 1}{1-\nu} \\ f(t) = \sin\lambda t \end{cases} \tag{1-172}$$

考虑湿摩擦力矩和质心偏移力矩，广义力 $Q_\theta$ 具有下列形式

$$Q_\theta = -\mu\dot{\theta} - wMx_c \tag{1-173}$$

式中 $\mu$ ——阻尼系数；

$w$ ——加速度。

设 $a/b \ll 1$，$\theta, \dot{\theta}$ 都是一阶小量，则方程组（1－165）的第二个方程可写成

$$\ddot{\theta} + 2n\dot{\theta} + \omega_0^2\theta - \dot{\theta}\varepsilon\lambda\cos\lambda t = -w_* \varepsilon\sin\lambda t \tag{1-174}$$

其中

$$2n = \frac{\mu}{b}$$

$$\varepsilon = 3\alpha_T T_{00} \cdot \frac{1-2\nu}{1-\nu} \ll 1$$

$$w_* = \frac{w}{4\ell} \cdot \frac{3\nu - 1}{1-2\nu}$$

我们认为，周期性变化的温度场的过渡过程和杆运动的过渡过程已经结束，在这种情况下，看杆的稳态运动。

根据文献［30］，我们将通过引入新的变量，研究相平面 $\theta, \dot{\theta}$ 内零周围的小范围区域（$\sim\varepsilon$）

$$\theta = \varepsilon\theta_1 + \varepsilon^2\theta_2 \tag{1-175}$$

这时，用新变量表示的方程（1－174）具有下列形式

$$\ddot{\theta}_1 + 2n\dot{\theta}_1 + \omega_0^2\theta_1 + w_* \sin\lambda t + \varepsilon(\ddot{\theta}_2 + 2n\dot{\theta}_2 + \omega_0^2\theta_2 - \dot{\theta}_1\lambda\cos\lambda t) -$$

$$\varepsilon^2\dot{\theta}_2\lambda\cos\lambda t = 0 \tag{1-176}$$

简化的方程组形式为

$$\ddot{\theta}_1 + 2n\dot{\theta}_1 + \omega_0^2\theta_1 = -w_*\sin\lambda t \tag{1-177}$$

求得方程（1－177）的特殊解

$$\theta_1 = D_1\cos\lambda t + D_2\sin\lambda t \tag{1-178}$$

其中

$$D_1 = -\frac{(\omega_0^2 - \lambda^2)^2 w_*}{(\omega_0^2 - \lambda^2)^2 + 4n^2\lambda^2}$$

$$D_2 = -\frac{2n\lambda w_*}{(\omega_0^2 - \lambda^2)^2 + 4n^2\lambda^2}$$

忽略方程（1－176）中有 $\varepsilon^2$ 的相，得含有 $\varepsilon$ 相的变量为 $\theta_2$ 的方程

$$\ddot{\theta}_2 + 2n\dot{\theta}_2 + \omega_0^2\theta_2 = \dot{\theta}_1\lambda\cos\lambda t \tag{1-179}$$

将式（1－178）代入方程（1－179）后得

$$\ddot{\theta}_2 + 2n\dot{\theta}_2 + \omega_0^2\theta_2 = \frac{\lambda^2}{2}(D_2\cos 2\lambda t - D_1\sin 2\lambda t) + \frac{D_2\lambda^2}{2}$$

因此，产生双干扰频率周期分量和杆的常值偏差角 $\theta$，其度量单位

$$\theta_* = \varepsilon^2\frac{D_2\lambda^2}{2\omega_0^2}$$

与不稳定温度场作用下基座摇摆时数学摆振动的零偏效应很相似。

例题：设参数的数值如下：

$$\Delta T^\circ = 1\ ^\circ\mathrm{C}\ ;\ \lambda = \omega_0 = 14\ \mathrm{s}^{-1}\ ;\ \alpha_T = 10^{-5}\ ^\circ\mathrm{C}^{-1}\ ;$$

$$w = g = 9.8\ \mathrm{m/s^2}\ ;\ \nu = 0.3\ ;\ \ell = 0.1\ \mathrm{m};\ n = 2.5\times 10^{-6}\ \mathrm{s}^{-1}$$

则常值偏移为 $\theta_* \approx 10^{-5}$ rad 。

这相当于杆的端头偏离初始位置 1 μm，这对于精密梯度仪误差来说，是太大了。

# 第2章　受到温度干扰的惯性信息传感器

## 2.1　热作用条件下的液浮陀螺

液浮陀螺仪的结构见图2-1。它的壳体中充满黏性液体。液体中悬浮着一个密封的圆柱形或球形浮子，浮子中安装着一个高速旋转的转子，即陀螺电机。浮子的悬挂方式：浮子可以绕自转轴按一定自由度旋转角度$\beta$。

浮子与外壳通过悬浮液体相连，浮子与外壳的连接通过弹性元件实现。弹性元件可以是机械弹簧，也可以是“电弹簧”。传感器壳体固定在运动载体上。

陀螺工作原理：动量矩为$\overline{H}$的高速旋转的转子，同基座（运动载体）一起绕输入轴（测量轴）以角速度$\bar{\omega}$旋转时，受到哥氏惯性力矩（陀螺力矩）的作用，关系式如下：$\overline{M}=\overline{H}\times\bar{\omega}$。

陀螺力矩的反作用力矩是弹簧力矩。陀螺力矩迫使浮子绕其支承轴以角速度$\dot{\beta}$旋转角度$\beta$。测量输出角$\beta$（或者直接测量陀螺力矩）可以判断运动载体输入（被测）角速度$\omega$的大小。

浮子悬浮在黏性液体中，可使支承轴承中的干摩擦力矩减到最小，可以提高耐振动和抗冲击能力，从而提高陀螺的精度和工作的有效性。

当载体振动频率不大于2 000 Hz，冲击负载为50～100 $g$，振动过载为15 $g$时，液浮陀螺的漂移可小于$10^{-3}$（°）/h。因此，这类陀螺在飞机和导弹上的应用比较广泛。

现代化的液浮陀螺仪乃是航天器定位和控制用的高精度捷联惯导系统不可缺少的组成部分[10]。在和平号空间站曾经使用过，至今仍在阿尔法号国际空间站使用，通信卫星“雅尔玛”上，俄罗斯与法国合作的“西伯利亚-欧洲卫星”（Sesat）以及其他航天器上都使用过液浮陀螺仪。

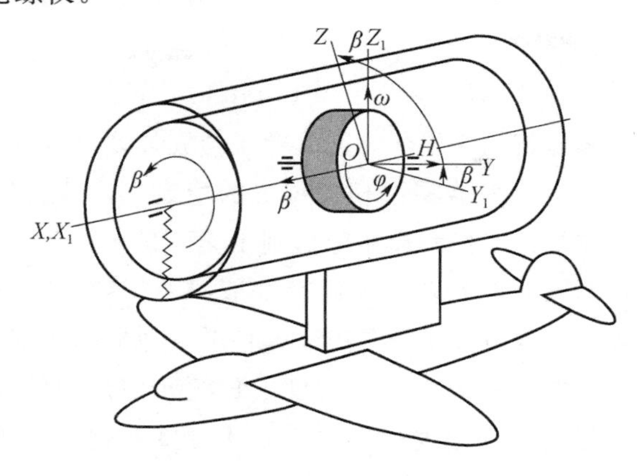


（a）运动示意图

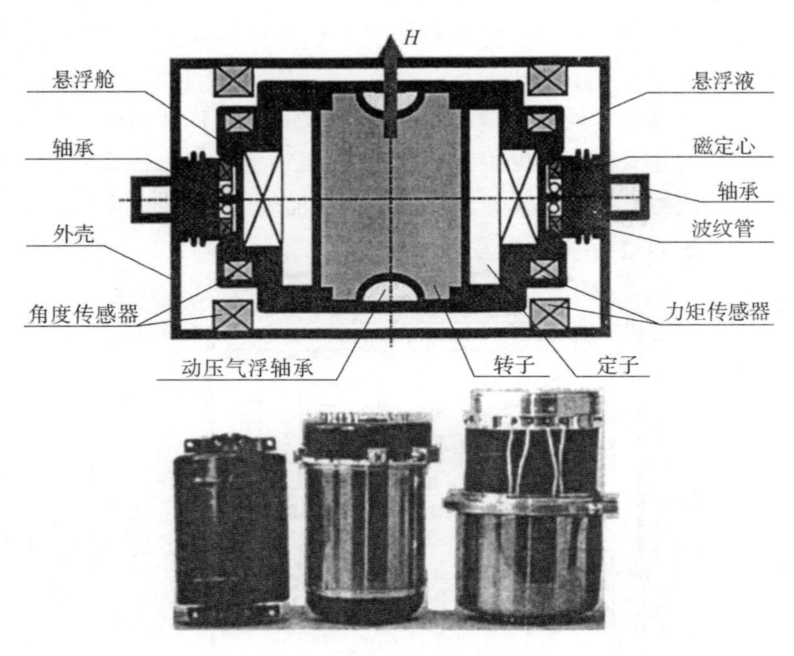


（b）结构图

图 2－1　液浮陀螺

液浮陀螺是个复杂的机电系统，它的基本结构特点是，陀螺转子采用了动压气浮支承，浮子用磁定心，结构完全对称，至少具有两级温控系统。

当陀螺转子旋转速度为 30 000 r/min 时，动压气浮轴承和浮子的磁定心能够确保转子与浮子之间、浮子与壳体之间完全没有“干”接触，从而保证了力矩器零件相互位置的稳定性。这就使陀螺达到高精度，而且陀螺的工作寿命实际做到了无限长。

捷联惯导系统的恒温系统为高精度液浮陀螺建立了一个合适而稳定的温度环境，并解决了预防电子元件散热造成的局部过热问题。

为保证捷联惯导系统获得高精度，它的元部件的工作温度，其中包括液浮陀螺的工作温度，在环境介质温度变化几十摄氏度的情况下，必须稳定在 1 摄氏度或十分之几摄氏度。

这样大的环境介质温度落差的调控，可以通过建立两级恒温系统来实现。

第一级温控（外温控），在外部温度变化时，保证敏感元件组合温度的初调控（控制精度 1 ℃以内）。在设计实践中，捷联惯导系统的第一级温控有三种基本方案：通风型、加温型和可逆型。

该方案的结构[10]如图 2-2 所示。

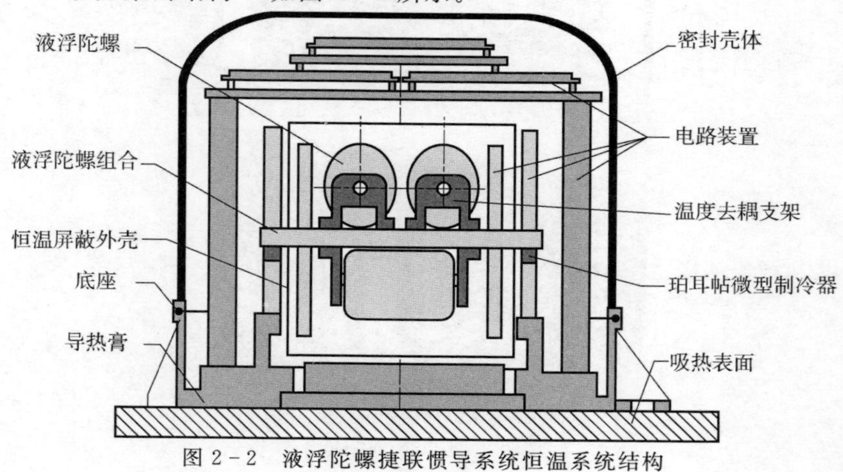


图 2-2　液浮陀螺捷联惯导系统恒温系统结构

从寿命、能耗、质量和体积等性能考虑，公认为可逆型温控接近最佳方案。该方案是建立在半导体固态微型致冷器基础上的。半导体固态微型致冷器利用了珀耳帖效应。

液浮陀螺组合连同其电子线路通过专用的温度去耦支架安装在敏感元件组合的恒温基座上。敏感元件组合与仪表的其余结构之间是绝热的，采用了隔热片和钛合金支柱隔热。

不要求恒温的、散热量大的电子装置，从结构上经导热元件直接联结（分流）到仪表壳体上。

敏感元件组合散发出的可调节热量经由珀耳帖微型致冷器组成的环形回路输送到仪表壳体上。珀耳帖微型致冷器与隔热片一起组成仪表的外部热稳定回路。与固定仪表基座的热连接，则通过专门的有弹性的导热膏实现。

恒温系统的第二级温控（内温控），是由液浮陀螺自身的加温温控系统组成的。

由于两级温控的作用，陀螺组合温度稳定质量的总系数达到 0.003～0.005。由此可见，采用两级温控，可将外部温度升降对陀螺温度的影响减小到没有温控时$\frac{1}{200}$以下。

采用拉格朗日方程推导液浮陀螺的运动方程。将液浮陀螺看做是由壳体、浮子和转子三部分组成的机械系统。

设 $OX_1Y_1Z_1$（见图 2－1）为在惯性空间位置不变的坐标系，$OXYZ$ 为与浮子固连的坐标系。浮子相对壳体的位置和运动由角度 $\beta$ 和角速度 $\dot{\beta}$ 决定。设输入角速度（被测角速度）矢量 $\boldsymbol{\omega}$ 是常值，并指向 $OZ_1$ 轴。转子相对于浮子的位置和运动取决于循环坐标——角度 $\varphi$ 和角速度 $\dot{\varphi}$。

二阶拉格朗日方程的形式为

$$\begin{cases}\frac{\mathrm{d}}{\mathrm{d}t}\left(\frac{\partial E}{\partial \dot{\beta}}\right)-\frac{\partial E}{\partial \beta}=Q_{\beta} \\ \frac{\mathrm{d}}{\mathrm{d}t}\left(\frac{\partial E}{\partial \dot{\varphi}}\right)-\frac{\partial E}{\partial \varphi}=Q_{\varphi}\end{cases} \tag{2-1}$$

式中 $E$——系统动能；

$Q_\beta$，$Q_\varphi$——广义力；

$\beta$，$\varphi$，$\dot{\beta}$，$\dot{\varphi}$——广义坐标和广义速度。

系统动能表达式可写成

$$E=\frac{1}{2}(A_2+B_1+A\cos^2\beta)\omega^2+\frac{A_1+A}{2}\dot{\beta}^2+\frac{B}{2}(\dot{\varphi}+\omega\sin\beta)^2 \tag{2-2}$$

式中 $A_2$——壳体相对 $OZ_1$ 轴的惯性力矩；

$A_1$，$B_1=C_1$——浮子相对 $OX$，$OY$，$OZ$ 轴的惯性力矩；

$A$，$B$——转子相对 $OX$（$OZ$）和 $OY$ 轴的惯性力矩。

考虑弹性力矩和阻尼力矩以及达到稳态后电机转子与旋转阻力矩相平衡，广义力 $Q_\beta$，$Q_\varphi$ 的表达式可写成

$$\begin{cases}Q_\beta=-k_y\beta-k_D\dot{\beta}\\Q_\varphi=0\end{cases} \tag{2-3}$$

式中 $k_y$——弹力系数；

$k_D$——阻尼系数。

利用拉格朗日公式，得到第一个液浮陀螺运动方程

$$(A_1+A)\ddot{\beta}+k_D\dot{\beta}+k_y\beta=H\omega\cos\beta+(B-A)\frac{\omega^2}{2}\sin 2\beta \tag{2-4}$$

在实际应用中，因为转子的旋转角速度 $\dot{\varphi}$ 非常大（每分钟几千转甚至几万转），则可以认为 $\dot{\varphi}+\omega\sin\beta\approx\dot{\varphi}$，从第二个拉格朗日方程可知，转子的动量矩为常值 $H=B\dot{\varphi}=\text{const}$ 。

可以看出，为保证陀螺传感器参数的线性度、高精度和工作有效性，必须使 $\cos\beta\approx1$ 和 $A=B$，即陀螺传感器浮子的转角应相当小，转子主轴的惯性矩应当相等。

在具备上述条件的情况下，液浮陀螺的运动方程，也就是它的数学模型为

$$\ddot{\beta}+k_D^*\dot{\beta}+k_y^*\beta=H^*\omega \tag{2-5}$$

式中 $k_D^*=\frac{k_D}{(A_1+A}$）——引用阻尼系数；

$k_y^* = \dfrac{k_y}{(A_1 + A)}$——引用弹性系数；

$H^* = \dfrac{H}{(A_1 + A)}$——引用动量矩。

通过对方程（2-5）的分析可以看出，液浮陀螺可以作为运动载体的角速度传感器（角速度测量仪）使用，也可用作角速度积分的测量仪，即载体转动角度的测量仪。

事实上，从数学模型（2-5）可知，在稳定状态下，浮子的转角 $\beta$ 与载体的角速度 $H^* \omega / k_y^*$ 成正比。

但是，如果取消浮子与壳体的弹性联结，使 $k_y^* = 0$，则陀螺运动方程变成

$$\ddot{\beta} + k_{\mathrm{D}}^* \dot{\beta} = H^* \omega \tag{2-6}$$

可以看出，在稳定状态，浮子的转角与载体角速度的积分成正比，$\dfrac{H}{k_{\mathrm{D}}^*} \int_0^t \omega \mathrm{d}t$。因此，数学模型（2-6）所描述的这种液浮陀螺叫做液浮积分陀螺。

液浮陀螺的结构形式多种多样。为了使外形尺寸小型化，常采用球形浮子；为增大阻尼系数，采用带叶片的浮子；为了有规律地改变阻尼性能，在浮子和壳体之间的工作间隙中增加一些间隔环等。

研究液浮陀螺的目的在于保证仪表具有要求的性能和减小仪表误差。由于这种陀螺的最显著特点是液浮支承，因此，这种陀螺的误差分析和改进措施与支承液体的流体力学和不等温现象密切相关。

下面讲述对于液浮陀螺来说最迫切和最重要的几个研究课题。

液浮陀螺是一种有发热源、有温控系统的复杂多组元结构。为了研究液浮陀螺的热过程，最好应用本书第 1 章中讲述的算法和改进了的基本平衡关系式。

### 2.1.1　液浮陀螺圆筒形间隙中偏移对流力矩的研究

当温度场分布不均匀时，液浮陀螺在重力场作用下，浮子和壳体之间的工作间隙中产生黏性支承液体的对流。这种对流造成偏移

力矩，偏移力矩作用在浮子上，从而产生测量误差。

按照参考文献［16，18，36］的设想，用极坐标 $r$，$\varphi$ 表示的微小环形间隙中黏性液体不等温流动的性能（当只在质量力中考虑温度变化时称为奥伯贝克-布希涅斯近似），解算方程组和关系式的形式如下所示。

1）极坐标中的纳维-斯托克斯方程（图 2-3）

$$\frac{\partial^2 V_\varphi(z,\ \varphi)}{\partial z^2}=\frac{1}{\mu R}\cdot\frac{\partial P(\varphi)}{\partial\varphi}-\frac{F_\varphi(\varphi)}{v} \tag{2-7}$$

2）重力在 $\varphi$ 轴上的投影

$$F_\varphi=-g[1-\beta_T\Delta T(\varphi)]\cos\varphi \tag{2-8}$$

3）用著名的傅里叶级数表示的浮子与壳体工作间隙中温度场结构

$$\Delta T(\varphi)=\Delta T^0\left(\frac{a_0}{2}+\sum_{n=1}^{\infty}a_n\cos n\varphi+b_n\sin n\varphi\right) \tag{2-9}$$

4）边界条件

$$V_\varphi(0,\ \varphi)=V_\varphi(h,\ \varphi)=0 \tag{2-10}$$

5）浮子表面的切向应力

$$\tau_{r\varphi}\big|_{z=0}=\mu\frac{\partial V_\varphi}{\partial z}\bigg|_{z=0} \tag{2-11}$$

6）对流力矩（或称阻尼力矩）

$$M_{\mathrm{om}}=R^2L\int_0^{2\pi}\tau_{r\varphi}\bigg|_{z=0}\mathrm{d}\varphi \tag{2-12}$$

式中 $z=r-R$；

$V_\varphi$（$z$，$\varphi$）——流速矢量分量的投影；

$P$（$\varphi$）——压力；

$h$——间隙大小；

$R$——浮子半径；

$\Delta T^0$——工作间隙中的最大温差，即最大温降；

$\mu$——动态黏度；

$L$——浮子长度；

$r$，$\varphi$——极坐标。

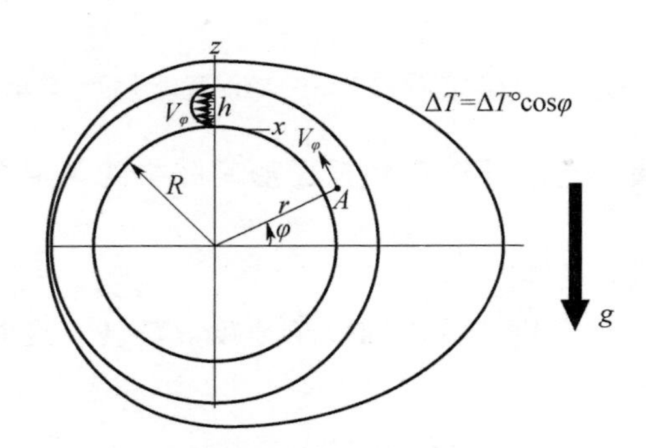


图 2-3　圆筒形液浮陀螺中对流偏移力矩的研究

考虑边界条件（2-10），对式（2-7）进行 $z$ 的积分，得

$$\begin{cases} V_\varphi = \left(\dfrac{1}{\mu R}\dfrac{\mathrm{d}P}{\mathrm{d}\varphi} - \dfrac{F_\varphi}{v}\right)(z^2 - zh)/2 \\ \dfrac{\partial V_\varphi}{\partial z} = \left(\dfrac{1}{\mu R}\dfrac{\mathrm{d}P}{\mathrm{d}\varphi} - \dfrac{F_\varphi}{v}\right)\left(z - \dfrac{h}{2}\right) \end{cases}$$

由此可知，浮子表面的切向应力为

$$\tau_{r\varphi}\big|_{z=0} = \mu\frac{\partial V_\varphi}{\partial z}\bigg|_{z=0} = \frac{F_\varphi \rho h}{2} - \frac{h}{2R}\frac{\mathrm{d}P}{\mathrm{d}\varphi}$$

根据式（2-12）计算对流力矩，有

$$M_{\text{om}} = \frac{\rho h R^2 L}{2}\int_0^{2\pi} F_\varphi \mathrm{d}\varphi - \frac{RLh}{2}\int_0^{2\pi} \mathrm{d}P \qquad (2-13)$$

由于环形间隙是闭合的，式（2-13）中

$$\int_0^{2\pi} \mathrm{d}P = P(2\pi) - P(0) = 0$$

考虑式（2-8）和式（2-9），计算式（2-13）中第一项的积分，得到对流力矩的表达式

$$M_{\text{om}} = 0.5\pi\rho R^2 h L g \beta_T \Delta T^0 a_1 \qquad (2-14)$$

分析对流力矩的表达式（2-14），可以看出，当最大过热点位于

侧面，即 $a_1 \neq 0$ 时，产生对流力矩（见图 2－3 中所示温度场）。对流力矩与浮子半径的平方成正比，与工作间隙、浮子长度和温度落差成正比。

用这种方法还可以确定圆筒形和球形液浮静压支承的阻尼力矩。

### 2.1.2　确定液浮陀螺圆筒形和球面形间隙中的阻尼力矩

#### 2.1.2.1　圆筒形支承

假设圆筒形浮子绕其输出轴以角速度 $\beta$ 旋转。这时流速的边界条件表达形式为

$$\begin{cases} V_{\varphi}(0,\ \varphi) = R\dot{\beta} \\ V_{\varphi}(h,\ \varphi) = 0 \end{cases} \tag{2-15}$$

请看方程（2－7）。设 $F_{\varphi}=0$，则得到

$$\frac{\partial^2 V_{\varphi}}{\partial z^2} = \frac{1}{\mu R}\frac{\partial P}{\partial \varphi} \tag{2-16}$$

对式（2－16）进行积分，得

$$\begin{cases} \dfrac{\partial V_{\varphi}}{\partial z} = \dfrac{1}{\mu R}\dfrac{\partial P}{\partial \varphi} z + D_1(\varphi) \\ V_{\varphi} = \dfrac{1}{\mu R} \cdot \dfrac{\partial P}{\partial \varphi} \cdot \dfrac{z^2}{2} + D_1(\varphi)\ z + D_2(\varphi) \end{cases}$$

根据边界条件（2－15），求出常数 $D_1$，$D_2$

$$\begin{cases} D_1 = -\dfrac{1}{\mu R}\dfrac{h}{2}\dfrac{\mathrm{d}P}{\mathrm{d}\varphi} - \dfrac{R}{h}\dot{\beta} \\ D_2 = R\dot{\beta} \end{cases}$$

这时

$$\tau_{r\varphi}\big|_{z=0} = \mu\frac{\partial V_{\varphi}}{\partial z}\bigg|_{z=0} = -\frac{h}{2R}\frac{\mathrm{d}P}{\mathrm{d}\varphi} - \frac{\mu R}{h}\dot{\beta}$$

根据式（2－12），阻尼力矩为

$$M_{\mathrm{om,D}} = -\frac{2\pi\mu R^3 L}{h}\dot{\beta} \tag{2-17}$$

可以看出，液浮陀螺间隙中的阻尼力矩与支承液体的黏度成正

比，与浮子半径的立方成反比，与间隙大小成反比。因此，在实际结构中，为获得需要的阻尼性能，常采用黏度大的支承液体和小的工作间隙（不足 1 mm）。

### 2.1.2.2　球面形支承

请看悬浮在黏性液体中的球面形浮子（图 2－4）。设球面形浮子围绕输出轴 $X$ 轴以角速度 $\dot{\beta}$ 旋转。

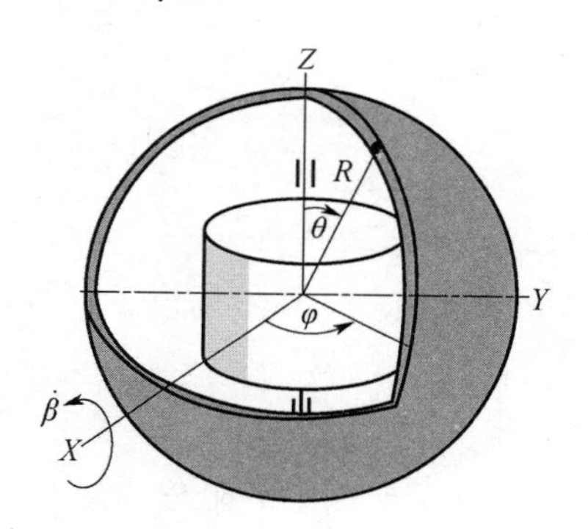


图 2－4　球面形浮子

解算方程组和关系式取下列形式。

1）球面坐标系中的纳维-斯托克斯方程

$$\frac{\partial^2 V_\varphi(\theta, \varphi, \xi)}{\partial \xi^2}=\frac{1}{\mu R\sin\theta}\frac{\partial P(\theta, \varphi)}{\partial \varphi} \tag{2-18}$$

2）边界条件

$$\text{当 } \xi=h \text{ 时}\quad V_\varphi=0$$
$$\text{当 } \xi=0 \text{ 时}\quad V_\varphi=\dot{\beta}R\sin\theta \tag{2-19}$$

3）浮子表面的切向应力

$$\tau_{r\varphi}\Big|_{\xi=0}=\mu\frac{\partial V_\varphi}{\partial \xi}\Big|_{\xi=0} \tag{2-20}$$

4）阻尼力矩

$$M_{\mathrm{om},z}=\iint\limits_{\substack{0\leqslant\varphi\leqslant 2\pi\\ 0\leqslant\theta\leqslant\pi}} R^3\tau_{r\varphi}\Big|_{\xi=0}\sin^2\theta\mathrm{d}\theta\mathrm{d}\varphi \tag{2-21}$$

其中 $$\xi=r-R$$

式中 $r$，$\theta$，$\varphi$——球面坐标；

$V_{\varphi}$（$\theta$，$\varphi$，$\xi$）——液体流速分量；

$R$——浮子半径；

$h$——浮子与壳体之间的间隙。

对式（2-18）取 $\xi$ 的积分，得

$$\begin{cases}\dfrac{\partial V_{\varphi}}{\partial \xi}=\dfrac{1}{\mu R\sin\theta}\dfrac{\partial P}{\partial\varphi}\xi+D_1(\theta,\varphi)\\ V_{\varphi}=\dfrac{1}{\mu R\sin\theta}\dfrac{\partial P}{\partial\varphi}\xi^2+D_1(\theta,\varphi)\xi+D_2(\theta,\varphi)\end{cases}$$

根据边界条件（2-19）、表达式（2-20）以及式（2-21），并考虑到 $P(\theta,2\pi)-P(\theta,0)=0$，阻尼力矩可写成下面的形式

$$M_{\mathrm{om,D}}=-\iint\limits_{\substack{0\leqslant\varphi\leqslant 2\pi\\0\leqslant\theta\leqslant\pi}}\frac{\mu\dot{\beta}R^4\sin^3\theta}{h}\mathrm{d}\theta\mathrm{d}\varphi=-\frac{8\mu R^4\pi}{3h}\dot{\beta} \tag{2-22}$$

可以看出，球面形液浮支承中的阻尼力矩与浮子半径的四次方成正比。这就使我们可以在外形尺寸较小的情况下获得需要的阻尼力矩（与圆筒形支承相比）。

### 2.1.3 计算不均匀温度场和重力场中支承液体作用在非圆形浮子上的主矢量和主力矩

在液浮陀螺结构设计中，为了增大阻尼，在许多时候，不采用光滑的圆筒形浮子，而采用有凸起（叶片）的浮子。

图 2-5 所示为双叶片浮子和三叶片浮子两种方案，角度 $\Phi$ 决定浮子相对加速度 $g$ 的方位。

在有加速度时，由工作间隙中温度场的不均匀性决定的支承液体密度的不均匀性，不仅会产生对流，还会出现作用在浮子上的流体静压力。

这种流体静压力与浮子相互作用的性质很大程度上取决于浮子的形状。这对于带叶片的浮子结构特别重要。因此，提出在考虑液体对流的同时，计算不均匀温度场和重力场中作用在非圆形浮子上

的液体静压力的主矢量和主力矩的任务。

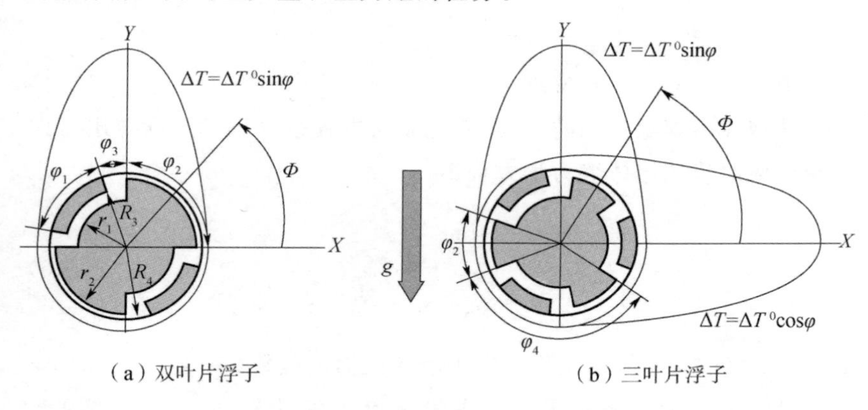


（a）双叶片浮子　　（b）三叶片浮子

图 2-5　浮子上带叶片的液浮陀螺

解决这个问题，需要做一系列设想。

1）关于支承液体在工作间隙中流动的性质；

2）支承液体密度与温度的关系；

3）关于温度场形状的设想；

4）非圆形浮子（其中包括带叶片的浮子）的傅里叶级数。

支承液体密度与温度的关系如下

$$\rho=\rho_0\ [1-\beta_T\Delta T] \tag{2-23}$$

式中　$\beta_T$——液体的体膨胀温度系数。

工作间隙中的温度场是已知的［式（2-9）］

$$\Delta T\ (\varphi)\ =\Delta T^0\left(\frac{a_0}{2}+\sum_{n=1}^{\infty}a_n\cos n\varphi+b_n\sin n\varphi\right)$$

通常，浮子具有非理想的圆筒形状（包括圆筒形浮子和带叶片的浮子），用下列傅里叶级数描述

$$r=r_0+\delta\left(\frac{c_0^{\Phi}}{2}+\sum_{n=1}^{\infty}c_n^{\Phi}\cos n\varphi+p_n^{\Phi}\sin n\varphi\right) \tag{2-24}$$

式中　$r_0$——浮子的额定半径；

$\delta$——表征圆筒形浮子不圆度的参数；

$\delta/r_0 \ll 1$；

$c_n^{\Phi}$，$p_n^{\Phi}$——傅里叶级数的系数。

提出的任务分两步解决。

从液体不等温运动的纳维-斯托克斯方程组（1-3）推导出考虑支承液体对流的流体静力学方程组

$$\begin{cases} \dfrac{\partial P}{\partial r} = -\rho g \sin\varphi \\ \dfrac{1}{r}\dfrac{\partial P}{\partial \varphi} = -\rho g \cos\varphi - \dfrac{\rho g a_1 \beta_T \Delta T^0}{2} \end{cases} \tag{2-25}$$

式中　$P(r,\varphi)$——工作间隙中液体压力的函数。

然后，计算液体静压力的主矢量 $\boldsymbol{R}$ 和主力矩 $M$，从参考文献[36]可知

$$\begin{cases} \boldsymbol{R} = -\int\limits_{\Omega} \mathrm{grad} P \mathrm{d}\Omega \\ M = -\int\limits_{\Omega} [\boldsymbol{r} \times \mathrm{grad} P] \mathrm{d}\Omega \end{cases} \tag{2-26}$$

浮子体积受到范围 $\Omega$ 和浮子长度 $\ell$ 的限制

$$\begin{cases} 0 \leqslant \varphi \leqslant 2\pi \\ -\dfrac{\ell}{2} \leqslant z \leqslant \dfrac{\ell}{2} \\ 0 \leqslant r \leqslant r_0 + \delta\left(\dfrac{c_0^{\Phi}}{2} + \sum\limits_{n=1}^{\infty} c_n^{\Phi} \cos n\varphi + p_n^{\Phi} \sin n\varphi\right) \end{cases} \tag{2-27}$$

在圆柱坐标系中算出积分式（2-26），并考虑式（2-25）和式（2-27），得

$$R_x = -g\rho_0 a_1 \beta_T \Delta T^0 l r_0 \pi \delta p_1^{\Phi}/2 \tag{2-28}$$

$$R_y = g\rho_0 \ell r_0^2 \pi \left[1 - \frac{\beta_T \Delta T^0 a_0}{2} + \frac{\delta}{r_0} c_0^{\Phi} - \frac{\delta}{r_0} \beta_T \Delta T^0 \cdot \left(\frac{a_0 c_0^{\Phi}}{2} + b_1 p_1^{\Phi} + \frac{a_1 c_1^{\Phi}}{2} + \sum_{n=2}^{\infty} a_n c_n^{\Phi} + b_n p_n^{\Phi}\right)\right] \tag{2-29}$$

$$R_z = 0 \quad M_x = M_y = 0 \tag{2-30}$$

$$M_z = g\rho_0 \ell r_0^2 \pi\delta \Big\{ c_1^{\Phi} - \frac{\beta_T \Delta T^0}{2} [a_0 c_1^{\Phi} + b_1 p_2^{\Phi} + a_1 c_2^{\Phi} + \sum_{n=2}^{\infty} a_n (c_{n+1}^{\Phi} + c_{n-1}^{\Phi}) + b_n (p_{n+1}^{\Phi} + p_{n-1}^{\Phi})] \Big\} \tag{2-31}$$

用式（2－28）～式（2－31）可以算出叶片形浮子液浮陀螺流体静压主矢量和主力矩分量。

可以把浮子展开成“脉冲函数”，其周期为 $\tau$，脉冲宽度为 $\tau_0$，这时描述带 $N=2\pi/\tau$ 个叶片的浮子形状（图 2－5）的傅里叶级数具有下列形式

$$r(\varphi) = r_1 + (r_2 - r_1) \left[ \frac{\tau_0}{\tau} + \frac{2}{\pi} \sum_{n=1}^{\infty} \frac{1}{n} \sin\left(\frac{\pi n \tau_0}{\tau}\right) \cos Nn (\Phi - \varphi) \right] \tag{2-32}$$

式中　$\Phi$——浮子相对加速度 $g$ 的方位角。

现在讨论叶片数量和浮子形状不同，工作间隙中温度场分布恒定的流体静压主矢量和主力矩 $R_x$，$R_y$，$M_z$ 表达式（2－28）～式(2－31）的几种特殊情况（见图 2－5 和表 2－1）。

**表 2－1　浮子上有叶片的液浮陀螺工作间隙中的液体静压力和液体静压力矩**

| 叶片数量和浮子形状 | 温度场形状 | 液体静压力 | 液体静压力矩 |
|---|---|---|---|
| $N=2$<br>$\tau=\pi$<br>$\tau_0=\pi/2$<br>$\tau_0/\tau=1/2$ | $\Delta T(\varphi)=\Delta T^0 \sin\varphi$<br>$b_1=1$<br>$a_0=a_1=a_n=b_n=0$<br>$n=2, 3, 4, \cdots$ | $R_x=R_z=0$<br>$R_y=g\ell\pi\rho_0 r_1 r_2$ | $M_x=M_y=0$<br>$M_z=-g\ell\rho_0 r_1^2 \cdot$<br>$(r_2-r_1)\beta_T \Delta T^0 \sin 2\Phi$ |
| $N=3$<br>$\tau=2\pi/3$<br>$\tau_0=\pi/3$<br>$\tau_0/\tau=1/2$ | $\Delta T(\varphi)=\Delta T^0 \sin\varphi$<br>$b_1=1$<br>$a_0=a_1=a_n=b_n=0$<br>$n=2, 3, 4, \cdots$ | $R_x=R_z=0$<br>$R_y=g\ell\pi\rho_0 r_1 r_2$ | $M_x=M_y=0$<br>$M_z=0$ |

从得到的表达式和表 2－1 可以看出，对于双叶片转子和工作间隙中的温度场形状为 $\Delta T=\Delta T^0 \sin\varphi$ 时（最大过热发生在工作间隙上方的点），力矩 $M_z$ 是 $\sin 2\Phi$ 的函数，即浮子相对 $g$ 定位的函数。

图 2 - 5(a) 表示出，当工作间隙中的温度场形状为 $\Delta T=\Delta T^0\sin\varphi$ 时，双叶片浮子最不利的位置（$\Phi=\pi/4$），这时流体静压力矩达到最大值。

当工作间隙中的温度场形状为 $\Delta T=\Delta T^0\sin\varphi$ 时，主矢量的分量 $R_y$ 与浮子的方位无关。

对于三叶片浮子，当工作间隙中的温度场形状为 $\Delta T=\Delta T^0\sin\varphi$ 时，流体静压力矩 $M_z=0$。

因此，为了使流体静压的影响减至最小，最好采用叶片对称分布的浮子，而且叶片数量应大于 2。

对于双叶片浮子液浮陀螺和温度下降为 $\Delta T^0=1$ ℃的温度场，流体静压力矩的最大值为 $M_z=0.1\times10^{-7}$ N·m。当液浮陀螺角动量 $H=0.04$ Nmf 时，流体静压力产生的液浮陀螺热漂移为 $\omega_{dr}=M_z/H\approx0.05$（°）/h，这对于惯导系统中使用的陀螺是相当可观的。

因此，得到的式（2 - 28）～式（2 - 31）和由它们推导出的关系式，对浮子上带叶片的液浮陀螺来说，可以用来计算流体静压力和力矩，作为工作液体、温度场和工作间隙几何形状的函数。从而利用浮子的浮动条件，确定液浮陀螺的热漂移。

### 2.1.4 受温度干扰的液浮陀螺热漂移的最小化

由于对陀螺传感器精度要求的不断提高，使得不均匀和不稳定温度场引起的液浮陀螺误差最小化问题变得十分重要和迫切。

对于某些类型的液浮陀螺（例如，对遥测系统中用的角速度传感器），没有必要专门解决减小温度漂移的问题，只要用相应的方法鉴定陀螺就足够了。对于另一些类型的液浮陀螺（例如，液浮积分陀螺）只进行鉴定还不够，需要研制减小温度漂移的方法。

减小液浮陀螺的热漂移有两个途径：

1）针对陀螺漂移的根本原因——温度场，使温度场变得稳定和均匀；

2）用各种方法补偿由于陀螺温度场不均匀引起的力矩。

从发生在传感器中的实际过程看，影响陀螺漂移的是各种干扰力矩的总和（其中包括非温度原因），因此，第二个途径比较复杂。此外，第二个途径不能消除产生干扰力矩的根本原因，而仅仅是补偿干扰力矩。

用某些结构变化影响陀螺的温度场效果最好。而建立的干扰力矩和热漂移的数学模型，可用于控制或参数最佳化。

为了实施选中的减小液浮陀螺温度误差的第一种途径，必须讨论其温度场的最佳控制问题。

由于这项任务相当复杂，在寻找最佳条件时，我们采用试验规划法理论和热过程、温度干扰因素、液浮陀螺误差数学模型[1,16]。在这种情况下，我们将讨论工作间隙中由于对流力矩作用产生的液浮陀螺的主要温度误差。

给出结构变化参数，作为数学模型的输入数据，在计算机上计算后，得到温度场、对流力矩和相应的陀螺漂移参数。

根据试验规划理论，变换结构参数，可以减小对流力矩，从而使对流力矩引起的液浮陀螺温度误差达到最小。请看典型的有加热和温度调节系统的液浮积分陀螺。需要找到额定加热总功率 $Q_0$ 不变的情况下，加热功率沿液浮陀螺表面的这样一种分配规律，使它能够保证与液浮积分陀螺加热系统结构没变化时相比，对流力矩大大减小。

液浮陀螺表面理想的均匀分配加温功率，简单明了（每一个单元体积上分配的功率为 $Q_0/L_0$，此处 $L_0$ 为单元体积的数量）。

但是，数学仿真和实验都证明，这样分配加温功率，工作间隙中的对流力矩没有明显减小。这是由于结构不对称、液浮陀螺与外部介质的热交换条件、液浮陀螺内部电器元件散热不均匀等原因造成的。

另外一个加热功率的分配规律是，在液浮陀螺工作间隙区域，进行适合稳定温度场的均匀加温（或不加温）。

根据建立的液浮陀螺热过程数学模型，设想在稳定状态、工作

间隙中的热分配函数为下列无量纲形式

$$f_{ij}=\left(\sum_{n=1}^{N_{\varphi}} T_{in}-N_{\varphi}T_{ij}\right)\Big/\sum_{n=1}^{N_{\varphi}} T_{in} \tag{2-33}$$

式中 $i=1, \cdots, N_z$；$j=1, \cdots, N_{\varphi}$；

$i$，$j$——分别为液浮陀螺工作间隙单元体积纵坐标 $z$ 和角坐标 $\varphi$ 的下标；

$T_{in}$，$T_{ij}$——工作间隙中的温度值。

根据建立的热模型和数学模型，设想加热功率在液浮陀螺表面的分配函数也是无量纲形式

$$\widetilde{Q}_{ij}=\frac{L_0 Q_{ij}-Q_0}{Q_0} \tag{2-34}$$

其中

$$L_0=N_z N_{\varphi}$$

式中 $Q_{ij}$——液浮陀螺表面的发热功率。

这时，与温度分配函数对应的加温功率分配函数可以写成

$$\widetilde{Q}_{ij}=A_i f_{ij} \tag{2-35}$$

式中 $A_i$——表征 $\widetilde{Q}_{ij}$ 与 $f_{ij}$ 区别的未知函数。

由式（2-34）和式（2-35）可得加温功率的变化规律

$$Q_{ij}=\frac{Q_0}{L_0}\left(A_i f_{ij}+1\right) \tag{2-36}$$

现在，任务变成了在 $Q_0$，$f_{ij}$ 给定（已知）的情况下，确定 $A_i$ 的值，使加热功率按式（2-36）变化，以保证对流力矩减小。

对于我们所研究的这种液浮陀螺和所建热过程数学模型，$N_z=6$，$N_{\varphi}=12$。

作为最佳参数，取作用在浮子上的对流力矩 $M_k$ 的稳态值，即当液浮陀螺相对 $g$ 的位置使该力矩达到最大时的值。

对所选最佳参数的要求满足了。它是通用的，用一个数表示，有物理意义，对所有不同的状态都存在。

期望的结果：与加热系统结构没变化的陀螺相比，尽量减小 $M_k$。

在加热功率变化规律式（2-36）中选取系数 $A_i$ 的值作为因数。

对所选因数的要求满足了。它们是可控的、单值相容的、独立的。

从发热源功率非负数这个条件出发，寻找因数 $A_i$ 的所在区域

$$i=1,\cdots,N_z;\ j=1,\cdots,N_\varphi;\ (A_i f_{ij}+1)\geqslant 0 \quad (2-37)$$

选择下列响应函数形式

$$M_k=b_0+\sum_{i=1}^{N_z} b_i A_i \quad (2-38)$$

设热源功率的分配规律接近均匀分配，选每一个因数的基本水平值接近它们所在区域的下限。

间隔变动值，规划矩阵的基本水平、高水平、低水平和其他需要的性能如表 2-2 所示。

进行了液浮陀螺热过程数学模型的分数因子实验（1/8 重复 $2^6$ 次）。根据规划试验方法理论，进行了回归方程（2-38）系数 $b_i$ 的计算，用统计数据和方法加工出数学仿真的结果。

算出了完全相符的方差、重复性、回归方程系数的方差，用柯荷利判据检验了方差的均匀性，用菲舍尔判据检验了所用模型式(2-38)的相符性，还检验了系数 $b_i$ 的作用。

根据对响应函数（2-38）分析的结果和算出的系数，作出决定，对所有因数 $A_i$ 实施按梯度运动，实行了按梯度急剧上升。计算数据填入表 2-2。进行了计算机试验 No. 10，13，16，20 。在 No. 16 计算机试验中得到的结果最好。为了研究温度调节系统的精度对对流力矩 $M_k$ 的影响，进行了 No. 21 试验。试验中选用了 No. 16 试验用过的 $A_i$ 值，温度调节系统灵敏度间隔则选用（40±0.05)℃。

这样，我们找到了液浮陀螺表面加热功率分配规律的参数 $A_i$，在温度足够精确的情况下，可以使稳态对流力矩减小到原来的 1/7。

**表 2-2 液浮陀螺温度误差最小化方法：规划矩阵，计算机试验结果，急剧上升因数的自然值和最佳参数**

| 因数的自然值和最佳参数 | | $A_1$ | $A_2$ | $A_3$ | $A_4$ | $A_5$ | $A_6$ | $\lvert M\rvert\cdot10^7$/N·m |
|---|---|---|---|---|---|---|---|---|
| 基本水平 | | 10 | 10 | 10 | 10 | 10 | 10 | |
| 变动水平 $J_i$ | | 5 | 5 | 5 | 5 | 5 | 5 | |
| 高水平 | | 15 | 15 | 15 | 15 | 15 | 15 | |
| 低水平 | | 5 | 5 | 5 | 5 | 5 | 5 | |
| 加温系统改变前的检验计算 | | | | | | | | 0.4 |
| 因数的编码值 | | $A_1$ | $A_2$ | $A_3$ | $A_4$ | $A_5$ | $A_6$ | $\lvert M\rvert\cdot10^7$/N·m |
| 数学模型试验（重复 $2^6\sim2^3$ 次，用关系式 $A_4=A_1A_2A_3$，$A_5=A_1A_2$，$A_6=A_2\cdot A_3$），温度调节系统灵敏度间隔（40±0.5）℃ | 1 | + | + | + | + | + | + | 0.296 |
| | 2 | − | + | + | − | − | + | 0.344 |
| | 3 | + | − | + | − | − | − | 0.355 |
| | 4 | − | − | + | + | + | − | 0.322 |
| | 5 | + | + | − | − | + | − | 0.349 |
| | 6 | − | + | − | + | − | − | 0.341 |
| | 7 | + | − | − | + | − | + | 0.339 |
| | 8 | − | − | − | − | + | + | 0.352 |
| 回归系数 | $b_0$ | $b_1$ | $b_2$ | $b_3$ | $b_4$ | $b_5$ | $b_6$ | |
| | 0.337 | −0.003 | −0.005 | −0.008 | −0.013 | −0.008 | −0.005 | |
| 梯度分量 $b_iJ_i$ | | −1.25 | −2.40 | −4.00 | −6.40 | −3.75 | −2.25 | |
| 因数的自然值 | | $A_1$ | $A_2$ | $A_3$ | $A_4$ | $A_5$ | $A_6$ | $\lvert M\rvert\cdot10^7$/N·m |
| 急剧上升，温度调节系统灵敏度的积分（40±0.5）℃ | 9 | 11.25 | 12.4 | 14 | 16.4 | 13.75 | 12.25 | 0.31 |
| | 10* | 12.5 | 14.8 | 18 | 22.8 | 17.5 | 14.5 | |
| | 11 | 13.75 | 17.2 | 22 | 29.2 | 21.25 | 16.75 | |
| | 12 | 15 | 19.6 | 26 | 35.6 | 25 | 19 | 0.25 |
| | 13* | 16.25 | 22 | 30 | 42 | 28.75 | 21.25 | |
| | 14 | 17.5 | 24.4 | 34 | 42 | 32.5 | 23.5 | |
| | 15 | 18.75 | 26.8 | 38 | 42 | 36.25 | 25.75 | **0.22** |
| | 16* | **20** | **29.2** | **42** | **42** | **40** | **28** | |
| | 17 | 21.25 | 31.6 | 46 | 42 | 43.75 | 30.25 | |
| | 18 | 22.5 | 34 | 50 | 42 | 47.5 | 32.5 | |
| | 19 | 23.75 | 36.4 | 54 | 42 | 51.25 | 34.75 | |
| | 20* | 25 | 38.8 | 58 | 42 | 55 | 37 | 0.38 |
| 计算机试验 No. 16，温度调节系统灵敏度间隔（40±0.05）℃ | 21 | **20** | **29.2** | **42** | **42** | **40** | **28** | **0.061** |

注：* 为计算机试验结果。

## 2.2　热作用条件下的动力调谐陀螺

最简单的转子振动惯性信息传感器——动力调谐陀螺[8,40]是由快速旋转的转子 1、驱动轴 2、驱动电机 3 和弹性扭杆 4 组成的［图 2-6 (a)］。转子安装在驱动电机的轴上。转子与轴通过挠性扭杆连接，扭杆的抗扭刚度 $c_1$ 是有限的，抗弯刚度是无限的（例如把扭杆的横截面制作成十字形）。驱动电机的轴以常值角速度 $\Omega=\dot{\gamma}$ 旋转。转子的动量矩 $H=A\Omega$ 为常值，其中 $A$ 为转子的转动惯量，即惯性力矩。

当基座（陀螺壳体）以被测角速度 $\omega$ 旋转时，产生陀螺力矩 $M=H\times\omega$。陀螺力矩使转子绕扭杆振动，这种振动与基座的旋转角速度成正比。

就是说，转子振动惯性信息传感器的作用原理是基于基座的牵连角速度引起的，与驱动电机旋转轴具有挠性连接的运动转子的谐振。

振动幅值与基座牵连角速度的大小有关，振动相位则取决于基座的旋转方向。在这种类型的陀螺中，可以通过选择扭杆的弹性使振动幅值达到最大，因为扭杆的弹性与转子的惯性有关，也与转子旋转的角速度有关。这种选择参数的方法叫做动力调谐，而这种传感器叫做动力调谐陀螺。

可利用拉格朗日方程推导动力调谐陀螺的运动方程（建立数学模型）。

我们将动力调谐陀螺看做是一个由转子和与转子挠性连接的轴组成的机械系统。轴以常值角速度 $\Omega=\dot{\gamma}$ 旋转。

建立坐标系如图 2-6 (b) 所示。

$OX_1Y_1Z_1$——与基座固连的相对惯性空间不变的坐标系；

$OXYZ$——与旋转转子相连的坐标系。

转子自转角为 $\gamma$，转子相对扭杆轴的转角为 $\theta$。系统有两个自由度。我们将 $\theta$，$\gamma$ 角作为广义坐标。

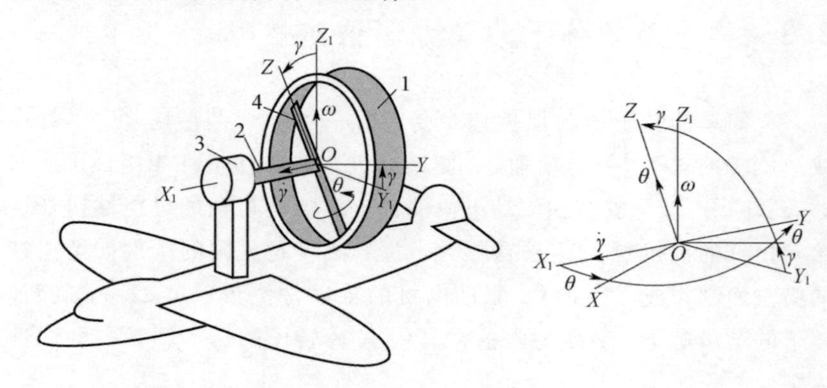


(a) 运动图　　(b) 坐标系

(c) 结构元件

图 2-6　转子振动动力调谐陀螺

1—转子；2—驱动电机的轴；3—驱动电机；4—弹性扭杆

坐标 $\gamma$ 是周期性的。因此，相对 $OZ$ 轴，我们可以只研究一个方程。假设陀螺基座以常值角速度 $\omega$ 绕 $OZ_1$ 轴旋转。

二阶拉格朗日方程的形式为

$$\frac{\partial}{\partial t}\left(\frac{\partial E}{\partial \dot{\theta}}\right)-\frac{\partial E}{\partial \theta}=Q_{\theta} \tag{2-39}$$

式中　$E$——转子动能；

$Q_\theta$——广义力；

$\theta$，$\dot{\theta}$——广义坐标和广义速度。

动能表达式的形式为

$$E=\frac{A}{2}(\dot{\gamma}\cos\theta+\omega\sin\gamma\sin\theta)^2+\frac{B}{2}(\omega\sin\gamma\cos\theta-\dot{\gamma}\sin\theta)^2+\frac{C}{2}(\dot{\theta}+\omega\cos\gamma)^2 \tag{2-40}$$

式中　$A$，$B$，$C$——分别为转子相对 $OX$，$OY$，$OZ$ 轴的转动惯量，即惯性矩。

广义力 $Q_\theta$ 的表达式，在考虑扭杆弹力和能量耗散后的形式为

$$Q_\theta=-c_1\theta-f\dot{\theta} \tag{2-41}$$

式中　$c_1$——扭杆的抗扭刚度；

$f$——能量耗散系数。

利用拉格朗日方程，即算出拉格朗日方程（2-39）的各分量，并考虑动能表达式（2-40）和广义力表达式（2-41）后，得到动力调谐陀螺的运动方程如下

$$C\ddot{\theta}+f\dot{\theta}+c_1\theta+(B-A)\left(\frac{\omega^2}{2}\sin^2\gamma\sin2\theta+\dot{\gamma}\omega\sin\gamma\cos2\theta-\frac{\dot{\gamma}^2}{2}\sin2\theta\right)-C\omega\dot{\gamma}\sin\gamma=0 \tag{2-42}$$

由于 $\theta$ 角很小，则 $\sin2\theta\approx2\theta$，$\cos2\theta\approx1$。

设转子是理想对称的，则 $B=C$ 。由于被测角速度比转子的旋转角速度小许多，即 $\omega\ll\dot{\gamma}$，且 $H=A\dot{\gamma}$，$\gamma=\Omega t$，从式（2-42）得出动力调谐陀螺线性运动方程

$$\ddot{\theta}+2n\dot{\theta}+c_0^2\theta=H_*\omega\sin\Omega t \tag{2-43}$$

其中

$$2n=\frac{f}{B}$$

$$c_0^2=\frac{c_1+(A-B)\Omega^2}{B}$$

$$H_*=\frac{H}{B}$$

在稳定状态下，方程的解为

$$\theta_{*}=\frac{H_{*}}{\sqrt{(c_0^2-\Omega^2)^2+4n^2\Omega^2}}\omega\sin(\Omega t-\varphi) \tag{2-44}$$

式中的相位由公式 $\tan\varphi=\dfrac{2n\Omega}{c_0^2-\Omega^2}$ 确定。

可以看出，在稳定状态下，转子振动的幅值与被测角速度成正比。

在谐振调谐（动力调谐）时，$c_0^2=\Omega^2$，输出信号的幅值变得很大。

将式（2-43）中 $c_0^2$ 的表达式代入这个条件中，得到动力调谐条件如下

$$\Omega\approx\sqrt{\frac{c_1}{2B-A}} \tag{2-45}$$

此关系式决定了动力调谐陀螺转子自转角速度、转动惯量和扭杆抗扭刚度之间的关系。

动力调谐陀螺非常有趣同时又非常重要的一个特点是：当达到动力调谐时，振幅 $A_{\theta_{*}}=A\omega/f$ 与转子旋转角速度不再有关，而仅仅取决于轴向惯性力矩和能量耗散系数 $f$ 的大小。

如果在制造动力调谐陀螺的过程中，使其没有（或很小）黏性摩擦力（$f=0$），则在动力调谐（$c_0=\Omega$）的情况下，方程（2-43）解的特性发生质的变化。

这时，在初始条件为零的情况下，方程（2-43）的解由永久项决定，其形式为

$$\theta\approx-\frac{A}{2B}\omega t\cos\Omega t$$

由此可知，在动力调谐陀螺不存在黏性摩擦力和动力调谐的条件下，转子振动幅值与基座在惯性坐标系中相对其给定位置的转角成正比。

转子振动惯性传感器的结构根据其用途和功能可分为多种类型。转子的支承可以采用挠性膜片实现，或者采用双万向环挠性内支承

实现。

这种陀螺的结构及其按单元容积编号的热模型实例，如图 2－6（c）和图 1－4（b）所示。

还有一种转子振动惯性传感器，其质心有偏移。这种传感器除敏感基座的旋转角速度外，还能敏感线性加速度。使用一个陀螺，可以同时获得两个角速度分量和一个线性加速度。我们把这种传感器叫做多功能动力调谐陀螺。动力调谐陀螺是一种中等精度和中高精度惯性传感器。

转子振动动力调谐陀螺的研究一般围绕两个方面：

1）保证陀螺特性，如提供精确的动力调谐条件；

2）要尽量降低陀螺误差，其中包括由温度干扰引起的误差。

这种惯性传感器的特点是，需提供必要的工作温度。从这个观点出发，动力调谐陀螺中要有工作温度相当高的加温型温控系统，可使工作温度达到＋75 ℃；同时还要求陀螺的内部空间充质量轻压力小的工作气体，以改善热交换条件。这些特点决定了在动力调谐陀螺中需采用功率较大的热源——陀螺电机，以及信号采集装置（角度传感器和力矩器）。

动力调谐陀螺的温度场为三维温度场，具有分布不均匀、状态不稳定的特点。为了研究解决温度场的计算、分析和直观化问题，通常使用本书第 1 章给出的数学模型、算法和方法。

在建立动力调谐陀螺热模型时，有两种可能。当已知空间方格图叠加在陀螺上时，叫做“硬配置”；当空间方格图依据陀螺的结构配置时，叫做“按零件配置”，如图 2－6（c）所示。

陀螺内部绝对温度的变化影响转动零件惯性力矩的大小，影响转子支承环的刚度，影响动力调谐条件的实现，同时对角度传感器和力矩器的功能也有影响。

由于陀螺零件之间有温度差，沿陀螺转子旋转轴的温差影响陀螺误差。这种温度差是由转子和其他旋转部件材料密度不均匀及转子线膨胀系数不一致等因素引起的。转子线膨胀系数不一致导致转子质心相对支承中心偏移。在转子旋转轴的垂直方向上存在牵连加速度时，将产生偏移力矩，从而造成陀螺漂移。

转子动力调谐惯性传感器热漂移的广义数学模型是由与加速度无关的相和与加速度一次方有关的相组成的[18]，即

$$D=D_{01}+D_{02}+D_{03}+D_{04}+D_{05}+D_{1}w \qquad (2-46)$$

式中 $D_1$——温度变化引起的转子质心位移造成的漂移；

$D_{01}$——结构零件几何参数和热物理参数温度变化引起的漂移；

$D_{02}$——由于温度变化使动力调谐条件被破坏造成的漂移；

$D_{03}$——角度传感器中温度扰动造成的漂移；

$D_{04}$——力矩器中温度扰动造成的漂移；

$D_{05}$——温度变化造成的气动干扰力矩引起的漂移。

式（2-46）中的每一个系数都有自己的特点，这些特点取决于陀螺自身的结构特性和陀螺内部温度场的分布情况。

下面讨论几个迫切而重要的动力调谐陀螺研究课题。

### 2.2.1 对温度作用下动力调谐陀螺转子的积分动态特性的评估

在初始状态，静止和动态读数系统（支承中心）与转子质心重合；动态读数系统的轴与转子惯性主轴重合。

不均匀、不稳定的温度场对转子的作用结果是，转子材料密度在其体积内的再分配和转子形状的变化，从而导致它的积分动态参数发生变化，即惯性力矩的变化及质心相对支承中心的偏移。此外，将下列状态视作初始状态。

温度场的结构是已知的和给定的。转子材料密度与温度的关系为

$$\rho=\rho_0(1-\beta_T T) \qquad (2-47)$$

式中 $\rho_0$——额定温度场密度；

$\beta_T$——密度变化的温度系数；

$T$——温度场。

根据理论力学公式得出惯性力矩和质心偏移的表达式

$$J=\iiint_V \rho r^2 \mathrm{d}V,\ M\boldsymbol{r}_c=\iiint_V \rho \boldsymbol{r}\mathrm{d}V \tag{2-48}$$

式中　$V=V_0+\Delta V_T$——考虑物体变形后的物体体积；

$M$——质量。

为了计算 $\Delta V_T$，需考虑物体相应的边界条件，解决位移中的热弹性准静态问题，即

$$(1-2\nu^*)\nabla^2\boldsymbol{U}+\mathrm{graddiv}\boldsymbol{U}-2(1+\nu^*)\alpha_T\,\mathrm{grad}T=0 \tag{2-49}$$

式中　$\nu^*$——泊松系数；

$\boldsymbol{U}$——位移矢量；

$\alpha_T$——线性热膨胀系数；

$\nabla^2$——拉普拉斯算子。

解研究课题 1。假设有一个均匀的、很薄的扭杆，它的中点被牢牢固定，它代表理想化的一阶动力调谐陀螺转子，见图 2－7。

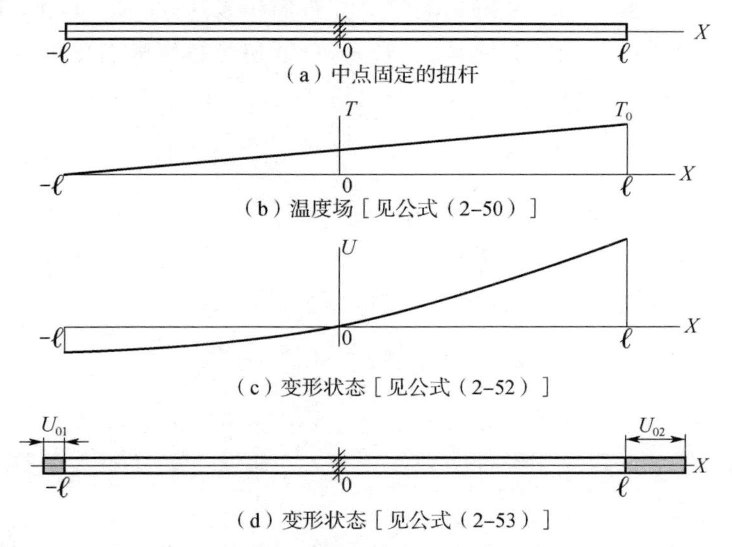


图 2－7　动力调谐陀螺转子热弹性变形状态图

设温度场沿扭杆的初始长度 $2\ell$ 按线性规律变化，其表达式为

$$T = T_0 \frac{x+\ell}{2\ell} \tag{2-50}$$

对于一维坐标，热弹性基本方程（2－49）取下列形式

$$\frac{\mathrm{d}U(x)}{\mathrm{d}x} = \frac{1+\nu^*}{1-\nu^*}\alpha_T T(x) \tag{2-51}$$

考虑式（2－50）和边界条件 $U(0)=0$ 后，得出式（2－51）的解

$$U(x) = \frac{1+\nu^*}{1-\nu^*}\frac{\alpha_T T_0}{2\ell}\left(\frac{x^2}{2}+\ell x\right) \tag{2-52}$$

由此可知，温度变化引起的扭杆长度的变化为

$$\begin{cases} U_{01} = U(-\ell) = -\dfrac{1+\nu^*}{1-\nu^*}\dfrac{\alpha_T T_0 \ell}{4} \\ U_{02} = U(\ell) = \dfrac{1+\nu^*}{1-\nu^*}\alpha_T T_0 \dfrac{3\ell}{4} \end{cases} \tag{2-53}$$

对于一维坐标，考虑到温度场分布形状表达式（2－50），材料密度与温度变化的关系式（2－47），以及扭杆长度随温度的变化表达式（2－53），由式（2－48）得出扭杆质心位移的表达式

$$Mx_c = \int_{-\ell+U_{01}}^{\ell+U_{02}} \rho_0^* \left(1-\beta_T T_0 \frac{x+\ell}{2\ell}\right) x\,\mathrm{d}x \tag{2-54}$$

式中　$\rho_0^*$——材料密度的引用值。

计算式（2－54）的积分，设 $\alpha_T T_0$，$\beta_T T_0$ 为极小量，忽略极小量的二次和高次方，得出评估转子质心热位移的公式

$$Mx_c \approx \rho_0^* T_0 \ell^2 \left(\frac{1+\nu^*}{1-\nu^*}\frac{\alpha_T}{2} - \frac{\beta_T}{3}\right) \tag{2-55}$$

可以看出，转子质心的位移在已知温度场形状［见式（2－50）］的情况下，既取决于线性热膨胀系数，也取决于转子材料受热后密度的变化。

用同样的方法，由式（2－48）算出由热干扰造成的扭杆惯性力矩

$$
\begin{aligned}
J &= \int_{-\ell+U_{01}}^{\ell+U_{02}} \rho_0^* \left(1-\beta_T T_0 \frac{x+\ell}{2\ell}\right) x^2 \mathrm{d}x \\
&\approx \frac{2}{3}\rho_0^* \ell^3 + \rho_0^* \ell^3 T_0 \left(\frac{1+\nu^*}{1-\nu^*}\alpha_T - \frac{\beta_T}{3}\right)
\end{aligned} \tag{2-56}
$$

分析式（2-56）的物理意义，应当指出，第一项是惯性力矩的额定值，第二项则是由它的温度变化决定的。

总之，式（2-55）和式（2-56）是我们的研究课题——评估在温度作用下转子积分动态参数——的一次近似值。

### 2.2.2　动力调谐陀螺推定和随机热漂移评估

动力调谐陀螺热漂移的数学模型包括，推定漂移分量和随机漂移分量。先讨论随机因素的仿真特点。

设想输入热作用是由推定分量和随机分量叠加而成的。这时，随机温度作用可以人为地分成两组：与时间有关的随机温度作用和与空间有关的随机温度作用。

与时间有关的随机温度作用因素包括：内部热源（对动力调谐陀螺而言，主要是驱动电机）功率的随机扰动；温度调节系统发热功率的随机起伏；周围介质温度的随机变化。

假设这些随机过程是稳定的、各态历经的、具有矩形波的形式。这种波的时间间隔是随机量，具有泊松分布。这种波的幅值也是随机量，具有正态分布，其平均值等于零。

在批生产条件下，动力调谐陀螺的零部件是在不同的时间生产的，加工公差范围是图纸上规定的。在仿真时采用的是陀螺零部件材料热物理性能的额定数据（手册上的数据），有一定的误差。这些和其他一些原始数据的随机误差组成了与空间有关的随机干扰因素，影响动力调谐陀螺的热过程和热漂移。

这样，与空间有关的随机干扰因素，可以认为是动力调谐陀螺零件材料热物理性能和几何性能的公差数据组（密度、比热、导热率、接触面间隙等）。

假设公差的概率密度有正态分布的特性，其方差和期望值是已知的，等于参数的额定值。假设动力调谐陀螺的输出参数也具有推定分量和随机分量。

我们建立的动力调谐陀螺漂移模型可用于研究下列输出性能和热漂移分量：

1）陀螺各个零件的温度；

2）接头的剩余刚度和由它决定的温度漂移（由于破坏了动力调谐）；

3）由于温度变化造成的动力调谐陀螺转子质心相对支承中心的偏移产生的温度漂移；

4）力矩器系数的漂移；

5）角度传感器零位的漂移。

假设动力调谐陀螺的输出特性是一个随机的、固定的和各态历经的过程，这个过程在随机函数相关理论框架内是完全确定的。

分析数学仿真得到的动力调谐陀螺推定热漂移和随机热漂移结果。

进行了动力调谐陀螺推定热漂移的数学仿真，用温度调节系统给陀螺加温到给定温度，并考虑内部热源的发热和周围介质温度按指数变化的规律。

图 2-8 所示为角冲量 $H=230$ kg · cm · s 的典型动力调谐陀螺轴向截面中不同时刻温度场的计算结果。在开始时刻，在加温线圈所在区域，过温严重（高于工作温度 75 ℃），进入稳定状态后，在陀螺电机定子所在区域，温度梯度较小。

研究表明[16,18]，转子动力调谐陀螺的温度误差既取决于结构零件绝对温度的变化，也与陀螺内部温度梯度有关。

在温度调节系统工作的情况下，标准动力调谐陀螺不固定的热过程和热漂移参数如图 2-9 所示。在陀螺中出现了下列热漂移分量。

在重力场中，由转子质心偏移产生的漂移，动态值为 0.025 (°)/h（大约第 3 分钟达到最大），稳态值为 0.001 3 (°)/h 。

挠性接头的剩余刚度在稳定状态为 0.1 cN · cm/rad，相当于接

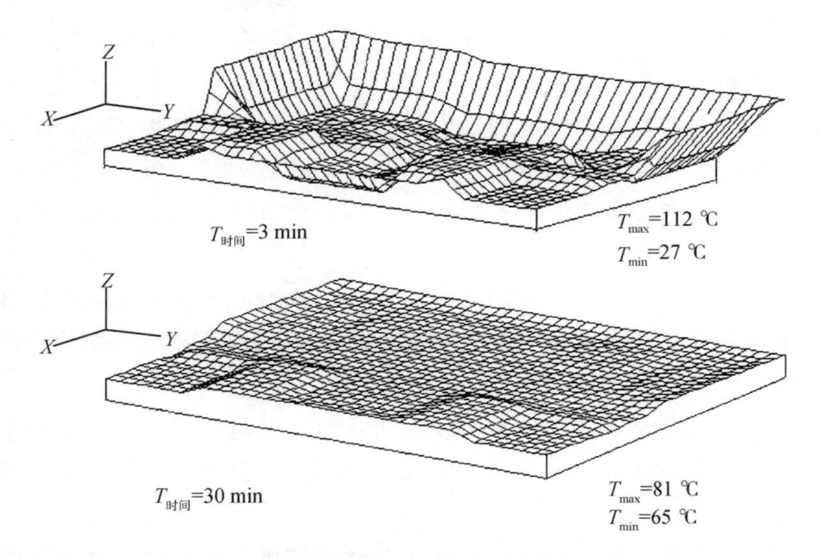


图 2-8　温度调节系统工作时转子动力调谐陀螺轴向截面中的温度场

头扭转角度为 1′。它造成的漂移为 0.025 (°)/h（由于破坏了动力调谐条件），其余误差分量不大。

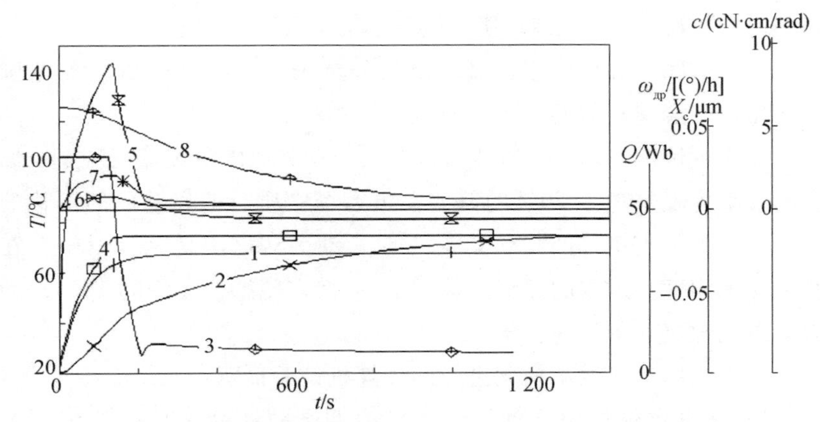


图 2-9　在温度调节系统工作的情况下转子动力调谐陀螺的热过程和热漂移

1—周围介质温度；2—转子温度；3—温度调节系统发热功率 $Q$；

4—温度传感器温度；5—盖的温度；6—转子质心的热偏移 $x_c$；

7—热漂移角速度 $\omega_{\text{др}}$；8—剩余刚度 $c$

在仿真过程中，确定了动力调谐陀螺一些零件的热时间常数。

为确定这些热时间常数，曾在周围介质温度阶跃式变化的情况下，断开温度调节系统和内部发热源，对陀螺的加温状态进行了仿真。这些零件的热时间常数如下：温度传感器 20 s，角度传感器定子 60 s，力矩器转子 540 s，转子和挠性支承扭杆 580 s，挠性支承环 620 s。

对随机作用的仿真结果分析后证明，在温度调节系统或者陀螺电机发热功率随机变化不超过额定值的 20%情况下，对陀螺精度影响不大。

这个事实说明，对热惯性较大的动力调谐陀螺，在温度调节系统功率或者陀螺电机功率随机扰动作用下，其温度场实际上来不及变化。

在“方波”模型中，周围介质温度的随机变化对动力调谐陀螺输出参数的影响很大。当周围介质温度随机扰动的时间与陀螺转子挠性支承零件的热时间常数可比时，动力调谐条件（由于转子剩余支承刚度改变）受影响最大。在这种情况下，温度的随机振荡幅值达到额定值的 5%就能造成随机漂移 0.018 (°)/h ($3\sigma$) 。

对“空间”温度作用仿真结果的分析表明，功率在 20%的范围内变化，不会使动力调谐陀螺产生系统漂移。

在这种情况下，20%的结构材料热物理参数随机偏差会引起：温度调节系统发热功率 20%的偏差；重力场中质心偏离造成的漂移的 30%的偏差；当扭杆的扭转角为 1′时，动力调谐不精确（由于存在剩余支承刚度）造成的漂移的偏差 的 90%；传感器零漂的 15%；动力调谐陀螺热准备时间会出现 10%偏差。

这样，用所建数学模型进行的计算机试验证明：

1）在设定热作用条件下（对动力调谐陀螺动态加温至工作温度），在动力调谐陀螺总的温度误差中，起主要作用的是转子质心相对其支承中心的偏移和动力调谐条件被破坏。

2）在随机热作用条件下（热稳定状态下），起主要作用的是动力调谐的温度条件被破坏。

### 2.2.3　外部不均匀温度场中陀螺传感器受迫旋转的研究

在陀螺仪表（例如动力调谐陀螺）的实际使用条件下，它相对其他元件的定位，包括相对周围温度场的定位，是随时间的变化而改变的。

这种情况使得温度漂移与安装在载体上的陀螺相对载体运动的规律形成一定的关系。

对陀螺的实际结构，普通运动方程（1-50）决定的固有频率比陀螺温度场的变化频率高很多。因此，在分析温度造成的误差时，可以假设在方程的右边只有随时间变化的陀螺温度场的形状决定的力矩，仅考虑运动方程的特殊解

$$M_r = B_0 B(T_c) f(t) \tag{2-57}$$

式中　$B(T_c)$ ——决定该时刻外部温度场形状的函数；

$B_0$——陀螺具体结构和造成温度误差的力矩性能决定的有量纲因子；

$f(t)$ ——温度干扰力矩随时间变化的规律。

对于转子动力调谐陀螺 $M_r$，主要是加速度场中的力矩。该力矩取决于温度变化造成的质心沿转子轴相对其支承中心的位移。

设 $U(t)$ 为在干扰力矩（2-57）作用下方程（1-50）的特殊解。

请看陀螺在形状已知的外部温度场中受迫运动的具体情况。这是以角速度 $\omega$ 进行的受迫转动（见图 2-10）。

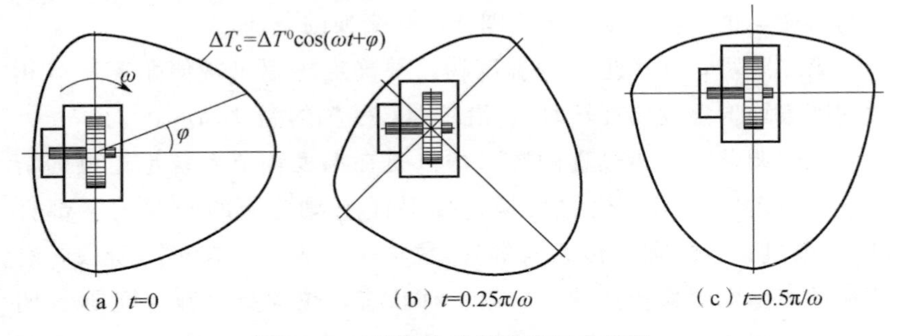


图 2-10　陀螺在外部温度场中转动

外部温度场以周期 $\tau_D=2\pi/\omega$ 相对陀螺改变自己的方位。

外部温度场相对额定温度为 $T_{HOM}$的均匀温度场的温降 $\Delta T_c$ 写成下列形式

$$\Delta T_c=T(\varphi)-T_{HOM}=\Delta T^0\cos(\omega t+\varphi) \qquad (2-58)$$

式中 $\varphi$——决定已知外部温度场的形状。

因为热的传播是一个连续的过程，显然，式（2－57）中的函数 $f(t)$ 是时间的谐波函数。

但是，在实际结构中，热量从一个零件到另一个零件的传递速度有限，因此，因子 $B_0$ 和函数 $f(t)$ 的变化周期在陀螺以周期 $\tau_D$ 作受迫运动时也会与周期 $\tau_D$ 有关。

在这种条件下，方程（1－50）的特殊解 $U(t)$ 表示周期为 $\tau_t=\tau_t(\tau_D)$ 的谐波过程，代表陀螺的动态温度漂移。

为了研究外部温度场对动力调谐陀螺热漂移的影响，采用研制出的热影法。动力调谐陀螺热过程的数学仿真分两个阶段进行。

第一阶段，在不均匀外部温度场方位固定的情况下，计算陀螺内部的稳态温度场。这个阶段有必要。

1）因为这个阶段得到的结果，是仿真陀螺受迫运动过程的原始数据；

2）为查明由陀螺内部温度稳定时间决定的陀螺的热时间常数 $\tau_n$。

热常数 $\tau_n$ 是陀螺具体结构非常重要的参数，既是陀螺装置最基本的组成，也是标准场合与周围介质热交换的条件。

第二阶段，计算陀螺的温度场，并确定陀螺以常值角速度（相对周围不均匀温度场旋转时），沿陀螺转子轴的温度梯度。

动力调谐陀螺热过程的数学仿真是在温度调节系统不通电的情况下进行的。这时，热源只是直接保证陀螺功能的陀螺的零部件（陀螺电机、力矩器、传感器等）。数学仿真表明，在第二阶段，有两种动态温度漂移特征状态。第一种状态，陀螺受迫旋转周期 $\tau_D$ 明显小于陀螺的热时间常数 $\tau_n$。第二种状态，陀螺受迫旋转周期 $\tau_D$ 与

陀螺热时间常数 $\tau_n$ 相当或者大于陀螺的热时间常数 $\tau_n$。

动态温度漂移与沿陀螺转子轴的温降成正比。在第一种状态，动态温度漂移的最大值远远小于第二种状态动态温度漂移的最大值。这种现象是由陀螺结构的温度惯性决定的，而温度的惯性又取决于热时间常数 $\tau_n$。

得到的结果与 1.2 节和图 1 - 14 给出的精密定位系统温度误差研究结果完全相似。

对动力调谐陀螺的动态温度漂移计算机数学仿真的结果进行分析后，可以得出下列结论：如果陀螺相对同它安装在一个壳体里的其他元部件进行受迫旋转，而且受迫旋转的时间超过这个陀螺的热时间常数 $\tau_n$，则会（在周期 $\tau_D$ 中）取温度漂移的平均值。温度漂移是由于陀螺周围的外部温度场不均匀产生的。

### 2.2.4　受温度干扰的动力调谐陀螺热漂移的最小化

根据已进行的分析可知，动力调谐陀螺的主要温度误差与转子的热不平衡和动力调谐条件被破坏有关。

总结得到的结果，可以确定动力调谐陀螺温度漂移最小化和减小动力调谐陀螺热准备时间的途径如下。

1）采用“被动”方法，使温度梯度最小化（转子和挠性接头采用导热性高的材料，为加大转子和盖之间的热交换，在盖的内表面做许多环形散热器等）。

2）完善陀螺的温度调节系统（参考文献［48］建议，用加热片功率动态再分配的方法，使轴向温度梯度最小化）。

3）利用以特定方式配置在陀螺中的力矩器和温度传感器，计算补偿温度误差。

4）选择安装温度传感器的最佳位置，加温和冷却部件的位置，以及它们功率的分配规律。

5）采用各种高精度控制规律（正比、积分、均衡）的多区域、多级温度调节系统。

详细讨论一种用加温片功率动态再分配使轴向温度梯度最小化的最有效的方法。这种最小化方法的目的，是提高动力调谐陀螺的精度和缩短动力调谐陀螺的热准备时间。

已知的能使陀螺仪中温降最小化的方法，包括测量恒温对象区域的绝对温度，确定恒温对象温度与给定温度之间的差值，通过改变两个加温片的功率，把恒温对象的温度调整到给定温度。

建议增加测量恒温对象两个区域的温度，需要使这两个区域之间的温降最小化。确定它们之间的温差，用加温片功率动态再分配的方法，调节这两个区域之间的温降，使得下列关系式成立

$$\begin{cases} Q_1+Q_2=Q_0 \\ Q_1/Q_2=b_0+b_1(T_2-T_1) \end{cases} \tag{2-59}$$

式中 $Q_1$，$Q_2$——第一和第二区域加温片的功率；

$T_1$，$T_2$——第一和第二区域的温度；

$b_0$——加温片功率比值的常值；

$b_1$——在加温片功率比值变化区域的比例系数；

$Q_0$——加温总功率。

用图 2－11 所示的装置解释如何实施我们建议的方法。

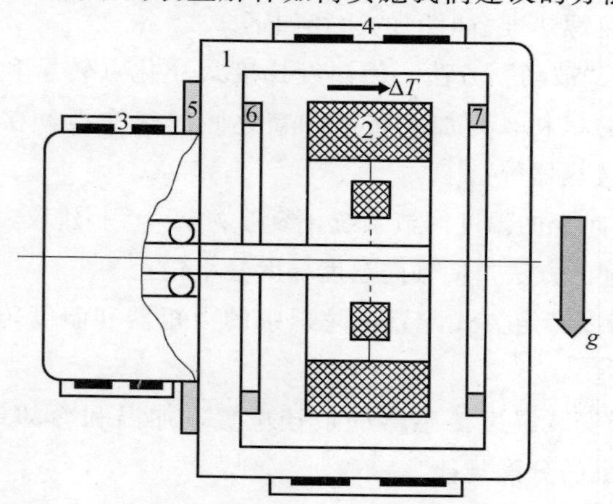


图 2－11　动力调谐陀螺温降（热漂移）最小化的方法

1—陀螺；2—转子；3，4—加温片；5，6，7—温度传感器

这里展示的是动力调谐陀螺 1 及其转子 2、加温片 3 和 4、温度传感器 5，增加了温度传感器 6 和 7。

用下列方式落实我们建议的方法。陀螺 1 和转子 2 所在的区域是温降 $\Delta T$ 需要最小化的区域。用电源电压给出加温片 3 和 4 发热的总功率，用温度传感器 5 的指示控制陀螺的绝对温度，自动挑选出加温片 3 和 4 功率的瞬时比值，用温度传感器 6 与 7 读数之差使温降最小化。

这种使温度梯度最小化的方法，可以用下列理论计算证实。

请看考虑加温片功率动态再分配的热平衡方程组（2 - 59）

$$\begin{cases} c\dot{T}_1 + q(T_1 - T_2) = Q_1 \\ c\dot{T}_2 + q(T_2 - T_1) = Q_2 \end{cases} \tag{2-60}$$

式中　$c$——单位体积的比热；

　　$q$——单位体积之间的导热系数。

初始条件

$$\begin{cases} t=0 \\ T_{10} = T_{20} \\ \dot{T}_{10} = \dfrac{r_0}{c(b_0+1)} Q_0 \\ \dot{T}_{20} = \dfrac{Q_0}{c(b_0+1)} \end{cases} \tag{2-61}$$

设 $\Delta T = T_2 - T_1$，$\Delta\dot{T} = \dot{T}_2 - \dot{T}_1$ 为小量，考虑式（2 - 59），从式（2 - 60）得出计算 $\Delta T$ 的方程

$$\Delta\dot{T} + \frac{2q(1+b_0)+Q_0 b_1}{c(1+b_0)} \Delta T = \frac{Q_0(1-b_0)}{c(1+b_0)} \tag{2-62}$$

解这个方程，并考虑初始条件（2 - 61），得

$$\Delta T = \Delta T^0 e^{-\gamma t} + \frac{Q_0(1-b_0)}{2q(1+b_0)+Q_0 b_1} [1 - e^{-\gamma t}] \tag{2-63}$$

其中
$$\gamma = \frac{2q}{c} + \frac{Q_0 b_1}{c(1+b_0)}$$

从式（2 - 63）可以看出，改变功率比值变化规律式（2 - 59）中

的参数 $b_0$，$b_1$，可以改变 $\Delta T$。

当 $t\rightarrow\infty$ 时

$$\Delta T_{\infty}=\frac{Q_0\ (1-b_0)}{2q(1+b_0)+Q_0 b_1} \tag{2-64}$$

做标记 $\tau_z=1/\gamma$。给出过渡过程的时间常数 $\tau_z$，选择 $b_0=1$，$b_1=\frac{2c}{Q_0}\left[\frac{1}{\tau_z}-\frac{2q}{c}\right]$，可以使陀螺给定区域的温降 $\Delta T$ 最小化，从而提高陀螺的精度和缩短陀螺的准备时间。

在真正的陀螺中，必须考虑与周围介质的热交换，单位体积的数量很多、陀螺结构的特点、陀螺零件材料的热物理性能不同，干扰作用的性能等。

做过有温度调节系统的典型动力调谐陀螺的热过程的数学仿真，包括加温片功率恒定分配时热过程的数学仿真和我们建议的加温片功率动态再分配基础上的温降最小化热过程的数学仿真。

根据仿真结果，做出了给定区域的温降与时间的关系曲线，温降作为时间的函数见图 2－12 。

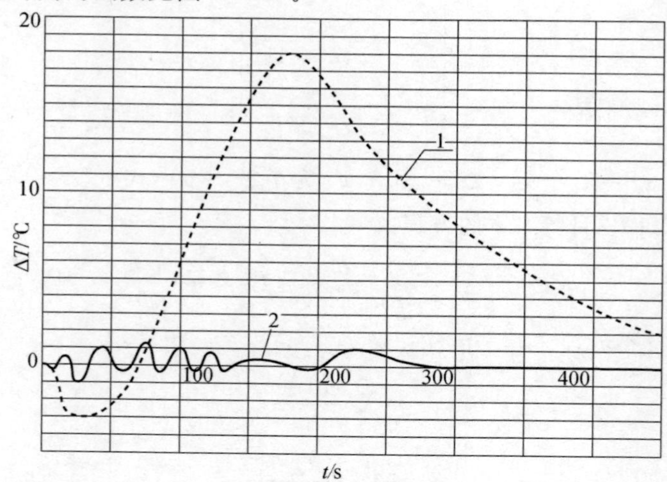


图 2－12　温降最小化方法的数学仿真结果，这种方法影响陀螺的热漂移

1—加热片功率恒定分配；2—加热片功率动态再分配

曲线 1 是动力调谐陀螺温度调节系统没有加温片功率动态再分配时的温降曲线；曲线 2 是按照建议的 $\Delta T$ 最小化方法，温度调节系统有加温片功率动态再分配时的温降曲线。

可以看出，采用我们建议的方法，能使轴向温降（或由它决定的热漂移）减小到原来的 1/8，同时使陀螺的准备时间缩短到原来的 1/3～1/4。

## 2.3 热作用条件下的静电陀螺

高速旋转的转子是“经典”惯性信息传感器——陀螺——不可分割的组成部分，寻找和研究高速旋转转子的无接触支承方法和措施是有效降低陀螺干扰因素（包括温度干扰）的主要方向。

在类似支承方法中，球形转子静电支承方法得到了广泛的应用[11,34,41]。

空心或实心球形转子无接触静电支承陀螺的主要优点是：完全不存在摩擦力，这个特点决定了其具有高精度的必然性。

静电陀螺还有另外一些重要优点：由于没有万向支承框架，也就不存在由于转子和万向支承框架相互作用产生的漂移；由于转子和壳体之间间隙的高真空度，以及转子采用了高导热性材料，静电陀螺对温度作用的灵敏度很低。

### 2.3.1 静电陀螺的作用原理

球形转子无接触静电支承惯性信息传感器的作用原理是建立在库伦定律的基础上的，简单地说，就是带电物体的相互作用。

静电陀螺的结构示意图见图 2-13。

位于陶瓷真空室里的铍转子 2 悬浮在电极 3 的静电场中。转子沿 3 个相互垂直的支承轴通过向金属膜电极送出电压进行控制。金属膜电极镀在真空室的内表面上。支承电路安装在陀螺壳体上。

球形转子与电极表面之间的工作间隙仅有几十个微米，被抽成真空，真空度达 $10^{-6}$～$10^{-9}$ mmHg（1 mmHg＝133.322 Pa）。真空度由微型吸气离子真空泵维持。转子表面涂有抗摩擦材料，保证转子从工作转速安全停转的制动器安装在真空室的内表面。

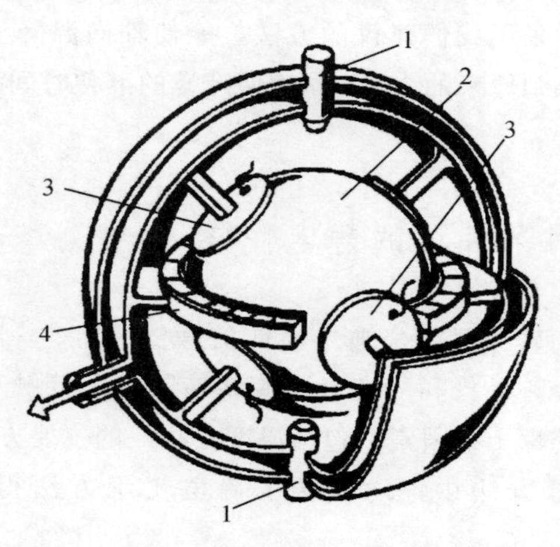


图 2－13　球形转子无接触静电支承陀螺结构示意图
1—光电计数器；2—转子；3—电极；4—电动机

转子的启动、加速和转子章动的阻尼由电动机 4 的定子线圈实施。电动机 4 达到额定转数（每分钟几万转）后关机。陀螺靠惯性继续转动。高真空度决定了转子的惯性时间常数相当大，转子旋转角速度下降额定值的 1%需要几个月。转子的形状为空心球，由于赤道部分的球壁加厚，具有对称的动力轴。

近几年，研制出了更具前景的实心转子静电陀螺。

转子旋转轴相对陀螺壳体的角位置信息采集系统，是由光学计数器 1 和刻在转子上的标记组成的。

也可以说，静电支承陀螺的作用原理是建立在保持转子旋转轴在惯性空间的位置基础上的。这种传感器属于能够在运动载体上自主建立方向基准（坐标系）的传感器。

如果转子旋转轴是垂直的，这种传感器叫做垂直陀螺；如果转子旋转轴是水平的，则这种陀螺就叫做航向陀螺。

利用拉格朗日公式，推导球形转子静电支承陀螺的温度扰动运动方程（数学模型建模）。我们把静电支承陀螺看成是一个由高速旋转的球形转子组成的机械系统，其常值旋转角速度为 $\Omega=\dot{\varphi}$。

建立如图 2-14 所示坐标系。$OX_1Y_1Z_1$ 为与基座固连在惯性空间不变的坐标系；$OXYZ$ 为伴随坐标系（参与转子自转之外的所有转角 $\alpha$，$\beta$ 的角运动）。

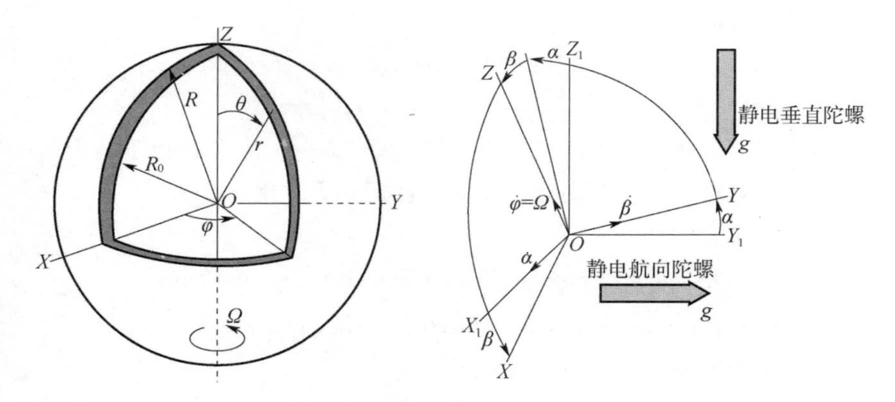


图 2-14　静电陀螺转子及其坐标系

转子自转角 $\varphi$ 为循环坐标。

将 $\alpha$，$\beta$ 看做是广义坐标，可以建立转子的两个运动方程

$$\begin{cases}\dfrac{\mathrm{d}}{\mathrm{d}t}\left(\dfrac{\partial E}{\partial\dot{\alpha}}\right)-\dfrac{\partial E}{\partial\alpha}=Q_{\alpha}\\ \dfrac{\mathrm{d}}{\mathrm{d}t}\left(\dfrac{\partial E}{\partial\dot{\beta}}\right)-\dfrac{\partial E}{\partial\beta}=Q_{\beta}\end{cases}\tag{2-65}$$

式中　$E$——转子的动能；

$Q_{\alpha}$，$Q_{\beta}$——广义力。

转子动能表达式在伴随坐标系中的形式为

$$E=\frac{A\dot{\alpha}^2}{2}\cos^2\beta+\frac{B\dot{\beta}^2}{2}+\frac{C}{2}(\dot{\alpha}\sin\beta+\dot{\varphi})^2\tag{2-66}$$

式中　$A$，$B$，$C$——分别为转子相对 $OX$，$OY$，$OZ$ 轴的惯性力矩。

应当指出，根据循环坐标 $\varphi$，第三个拉格朗日方程简化成

$C(\dot{\alpha}\sin\beta + \dot{\varphi}) = H = \mathrm{const}$，式中 $H$ 为转子的动量矩。

考虑温度引起的转子质心相对支承中心的轴向偏移后，广义力的表达式具有以下形式。

对于垂直陀螺

$$\begin{cases} Q_\alpha = Mgz_c\sin\alpha\cos\beta \\ Q_\beta = Mgz_c\cos\alpha\sin\beta \end{cases} \tag{2-67}$$

对于航向陀螺

$$\begin{cases} Q_\alpha = Mgz_c\cos\alpha\cos\beta \\ Q_\beta = Mgz_c\sin\alpha\sin\beta \end{cases} \tag{2-68}$$

将式（2-66）～式（2-68）代入式（2-65），得出以下球形转子无接触静电支承陀螺温度扰动非线性运动方程组。

对于垂直陀螺

$$\begin{cases} A\left(\ddot{\alpha}\cos^2\beta - \dot{\alpha}\dot{\beta}\sin^2\beta\right) + H\dot{\beta}\cos\beta = Mgz_c\sin\alpha\cos\beta \\ B\ddot{\beta} + A\dot{\alpha}^2\cos\beta\sin\beta - H\dot{\alpha}\cos\beta = Mgz_c\cos\alpha\sin\beta \end{cases} \tag{2-69}$$

对于航向陀螺

$$\begin{cases} A\left(\ddot{\alpha}\cos^2\beta - \dot{\alpha}\dot{\beta}\sin^2\beta\right) + H\dot{\beta}\cos\beta = Mgz_c\cos\alpha\cos\beta \\ B\ddot{\beta} + A\dot{\alpha}^2\cos\beta\sin\beta - H\dot{\alpha}\cos\beta = Mgz_c\sin\alpha\sin\beta \end{cases} \tag{2-70}$$

式中 $M$——转子的质量；

$z_c$——转子质心偏移。

下面，我们假设结构对称，即 $A=B$。

惯性力矩的温度扰动表达式具有形式

$$A = A_0\left(1 + \varepsilon D_A\right) \tag{2-71}$$

式中 $A_0$——惯性力矩的额定值；

$D_A$——反映温度场分布的系数（温度场影响惯性力矩）；

$\varepsilon = \alpha_T T_0$——小参数；

$\alpha_T$——温度线膨胀系数；

$T_0$——最大温差。

质心的温度偏移用下式表示

$$Mz_c = \varepsilon D_z \tag{2-72}$$

式中　$D_z$——反映转子几何形状、物理性能和温度场分布的系数，这些因素都影响转子质心的偏移。

小参数 $\varepsilon$ 从解决导热性问题中求得。参数 $D_A$，$D_z$ 从解决相应的热弹性问题中求得。

将 $\alpha$，$\beta$，$\dot{\alpha}$，$\dot{\beta}$，$\ddot{\alpha}$，$\ddot{\beta}$ 的一阶小量代入式（2－69）和式（2－70），忽略二阶以上的小量，考虑式（2－71）和式（2－72），得到下列转子无接触静电支承陀螺受温度干扰的线性化运动方程。

对于垂直陀螺

$$\begin{cases}A_0\ddot{\alpha}+\underline{\varepsilon A_0 D_A\ddot{\alpha}}+H\dot{\beta}=\underline{\varepsilon D_z g\alpha}\\ A_0\ddot{\beta}+\underline{\varepsilon A_0 D_A\ddot{\beta}}-H\dot{\alpha}=\underline{\varepsilon D_z g\beta}\end{cases} \tag{2-73}$$

对于航向陀螺

$$\begin{cases}A_0\ddot{\alpha}+\underline{\varepsilon A_0 D_A\ddot{\alpha}}+H\dot{\beta}=\underline{\varepsilon D_z g}\\ A_0\ddot{\beta}+\underline{\varepsilon A_0 D_A\ddot{\beta}}-H\dot{\alpha}=0\end{cases} \tag{2-74}$$

分析静电陀螺受温度干扰的运动方程（2－73）和方程（2－74），可以看出：

1）这些方程乃是自由陀螺的运动方程，但它们有自己的特点，具有用横线标出的“温度项”；

2）方程（2－73）和方程（2－74）中的温度项与基本项（一阶小量）相比是二阶小量；

3）方程右边的项取决于质心的微小位移（温度造成的摆性）；

4）章动项具有温度附加量，这是由于温度变化引起惯性矩的改变；

5）温度造成的摆性对于航向陀螺比对垂直陀螺起的作用大，因为在重力场中，作用在航向陀螺上的质心偏移力矩比作用在垂直陀螺上的质心偏移力矩大得多。

受温度干扰的静电支承陀螺工作性能和误差的研究，在许多情况下，与球形转子不是理想的球形和转子的不平衡有关。

为了解决静电陀螺不均匀、不稳定温度场的计算、分析和直观性问题，通常利用本书第 1 章中描写的数学模型、算法和方法。

下面，提出并研究处于不均匀不稳定温度场和加速度场中的、制造工艺理想的、高速旋转实心或空心球形转子静电陀螺的不平衡力矩、惯性性能和误差等课题。

### 2.3.2 确定受温度干扰的陀螺转子质心相对其支持中心的位置和受温度干扰的陀螺转子的惯性矩

假设，在常温下，转子具有规范的实心或空心球面形状，并绕 $Z$ 轴以角速度 $\Omega$ 高速旋转（见图 2-14）。这时，转子支承处于理想状态，能保证与质心重合的球面的中心点不动。

还假设，通过计算或者实验确定的转子的温度场与子午线坐标 $\theta$ 和径向坐标 $r$ 有关，与圆坐标 $\varphi$ 无关（由于转子的高速旋转）。写成下列形式

$$
\begin{aligned}
T(t,\theta,r) &= T_0(t)f_1(\theta)f_2(r) \\
&= T_0(t)\left(\frac{a_0}{2}+\sum_{n=1}^{\infty}a_n\cos n\theta+c_n\sin n\theta\right)\sum_{m=0}^{\infty}\frac{r^m}{R^m}b_m
\end{aligned}
\tag{2-75}
$$

其中 $$T_0(t)=T_{00}f(t)$$

式中 $a_n$，$c_n$——傅里叶级数的系数；

$t$——时间。

转子材料密度由下式表示

$$\rho=\rho_0(1-\beta_T T) \tag{2-76}$$

式中 $\beta_T$——密度变化的温度系数；

$\rho_0$——额定温度下转子的材料密度。

再假设，在温度作用下，由于热膨胀不均匀，材料密度如式(2-76)所示也变得不均匀，转子失去了其规范的球面形。这时，解决相应的热弹性问题得到的、决定转子体积 $G$ 的形状可以用下列表达式描述

$$\begin{cases} 0\leqslant\varphi\leqslant2\pi \\ 0\leqslant\theta\leqslant\pi \\ R_1 = R_0 + \Delta R_0(\theta) \leqslant r \leqslant R + \Delta R(\theta) = R_2 \\ \Delta R_0 = \alpha_T\int_0^{R_0} T\mathrm{d}r = \alpha_T T_0 f_1(\theta)\sum_{m=0}^{\infty}\frac{b_m}{m+1}R_0 \\ \Delta R = \alpha_T\int_0^{R} T\mathrm{d}r = \alpha_T T_0 f_1(\theta)\sum_{m=0}^{\infty}\frac{b_m}{m+1}R \end{cases} \tag{2-77}$$

式中　$\alpha_T$——转子材料的热膨胀系数。

利用理论力学的通用公式，计算受温度干扰的转子质心相对其支承中心的位置和惯性矩。

质量为 $M$ 的转子质心位置

$$\begin{cases} Mx_c = \iiint_G \rho r^3\sin^2\theta\cos\varphi\mathrm{d}r\mathrm{d}\varphi\mathrm{d}\theta \\ My_c = \iiint_G \rho r^3\sin^2\theta\sin\varphi\mathrm{d}r\mathrm{d}\varphi\mathrm{d}\theta \\ Mz_c = \iiint_G \rho r^3\sin\theta\cos\theta\mathrm{d}r\mathrm{d}\varphi\mathrm{d}\theta \end{cases} \tag{2-78}$$

惯性矩

$$\begin{cases} A = \iiint_G \rho r^4(\sin^2\theta\sin^2\varphi+\cos^2\theta)\sin\theta\mathrm{d}r\mathrm{d}\varphi\mathrm{d}\theta \\ B = \iiint_G \rho r^4(\sin^2\theta\cos^2\varphi+\cos^2\theta)\sin\theta\mathrm{d}r\mathrm{d}\varphi\mathrm{d}\theta \\ C = \iiint_G \rho r^4\sin^3\theta\mathrm{d}r\mathrm{d}\varphi\mathrm{d}\theta \end{cases} \tag{2-79}$$

考虑式（2-75）～式（2-77），算出式（2-78）和式（2-79）中的积分，得到受温度干扰后质心的位置

$$\begin{cases} x_c = y_c = 0 \\ Mz_c = \pi\rho_0 T_0(R^4-R_0^4) \times\left[\sum_{m=0}^{\infty}\left(\frac{\alpha_T}{m+1}-\frac{\beta_T}{m+4}\right)b_m\right] \\ \qquad\left[\sum_{n=1}^{\infty}\frac{4}{4-(2n-1)^2}a_{2n-1}+c_2\cdot\frac{\pi}{2}\right] \end{cases} \tag{2-80}$$

受到温度干扰后的惯性矩

$$A = B = \frac{8\pi}{15}\rho_0 (R^5 - R_0^5) + \pi\rho_0 T_0 (R^5 - R_0^5) \left[ \sum_{m=0}^{\infty} \left( \frac{\alpha_T}{m+1} - \frac{\beta_T}{m+5} \right) b_m \right] \times \left[ \sum_{n=1}^{\infty} \left( \frac{5}{1-4n^2} + \frac{3}{9-4n^2} \right) \frac{a_{2n}}{2} + (5c_1 + c_3) \frac{\pi}{8} + \frac{4}{3} a_0 \right] \tag{2-81}$$

$$C = \frac{8\pi}{15}\rho_0 (R^5 - R_0^5) + 2\pi\rho_0 T_0 (R^5 - R_0^5) \left[ \sum_{m=0}^{\infty} \left( \frac{\alpha_T}{m+1} - \frac{\beta_T}{m+5} \right) b_m \right] \times \left[ \sum_{n=1}^{\infty} \left( \frac{3}{1-4n^2} + \frac{3}{9-4n^2} \right) \frac{a_{2n}}{2} + (3c_1 - c_3) \frac{\pi}{8} + \frac{2}{3} a_0 \right] \tag{2-82}$$

利用得到的公式，可以揭示对静电陀螺转子动态参数最不利的温度场的结构（见图 2－15）。

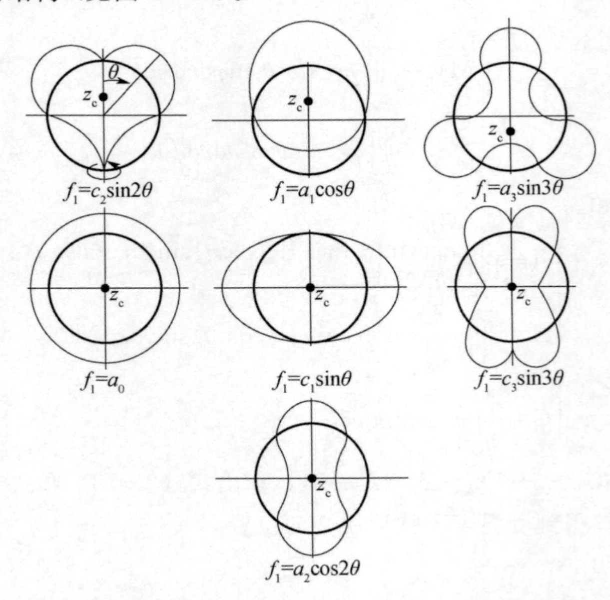


图 2－15　决定转子质心最大位移（上排）和转子惯性矩最大变化（下排）的静电陀螺转子温度场分布图

从图 2－15 中可以看出，对转子质心偏移最不利的温度场配置，

是在子午线坐标 $\theta$ 中含有傅里叶系数为 $c_2$，$a_1$，$a_3$，$a_5$ 的谐波；而对于惯性矩，则是在子午线坐标 $\theta$ 中含有傅里叶系数为 $c_1$，$c_3$，$a_0$，$a_2$，$a_4$，$a_6$ 的谐波。

得到的关系式可以用来分析各种温度场配置（径向和子午向温度差）对静电陀螺空心和实心转子的影响。

### 2.3.3　静电陀螺空心和实心转子中热过程和温度场的研究及对温度造成的误差的分析

所建数学模型和研制出的支持这些数学模型的程序软件，使我们可以借助计算机实验对空心或实心转子静电陀螺具体结构方案的热过程参数和误差进行研究。某静电陀螺具有下列参数[11,34]。

实心铍转子：半径 $R=0.5$ cm；转子与壳体之间的间隙 $h=30\ \mu$m；动量矩 $H=1.8\times10^{-4}$ N·m·s；质量 $M=0.001$ kg。

空心铍转子：半径 $R_0=2.5$ cm，$R=2.6$ cm；转子与壳体之间的间隙 $h=150\ \mu$m；动量矩 $H=2\times10^{-3}$ N·m·s；质量 $M=0.015$ kg。

间隙中的真空度 $10^{-8}\sim10^{-9}$ mmHg；转子和真空室表面的额定黑度 $\varepsilon_L\approx0.1$。转子容积内热模型计算点的数量在 20～100 之间变化。

当周围介质的温度呈阶梯形变化时，空心和实心转子中热过程的过渡过程曲线如图 2－16 所示，图中还展示了温度稳定时间与静电陀螺转子和真空室表面黑度关系的仿真结果。

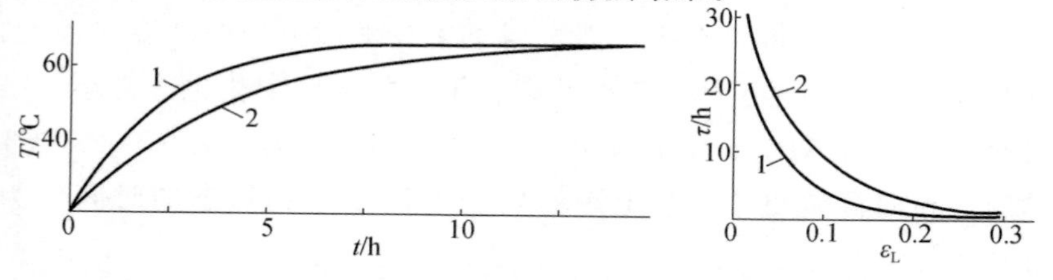


(a) 静电陀螺转子中的热过渡过程曲线；(b) 温度稳定时间与表面黑度的关系

图 2－16　空心和实心转子热过程的过渡过程曲线

1—空心转子；2—实心转子

从图 2 - 16 可以看出，主要靠辐射热交换进行的转子的升温是一个漫长的过程。对于空心转子，绝对温度稳定时间为 6～8 h；对于实心转子，绝对温度稳定时间为 9～11 h。在静电陀螺转子中，温度稳定时间与转子和真空室表面黑度 $\varepsilon_L$ 的关系为非线性关系。

为研究静电陀螺的温度漂移，根据得到的理论结果，给出了一个从漂移的观点来看是最不利的周围介质温度场结构，它的形式为

$$\Delta T_c = \Delta T_c^0 \ (a_0/2 + a_1\cos\theta + c_1\sin\theta + c_2\sin2\theta + c_3\sin3\theta) \qquad (2-83)$$

式中最大温差 $\Delta T_c^0 = 100$ ℃；$a_0$，$a_1$，$c_1$，$c_2$，$c_3$ 为傅里叶级数不等于零的系数。

当周围介质的不均匀温度场为式（2 - 83）描述的状态时，静电陀螺空心和实心转子温度场的计算结果如图 2 - 17 所示。

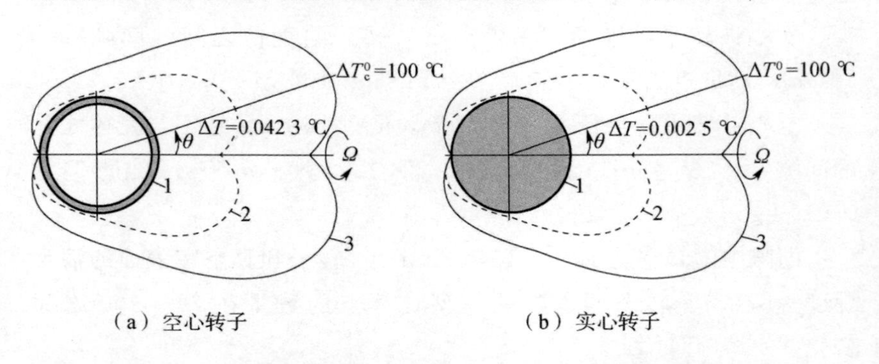


图 2 - 17　当周围介质温度场的结构给定时，静电陀螺空心和实心转子的稳态温度场

1—转子；2—转子温度；3—周围介质温度

从图 2 - 17 可以看出，甚至当子午线坐标上的外部温差很大，达到 100 ℃时，它引起的静电陀螺转子上的温度变化也非常小（小几个数量级）：对空心转子为 0.042 3 ℃，对实心转子为 0.002 5 ℃。这时，径向温差更小。静电陀螺转子中温度达到稳态的时间仅为几秒。

数学仿真的结果表明，空心转子静电陀螺的热漂移不大于 0.000 3 (°)/(h · ℃)。实心转子静电陀螺的热漂移不大于 0.000 2×

$10^{-2}$(°)/(h · ℃)。

分析得到的数据，有必要指出这种陀螺传感器具有的代表性特点。

静电陀螺结构中，在导热性能很好的金属球面转子和转子旋转的真空室之间有一个真空度极高的间隙。

这个特点决定了转子的绝对温度变化极慢，甚至当外部温度变化很大时，在转子中迅速达到稳态的温度梯度也非常小。

利用下列热过程简化模型，可以证实上述结论。

由两个基本体积组成的转子在稳定状态的热平衡方程可以写成

$$\begin{cases} c\dot{T}_1 + q(T_1 - T_2) + q_c(T_1 - T_{c1}) = 0 \\ c\dot{T}_2 + q(T_2 - T_1) + q_c(T_2 - T_{c2}) = 0 \end{cases} \tag{2-84}$$

式中　$T_i$——转子第 $i$ 个体积的温度；

$T_{ci}$——第 $i$ 个体积周围介质的温度；

$q$——基本体积之间的导热系数；

$q_c$——周围介质的导热系数；

$c$——基本体积的比热容。

当初始条件为零时，方程组（2-84）的解为

$$T_1 - T_2 = \frac{q_c}{2q+q_c}(T_{c1} - T_{c2})(1 - e^{-\frac{2q+q_c}{c}t}) \tag{2-85}$$

在主要通过辐射进行热交换的情况下，周围介质导热系数 $q_c$ 的平均值具有的数量级（对静电陀螺的实际参数和温度变化范围）为 $\frac{q_c}{2q+q_c} \approx 10^{-4}$，因此，甚至几十摄氏度或上百摄氏度的外部温差，造成转子内部的温差只有百分之几和千分之几摄氏度。

对热过程的数学仿真结果和用较完整的数学模型对温度造成的误差的分析，也证实了我们进行的解析评估是正确的。

温度梯度影响金属转子的动态参数，但转子中的温度梯度非常小（由于间隙的高真空度和转子的高导热性），这就决定了静电陀螺的热漂移极小，其数值小于 $10^{-4}$(°)/(h · ℃)。

对所建数学模型的研究表明，静电陀螺是对温度作用灵敏度低

的惯性传感器之一。

## 2.4 热作用条件下的固体波动陀螺

在 2.1～2.3 节中讨论的传感器均属于“经典”惯性仪表的范畴，高速旋转的转子是这类陀螺的必备部件。

从这一节开始，将研究新型陀螺传感器，它们虽然没有传统的构成元件，安装在运动载体上也可自主获得惯性信息。

固体波动陀螺（又名半球谐振陀螺）就属于这类新型陀螺仪。

### 2.4.1 作用原理

这种传感器的作用原理是基于弹性波的惯性。当半球形石英谐振器（石英碗）绕其对称轴旋转时，被激励的弹性波产生谐振。

英国学者布朗（G. Bryan）于 1890 年首次研究和记录下这种现象，他是在研究振动中的高脚玻璃杯声振时发现上述现象的。

他发现，当高脚玻璃杯绕其对称轴旋转时，由于惯性力的作用，产生了驻波相对高脚玻璃杯在惯性空间的进动。

下面，以绷紧的无限长的细绳为例，解释弹性波的惯性（见图 2-18）。赋于这种形变以速度 $v$，该速度等于细绳中波的传播速度。

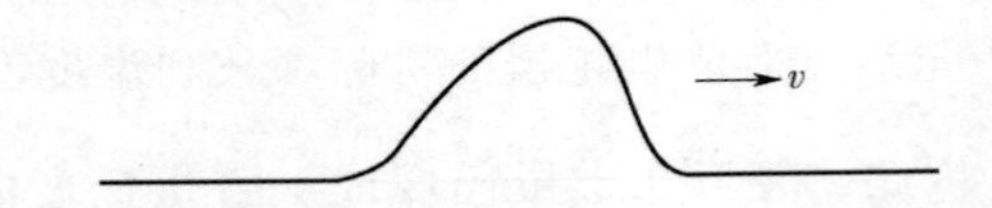


图 2-18　用以解释固体波动陀螺作用原理的带孤波子的绷紧的无限长的变形细绳

这种形变将像刚体一样以恒定速度沿细绳移动，形状不随时间而改变，这种现象在连续介质中叫做孤波子（孤波）。在物理学中，孤波子被看做是粒子波动二元化模型的具体体现。一方面，这当然是波；另一方面，其形状不变导致与粒子的结合。孤波子对介质相对惯性空间加速运动（如果是细绳，则运动方向沿细绳本身）的反应是相对介质的加速运动，只不过是向相反方向的加速运动，正像在非惯性参照系统看到的自由质点那样。这种现象在现实中是存在的，可以叫做波的惯性。

假设有一个薄薄的半球形碗弹性谐振器（图 2－19），在谐振器两个相互垂直的方向 $X$ 和 $Y$ 向被激励起驻波，这种驻波可以用腹点（$E$，$F$，$G$，$H$）和波点（$A$，$B$，$C$，$D$）确定的位置表示。

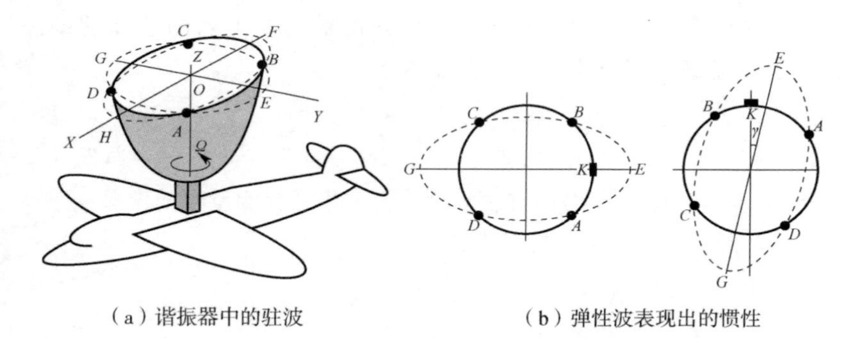


（a）谐振器中的驻波　　（b）弹性波表现出的惯性

图 2－19　谐振器绕敏感轴 $Z$ 旋转 90 °时

当谐振器绕其对称轴 $Z$ 以角速度 $\Omega$ 旋转时，驻波的波点和腹点相对谐振器（惯性空间）运动。根据文献［25］，通过基座旋转角速度表示驻波相对谐振器转角的固体波动陀螺理论的基本关系式具有下列形式。

当谐振器是一个理想的不能拉伸的弹性杯时

$$\gamma(t)=-\frac{2}{k^2+1}\int_0^t\Omega(t)\mathrm{d}t \tag{2-86}$$

当谐振器是一个理想的半球形碗时

$$\gamma(t)=-\frac{1}{2(1-\nu^*)k^2}\left[2+\nu^*-\sqrt{(2+\nu^*)^2+4(1-\nu^*)k^2}\right]\int_0^t\Omega(t)\mathrm{d}t \tag{2-87}$$

式中　$k$——振动形式序号；

$\nu^*$——泊松系数。

将 $k=2$，$\nu^*=0.17$（半球形碗材料为熔融石英）代入式（2-87），得

$$\gamma(t)\approx 0.312\int_0^t \Omega(t)\,\mathrm{d}t$$

这相当于当半球形碗旋转 90°时，振动轴相对半球形碗的旋转角度 $\gamma\approx 28°$，或相对惯性空间的旋转角度约为 62°。

参考文献［24］中，在拉格朗日方程基础上得到的固体波动陀螺的数学模型，可以用下列方程描述[12,24]

$$\ddot{x}+2\eta\Omega\dot{y}+\lambda^2 x(t)=F_1 \tag{2-88}$$

$$\ddot{y}-2\eta\Omega\dot{x}+\lambda^2 y(t)=F_2 \tag{2-89}$$

式中 $x(t),y(t)$——谐振器边缘沿信息采集系统测量轴的位移；

$2\eta\Omega\dot{y}$，$2\eta\Omega\dot{x}$——哥氏力；

$\lambda$——谐振频率；

$F_1$，$F_2$——控制力。

固体波动陀螺的结构[12]如图 2-20(a)所示。这种陀螺有一个敏感轴，由半球形石英谐振器 1、石英玻璃壳体 2 和 3、带陶瓷接线板的基座 4 组成。在陶瓷接线板中安装着密封接线柱 5 和 6。外罩 7 和埋设式真空泵 8 用于保持陀螺内部真空度。为保证温度线膨胀系数与谐振器一致，陀螺的两个壳体由石英玻璃制成。

在壳体 2 上，装有电极激励系统（16 个独立电极和一个环形电极）和驻波控制系统；在内壳体 3 上，装着信息采集系统电容传感器的 8 个电极。

电极采用在壳体的球形表面镀导电薄膜制成，而后用激光做成需要的形状。激励电极和信号采集系统电极与谐振器相应表面之间的工作间隙为 100～150 μm。

陶瓷接线板是一个真空密封组件，包括 8 个同轴密封接线柱和单式密封接线柱。同轴密封接线柱用于把信号传输到信息采集系统，并保证信号的抗干扰能力。单式密封接线柱保证把高电压传输到激励电极和波场控制电极。

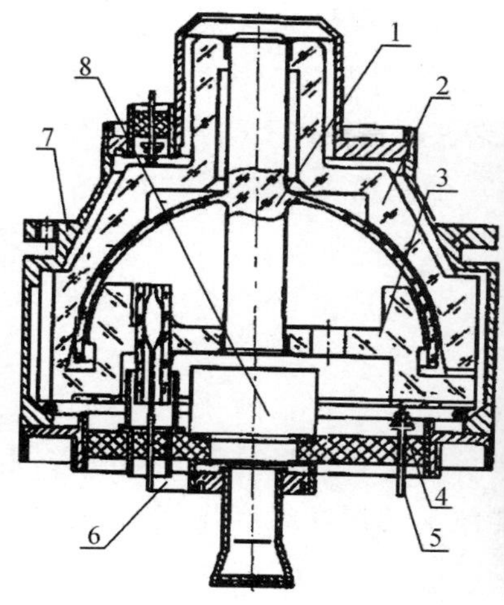

（a）石英谐振器

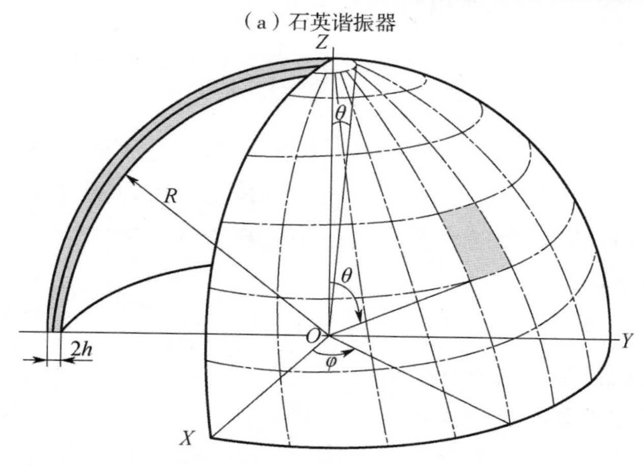


（b）石英谐振器的热模型

图 2 - 20　固体波动陀螺结构图

1—半球形石英谐振器；2，3—石英玻璃壳体；4—真空密封陶瓷接线板；
5，6—密封接线柱；7—外罩；8—真空泵

固体波动陀螺的主要敏感元件——半球形薄壁谐振器，其直径为 50 ～70 mm，是由熔融石英玻璃制成，这种材料保证了物理机械性能的各向同性和极小的温度线膨胀系数。

在谐振器的内表面和外表面上涂有一层导电薄膜。内表面与外表面之间是绝缘的。谐振器半球形表面的电气连接通过支脚保证，利用支脚还可调整工作间隙和实现谐振器在壳体上的安装。

固体波动陀螺谐振器的振动要激励到谐振频率 2 800 Hz，以保证输出信号最大。

固体波动陀螺的电子系统保障谐振器的激励，支持谐振器以给定振幅和频率振动，并完成波场控制和信号采集的任务。

有关固体波动陀螺工作原理的完整叙述，它的数学模型建模方法的研究，可参见文献［24，25］。但是，到目前为止，有关固体波动陀螺的著作，不包含精密固体波动陀螺在温度作用条件下的工作问题。

这种惯性传感器最大的优点是，它的结构比较简单，没有高速旋转的转子，机械强度好，耐辐射，对外界振动、线性过载和温度作用不敏感，在精度上有很大的潜力。

但是，固体波动陀螺在俄罗斯尚未得到广泛应用。原因是在谐振器平衡，保持高真空度以及专用计量技术等方面还存在一些工艺问题；在谐波控制和输出信号的处理等理论和实践方面，还存在一些问题有待解决。

现在讨论几个有关建立漂移小于 0.001（°）/h，能在热作用条件下工作的高精度固体波动陀螺的问题。

对于这种高精度的固体波动陀螺，虽然由于采用了高稳定性材料——石英，使其对温度干扰不敏感，但温度干扰还是会影响到它的工作。

进行的研究表明，对于精密固体波动陀螺来说，谐振器材料弹性和材料密度不均匀，谐振器自由振动频率的变化（特别当谐振器的制造工艺不理想时）和形状的变化会导致自身失衡等，这些因素影响巨大。在这种情况下，绝对温度的变化和驻波平面内温度梯度的存在最为不利。在傅里叶级数展开式中它们具有二次和四次谐波分量。

当谐振器的振动频率和其他性能不但与周围介质温度有关，而且与周围介质温度变化的速度有关时，对精密固体波动陀螺石英谐振器热动态性能的研究也很重要。对固体波动陀螺精度的高要求，一方面是在周围介质温度变化范围相当宽（达几十摄氏度）的情况下提出的；另一方面，取决于温度对陀螺的作用，其中包括温度对陀螺敏感元件——半球形谐振器的作用这样一些研究任务的重要性和迫切性。

要解决这些问题，首先应以足够的精度确定整个陀螺及其主要零件——半球谐振器的温度场。

整个陀螺及其主要零件——半球谐振器不均匀、不稳定温度场的研究任务，用本书研制的通用方法解决。该方法的基础是第 1 章中论述的基准关系式。当然，同时要考虑固体波动陀螺的热交换特点。

最重要的研究课题之一，就是确定固体波动陀螺谐振器的不均匀不稳定的温度场。

### 2.4.2　固体波动陀螺半球形谐振器中热传导过程的解析和数字研究

根据研制出的方法，实现从陀螺结构及其主要零部件向热模型的过渡。

为了使固体波动陀螺主要零件——谐振器温度场的研究自动化，需要确定热模型的一系列几何特性：单元体积的接触面积、单元体积中心之间的距离以及其他参数。

这些特性与第 1 章中的关系式和算法就是自动确定半球面形谐振器不稳定温度场的数字数学模型。

固体波动陀螺谐振器分成单元体积的热模型如图 2－20（b）所示。

在研究受温度干扰的固体波动陀螺的功能时，产生的一个重要特点是，在某些特殊情况下，但对实践很重要的场合，可能获得导热任务的解析解，从而确定谐振器的温度场。

假设半球形碗为均质薄壁，与周围介质不导热，则它在球坐标系的导热方程及相应的边界条件为

$$\frac{\partial T(\theta,t)}{\partial t}=\frac{a^2}{R^2}\left(\cot\theta\frac{\partial T}{\partial\theta}+\frac{\partial^2 T}{\partial\theta^2}\right) \tag{2-90}$$

$$\begin{cases}T(\theta,0)=f(\theta)\\ \left.\frac{\partial T}{\partial\theta}\right|_{\theta=0}=\left.\frac{\partial T}{\partial\theta}\right|_{\theta=\frac{\pi}{2}}=0\end{cases} \tag{2-91}$$

式中 $a^2=\lambda/c\rho$——导热系数；

$R$——石英碗的半径；

$\theta$——子午线方向的球坐标；

$T(\theta,\ t)$——温度。

解方程（2-90）和方程（2-91）。

采用傅里叶变量分离法，经变换后，得方程（2-90）的解为

$$T(\theta,\ t)=\sum_{n=0}^{\infty}D_n\mathrm{e}^{-n(n+1)\frac{a^2}{R^2}t}\mathrm{P}_n(\cos\theta) \tag{2-92}$$

其中 $$\mathrm{P}_n(\cos\theta)=\mathrm{P}_n(x)=\frac{1}{2^n n!}\frac{\mathrm{d}^n[(x^2-1)^n]}{\mathrm{d}x^n}$$

式中 $D_n$——任意常数（泛常数）；

$\mathrm{P}_n(x)$——勒让德多项式。

从边界条件可知

$$\mathrm{P}'_n(x)|_{x=0}=0 \tag{2-93}$$

显然，当 $n=\gamma_k=2k$ 为偶数时，式（2-93）成立，即偶数 $\gamma_k$ 为该题中的固有值。

每一个固有偶数 $\gamma_k$ 对应一个特征函数

$$T_{\gamma_k}(\theta,t)=\mathrm{e}^{-2k(2k+1)\frac{a^2}{R^2}t}\mathrm{P}_{\gamma_k}(\cos\theta) \tag{2-94}$$

在式（2-94）基础上，进行叠加得

$$T(\theta,t)=\sum_{k=0}^{\infty}D_k\mathrm{e}^{-2k(2k+1)\frac{a^2}{R^2}t}\mathrm{P}_{2k}(\cos\theta) \tag{2-95}$$

利用初始条件（2-91），求得任意常数 $D_k$。

在完成初始条件的情况下

$$T(\theta,0)=\sum_{k=0}^{\infty}D_k P_{2k}(\cos\theta)=f(\theta) \qquad (2-96)$$

用式（2－96）乘以 $P_{2n}$（$x$），得到泛常数 $D_k$ 的表达式，其中 $n\geqslant0$ 是某一个固定的整数。考虑勒让德多项式的正交性，将得到的关系式进行积分。

这样，函数式（2－95）满足原始方程（2－90）和边界条件(2－91)的要求，因此，它是我们所提问题的解析解。

通常情况下，考虑固体波动陀螺的实际结构形式及其与外部介质进行热交换的条件，不可能获得解析解。为确定陀螺及其元部件的温度场，需要采用数字方法和第 1 章中讲过的算法。

在这种情况下，决定固体波动陀螺谐振器温度场的解析解（2－95），可以作为分析所用数字方法完全相符的基础。

例如，给出温度在谐振器中的初始分布形式 $f(\theta)=T_0+2(T-T_0)\theta/\pi$，用单元平衡法来解，当计算点的数目不同时，得到下列相符性分析数据（见图 2－21）。

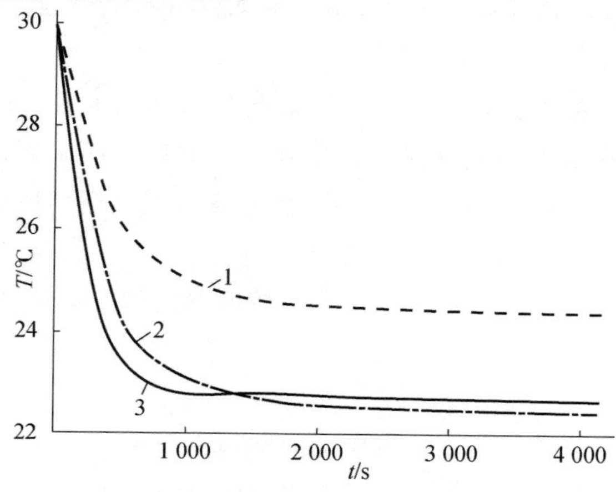


图 2－21 固体波动陀螺谐振器中不稳定热过程的解析解和数字研究

1—数字解，坐标 $\theta$ 的计算点数 $N_\theta=3$（$N_\varphi=12$，$N_R=2$）；2—数字解 $N_\theta=8$（$N_\varphi=12$，$N_R=2$）；3—解析解

由曲线不难看出，当坐标 $\theta$ 的计算点数 $N_\theta = 8$，其他坐标的计算点数 $N_\varphi = 12$，$N_R = 2$ 时，在稳定状态，数字解与解析解相差不到 3%。

因此，可以认为，所建模型是相符的，可以用它来研究半球形谐振器中的热过程。

固体波动陀螺主要零件的几何形状——半球形碗，使我们可以在计算机上非常直观地解决谐振器不均匀不稳定温度场的直观化问题。

这种或者那种球坐标系 $\theta$ 或 $\varphi$ 中的温度场，在这一时刻以相应的比例显示出来，是连续曲线。在下一时刻，显示出新的曲线等，连续不断。最终，形成摆线族，直观地显示出温度场的形状和温度场的不稳定性。

半球形石英谐振器中的热过程分析举例[25]。谐振器性能如下。

谐振器半径 $R=0.035$ m，石英的导热系数为 1.36 W/（m·℃），表征谐振器“支脚”位置的角度 $\theta_0=4.9°$，谐振器材料密度 2 210 $kg/m^3$。谐振器温度模型网格划分参数 $N_\theta=8$，$N_\varphi=12$，$N_R=2$。计算点数量 $N=N_\theta N_\varphi N_R=192$。

进行数学仿真时，考虑了谐振器的具体结构形式，谐振器表面与外部介质热交换的实际条件，既通过“支脚”固定处，也通过密封间隙进行热交换，还考虑了各种热交换形式（在半球谐振陀螺中具有的传导、对流和辐射）。

进行了下列主要热状态的仿真。谐振器的初始温度 $T_{c0}=20$ ℃。谐振器位于外部不均匀温度场

$$\Delta T_c(\varphi,\theta) = T_{c0}(1+\cos 2\varphi \sin\theta) \tag{2-97}$$

温度场的计算直到谐振器中的温度稳定为止。

仿真结果如图 2-22 所示。这里展示的是，当 $\varphi=0$ 时，谐振器温度场在子午线坐标 $\theta$ 中的摆线 $\Delta T_\theta$；当 $\theta=\frac{\pi}{2}$时，谐振器温度场在圆坐标 $\varphi$ 中和谐振器边缘的摆线 $\Delta T_\varphi$。

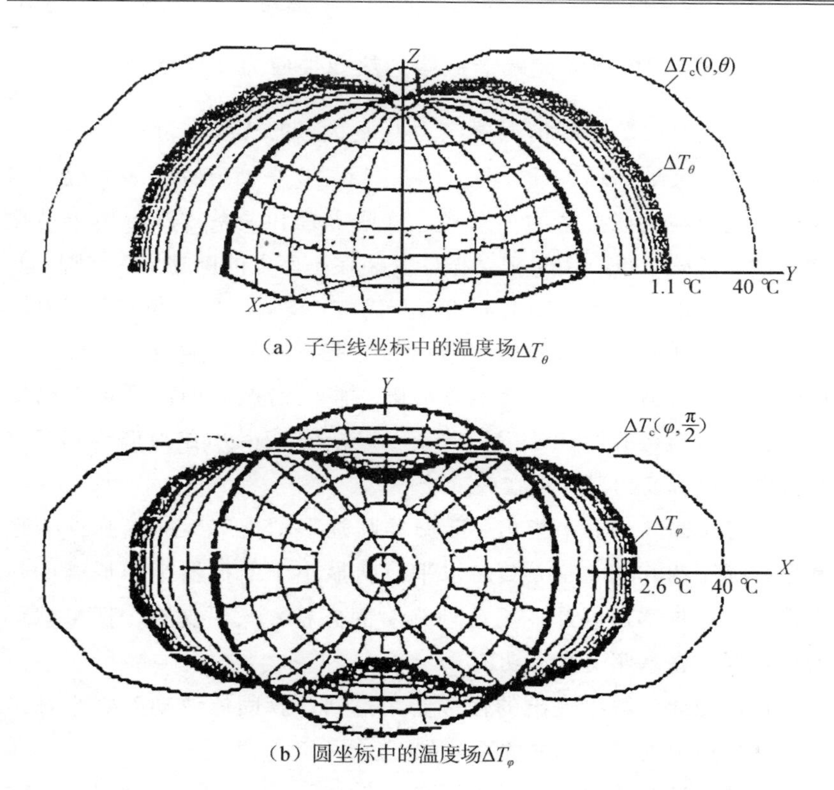


(a) 子午线坐标中的温度场$\Delta T_\theta$

(b) 圆坐标中的温度场$\Delta T_\varphi$

图 2-22　处于不均匀外部温度场中的固体波动陀螺半球形石英谐振器的温度场

所做数学仿真证明，谐振器中温度稳定时间为数十分钟。

在稳定状态，当周围介质中沿 $\varphi$ 的温降 $\Delta T_c=40$ ℃时，谐振器中沿 $\varphi$ 的温降（影响固体波动陀螺精度的主要因素）为 $\Delta T_\varphi \approx 2.6$ ℃。对于精密陀螺来说，这是一个很大的数值。

这样大的温降会引起谐振器温度应力变形状态的改变，它的几何形状会变形，固有振动频率会改变，最终产生陀螺误差。

在某些情况下，解决传热问题的同时，可以分析确定谐振器的热弹性应力变形状态。

### 2.4.3 确定固体波动陀螺谐振器的热弹性应力变形状态

关于固体波动陀螺谐振器应力变形状态的三维准静态热弹性问题详见参考文献 [16, 18, 31]，它包括建立平衡方程和表示应力与变形、变形与位移关系的关系式。这些方程和关系式既可用于谐振器的半球形碗，也可用于把谐振器安装在基座上的圆柱形“支脚”。

还应给出边界条件和谐振器与其固定“支脚”同步位移的条件。

请看实践中非常重要的该命题的某些特殊解。假设，半球形谐振器是一个壁厚 $2h$ 的薄壁半球形碗。假设谐振器的温度场是已知的，且具有给定的形状 $\Delta T = T - T_0 = T_{00} + T_1\cos\theta$（绝对温度和子午线方向沿坐标 $\theta$ 的温降都在改变）。

参考文献 [16] 中指出，谐振器圆柱形“支脚”的热弹性变形和位移处于约 0.002 μm/℃的水平，明显小于谐振器半球形碗的热弹性变形和位移。因此，用这种绝对固态杆——“支脚”把半球形谐振器固定在基座上是成功的。

在按照建议解决提出的任务时，得到计算固体波动陀螺半球形碗热弹性应力变形状态的关系式如下。

半球形谐振器的位移

$$\begin{cases} u_z(\theta) = r_0\alpha_T T_{00}(1-\cos\theta) \\ u_\theta(\theta,z) = \left[r_0\alpha_T T_{00} + \dfrac{\mu_1^2+\nu^{*2}}{1+\mu_1^2}\alpha_T T_1(r_0+z)\right]\sin\theta \end{cases} \tag{2-98}$$

变形

$$\varepsilon_\theta(\theta,z) = \varepsilon_\varphi(\theta,z) = \alpha_T T_{00}\left(1-\frac{z}{r_0}\right) + \frac{\mu_1^2+\nu^{*2}}{1+\mu_1^2}\alpha_T T_1\cos\theta \tag{2-99}$$

应力

$$\sigma_\theta(\theta,z) = \sigma_\varphi(\theta,z) = -\frac{E}{1-\nu^*}\left(\alpha_T T_{00}\frac{z}{r_0} + \frac{1-\nu^{*2}}{1+\mu_1^2}\alpha_T T_1\cos\theta\right) \tag{2-100}$$

其中　　$\mu_1 = \sqrt{36(1-\nu^{*2})^2 r_0^2/h^2 - \nu^{*2}}$

式中　$r_0$——半球形碗的平均半径；

$\alpha_T$——温度线膨胀系数；

径向坐标 $z=r-r_0$，$-h \leqslant z \leqslant h$；

$\nu^*$——泊松系数；

$E$——杨氏模量；

$T_{00}$，$T_1$——温度场特性。

图 2-23 所示为石英半球谐振器的中间变形面。其性能和温度场的参数为：$\nu^* = 0.17$；$r_0 = 0.035$ m；$2h = 10^{-3}$ m；$\alpha_T = 2\times 10^{-7}$ ℃$^{-1}$；$E = 7\times 10^{10}$ N/m$^2$；$\mu_1 = 119.5$；$T_{00} = 10$ ℃；$T_1 = 1$ ℃。

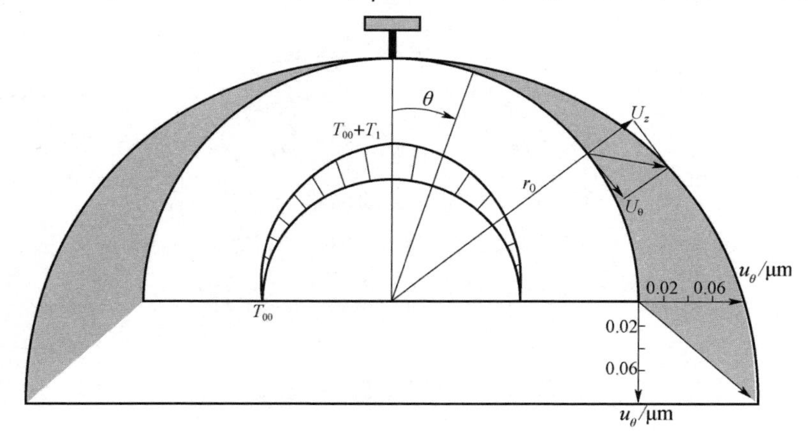


图 2-23　当 $\Delta T = T_{00} + T_1\cos\theta$；$T_{00}=10$ ℃，$T_1=1$ ℃时，固体波动陀螺谐振器的温度变形

在安装信息采集传感器的区域（$\theta=\pi/2$），半球谐振器的位移为

$$u_z\left(\frac{\pi}{2}\right)=0.07\ \mu\text{m}$$

$$u_\theta\left(\frac{\pi}{2}\right)=0.077\ \mu\text{m}$$

把谐振器想象成一个半径为 $r$ 的薄薄的环，写出半径在圆坐标 $\varphi$ 中的变化，一次近似值为 $\Delta r/r_0=\alpha_T T_2\cos 2\varphi$。当 $T_2=1$ ℃时，这种环的最大温度变形为 $(\Delta r/r_0)_{\max}\approx 2\times 10^{-7}$。

### 2.4.4 固体波动陀螺半球形谐振器温度失衡的计算与分析

作下列假设：谐振器的温度场已知，用傅里叶级数表示为

$$T=T_{00}+T_0 f(\varphi)\ \sin\theta=T_{00}+T_0\left(\frac{a_0}{2}+\sum_{n=1}^{\infty}a_n\cos n\varphi+c_n\sin n\varphi\right)\sin\theta \tag{2-101}$$

谐振器材料的密度与温度有关

$$\rho=\rho_0(1-\beta_T T) \tag{2-102}$$

根据热弹性应力变形关系式（2-98），半球形碗的形状在一次近似中逼近

$$G:\begin{cases}0\leqslant\varphi\leqslant 2\pi,\ 0\leqslant\theta\leqslant\dfrac{\pi}{2},\ R_1\leqslant r\leqslant R_2\\ R_1=R_0\ [1+\alpha_T T(1-\cos\theta)]\\ R_2=R\ [1+\alpha_T T(1-\cos\theta)]\end{cases} \tag{2-103}$$

式中　$R_0$，$R$——没变形的半球形碗的内半径和外半径。

为确定质量为 $M$ 的半球形碗质心的温度偏移，需计算下列积分

$$\begin{cases}Mx_c=\iiint\limits_G \rho r^3\sin^2\theta\cos\varphi\mathrm{d}r\mathrm{d}\varphi\mathrm{d}\theta\\ My_c=\iiint\limits_G \rho r^3\sin^2\theta\sin\varphi\mathrm{d}r\mathrm{d}\varphi\mathrm{d}\theta\\ Mz_c=\iiint\limits_G \rho r^3\sin\theta\cos\varphi\mathrm{d}r\mathrm{d}\varphi\mathrm{d}\theta\end{cases} \tag{2-104}$$

考虑式（2-101）～式（2-103），计算式（2-104），得半球形碗质心温偏的解析表达式如下

$$\begin{cases}Mx_c=\rho_0\ \dfrac{R^4-R_0^4}{12}T_0\pi a_1\ \ (5\alpha_T-2\beta_T)\\ My_c=\rho_0\ \dfrac{R^4-R_0^4}{12}T_0\pi c_1\ \ (5\alpha_T-2\beta_T)\\ Mz_c=\rho_0\ \dfrac{R^4-R_0^4}{12}\pi\left[1+\left(\dfrac{4}{3}\alpha_T-\beta_T\right)T_{00}+\left(\dfrac{16-3\pi}{4}\alpha_T-\beta_T\right)\dfrac{a_0}{3}T_0\right]\end{cases} \tag{2-105}$$

当 $\beta_T \approx 3\alpha_T$ 时，在质心温偏中起主要作用的是谐振器材料密度的温度变化。文献［25，12］的研究数据指出，在固体波动陀螺误差中起主要作用的是，与谐振器的缺陷和工艺不完善有关的因素，这些缺陷和工艺不完善在傅里叶级数展开式中具有二次或四次谐波。所以，很明显，甚至制造理想的谐振器的温度误差，在很大程度上将取决于温度场的形状及其傅里叶级数展开式中的二次或四次谐波。

所做分析查明了固体波动陀螺热漂移的主要分量并使其系统化（见表 2-3）。

还需要指出下列几点。

最不利的是绝对温度的变化和驻波面上的温度梯度，在傅里叶级数展开式中，它们具有二次或四次谐波分量。对温度漂移总量贡献最大的是谐振器材料弹性的不均匀和谐振器材料密度的不均匀。

与具有高速旋转转子的传统陀螺不同，在驻波面上质心的温偏对固体波动陀螺的漂移不产生直接影响，因为陀螺的主要误差与缺陷有关，缺陷在圆坐标系 $\varphi$ 中的傅里叶级数展开式具有二次谐波。而温度失衡却与傅里叶展开式的一次谐波有关。

**表 2-3　固体波动陀螺的热漂移分量**

| 热漂移分量 | 热漂移/［(°)/(h·℃)］ |
| --- | --- |
| 温度引起的谐振器材料弹性不均匀 | 制造理想的谐振器～$1.4\times10^{-4}$ |
| 温度引起的谐振器材料密度不均匀 | 制造理想的谐振器～$2.2\times10^{-5}$ |
| 温度引起的谐振器振幅不稳定和位置激励时几何非线性 | ～$7.0\times10^{-6}$ |
| 参数激励和间隙温度变化误差 | $-4.0\times10^{-6}$ |
| 温度引起的谐振器自振频率的变化 | 谐振器制造不理想 $\Delta R_2 \approx 1$ μm：～0.025<br>制造理想的谐振器 $\Delta R_{2T} \approx 0.01$ μm：～$2.5\times10^{-6}$ |
| 温度引起的谐振器形状的变化 | ～$2.4\times10^{-6}$ |
| 总漂移 | ～$1.8\times10^{-4}$ |

上述固体波动陀螺的温度漂移分量与安装陀螺的基座的加速度

无关。

由于热时间常数很大（因为真空度高和石英导热系数很小），陀螺的热准备时间相当大（几十分钟），在研制精密陀螺时，必需考虑这一特点。

谐振器制造理想的固体波动陀螺热漂移的绝对值与其他类型的陀螺相比很小（静电陀螺除外）。但是，如果谐振器有工艺制造误差，则这种漂移会剧烈上升。谐振器的工艺不完善对自由振动频率的热变化影响特别严重。

总之，上述研究证明，固体波动陀螺（与静电陀螺一样）是对热作用最不敏感的陀螺之一，是温度漂移极小的陀螺，其温度漂移水平达 $10^{-4} \sim 10^{-5}$(°)/(h · ℃)。

所建固体波动陀螺热漂移的数学模型，计算机实验和对实验结果的分析，使我们能够做出固体波动陀螺温度误差最小化的建议。

由于固体波动陀螺对热作用相对不敏感，为了缩短陀螺的热准备时间，在固体波动陀螺中，可以采用相当“粗糙”的带绝对温度强制调节状态的反馈式温度调节系统。

在这种情况下，绝对温度的精度保持在0.5～1 ℃。但是，在快速加温的条件下，石英谐振器的热动态性能表现强烈。

对结构确定的谐振器频率稳定时间与石英薄片温度变化速度的关系进行的实验研究[28]表明，在温度变化速度的某个临界值（约为10 ℃/min）之后，不但不会使频率稳定时间相对额定值减小，反而会使其增加。在设计固体波动陀螺温度调节系统时必须考虑这一因素。

所做的计算机实验表明，对于精密固体波动陀螺，优化温度传感器和温度调节系统执行装置在陀螺工作区驻波平面中的位置非常重要。在这种情况下，部分补偿由温度干扰和谐振器制造工艺误差造成的固体波动陀螺的误差是可能的。谐振器制造工艺误差在傅里叶级数误差分量展开式中具有二次（或四次）谐波。这种补偿由谐振器振动平面中温度场形状的变化保证。

作为温度误差最小化和缩短陀螺准备时间的“无源”方法，还可以在固体波动陀螺的内部空间谐振器区域充填导热惰性气体。

例如，当填充压力为 50 mmHg 的氦气后，温度稳定时间和振动频率稳定时间差不多缩小了$\frac{1}{2}$。

应当指出，在这种情况下，对温度调节系统稳定状态的温度保持精度提高了。

对典型石英谐振器热状态的理论分析[28]和所建热过程数学模型的计算机实验说明，在周围介质温度变化时，在固体波动陀螺谐振器碗中会产生温度梯度。温度梯度的大小与周围介质温度变化的速度成正比。这样的温度梯度引起谐振器几何尺寸、弹性模量、材料密度、振动频率的变化。正像所建误差模型表明的那样，最终会引起陀螺漂移。

得到的结果使我们能够提出一个推论，谐振器在每一时刻的振动频率（和其他性能）不仅与周围介质的温度有关，而且与周围介质温度变化的速度有关。

由于这个缘故，为保证精密固体波动陀螺谐振器振动频率（和其他参数）的稳定性要求，不仅需要稳定给定的温度，而且需要稳定温度变化的速度。

这里还应当指出，为了确定谐振器的一些热性能，比如，频率的温度系数和频率的动态温度系数，需要进行进一步的理论和实验研究。

应用这类关系的知识，能够确定陀螺的额定工作温度（根据文献［28］的通用理论，谐振器工作温度在谐振器温度频率特性极值区域确定），从而提高陀螺的精度。

解决固体波动陀螺温度误差和其他误差的分析和最小化问题，有助于在不远的将来生产出有竞争力的高精度固体波动陀螺。

## 2.5　热作用条件下的微机械陀螺和微机械加速度计

回顾惯性传感器最近 40 年的动态发展过程，可以发现，在惯性传感器性能方面，这是一个不断进步的大发展时期，大约每 10 年惯性传感器的精度就提高一个数量级［从 1(°)/h 到 $10^{-4}$(°)/h］。

惯性传感器和惯导系统的体积、质量和能量损耗也随之减小。虽然缓慢，但持续不断（减小和降低到原来的 1/10～1/20），而它们的价格，不但没有下降，反而越来越高。

在缩小体积、质量，减小能耗方面，人们希望有跨越式的突破，这就是研制微硅惯性传感器的起因，它是建立在微电子工艺和材料学基础之上的。近年来，国际上和国内的许多科研机构都在从事这方面的研究[35,41,50]。

在麻省理工学院 Draper 实验室诞生了首只新型惯性传感器，即微机械陀螺。

这种只有一个测量轴的惯性传感器是在现代二维电子工艺的基础上，由硅片加工而成。

微机械陀螺的主要优点是：超小外型尺寸（mm），超小质量（mg），超小能量损耗（mW），低成本（几美元或几十美元）。为了突出其以上特点，让我们以小型化动力调谐陀螺为例，进行一下比较：动力调谐陀螺的外型尺寸为几厘米，质量为几十克，价格为几百美元或几千美元。

微机械陀螺以它的优点，使其可以在全新的领域中得到应用。比如汽车导航、光学设备（如双筒望远镜、天文望远镜、摄像机、瞄准器）位置和运动稳定控制系统、工业机器人、计算机“鼠标”和玩具等。

目前，微机械陀螺的主要缺点是，精度较低（每小时几百甚至上千度）。

下面讲述微机械陀螺和微机械加速度计的各种结构，我们选择得到广泛发展和具有生产前景的几种作为重点。

## 2.5.1 音叉式微机械陀螺

音叉式微机械陀螺[50]的结构、运动图和外形尺寸比较见图 2-24。该陀螺的平面尺寸约为 2 mm×4 mm，厚度约 20 μm。敏感质量块借助振动传动装置（产生受迫力 $F$ 的装置）在平面内进行相位相反的振动（振动速度为 $V$）。

(a) 结构图

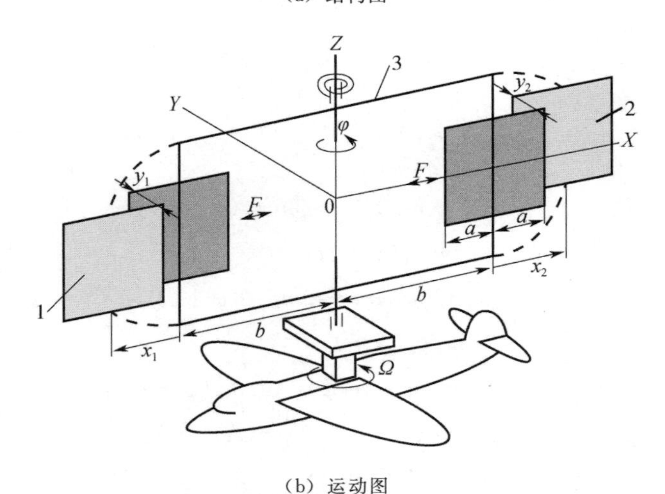


(b) 运动图

图 2-24　音叉式微机械陀螺结构图和运动图

传感器的作用原理：测量由惯性哥氏力 $F_i$ 引起的框架角振动的幅值（用角度 $\varphi$ 表示）或敏感质量块的线振动幅值（用坐标 $y_i$ 表示）。当基座以角速度 $\Omega$ 相对陀螺敏感轴（测量轴）旋转时，产生方向相反的哥氏惯性力 $F_1$，$F_2$［图 2-24（a)］，它们的模数与被测角速度成正比。哥氏惯性力引起框架的角振动或者敏感质量块的线振动（根据采用的结构形式不同)，振动幅值就是基座旋转输入角速度的度量尺度。

音叉式微机械陀螺的作用原理早已众所周知，但其真正得到发展和应用，是在现代固态微电子加工工艺水平快速提升之后。

为了推导音叉式微机械陀螺的运动方程，常采用拉格朗日二阶方程。我们把陀螺看成是一个机械系统［图 2-24（b)］，这个机械系统由框架 3 和两个质量块 1 和 2 组成。质量块 1 和 2 与框架 3 之间、框架与基座之间均为弹性连接。基座以常值角速度 $\Omega$ 旋转。这个系统有 5 个自由度［图 2-24（b)］，框架的角运动由广义坐标 $\varphi$ 表示，敏感元件的线运动由广义坐标 $x_1$，$y_1$，$x_2$，$y_2$ 表示。

建立该系统能量的表达式和广义力的表达式，采用拉格朗日形式变换后，得下列音叉式微机械陀螺的温度或工艺扰动运动方程

$$
\begin{cases}
J_z\ddot{\varphi}+\mu_\varphi\dot{\varphi}+c_\varphi\varphi=\sum\limits_{i=1}^{2} m_i\,[\ddot{x}_i y_i-\ddot{y}_i x_i]- \\
\qquad 2(\dot{\varphi}+\Omega)\sum\limits_{i=1}^{2} m_i\,[\dot{x}_i x_i+\dot{y}_i y_i] \\
m_1\ddot{y}_1+\mu_{1y}\dot{y}_1+c_{1y}y_1=-m_1\ddot{\varphi}x_1-2m_1\dot{x}_1(\dot{\varphi}+\Omega)+ \\
\qquad m_1 y_1(\dot{\varphi}+\Omega)^2 \\
m_2\ddot{y}_2+\mu_{2y}\dot{y}_2+c_{2y}y_2=-m_2\ddot{\varphi}x_2-2m_2\dot{x}_2(\dot{\varphi}+\Omega)+ \\
\qquad m_2 y_2(\dot{\varphi}+\Omega)^2 \\
m_1\ddot{x}_1+\mu_{1x}\dot{x}_1+c_{1x}(x_1+b)=m_1\ddot{\varphi}y_1+2m_1(\dot{\varphi}+\Omega)\dot{y}_1+ \\
\qquad m_1 x_1(\dot{\varphi}+\Omega)^2+F\cos pt \\
m_2\ddot{x}_2+\mu_{2x}\dot{x}_2+c_{2x}(x_2-b)=m_2\ddot{\varphi}y_2+2m_2(\dot{\varphi}+\Omega)\dot{y}_2+ \\
\qquad m_2 x_2(\dot{\varphi}+\Omega)^2-F\cos pt
\end{cases}
\tag{2-106}
$$

$$\begin{cases} x_i = x_{i0} + x_{iT} + b_{iT} \\ y_i = y_{i0} + y_{iT} \\ c_\varphi = c_{\varphi 0} + c_{\varphi T} \\ J_{ci} = J_{ci0} + J_{ciT} \\ J_3 = J_{30} + J_{3T} \\ J_{ci0} = \dfrac{m_i a^2}{3} \\ J_{30} = \dfrac{m_3 b^2}{3} \\ c_{ix} = c_{ix0} + c_{ixT} \\ c_{iy} = c_{iy0} + c_{iT} \\ J_z = J_{c1} + J_{c2} + J_3 + \sum_{i=1}^{2} m_i (x_i^2 + y_i^2) \end{cases} \tag{2-107}$$

式中　$m_i$（$i$=1，2，3）——敏感元件和框架的质量；

$\Omega$——被测角速度；

$a$，$b$——几何参数；

$J_{ci0}$，$J_{30}$，$J_{ciT}$，$J_{3T}$——额定惯性力矩和干扰惯性力矩；

$c_{ix0}$，$c_{iy0}$，$c_{\varphi 0}$，$\mu_{ix}$，$\mu_{iy}$，$\mu_\varphi$，$c_{ixT}$，$c_{iyT}$，$c_{\varphi T}$——额定支承刚度系数，干扰支承刚度系数，额定阻尼系数，干扰阻尼系数；

$F$，$p$——强制力的幅值和频率；

$x_{iT}$，$y_{iT}$——敏感元件质心相对其支承中心的偏移；

$b_{iT}$——框架几何形状扰动；

下标0——该参数的额定值；

下标T——额定值的温度（或工艺）附加值。

音叉式微机械陀螺受干扰状态的研究课题是通过对方程组（2-106）描述的数学模型和关系式（2-107）的研究来实现的。

在研究温度作用的时候，必须从解决相应的热弹性问题出发，找到惯性和刚度参数变化和失衡的表达式。

在研究这些参数值的工艺漂移和性能的同时，作为原始数据，要以公差系统的形式，给出陀螺参数的额定值及其正负号。

2.5.1.1　确定音叉式微机械陀螺的温度或者工艺漂移

假设，输出信号的采集借助框架的角运动实现。方程组（2-106）中第一个方程，是根据角度 $\varphi$ 确定扭转振动的，它包含最基本的关于输入角速度 $\Omega$ 的惯性信息。从这个方程，可以得到热漂移或工艺漂移角速度的近似表达式。为此，我们来分析作用在振荡中的敏感元件和框架上的力和力矩（图 2-25）。

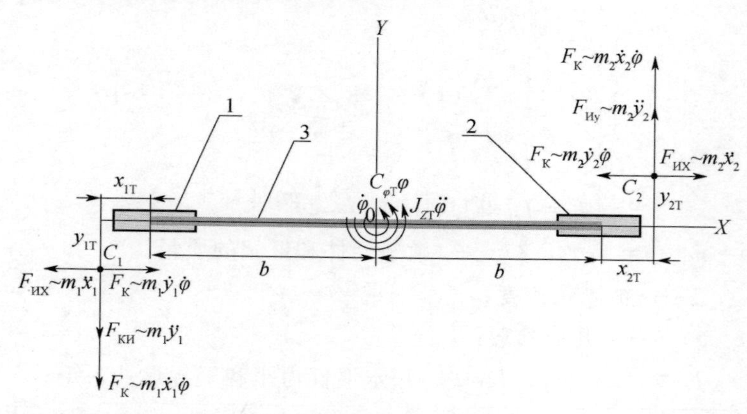


图 2-25　在温度和工艺扰动时，附加的力和惯性力矩，弹性力矩，哥氏惯性力矩

1，2—敏感质量块；3—陀螺框架

根据方程组（2-106）的第一个方程和关系式（2-107），对于静基座上（$\Omega=0$）处于温度或工艺因素作用下的微机械陀螺，惯性力矩、弹性力矩、黏滞力矩和哥氏惯性力矩之和可表示为

$$\sum M_{\mathrm{om,T}}=\sum_{i=1}^{2} m_i\ddot{y}_i x_i+\sum_{i=1}^{2} m_i\ddot{y}_i\ (x_{i\mathrm{T}}+b_{i\mathrm{T}})-\sum_{i=1}^{2} m_i\ddot{x}_i y_i-\sum_{i=1}^{2} m_i\ddot{x}_i y_{i\mathrm{T}}+J_z\ddot{\varphi}+\mu_\varphi\dot{\varphi}+c_\varphi\varphi+2\dot{\varphi}\sum_{i=1}^{2} m_i\dot{x}_i x_i+2\dot{\varphi}\sum_{i=1}^{2} m_i\dot{x}_i\cdot(x_{i\mathrm{T}}+b_{i\mathrm{T}})+2\dot{\varphi}\sum_{i=1}^{2} m_i\dot{y}_i y_i+2\dot{\varphi}\sum_{i=1}^{2} m_i\dot{y}_i y_{i\mathrm{T}} \tag{2-108}$$

另一方面，对于位于旋转基座上的陀螺（以常值角速度 $\Omega$ 旋转），在没有温度扰动或工艺扰动的情况下，这些力矩之和可表示为

$$\sum M_{\mathrm{om}}=\sum_{i=1}^{2} m_i\ddot{y}_i x_i-\sum_{i=1}^{2} m_i\ddot{x}_i y_i+J_{z0}\ddot{\varphi}+\mu_{\varphi}\dot{\varphi}+c_{\varphi0}\varphi+$$
$$2(\dot{\varphi}+\Omega)\sum_{i=1}^{2} m_i\dot{x}_i x_i+2(\dot{\varphi}+\Omega)\sum_{i=1}^{2} m_i\dot{y}_i y_i \tag{2-109}$$

其中　$J_{z0}=\sum_{i=1}^{2} m_i(x_i^2+y_i^2)+J_{\mathrm{c10}}+J_{\mathrm{c20}}+J_{30}$

使式（2-108）和式（2-109）相等，相对 $\Omega$ 解所得方程，求得热漂移或工艺漂移角速度的表达式

$$\Omega_{\mathrm{dr}}\sum_{i=1}^{2} m_i(\dot{x}_i x_i+\dot{y}_i y_i)=\frac{1}{2}\sum_{i=1}^{2} m_i\ddot{y}_i(x_{i\mathrm{T}}+b_{i\mathrm{T}})+\frac{1}{2}c_{\varphi\mathrm{T}}\varphi+$$
$$\frac{1}{2}J_{z\mathrm{T}}\ddot{\varphi}+\dot{\varphi}\sum_{i=1}^{2} m_i\dot{x}_i(x_{i\mathrm{T}}+b_{i\mathrm{T}})-\frac{1}{2}$$
$$\sum_{i=1}^{2} m_i\ddot{x}_i y_{i\mathrm{T}}+\dot{\varphi}\sum_{i=1}^{2} m_i\dot{y}_i y_{i\mathrm{T}} \tag{2-110}$$

式中　$J_{z\mathrm{T}}=\sum_{i=1}^{2} m_i[2y_i y_{i\mathrm{T}}+2x_i(x_{i\mathrm{T}}+b_{i\mathrm{T}})+y_{i\mathrm{T}}^2+(x_{i\mathrm{T}}+b_{i\mathrm{T}})^2]+$
$J_{\mathrm{c1T}}+J_{\mathrm{c2T}}+J_{3\mathrm{T}}$

考虑到结构的对称性，在表达式（2-110）中，关系式

$$\begin{aligned}\sum_{i=1}^{2} m_i(\dot{x}_i x_i+\dot{y}_i y_i)&=(\dot{x}b+\dot{y}y)(m_1+m_2)\\&=\dot{x}b(m_1+m_2)\\&=A_x pb(m_1+m_2)\end{aligned} \tag{2-111}$$

是正确的。其中 $A_x$ 为给定的沿 $x$ 轴的受迫振动幅值，$\dot{x}b\gg\dot{y}y$。

考虑式（2-111）后，从方程（2-110）得音叉式微机械陀螺温度或工艺漂移角速度的表达式

$$\Omega_{\mathrm{dr}}=\frac{m_2(x_{2\mathrm{T}}+b_{2\mathrm{T}})-m_1(x_{1\mathrm{T}}+b_{1\mathrm{T}})}{2A_x pb(m_1+m_2)}\ddot{y}+\frac{c_{\varphi\mathrm{T}}}{2A_x pb(m_1+m_2)}\varphi+$$

$$\frac{J_{zT}}{2A_x pb(m_1+m_2)}\ddot{\varphi}+\frac{m_2(x_{2T}+b_{2T})-m_1(x_{1T}+b_{1T})}{A_x pb(m_1+m_2)}\dot{x}\dot{\varphi}-$$

$$\frac{m_2 y_{2T}-m_1 y_{1T}}{2A_x pb(m_1+m_2)}\ddot{x}+\frac{m_2 y_{2T}-m_1 y_{1T}}{A_x pb(m_1+m_2)}\dot{y}\dot{\varphi} \qquad (2-112)$$

2.5.1.2 对音叉式微机械陀螺温度或工艺漂移的定性分析

为了确定温度对音叉式微机械陀螺性能（几何形状、惯性力矩、刚度系数和质心位置的改变等）的影响，重点讨论下列热弹性问题。

我们认为，在初始状态，由同一种质地均匀的材料制成的敏感元件和框架的支承中心与它们的质心是重合的。设当温度等于额定温度 $T_{HOM}$时，具有这种状态。

一般情况下，温度场的作用并不均匀。不均匀温度场对陀螺结构作用的结果是：材料密度在体积上的重新分配，敏感元件变形，导致总体性能发生变化，惯性矩改变，质心偏移，最终产生输入角速度的测量误差。

温度场是已知的，它的变化规律为（见图 2-26）

$$T(x)=T_0+T_{00}\frac{|x|}{(b+a)} \qquad (2-113)$$

式中 $T_0$，$T_{00}$——分别为绝对温度相对额定温度 $T_{HOM}$的最大温升和最大温度落差。

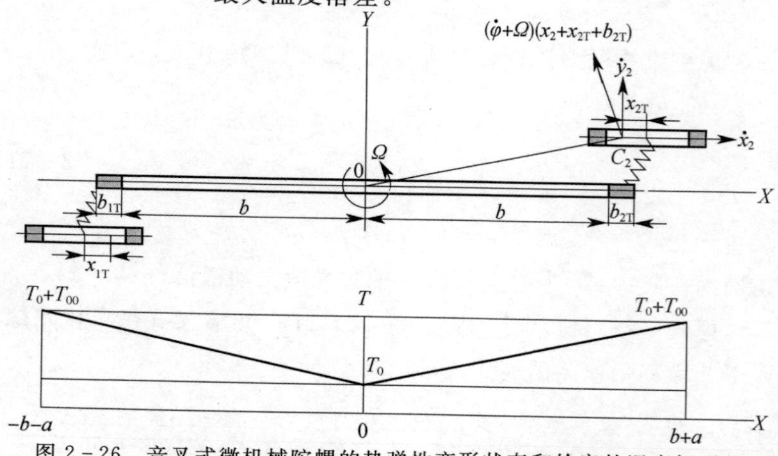


图 2-26 音叉式微机械陀螺的热弹性变形状态和给定的温度场形状

陀螺零件的材料密度与温度的关系

$$\rho(x) = \rho_0[1-\beta_T T(x)] \tag{2-114}$$

式中　$\beta_T$——密度变化的温度系数。

根据理论力学公式，零件惯性矩和质心位移的计算式为

$$\begin{cases} J = \iiint\limits_V \rho r^2 \mathrm{d}V \\ \boldsymbol{r}_c = \dfrac{1}{M}\iiint\limits_V \rho\ \boldsymbol{r}\mathrm{d}V \end{cases} \tag{2-115}$$

式中　$V = V_0 + \Delta V_T$——物体的体积，其中包括由温度变化引起的形状微变；

$M$——物体的质量。

为了确定 $\Delta V_T$，要在相应的边界条件下，解决准静态热弹性问题[31,18]

$$(1-2\nu^*)\ \nabla^2\boldsymbol{u} + \mathrm{grad\ div}\boldsymbol{u} - 2(1+\nu^*)\alpha_T\ \mathrm{grad}T = 0 \tag{2-116}$$

式中　$\nu^*$——泊松系数；

$\boldsymbol{u}$——位移矢量；

$\alpha_T$——热膨胀系数。

我们将把系统的单元理想化为一个拉杆结构，研究它的热弹性变形状态。

考虑式(2-113)和式(2-114)，对式(2-115)和式(2-116)进行变换，得出音叉式微机械陀螺温度扰动性能的表达式如下。

框架伸长量

$$b_{1T} = b_{2T} = b_T = \frac{1+\nu^*}{1-\nu^*}\alpha_T b\left[T_0 + \frac{T_{00}b}{2(b+a)}\right] \tag{2-117}$$

敏感元件质心偏移

$$x_{1T} = x_{2T} = x_T = \frac{T_{00}a^2}{b+a}\left[\frac{1+\nu^*}{1-\nu^*}\frac{\alpha_T}{2} - \frac{\beta_T}{3}\right] \tag{2-118}$$

惯性矩的温度分量

$$J_{ciT} = \frac{m_i a^2}{3}T_0\left[3\cdot\frac{1+\nu^*}{1-\nu^*}\alpha_T - \beta_T\right]$$

$$J_{3T}=\frac{m_3 b^2}{3}\left[T_0\left(3\cdot\frac{1+\nu^*}{1-\nu^*}\alpha_T-\beta_T\right)+\frac{3}{2}\cdot\frac{T_{00}b}{b+a}\left(\frac{1+\nu^*}{1-\nu^*}\alpha_T-\frac{\beta_T}{2}\right)\right] \tag{2-119}$$

刚度系数与温度的关系为

$$\begin{cases}c_\varphi=c_{\varphi 0}(1-\alpha_E T_0)\\ c_{ix}=c_{ix0}(1-\alpha_E T_0)\\ c_{iy}=c_{iy0}(1-\alpha_E T_0)\end{cases} \tag{2-120}$$

式中 $\alpha_E$—— 弹性模量的温度系数。

所得扰动方程和关系式（2-106）、式（2-107）、式（2-112）、式（2-117）～式（2-120）乃是音叉式微机械陀螺热漂移或工艺漂移的数学模型。

为了评估音叉式微机械陀螺的热弹性状态，对 $\Omega_{dr}$ 的表达式（2-112）和关系式（2-117）～式（2-120）进行了定性分析。分析结果表明：

1）无论在敏感元件和框架所在的平面 $XOZ$ 内，还是与敏感元件平面垂直的平面 $XOY$ 内，温度（或者工艺）变化引起的陀螺性能的改变，都会对微机械陀螺的漂移产生影响。

2）微机械陀螺敏感元件 $XOZ$ 平面内的温度因素或工艺因素，决定了与被测角速度量值有关的漂移分量的大小［式（2-112）中的前 4 项］。

3）$XOY$ 平面内正负号不同的温度或者工艺不平衡决定的漂移分量，与被测角速度无关［式（2-112）中的第 5 项］，而是由强迫振动频率 $p$ 和微机械陀螺的几何形状决定的。

4）与可能的工艺不平衡相比，平面 $XOY$ 内的温度不平衡 $y_{iT}$ 应该很小。这是因为微机械陀螺的厚度很小（20 $\mu$m 左右），对这么薄的陀螺来说，在厚度方向的温度梯度特别小。

#### 2.5.1.3 音叉式微机械陀螺温度或工艺漂移参数的定量评估

为了定量评估热漂移或者工艺漂移参数，将转换成柯西方程的原始方程组（2-106）和式（2-107）进行数字积分，同时考虑解热弹性任务时得到的关系式（2-116）～式（2-120）和角速度漂移公式(2－112)。

下面是一组音叉式微机械陀螺参数：

$m_1=m_2=m=3.94\times10^{-8}$ kg；$m_3=1.2\times10^{-9}$ kg；

$b=1\ 500$ μm；$a=500$ μm；$A_x=20$ μm；$p=2\pi\times10^4\ \mathrm{s}^{-1}$；

$\mu_{1x}=\mu_{2x}=4.95\times10^{-5}\ \mathrm{kg\cdot s^{-1}}$；

$\mu_{1y}=\mu_{2y}=6\times10^{-5}\ \mathrm{kg\cdot s^{-1}}$；

$\mu_{\varphi}=1.15\ \mathrm{kg\cdot \mu m^2\cdot s^{-1}}$；$F=6.2\times10^{-5}$ N；$c_{\varphi0}=9.51\times10^8$ $\mathrm{kg\cdot \mu m^2\cdot s^{-2}}$；

$c_{1x0}=c_{2x0}=mp^2=155.4\ \mathrm{kg\cdot s^{-2}}$；$c_{1y0}=c_{2y0}=637\ \mathrm{kg\cdot s^{-2}}$；

$\alpha_T=4.2\times10^{-6}\,℃^{-1}$；$\alpha_{\mathrm{E}}=10^{-6}\,℃^{-1}$；$\nu=0.2$；$\beta_T\approx3\alpha_T$。

### 2.5.2　温度扰动对音叉式微机械陀螺温度漂移的影响

在评估温度扰动对微机械陀螺热漂移的影响时，最重要的问题是比较温度梯度和绝对温度的相对影响。

微机械陀螺周围介质温度的变化范围为$-40\ ℃\leqslant T_{\mathrm{c}}\leqslant80\ ℃$，额定温度 $T_{\mathrm{HOM}}=20\ ℃$，则绝对温度下降的表达式为 $-60\ ℃\leqslant T_0=T_{\mathrm{c}}-T_{\mathrm{HOM}}\leqslant60\ ℃$。

另一方面，微机械陀螺几何尺寸很小（几平方毫米的面积，几十微米的厚度），使我们可以认为，它内部的温度梯度很小，即 $T_{00}\ll1\ ℃$。

图 2－27 中给出了在所建模型关系的基础上，进行计算机实验得到的结果，反映出微机械陀螺绝对温度的变化对它的相对热漂移的影响。实验中，使用了解决热弹性问题式（2－117）～式（2－120）的结果。

可以看出，热漂移角速度与绝对温度成线性关系。当绝对温降 $T_0=60\ ℃$（$b_{1\mathrm{T}}=-b_{2\mathrm{T}}\approx0.6$ μm）时，微机械陀螺热漂移的最大偏差约为被测角速度的 11％。

对温度梯度的影响进行仿真的结果表明，当 $T_{00}=1\ ℃$时，热漂移的最大偏差相当于被测输入角速度的 0.04％。

可以看出，微机械陀螺的绝对温度对其热漂移的影响比温度梯

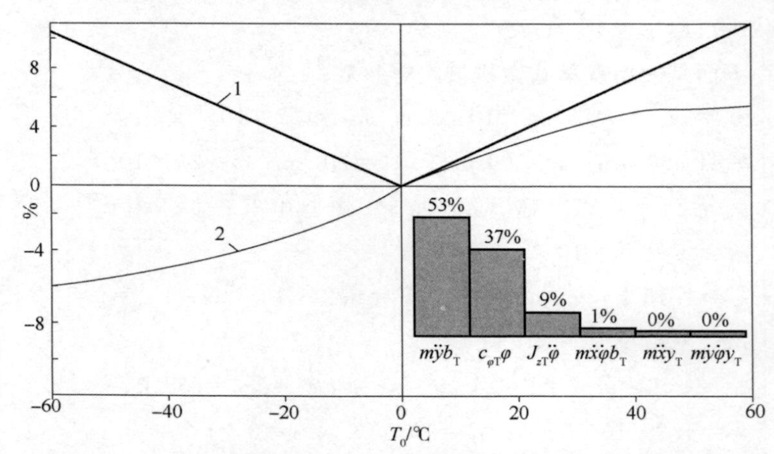


图 2-27　微机械陀螺绝对温度对其热漂移的影响和温度漂移分量图（$\Omega$= 1 s$^{-1}$）
1—$\Omega_{dr}^{max}/\Omega$；2—（$A_{\varphi}^{max}-A_{\varphi}^{HOM}$）/$A_{\varphi}^{HOM}$

度的影响大得多。

在图 2-27 中，还给出了热漂移分量在漂移角速度总值中所占的相对比例。

当在微机械陀螺 $XOZ$ 平面内出现温度不平衡时，产生的附加惯性力矩 $m\ddot{y}$ 引起的热漂移角速度分量占的比例最大（热漂移总值 $\Omega_{dr}$ 的 53%）。占第二位和第三位的是支承角刚度 $c_{\varphi T}$ 的温度变化引起的力矩造成的漂移和惯性力矩 $J_{zT}$ 造成的漂移（分别占 $\Omega_{dr}$ 总值的 37% 和 9%）。

前面已指出，$XOY$ 平面内的温度不平衡 $\Delta y_T = y_{2T} - y_{1T}$ 非常微小，因为沿微机械陀螺厚度的温度落差特别小（其厚度只有几十微米），所以此处温度不平衡可以忽略不计。

但是，当我们研究 $XOY$ 平面内的工艺不平衡 $\Delta y_T$ 时，情况就完全不同了。

## 2.5.3　微机械陀螺的制造误差对其工艺漂移的影响

正如对表达式（2-112）进行定性分析时所证实的，甚至少许

工艺不平衡 $\Delta y_T$ 的存在能够引起微机械陀螺相当大的漂移，而且，这种漂移与被测角速度无关，仅取决于外部振动激发的惯性力 $m\ddot{x}$。

事情是这样的，当 $XOY$ 平面内存在不平衡 $\Delta y_T$ 时，在总漂移公式（2-112）中，只有第 5 项与陀螺的角运动 $\varphi$ 无关，而是取决于已知的惯性项 $m\ddot{x}$。

微机械陀螺 $XOZ$ 和 $XOY$ 平面内的工艺不平衡对其精度的影响，定量研究的结果详见图 2-28。

这里展示的是在 $XOY$ 和 $XOZ$ 平面内各种不平衡条件下 $\Delta y_T = y_{2T} - y_{1T}$ 和 $\Delta b_T = b_{2T} - b_{1T}$，漂移角速度最大值 $\Omega_{dr}^{max}$ 和框架角振动最大振幅值 $A_\varphi$ 的标准曲线。

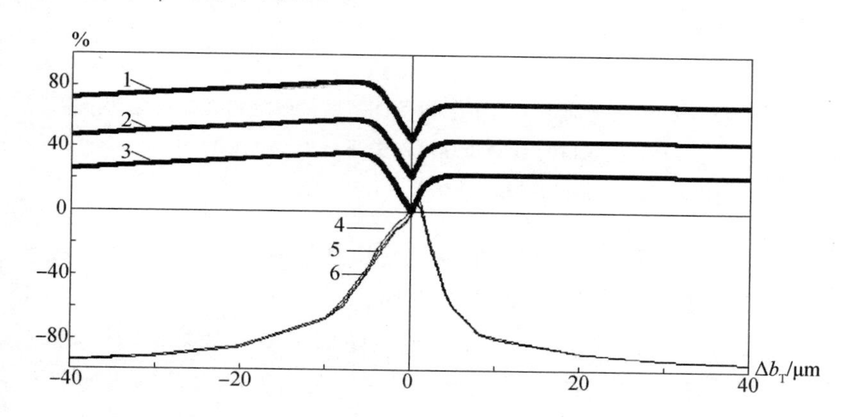


图 2-28　微机械陀螺 $XOZ$ 和 $XOY$ 平面内的工艺不平衡对其工艺漂移的影响

（$\Omega = 1\ s^{-1}$，$T_0 = 0$ ℃）

1，2，3—当 $\Delta y_T = 0.04$ μm，$\Delta y_T = 0.02$ μm，$\Delta y_T = 0$ 时，曲线 $\Omega_{dr}^{max}/\Omega$；

4，5，6—当 $\Delta y_T = 0$，$\Delta y_T = 0.02$ μm，$\Delta y_T = 0.04$ μm 时，曲线（$A_\varphi^{max} - A_\varphi^{HOM}$）$/A_\varphi^{HOM}$

可以看出，在 $XOY$ 平面内的微小不平衡 $\Delta y_T$（甚至是百分之几微米）和在 $XOZ$ 平面内的微小不平衡 $\Delta b_T$（比如一个微米），都会导致漂移角速度的明显变化，达到被测角速度 $\Omega = 1\ s^{-1}$ 的百分之几十，还会引起框架角振动振幅的明显变化。

因此，音叉式微机械陀螺在 $XOY$ 平面内的平衡精度应当非常高，或者必须预先考虑对这项漂移进行补偿。

为了评估 $XOY$ 平面内的不平衡 $\Delta y_T$ 对框架角振动幅值 $A_\varphi$ 与被测角速度 $\Omega$ 关系的影响，图 2-29 根据计算机实验结果给出了 $A_\varphi$ 与 $\Omega$ 的关系曲线 $A_\varphi(\Omega)$。

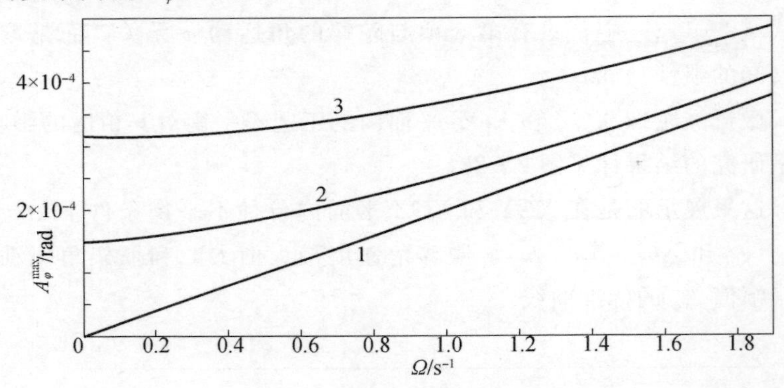


图 2-29　在 $XOY$ 平面内工艺不平衡条件下微机械陀螺框架角振动振幅的最大值与被测角速度的关系（$T_0=0$ ℃）

1—$\Delta y_T=0$；2—$\Delta y_T=0.1$ μm；3—$\Delta y_T=0.2$ μm

从曲线可以看出，$A_\varphi(\Omega)$ 的变化规律是如何从 $\Delta y_T=0$ 时的线性关系演变到 $\Delta y_T\neq0$ 时的非线性关系的。

为了分析上述因素对音叉式微机械陀螺精度的动态影响，图 2-30 中给出了在音叉式微机械陀螺 $XOZ$ 平面内各种工艺不平衡条件下的漂移参数和其他参数随时间演化的规律，以及初始非线性系统的相位图（$\varphi$，$\dot{\varphi}$）。

可以看出，这些不平衡对陀螺漂移的瞬时参数影响很大。

这些变化的演变是从小不平衡时的简单极限周期［见相位图 2-30（a）］到大不平衡时的相位图形状的复杂过渡［图 2-30（b），图 2-30（c）］逐步演变的。

## 2.5.4　敏感元件万向支承式微机械陀螺

这种微机械陀螺是 Draper 实验室最初研制的微机械陀螺

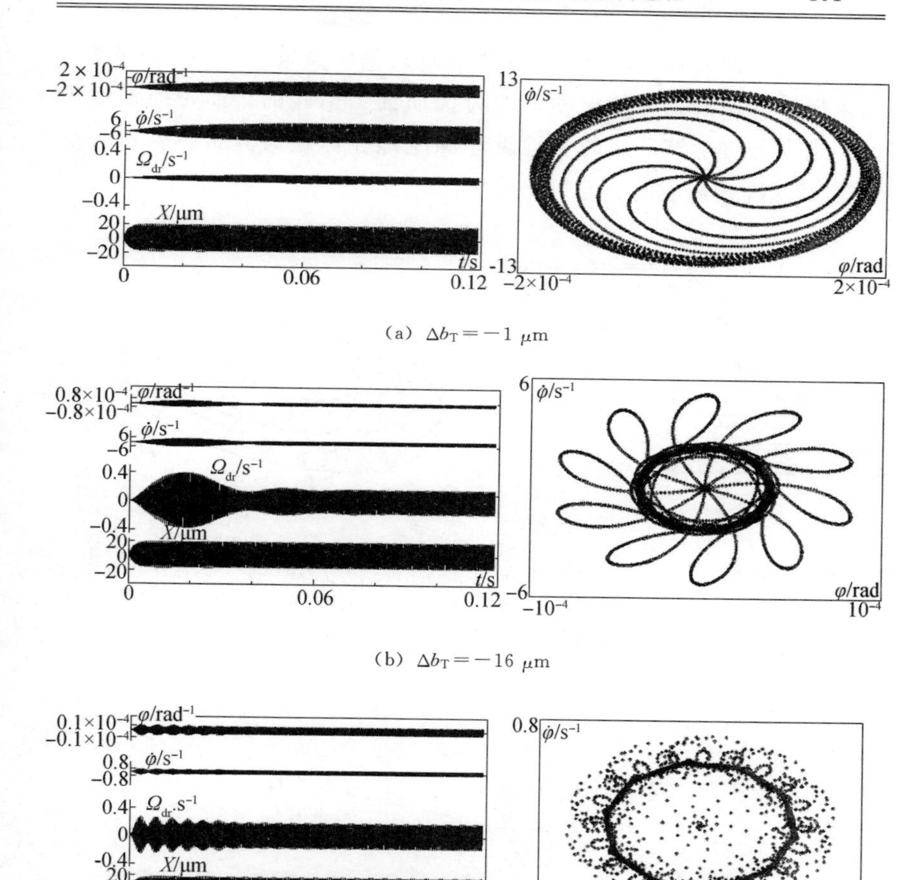


(a) $\Delta b_T = -1\ \mu m$

(b) $\Delta b_T = -16\ \mu m$

(c) $\Delta b_T = -80\ \mu m$

图 2 - 30　在音叉式微机械陀螺 $XOZ$ 平面内工艺不平衡情况下，动态参数和相位图的演化（$\Omega = 1\ s^{-1}$，$T_0 = 0$ ℃，$\Delta y_T = 0\ \mu m$）

之一[50]。

振子结构包括位于万向支承环上的惯性质量块 1 和外环 2（见图 2 - 31），陀螺的外环 2 以给定的幅值和频率进行弹性受迫振动。

这种类型的微机械陀螺的工作原理是基于测量内环和惯性元件 1 同角振动的振幅。这种振动是由哥氏惯性力引起的。而哥氏惯性力的产生则是由于外环 2 的受迫振动和陀螺壳体相对其敏感轴以被测角速度 $\Omega$ 旋转造成的。

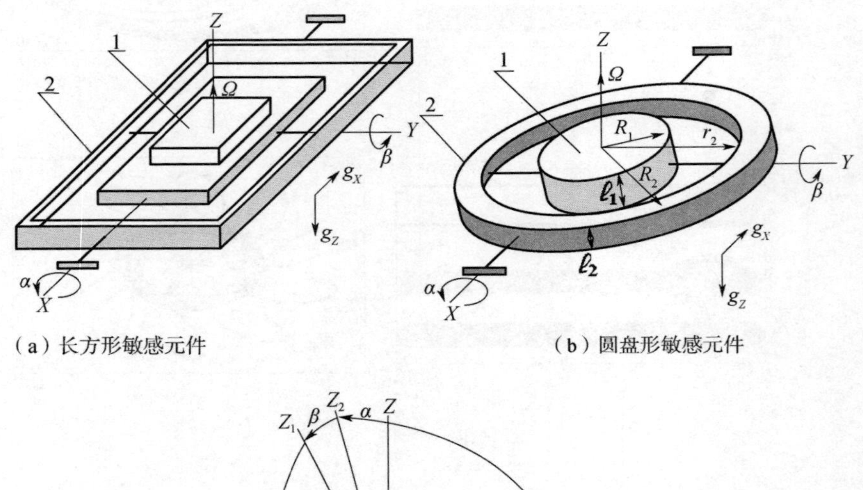


(a) 长方形敏感元件　　(b) 圆盘形敏感元件

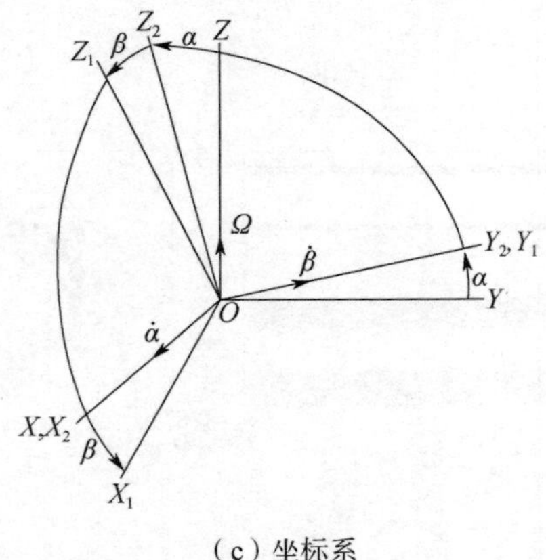


(c) 坐标系

图 2-31　敏感元件万向支承式微机械陀螺的运动图和坐标图

为了推导受到干扰的敏感元件万向支承式微机械陀螺的运动方程（数学模型），应使用拉格朗日二阶方程。

把陀螺看做一个由敏感元件 1 和外环 2 组成的机械系统。敏感元件位于弹性万向支架中，外环与基座的连接为弹性连接。基座以

常值角速度 $\Omega$ 旋转，外环同时受迫振动（见图 2-31）。设陀螺在重力场 $\boldsymbol{g}$（$g_x$，$g_z$）中工作。坐标系 $XYZ$ 为惯性空间坐标系，$X_1Y_1Z_1$ 与敏感元件 1 固连，$X_2Y_2Z_2$ 与外环 2 固连。

该系统有两个自由度：敏感元件 1 的角运动和外环 2 的角运动。分别由广义坐标 $\beta$ 和 $\alpha$ 表示。

建立该机械系统能量和广义力的表达式，采用拉格朗日形式变换后，忽略 $\beta$，$\alpha$，$\dot{\beta}$，$\dot{\alpha}$ 等小量，得出下列受温度和工艺扰动的敏感元件万向支承式微机械陀螺的运动方程

$$\begin{cases}\ddot{\beta}+2n_1\dot{\beta}+\omega_\beta^2\beta+b_1\dot{\alpha}=b_0\\ \ddot{\alpha}+2n_2\dot{\alpha}+\omega_\alpha^2\alpha-a_1\dot{\beta}=M_0\cos pt\end{cases}\tag{2-121}$$

其中

$$2n_1=\frac{\mu_\beta}{B_1}$$

$$2n_2=\frac{\mu_\alpha}{(A_1+A_2)}$$

$$\omega_\beta^2=\frac{[c_\beta-(A_1-C_1)\Omega^2-z_{\mathrm{T}}m_1g_z-x_{\mathrm{T}}m_1g_x]}{B_1}$$

$$\omega_\alpha^2=\frac{[c_\alpha-(B_1+B_2-C_1-C_2)\Omega^2]}{(A_1+A_2)}$$

$$b_1=\frac{(A_1+B_1-C_1)\Omega}{B_1}$$

$$a_1=\frac{(A_1+B_1-C_1)\Omega}{(A_1+A_2)}$$

$$b_0=\frac{m_1(x_{\mathrm{T}}g_z-z_{\mathrm{T}}g_x)}{B_1}$$

$$M_0=\frac{L_0}{(A_1+A_2)}$$

$$A_i=A_{i0}+A_{i\mathrm{T}}\quad(i=1,2)$$

$$B_i=B_{i0}+B_{i\mathrm{T}}\quad(i=1,2)$$

$$C_i=C_{i0}+C_{i\mathrm{T}}\quad(i=1,2)$$

$$c_\alpha=c_{\alpha0}+c_{\alpha\mathrm{T}}$$

$$c_\beta=c_{\beta0}+c_{\beta\mathrm{T}}$$

$$\mu_\alpha = \mu_{\alpha 0} + \mu_{\alpha T}$$

$$\mu_\beta = \mu_{\beta 0} + \mu_{\beta T}$$

式中　$A_i$，$B_i$，$C_i$——敏感元件和外环的扰动惯性力矩；

$c_\alpha$，$c_\beta$——弹性杆的扰动刚度；

$\mu_\alpha$，$\mu_\beta$——干扰阻尼系数；

$L_0$，$p$——激励外环 2 受迫振动的驱动装置力矩的幅值和频率；

$x_T$，$z_T$——工艺或温度造成的敏感元件 1 质心的偏移；

下标 0——该参数的额定值；

下标 T——温度在额定值上的附加量。

为了保证陀螺获得最佳功能，应正确选取陀螺惯性力矩、固有频率和其他参数的额定值。

显然，对惯性力矩来说，应实现下列关系式，并应具备谐振条件

$$\begin{cases} A_{10} - C_{10} \to \min \\ A_{10} + B_{10} - C_{10} \to \max \\ B_{10} + B_{20} - C_{10} - C_{20} \to \min \\ \dfrac{c_{\alpha 0}}{(A_{10} + A_{20})} = k_\alpha^2 = p^2 \\ \dfrac{c_{\beta 0}}{B_1} = k_\beta^2 = p^2 \end{cases} \tag{2-122}$$

对于敏感元件和外环，如果选惯性力矩相等，则条件式（2-122）成立，即

$$\begin{cases} A_{10} = B_{10} = C_{10} \\ A_{20} = B_{20} = C_{20} \end{cases} \tag{2-123}$$

关系式（2-123）可以通过外环和敏感元件相应的结构形式实现，即加厚中心厚度，如图 2-31（a）所示。

还有一种结构方案如图 2-31（b）所示，敏感元件做成有一定厚度的圆盘形，而外环则做成环形。

这种结构形式的微机械陀螺的惯性矩可写成

$$\begin{cases} A_{10} = B_{10} = m_1 R_1^2/4 + m_1 \ell_1^2/12 \\ A_{20} = B_{20} = m_2(R_2^2 + r_2^2)/4 + m_2 \ell_2^2/12 \\ C_{10} = m_1 R_1^2/2 \\ C_{20} = m_2(R_2^2 + r_2^2)/12 \end{cases}$$

结合式（2－122），得出下列环形万向支承式微机械陀螺最佳几何参数的关系式

$$\begin{cases} R_1 = \ell_1/\sqrt{3} \\ R_2^2 + r_2^2 = 2\ell_2^2 \\ \ell_1 \to \max \end{cases}$$

研究万向支承式微机械陀螺受扰动后的行为，也就是要研究由方程组和关系式（2－121）～式（2－123）描述的数学模型。

研究课题 1：对万向支承式微机械陀螺温度或工艺漂移的定性和定量分析

下面讨论受到扰动的敏感元件万向支承式微机械陀螺的方程组（2－121）。该方程组中的第一个方程是相对 $\beta$ 求敏感元件角振动的计算式，式中含有输入角速度 $\Omega$ 的基本惯性信息。

采用研究音叉式微机械陀螺时用过的方法，从这个方程中可以得到温度（或工艺）漂移角速度的近似表达式

$$\Omega_{\mathrm{dr}} \approx \frac{B_{1\mathrm{T}}}{A_{10}Ep}\ddot{\beta} + \frac{\mu_{\beta\mathrm{T}}}{A_{10}Ep}\dot{\beta} + \frac{c_{\beta\mathrm{T}}}{A_{10}Ep}\beta - \frac{m_1(z_{\mathrm{T}}g_z + x_{\mathrm{T}}g_x)}{A_{10}Ep}\beta - \frac{m_1(x_{\mathrm{T}}g_z - z_{\mathrm{T}}g_x)}{A_{10}Ep} \tag{2-124}$$

式中　$E$——给出的外环振幅。

对敏感元件万向支承式微机械陀螺的 $\Omega_{\mathrm{dr}}$ 表达式进行定性分析的结果表明：

1）式（2－124）中的前 4 项是与被测角速度有关的漂移分量 $(\ddot{\beta}, \dot{\beta}, \beta) \sim \Omega$；

2）最后 1 项是与被测角速度无关的漂移分量，它是由惯性敏感元件质心的位移决定的，与惯性敏感元件的几何参数、受迫振动的振幅和频率有关；

3）惯性力矩 $B_{1T}$ 随温度变化（或工艺变化）的影响是前 4 项中最重要的一项，因为 $\ddot{\beta} \sim p^2$ 成正比。

为了定量地评估万向支承式微机械陀螺的温度和工艺误差，下面将研究方程组（2-121）的特殊解

$$\beta = \beta_0 + D_1 \cos pt + D_2 \sin pt = \beta_0 + D\sin(pt + \delta) \quad (2-125)$$

$$\alpha = E_1 \cos pt + E_2 \sin pt = E\sin(pt + \sigma) \quad (2-126)$$

其中

$$D = \sqrt{D_1^2 + D_2^2}$$

$$E = \sqrt{E_1^2 + E_2^2}$$

$$\tan\delta = \frac{D_1}{D_2}$$

$$\tan\sigma = \frac{E_1}{E_2}$$

将式（2-125）和（2-126）代入式（2-121）中，经变换后，得到下列关系式

$$\begin{cases} D_1 = \dfrac{\Delta_1}{\Delta},\ D_2 = \dfrac{\Delta_2}{\Delta},\ E_1 = \dfrac{\Delta_3}{\Delta},\ E_2 = \dfrac{\Delta_4}{\Delta},\ \beta_0 = \dfrac{b_0}{\omega_\beta^2} \\ \Delta_1 = -M_0(S_1 S_3 S_5 + S_2 S_3 S_6) \\ \Delta_2 = -M_0(S_2 S_3 S_5 + S_3^2 S_4 - S_1 S_3 S_6) \\ \Delta_3 = -M_0(S_1 S_3 S_4 - S_1^2 S_6 - S_2^2 S_6) \\ \Delta_4 = M_0(S_1^2 S_5 + S_2^2 S_5 + S_2 S_3 S_4) \\ \Delta = S_1^2 S_5 + S_2^2 S_5 + 2S_2 S_3 S_4 S_5 + S_3^2 S_4^2 + S_1^2 S_6^2 - 2S_1 S_3 S_4 S_6 + S_2^2 S_6^2 + S_3^2 S_4^2 \\ S_1 = \omega_\beta^2 - p^2, S_2 = 2n_1 p, S_3 = b_1 p, S_4 = a_1 p, S_5 = 2n_2 p, S_6 = \omega_\alpha^2 - p^2 \end{cases} \quad (2-127)$$

在有温度误差或工艺误差的时候，产生与温度或工艺因素有关的惯性元件振动的干扰振幅和相位如下

$$\begin{cases} D_{\beta T} = \beta_{0T} + D_T \\ \tan\delta_T = \dfrac{D_{1T}}{D_{2T}} \end{cases} \quad (2-128)$$

没有温度误差或工艺误差时，振幅和相位的表达式为

$$\begin{cases} D_\beta = D \\ \tan\delta = \dfrac{D_1}{D_2} \end{cases} \tag{2-129}$$

设振动幅值与被测角速度成正比（在相应的被测角速度范围内这是正确的），得到评估万向支承式微机械陀螺振幅和相位的表达式

$$\begin{cases} \varepsilon_\beta = \dfrac{(D_\beta - D_{\beta T})\ 100\%}{D_\beta} \\ \varepsilon_\delta = \delta_T - \delta \end{cases} \tag{2-130}$$

为了定量估算万向支承式微机械陀螺的漂移数据，取方程组(2-121)的数字积分，并利用式（2-125）～式（2-130）。

下面列出某种万向支承式微机械陀螺的具体参数：

$m_1 = m_2 = 10^{-8}$ kg，$E = 0.0159$ rad，$p = 2\pi \times 10^3\ \mathrm{s}^{-1}$，

$L_0 = 120\ \mathrm{kg \cdot \mu m^2 \cdot s^{-2}}$，$g_x = g_z = 9.8\ \mathrm{m \cdot s^{-2}}$，

$B_{10} = A_{10} = C_{10} = 0.005\ \mathrm{kg \cdot \mu m^2}$，$B_{20} = A_{20} = C_{20} = 0.0175\ \mathrm{kg \cdot \mu m^2}$，$c_{\alpha 0} = (A_{10} + A_{20})\ p^2$，$c_{\beta 0} = B_{10}\, p^2$，$\mu_{\alpha 0} = \mu_{\beta 0} = 1.0\ \mathrm{kg \cdot \mu m^2 \cdot s^{-1}}$。

起初，研究了温度（或工艺）漂移分量在漂移角速度总量（2-124）中所占的相对比例。

而且假设，惯性力矩、阻尼系数和刚度 $B_{1T}$，$\mu_{\beta T}$，$c_{\beta T}$受到的温度或工艺扰动不大于它们额定值的 10%，温度变化或工艺不完善造成的质心偏移不大于 1 μm（相当于绝对温度落差 $T_0 \approx 100$ ℃）。

分析结果证明，由于 $B_{1T}$的出现产生的附加惯性力矩造成的分量，占总漂移 $\Omega_{dr}$的 44%。

在数量上占第 2 位和第 3 位的分别是内环支承刚度 $c_{\beta T}$的变化造成的力矩（达 $\Omega_{dr}$的 40%）和质心在垂直于加速度方向上的偏移造成的力矩。

图 2-32 展示出万向支承式微机械陀螺的幅值误差和相位误差分布图，是用式（2-125）～式（2-130）算出的，是陀螺惯性力

矩和陀螺内环支承刚度相位变化的函数。

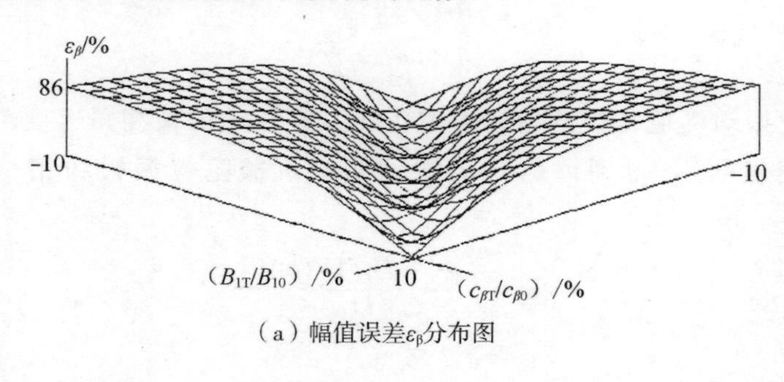


(a) 幅值误差$\varepsilon_\beta$分布图

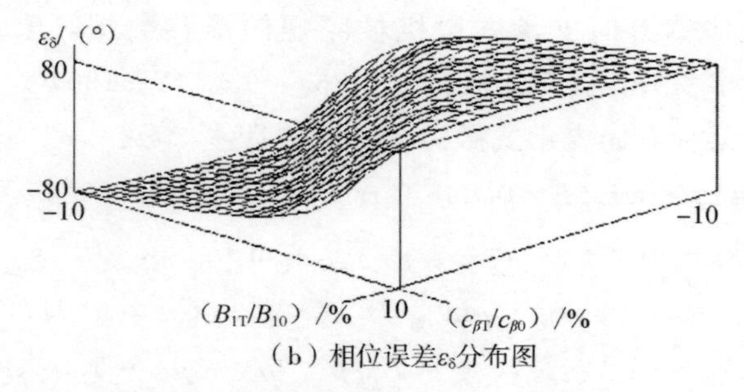


(b) 相位误差$\varepsilon_\delta$分布图

图 2-32　万向支承式微机械陀螺的误差分布图（$\Omega = 1\ s^{-1}$）

可以看出，温度或者工艺变化引起的万向支承式微机械陀螺惯性力矩 $B_{1T}$ 和内环支承刚度 $c_{\beta T}$ 的变化范围不大于额定值的±10%时，陀螺幅值和相位误差的变化均为非线性。

幅值误差的最大值 $\varepsilon_\beta = 86\%$，相位误差的最大值 $\varepsilon_\delta = 81°$。

## 2.5.5　敏感元件具有附加框架并能平移的二维微机械陀螺

利用万向支承式微机械陀螺可进行角位移的特点，在一定程度上限制了惯性元件对被测角速度的灵敏度，并降低了这类振动系统的品质因素。因此，在先进的微机械陀螺结构中，尽量利用惯性元件的平移运动。另一方面，最好利用万向支承结构所具有的另一个明显优点，利用框架从结构上将输入和输出运动分开。

为此，出现了敏感元件具有附加框架并能平移的二维微机械陀螺。这种陀螺的前景更加广阔，见图 2－33。

振子结构［见图 2－33（a）］包括把 4 个弹性元件 5 固定在基座 6 上的框架 2 。在框架 2 上装有使它做受迫振动 $x_2$ 的激励系统电机的梳齿状结构 3。敏感元件（亦称惯性质量块）1 位于框架 2 内，通过 4 个弹性元件 4 与框架 2 连接，与框架 2 一起，在静电式梳齿状电机 3 的驱动下，以给定振幅和频率做 $x_2$ 受迫振动。

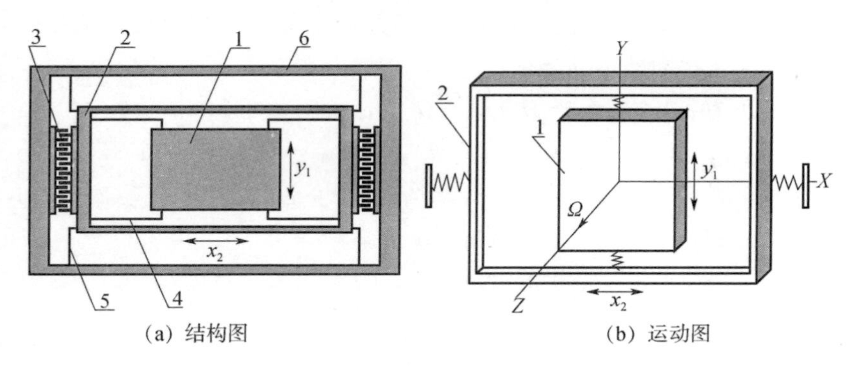


(a) 结构图　　(b) 运动图

图 2－33　敏感元件具有附加框架并能平移的二维微机械陀螺

1—惯性敏感元件；2—框架；3—框架受迫振动激励系统电机的梳齿状结构；4，5—弹性元件；6—振子基座

这种微机械陀螺的作用原理是：当基座绕垂直于敏感元件和框架的 $Z$ 轴旋转时，哥氏力使敏感元件在 $Y$ 轴方向产生振动 $y_1$。该振动量由电容传感器测量，作为输入角速度 $\Omega$ 的量度。

为了推导敏感元件具有附加框架并能平移的二维微机械陀螺的运动方程（数学模型），采用二阶拉格朗日方程。

将陀螺看做是一个机械系统。这个机械系统由弹性支承的惯性敏感元件 1 和与机座具有弹性连接的框架 2 组成。基座以常值角速度 $\Omega$ 旋转。框架 2 在电机驱动下产生受迫振动［见图 2－33（b）］。

坐标系设置：

$XYZ$——与惯性空间固连的坐标系；

$X_1Y_1Z_1$——与敏感元件 1 固连的坐标系；

$X_2Y_2Z_2$——与框架 2 固连的坐标系。

系统有两个自由度：敏感元件 1 和框架 2 的平移运动。上述运动由广义坐标表征：

1）$y_1$——敏感元件 1 相对框架 2 的位移；

2）$x_2$——框架 2 和敏感元件 1 相对基座 6 的位移。

建立机械系统能量和广义力的表达式，采用拉格朗日形式变换后，得到下列敏感元件具有附加框架并能平移的二维微机械陀螺受温度或工艺扰动的运动方程

$$\ddot{y}_1 + 2h_1\dot{y}_1 + (k_{1T}^2 - \Omega^2)y_1 - \Omega^2(y_{1T} + y_{2T}) + 2\Omega\dot{x}_2 = 0$$
$$\ddot{x}_2 + 2h_2\dot{x}_2 + (k_{2T}^2 - \Omega^2)x_2 - \Omega^2(dx_{1T} + x_{2T}) - 2d\Omega\dot{y}_2 = F\cos pt \tag{2-131}$$

其中

$$2h_1 = \mu_1/m_1$$
$$2h_2 = \mu_2/(m_1 + m_2)$$
$$k_{10}^2 = \frac{c_{10}}{m_{10}}$$
$$k_{1T}^2 = \frac{(c_{10} + c_{1T})}{(m_{10} + m_{1T})}$$
$$k_{20}^2 = \frac{c_{20}}{(m_{10} + m_{20})}$$
$$k_{2T}^2 = \frac{(c_{20} + c_{2T})}{(m_{10} + m_{1T} + m_{20} + m_{2T})}$$
$$F = \frac{F_*}{(m_{10} + m_{1T} + m_{20} + m_{2T})}$$
$$d = \frac{(m_{10} + m_{1T})}{(m_{10} + m_{1T} + m_{20} + m_{2T})}$$
$$m_i = m_{i0} + m_{iT}$$
$$\mu_i = \mu_{i0} + \mu_{iT}$$
$$c_i = c_{i0} + c_{iT} \quad (i=1,\ 2)$$

式中 $y_{iT}$，$x_{iT}$——敏感元件 1 和框架 2 质心的工艺或温度偏差；

$m_{i0}$，$m_{iT}$——质量的额定值和受工艺扰动的变化值；

$\mu_{i0}$——阻尼系数的额定值；

$c_{i0}$——弹性元件刚度的额定值；

$\mu_{iT}$——阻尼系数的扰动值；

$c_{iT}$——弹性元件刚度的扰动值；

$k_{i0}$，$k_{iT}$——固有振动频率额定值和扰动值；

$F_*$，$p$——强迫力的幅值和频率；

$\Omega=\text{const}$——基座旋转角速度；

下标 0——该参数的额定值；

下标 T——该参数相对额定值的温度或工艺附加值。

研究敏感元件具有附加框架并能平移的二维微机械陀螺受扰动后的表现，应当从研究方程组（2－131）描述的数学模型开始。

研究课题 1：二维微机械陀螺温度或工艺漂移的定性和定量分析

现在讨论二维微机械陀螺的扰动方程组（2－131）。该方程组的第一个方程计算敏感元件沿 $y_1$ 的平移振动，它包含关于输入角速度 $\Omega$ 的基本惯性信息。

从这个方程可以得到漂移角速度的近似表达式。如对音叉式微机械陀螺做过的那样，应考虑在实际应用条件下，振子的固有振动频率比被测角速度大很多这一因素。

$$\Omega_{dr}\approx\frac{m_{1T}}{2m_{10}A_x p}\ddot{y}_1+\frac{\mu_{1T}}{2m_{10}A_x p}\dot{y}_1+\frac{c_{1T}}{2m_{10}A_x p}y_1 \qquad (2-132)$$

式中　$A_x$——给定框架 2 的振幅。

对 $\Omega_{dr}$ 的表达式进行定性分析后，得出以下结论。

1）表达式（2－132）中的各项决定与被测角速度有关的漂移分量（$y_1$，$\dot{y}_1$，$\ddot{y}_1$）$\sim\Omega$；

2）敏感元件 1 质量工艺变化的影响最大，因为 $\ddot{y}_1\sim p^2$。

为了定量评估这种类型微机械陀螺的温度或工艺误差，下面将研究方程组（2－131）的特殊解，其表达式为

$$y_1=y_{10}+G_1\cos pt+G_2\sin pt=y_{10}+G\sin(pt+\delta) \qquad (2-133)$$

$$x_2=x_{20}+H_1\cos pt+H_2\sin pt=H\sin(pt+\sigma) \qquad (2-134)$$

其中

$$G=\sqrt{G_1^2+G_2^2}$$

$$H=\sqrt{H_1^2+H_2^2}$$

$$\tan\delta=\frac{G_1}{G_2}$$

$$\tan\sigma=\frac{H_1}{H_2}$$

将式（2-133）和式（2-134）代入式（2-131），变换后的关系式

$$\begin{cases} G_1=\dfrac{\Delta_4}{\Delta},\ G_2=\dfrac{\Delta_3}{\Delta},\ H_1=\dfrac{\Delta_2}{\Delta},\ H_2=\dfrac{\Delta_1}{\Delta} \\ y_{10}=\dfrac{\Omega^2(y_{1\mathrm{T}}+y_{2\mathrm{T}})}{k_{1\mathrm{T}}^2-\Omega^2} \\ x_{20}=\dfrac{\Omega^2(dx_{1\mathrm{T}}+x_{2\mathrm{T}})}{k_{2\mathrm{T}}^2-\Omega^2} \\ \Delta_1=F(-a_1a_3b_1-a_2^2b_3-a_3^2b_3) \\ \Delta_2=F(a_1a_2b_1-a_2^2b_2-a_3^2b_2) \\ \Delta_3=F(a_1^2b_1-a_1a_2b_2+a_1a_3b_3) \\ \Delta_4=F(a_1a_2b_3+a_1a_3b_2) \\ \Delta=-a_1^2b_1^2+2a_1a_2b_1b_2-2a_1a_3b_1b_3-a_2^2b_2^2-a_2^2b_3^2-a_3^2b_2^2-a_3^2b_3^2 \\ a_1=2\Omega p,\ a_2=k_{1\mathrm{T}}^2-\Omega^2-p^2,\ a_3=2h_1p \\ b_1=2d\Omega p,\ b_2=k_{2\mathrm{T}}^2-\Omega^2-p^2,\ b_3=2h_2p \end{cases} \tag{2-135}$$

在具有温度误差或工艺误差的情况下，存在敏感元件扰动振幅和相位。扰动振幅和相位与温度和工艺因素有关，即

$$\begin{cases} G_{y\mathrm{T}}=y_{10}+G_{\mathrm{T}} \\ \tan\delta_{\mathrm{T}}=\dfrac{G_{1\mathrm{T}}}{G_{2\mathrm{T}}} \end{cases} \tag{2-136}$$

当不存在温度或工艺误差时，有

$$\begin{cases} G_y=G \\ \tan\delta=\dfrac{G_1}{G_2} \end{cases} \tag{2-137}$$

设敏感元件的振幅与被测角速度成正比，得到根据二维微机械陀螺的振幅和相位评估温度或工艺误差的公式如下

$$\begin{cases}\varepsilon_y=\dfrac{(G_y-G_{y\mathrm{T}})\ 100\%}{G_y}\\ \varepsilon_\delta=\delta_{\mathrm{T}}-\delta\end{cases}\tag{2-138}$$

为了得到定量评估微机械陀螺的漂移参数，利用式（2-133）～式（2-138），对式（2-131）进行数字积分。

请看具有下列参数的二维微机械陀螺：

$$m_{10}=m_{20}=10^{-8}\ \mathrm{kg},\ A_x=20\ \mu\mathrm{m},$$

$$p=2\pi\times10^{3}\ \mathrm{s}^{-1},\ F_*=1.256\ \mathrm{kg}\cdot\mu\mathrm{m}\cdot\mathrm{s}^{-2},$$

$$\frac{c_{10}}{m_{10}}=\frac{c_{20}}{m_{10}+m_{20}}=p^2,\ \mu_{10}=\mu_{20}=1.0\times10^{-5}\ \mathrm{kg}\cdot\mathrm{s}^{-1}。$$

起初，研究了温度（或工艺）漂移分量在漂移角速度总值（2-132）中所占的相对比例。在进行这项研究时，曾假设温度或工艺对阻尼系数、刚度和质量 $\mu_{1\mathrm{T}}$，$c_{1\mathrm{T}}$，$m_{1\mathrm{T}}$的扰动不超过额定值的 10%。

在总漂移中占比例最大（达总漂移 $\Omega_{\mathrm{dr}}$的 47%）的是：由敏感元件质量的工艺变化 $m_{1\mathrm{T}}$引起的附加惯性力决定的分量。相对比例占第 2 位的是敏感元件支承刚度变化 $c_{1\mathrm{T}}$引起的分量（达总漂移 $\Omega_{\mathrm{dr}}$的 46%）。

在图 2-34 中给出了二维微机械陀螺振幅和相位误差分布图。

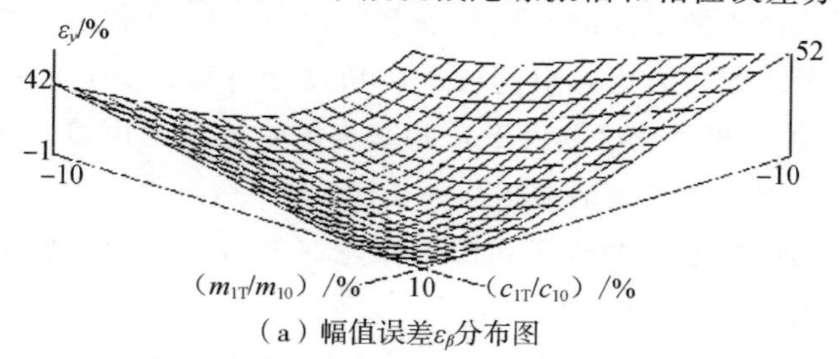


（a）幅值误差$\varepsilon_\beta$分布图

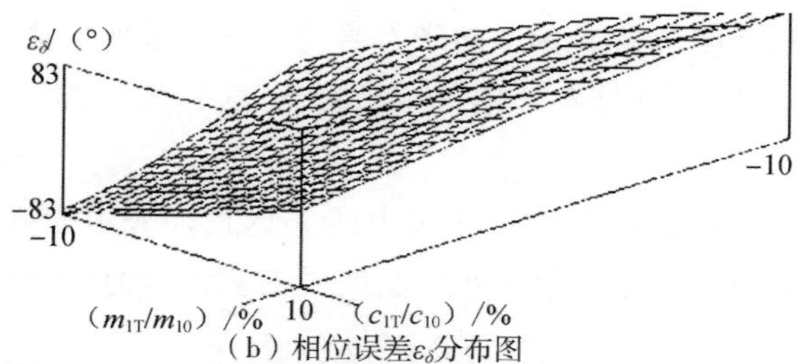


（b）相位误差$\varepsilon_\delta$分布图

图 2-34　二维微机械陀螺误差立体分布图（$\Omega=1\ \mathrm{s}^{-1}$）

分布图是作为敏感元件质量和支承刚度相对变化的函数，用式(2-133)～式(2-138)计算得到的。

可以看出，当敏感元件质量和支承刚度的变化不超过额定值的±10%时，陀螺误差的变化，无论振幅误差，还是相位误差，都具有非线性。幅值误差的最大值$\varepsilon_y=52\%$，相位误差的最大值$\varepsilon_\delta=83°$。

### 2.5.6 转子式微机械陀螺

除上述类型的微机械陀螺之外，Draper 实验室还研制过一种圆片状的转子式微机械陀螺[50]。这是一种沿激励轴和测量轴做角振动的单转子陀螺。

振子结构（见图 2-35）包括一个与基座弹性连接的转子。转子中的梳齿状电机用力矩$M_B$激励起一定幅值和频率的振动，其振动频率等于角振动的固有频率。

电容测量系统利用陀螺基座上的电极测量转子的振动输出，经相应处理后，形成与基座角速度成正比的信号。

转子式微机械陀螺的作用原理基于，在基座的牵连角速度作用下，产生哥氏惯性力矩，引起转子以角度$\beta$绕垂直于它的相对速度轴作角振动。相对速度取决于$\dot{\alpha}$和基座的牵连角速度$\Omega$。这种结构的优点是，惯性质量运动的相互关联性。

为了推导被干扰的转子式微机械陀螺的运动方程（数学模型），利用拉格朗日二阶方程。

把转子式微机械陀螺看做是一个机械系统，由做受迫振动的转子和以常值角速度$\Omega$旋转的与转子有弹性连接的基座组成。

坐标系$XYZ$与惯性空间固连，坐标系$X_1Y_1Z_1$与转子固连［图 2-35 (b)］。

建立机械系统能量和广义作用力的表达式，采用拉格朗日形式变换后，得到转子式微机械陀螺受温度或工艺扰动的运动方程如下

$$\begin{cases}\ddot{\beta}+2n_1\dot{\beta}+\omega_\beta^2\beta+b_1\dot{\alpha}=b_0\\ \ddot{\alpha}+2n_2\dot{\alpha}+\omega_\alpha^2\alpha-a_1\dot{\beta}=M_0\cos pt\end{cases}\tag{2-139}$$

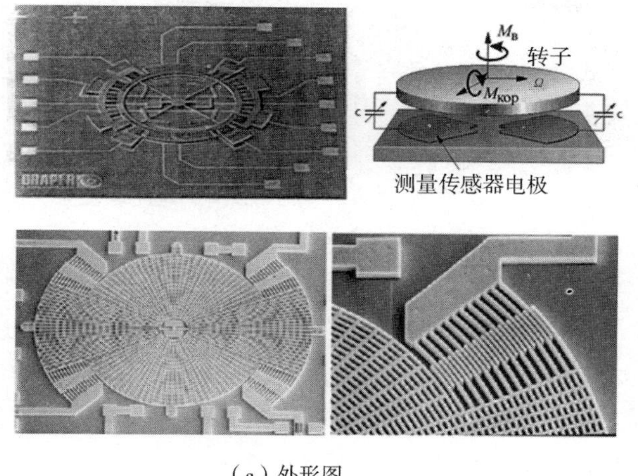


（a）外形图

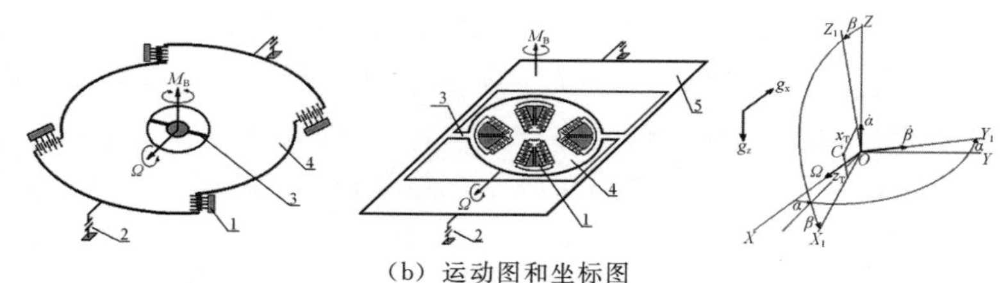

（b）运动图和坐标图

图 2-35　转子式微机械陀螺

1—振动驱动器；2—信号采集传感器；3—弹性元件；4—转子；5—框架及其惯性元件

其中
$$2n_1=\frac{\mu_\beta}{B_1},\ 2n_2=\frac{\mu_\alpha}{C_1}$$

$$\omega_\beta^2=\frac{[c_\beta+(A_1-C_1)\Omega^2-z_T mg_z-x_T mg_x]}{B_1}$$

$$\omega_\alpha^2=\frac{[c_\alpha+(A_1-B_1)\Omega^2]}{C_1}$$

$$b_1=\frac{(A_1-B_1-C_1)\Omega}{B_1}$$

$$a_1=\frac{(A_1-B_1-C_1)\Omega}{C_1}$$

$$b_0=\frac{m(x_T g_z-z_T g_x)}{B_1}$$

$$M_0=\frac{L_0}{C_1},\ A_1=A_{10}+A_{1T}$$

$$B_1=B_{10}+B_{1T},\ C_1=C_{10}+C_{1T}$$

$$c_\alpha=c_{\alpha0}+c_{\alpha T},\ c_\beta=c_{\beta0}+c_{\beta T}$$

$$\mu_\alpha=\mu_{\alpha0}+\mu_{\alpha T},\ \mu_\beta=\mu_{\beta0}+\mu_{\beta T}$$

式中 $A_1$，$B_1$，$C_1$——敏感元件的扰动惯性矩；

$c_\alpha$，$c_\beta$——扰动弹性支承刚度；

$\mu_\alpha$，$\mu_\beta$——扰动阻尼系数；

$L_0$，$p$——振动驱动力矩的幅值和频率；

$x_T$，$z_T$——敏感元件质心的工艺或温度偏移；

下标 0——表示这个参数的额定值；

下标 T——表示在这个参数额定值上的温度（或工艺）附加量。

研究转子式微机械陀螺被扰动后的表现，就要研究方程组（2-139）描述的数学模型。

研究课题 1：对转子式微机械陀螺温度和工艺漂移的定性和定量分析

请看转子式微机械陀螺被扰动的运动方程组（2-139）。该方程组的第 1 个方程决定敏感元件 $\beta$ 的角振动，它含有关于输入角速度 $\Omega$ 的基本惯性信息。使用曾经对音叉式微机械陀螺用过的方法，设 $A_{10}=B_{10}=C_{10}=A_0$，从而得出温度（或工艺）漂移角速度的近似公式

$$\Omega_{dr}\approx\frac{-B_{1T}}{A_{10}Ep}\ddot{\beta}-\frac{\mu_{\beta T}}{A_{10}Ep}\dot{\beta}-\frac{c_{\beta T}}{A_{10}Ep}\beta\frac{m_1(z_Tg_z+x_Tg_x)}{A_{10}Ep}\beta+\frac{m_1(x_Tg_z-z_Tg_x)}{A_{10}Ep}\tag{2-140}$$

式中 $E$——给定激振振幅。

转子式微机械陀螺漂移的运动方程（2-139）和表达式（2-140）与万向支承式微机械陀螺漂移的相应运动方程（2-121）和表达式（2-124）相似。因此，对转子式微机械陀螺方程和关系式的定性分析基本上是重复对万向支承式微机械陀螺的相应分析。

使用对万向支承式微机械陀螺用过的方法，通过寻找和比较被扰动和未被扰动方程组（2-139）的特殊解，对转子式微机械陀螺温

度和工艺误差进行定量评估。

请看转子式微机械陀螺的基本参数：

$m=10^{-8}$ kg，$E=0.04363$ rad，$B_{10}=A_{10}=C_{10}=0.005\ \text{kg}\cdot\mu\text{m}^2$，

$\mu_{\alpha 0}=\mu_{\beta 0}=1.0\ \text{kg}\cdot\mu\text{m}^2\cdot\text{s}^{-1}$，$\dfrac{c_{\alpha 0}}{C_{10}}=\dfrac{c_{\beta 0}}{B_{10}}=p^2$，$p=\pi\times10^4\ \text{s}^{-1}$。

起初，研究了温度（或工艺）漂移分量在漂移角速度式（2－140）总量中所占的相对比例。在总漂移中占比例最大的（达总漂移 $\Omega_{\text{dr}}$ 的 49%），是附加惯性力矩 $B_{1\text{T}}$ 造成的分量和支承刚度变化 $c_{\beta\text{T}}$ 造成的分量。

图 2－36 所示为转子式微机械陀螺幅值和相位误差的立体图。这些误差是用与万向支承式微机械陀螺公式（2－125）～式（2－130）相似的公式计算出来的。

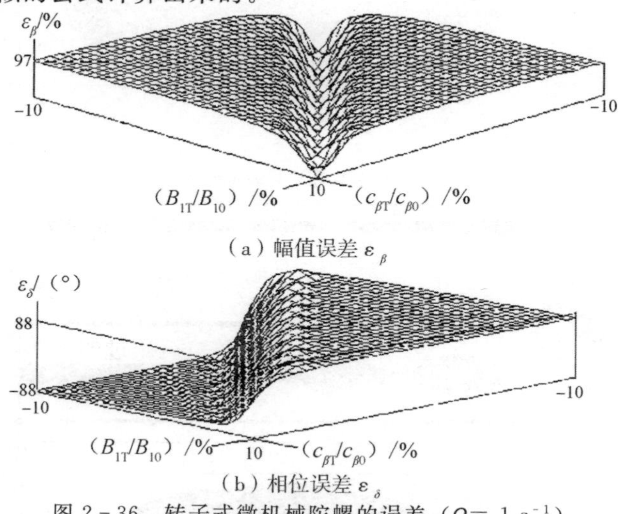


(a) 幅值误差 $\varepsilon_\beta$

(b) 相位误差 $\varepsilon_\delta$

图 2－36　转子式微机械陀螺的误差（$\Omega=1\ \text{s}^{-1}$）

可以看出，当转子式微机械陀螺惯性力矩的温度或工艺变化 $B_{1\text{T}}$ 和支承刚度的温度或工艺变化 $c_{\beta\text{T}}$ 不超过额定值的±10%时，陀螺的振幅误差和频率误差的变化具有非线性。振幅误差的最大值 $\varepsilon_\beta=97\%$，频率误差的最大值 $\varepsilon_\delta=88°$。

为了分析这些因素对转子式微机械陀螺精度的动态影响，图 2－37 中给出了转子式微机械陀螺漂移参数和其他参数随时间的演变关系，以及当转子质心偏移 $x_{\text{T}}=1\ \mu\text{m}$ 时，动态方程组（2－139）的相位图$(\beta,\dot{\beta})$。

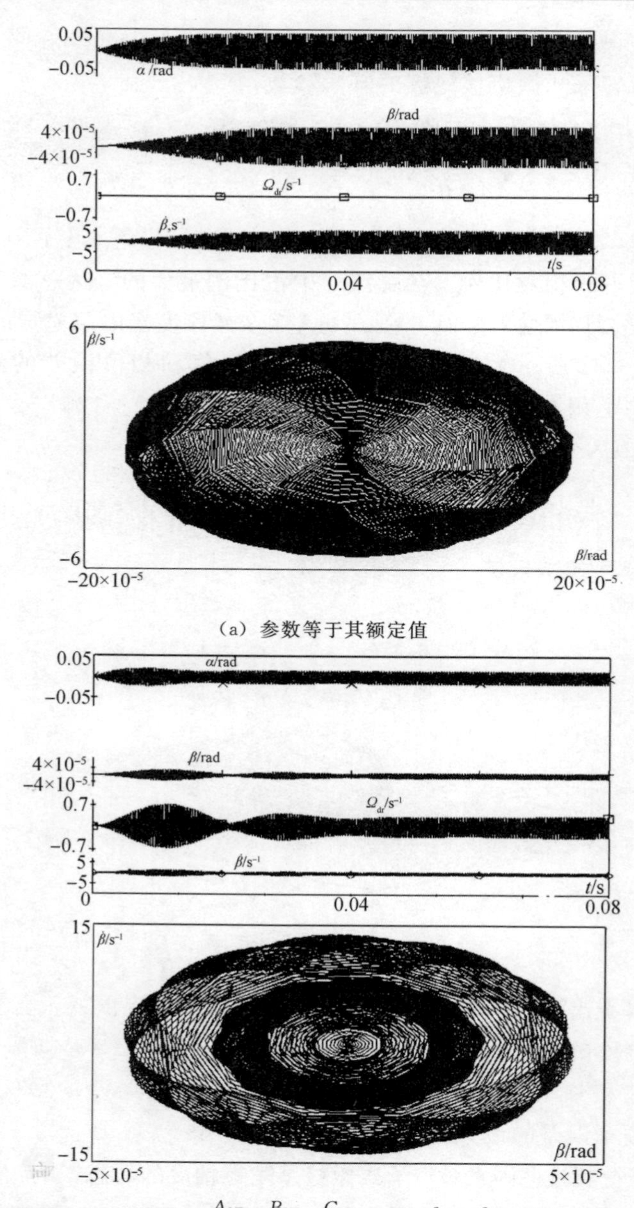


(a) 参数等于其额定值



(b) 参数与额定值的偏差为$\frac{A_{1T}}{A_{10}}=\frac{B_{1T}}{B_{10}}=\frac{C_{1T}}{C_{10}}=1\%$，$\frac{c_{\alpha T}}{c_{\alpha 0}}=\frac{c_{\beta T}}{c_{\beta 0}}=\frac{\mu_{\alpha T}}{\mu_{\alpha 0}}=\frac{\mu_{\beta T}}{\mu_{\beta 0}}=-1\%$

图 2-37　转子式微机械陀螺动态性能的演变和相位图（$\Omega=1\ \mathrm{s}^{-1}$，$x_T=1\ \mu\mathrm{m}$）

从图 2－37 可以看出，这些不平衡对微机械陀螺的瞬时参数和漂移影响很大。

### 2.5.7　对微机械陀螺温度误差和工艺误差的主要结论

1）音叉式、万向支承式、二维式和转子式微机械陀螺对温度和工艺扰动都相当敏感。

2）当基座旋转角速度为常值时，对于音叉式微机械陀螺，引起温度或工艺漂移的因素最多；对敏感元件万向支承式和转子式微机械陀螺引起温度或工艺漂移的因素次之；对有外环且质量块可平移的二维微机械陀螺，引起温度或工艺漂移的因素最少。

3）在音叉式微机械惯性传感器关系式和解决相应热弹性问题的基础上，参照分析研究和计算机试验的结果，可以得出以下结论。

· 音叉式微机械陀螺是一种对温度和工艺扰动相当敏感的陀螺。影响其漂移的主要因素是温度和工艺不平衡。敏感质量块在强迫振动平面 $XOZ$ 内和垂直于它的 $XOY$ 平面内的温度和工艺不平衡都是影响其漂移的重要原因。

· $XOY$ 平面内具有的工艺不平衡通常为百分之几个微米，$XOZ$ 平面内具有的工艺不平衡通常为微米级。当 $XOY$ 平面内传感器振动质量块的支承刚度有限时，可能导致相当大的误差（达到被测角速度的 10%）。

· $XOY$ 平面内具有的不平衡（在 $Y_{iT}$ 符号不同的情况下），可导致与被测角速度无关的漂移角速度分量的出现。它们是由敏感质量块强迫振动频率和陀螺的几何尺寸决定的。

· 绝对温度在－40～＋85 K 范围内变化时，对微机械陀螺温度漂移的影响很大。这种温度变化造成陀螺的不平衡，导致陀螺动态参数的变化，最终使漂移的最大幅值达到被测角速度的 10% 以上。而平面 $XOY$ 和 $XOZ$ 内的温度梯度则影响甚小。

4）对于敏感元件万向支承式和转子式微机械陀螺，敏感元件附加惯性力矩 $B_{1T}$ 的出现造成的漂移分量占总漂移 $\Omega_{dr}$ 的 44%～49%，所占比例最大。占第二位和第三位的分别是：敏感元件支承刚度 $c_{\beta T}$ 变化产生的力矩和敏感元件质心在垂直加速度方向上的偏移造成的漂移。

5）对于二维式微机械陀螺，敏感元件质量 $m_{1T}$ 变化产生的附加惯性力矩造成的漂移分量在总漂移中所占的比例最大，达到总漂移 $\Omega_{dr}$ 的 47%。占第二位的是敏感元件支承刚度 $c_{1T}$ 变化引进的漂移分量。

6）工艺和温度因素对所讨论的微机械陀螺输出信号性能的影响，取决于相对陀螺测量轴产生的附加力和力矩的作用，包括惯性力矩、弹性力矩和哥氏惯性力矩。同时，还取决于谐振调谐条件被破坏的程度和敏感元件质心偏移量的大小。

### 2.5.8 精密微机械加速度计

现代微机械加速度计[43,49]是一个复杂的动态系统，在这个系统中进行着各种性质的（热的、电的、机械的、热弹性的）相互联系的物理过程。这个系统包括许多分系统，其中主要有信息系统和动力系统。研究累积的经验说明[16,18]，热过程具有特别的意义，作为动力分系统的一部分，热过程的特殊意义在于，它不仅决定加速度计的精度，还决定加速度计的寿命、可靠性、准备时间，总之，决定加速度计工作的效率。我们在加速度计的设计阶段，在不进行耗时费钱的外场实验的情况下，就必须知道实际使用条件（包括温度条件）如何影响加速度计的输出性能；还必须知道，什么样的材料，什么样的几何参数和热物理参数最有利于加速度计的顺利工作。

因此，受温度干扰的加速度计数学模型的建模和对数学模型的研究是一项重要而迫切的任务，特别是在设计自动化越来越加强和新工艺在仪表制造业中推广的今天。

研究对象是一种微机械加速度计，型号为 AJIE049[20]，其加速度测量范围为 $\pm 5.6 \sim \pm 90\ m/s^2$。该加速度计的基本结构中没有温控系统，也没有专用的无源散热装置。

加速度计的外形和主要零件如图 2－38 所示。

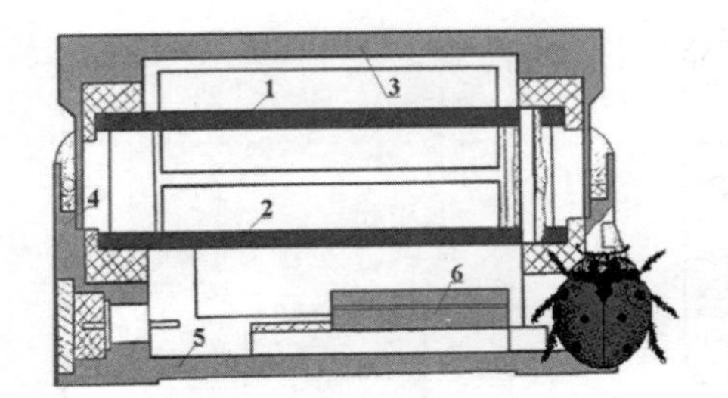

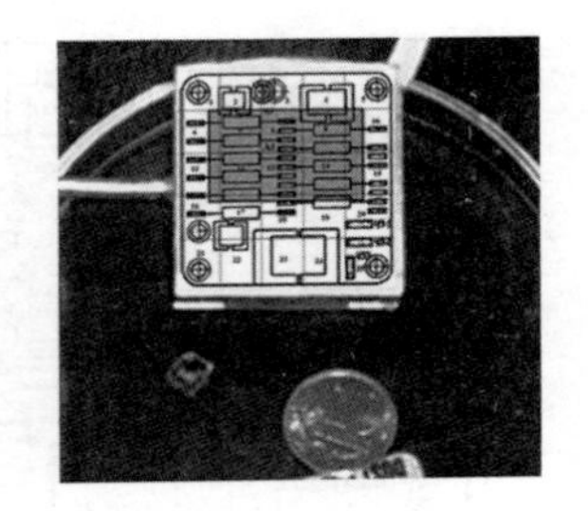

图 2－38　加速度计 AJIE049 的外形和主要零件图

1—测量通道板；2—电源板；3—盖；4—壳体；

5—壳体的底；6—微机械敏感元件

这种微机械加速度计的作用原理是，在外部加速度作用下，惯性元件从平衡位置发生弹性偏差，由电容传感器测量这个偏差（垂度）的大小，即被测加速度的度量。

受温度干扰的微机械加速度计的研究任务包括：

1）建立微机械加速度计中不稳定热过程的数学模型及对数学模型的分析；

2）考虑温度作用和动态效应情况下微机械加速度计敏感元件平面和弯曲应力变形状态的解析计算；

3）由于加速度计测量通道结构受到温度干扰产生的温度漂移。

### 2.5.8.1　微机械加速度计中不稳定热过程数学模型的建立

为计算微机械加速度计不均匀、不稳定的三维温度场，采用第 1 章中讲过的改进了的单元平衡算法。

微机械加速度计的热模型是这样建立起来的。把它的结构分成有限的固态单元体积，这些单元体积具有热物理和几何性能，具有与实际结构相对应的热连接。主要发热源在测量电路板上的分布和电源在电源板上的位置如图 2－39 所示。发热总功率 $Q=1.02$ W；电路板 1 上测量通道 A1 的功率为 $Q_{A1}=0.51$ W。

在电源板 2 上，高频发生器 A2 的功率 $Q_{A2}=0.17$ W；稳压器 DA1

的功率 $Q_{A1}=0.102$ W；直流电压转换器 A3 的功率 $Q_{A3}=0.238$ W。

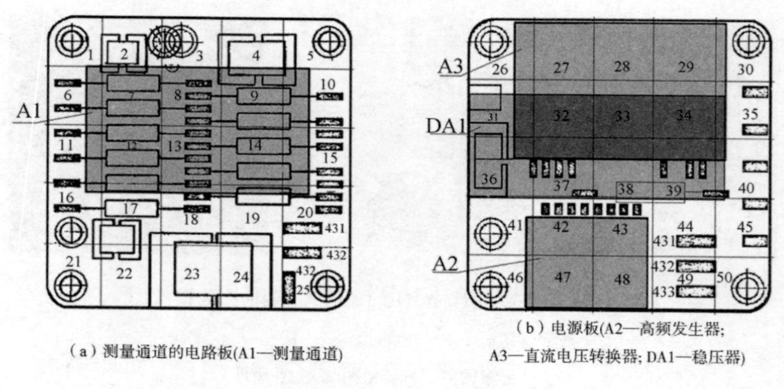


（a）测量通道的电路板(A1—测量通道)

（b）电源板(A2—高频发生器；A3—直流电压转换器；DA1—稳压器)

图 2－39　加速度计 AJIE049 发热源的位置

加速度计的散热是无源散热，经盖、壳体和紧固件向基座传热，外部介质是空气。加速度计内部空间在给定压力下充氩气。周围介质温度的变化范围－65～＋65 ℃。加速度计的下部用 3 个螺钉固定在厚重的基座上，基座的温度是给定的。分成单元体积的加速度计温度模型见图 2－40。

### 2.5.8.2　温度作用下微机械加速度计敏感元件平面和弯曲应力变形状态的解析计算

微机械加速度计的敏感元件是一个微型差动电容器。电容器的活动板片由单晶硅各向异性腐蚀而成，而不动板片是在玻璃上镀金属而成（见图 2－41）。板片连接用静电焊的方法实现。

由硅晶体和玻璃板构成的支承零件连接处用矩形黑色阴影表示（见图 2－41 ）。在这些连接处，加速度计的结构是由硅晶体和玻璃构成的均匀加热了的连接杆。显然，这些由非均质的材料制成的连接杆的热弹性应力变形状态在很大程度上决定弹性接头的应力变形状态，弹性接头连接硅支承零件与敏感元件的活动硅片，特别是 $x$ 垂直方向的连接（这种连接用更深的颜色和线条表示）。

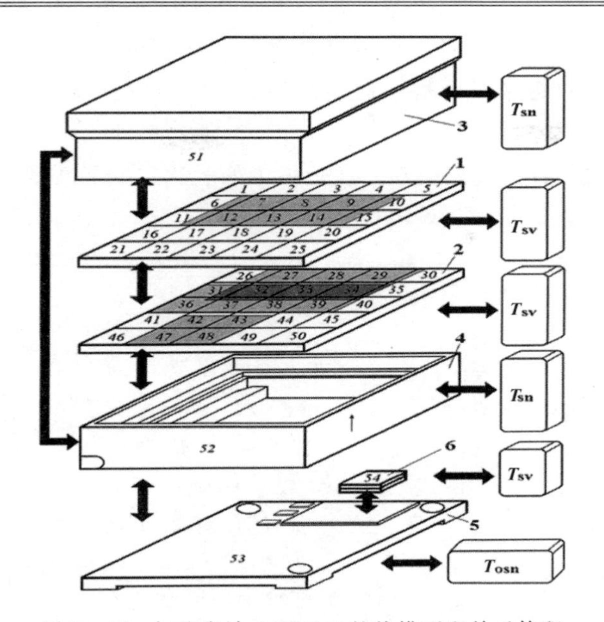


图 2-40　加速度计 AJIE049 的热模型和单元体积

1—带热源的测量通道板（单元体积 1～25）；2—带热源的电源板（单元体积 26～50）；3—盖（单元体积 51）；4—壳体（单元体积 52）；5—壳体的底（单元体积 53）；6—敏感元件（单元体积 54）；$T_{sn}$—加速度计外部介质温度；$T_{sv}$—加速度计内部介质温度；$T_{osn}$—基座温度；⟷—温度连接

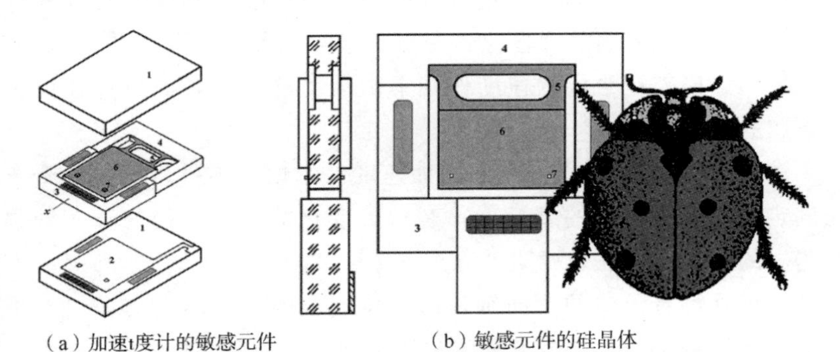


（a）加速t度计的敏感元件　　（b）敏感元件的硅晶体

图 2-41　微机械加速度计

1—玻璃板；2—固定板导热衬里；3—支承零件；4—支承零件的不固定部分；5—弹性接头；6—活动晶体（惯性零件）；7—凸起

敏感元件的温度场在研究加速度计热过程的阶段确定，认为是已知的，它只有绝对分量（敏感元件的温降与绝对温度的变化相比是小量）。

平面热弹性问题的解在一次近似中的表达式如下所示。

固定硅支承元件和玻璃板处的电压

$$\begin{cases}\sigma_1=\dfrac{(\alpha_{L2}-\alpha_{L1})\ \Delta T E_1 E_2 h_2}{E_1 h_1+E_2 h_2}\\ \sigma_2=-\dfrac{(\alpha_{L2}-\alpha_{L1})\ \Delta T E_1 E_2 h_1}{E_1 h_1+E_2 h_2}\end{cases} \tag{2-141}$$

温度变形和绝对伸长

$$\varepsilon=\frac{\Delta \ell_p}{\ell_p}=\frac{\Delta T(\alpha_{L1}E_1 h_1+\alpha_{L2}E_2 h_2)}{E_1 h_1+E_2 h_2}$$

$$\Delta \ell_p=\varepsilon \ell_p=\frac{\Delta T \ell_p(\alpha_{L1}E_1 h_1+\alpha_{L2}E_2 h_2)}{E_1 h_1+E_2 h_2} \tag{2-142}$$

式中 $\Delta T=T-T_{HOM}$——温度相对额定值的偏差；

$\alpha_{L1}$，$\alpha_{L2}$，$E_1$，$E_2$——支承元件和玻璃板材料的温度膨胀系数和杨氏弹性模量；

$\ell_p$——支承元件和玻璃板连接处的长度；

$h_1$，$h_2$——支承元件和玻璃板的厚度。

所得公式（2-141）和式（2-142）决定敏感元件硅支承零件和玻璃板连接处平面热弹性应力变形状态的一次近似值。

下面，研究在给定加速度作用下，活动硅片的弯曲热弹性应力变形状态。

请看处于加速度 $a_y$ 作用下的加速度计的惯性零件。它是一个一头固定，另一头自由的悬臂梁，有梯形变化的截面。均匀分布的强度为 $q$ 的载荷作用在悬臂梁上（见图 2-42）。

确定这种悬臂梁的弯曲轴，需要解弯曲的基本微分方程。对惯性零件不同的部分，微分方程的写法不同，边界条件也不同。

部分Ⅰ

$$0\leqslant x<\ell_1\quad EJ_1\frac{d^2y}{dx^2}=-M_0-R_0x+\frac{qx^2}{2} \tag{2-143}$$

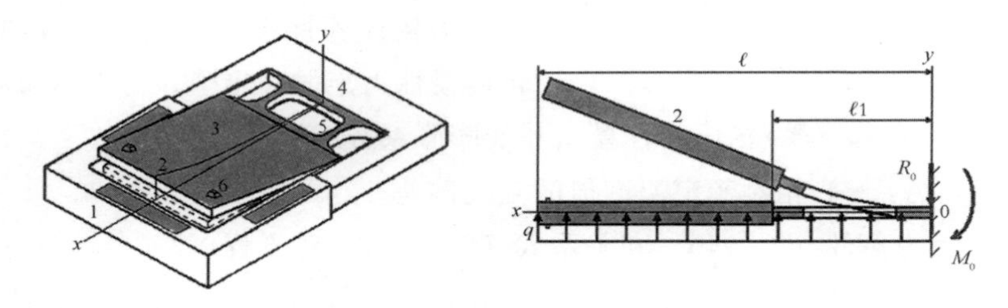


图 2-42　加速度计惯性零件的弯曲

1—支承元件；2—惯性零件的弯曲轴 $y(x)$；3—活动晶体（惯性零件）；4—支承元件的非固定部分；5—弹性接片；6—凸起

部分Ⅱ

$$\ell_1 \leqslant x \leqslant \ell \quad EJ_2 \frac{\mathrm{d}^2 y}{\mathrm{d}x^2} = -M_0 - R_0 x + \frac{qx^2}{2} \tag{2-144}$$

其中

$$R_0 = q\ell$$

$$q = a_y m / \ell$$

$$M_0 = q\ell^2/2$$

式中　$y=y(x)$ ——描述弯曲轴形状的函数；

$m$——惯性零件的质量；

$E$——杨氏弹性模量；

$J_1$，$J_2$——横截面的转换惯性力矩。

惯性零件弯曲轴的边界条件和连续性条件为

$$\begin{cases} y(0) = 0 \\ y'(0) = 0 \\ y_{\mathrm{I}}(\ell_1) = y_{\mathrm{II}}(\ell_1) \\ y'_{\mathrm{I}}(\ell_1) = y'_{\mathrm{II}}(\ell_1) \end{cases} \tag{2-145}$$

考虑弹性模量、尺寸和惯性力矩与温度的关系

$$\begin{cases} E = E_0(1 - \alpha_{\mathrm{E}}\Delta T) \\ \ell = \ell_0(1 + \alpha_{\mathrm{L}}\Delta T) \\ \ell_1 = \ell_{10}(1 + \alpha_{\mathrm{L}}\Delta T) \\ J_1 = J_{10}(1 + 4\alpha_{\mathrm{L}}\Delta T) \\ J_2 = J_{20}(1 + 4\alpha_{\mathrm{L}}\Delta T) \end{cases} \tag{2-146}$$

式中 $E_0$，$\ell_0$，$\ell_{10}$，$J_{10}$，$J_{20}$——分别为杨氏弹性模量、几何参数和转换惯性力矩的额定值；

$\alpha_E$，$\alpha_L$——杨氏弹性模量和线膨胀系数的温度系数；

$\Delta T$——相对额定温度值的温度偏差。

考虑条件（2-145）和关系式（2-146），对方程（2-143）、方程(2-144)进行两次积分，到一阶小项 $\alpha_E\Delta T$，$\alpha_L\Delta T$ 为止，得到下列惯性零件弯度和转角（形变）的表达式。

在地段Ⅰ $\qquad 0\leqslant x<\ell_1$

$$y(x)=\frac{a_y m x^2}{2E_0 J_{10}\ell_0(1-\alpha_E\Delta T)(1+5\alpha_L\Delta T)}\times\left[\frac{\ell_0^2(1+2\alpha_L\Delta T)}{2}-\frac{\ell_0(1+\alpha_L\Delta T)x}{3}+\frac{x^2}{12}\right] \tag{2-147}$$

$$\frac{dy}{dx}=y'(x)=\frac{a_y m x}{2E_0 J_{10}\ell_0(1-\alpha_E\Delta T)(1+5\alpha_L\Delta T)}\times\left[\ell_0^2(1+2\alpha_L\Delta T)-\ell_0(1+\alpha_L\Delta T)x+\frac{x^2}{3}\right] \tag{2-148}$$

在地段Ⅱ $\qquad \ell_1\leqslant x\leqslant\ell$

$$y(x)=\frac{a_y m x^2}{2E_0 J_{20}\ell_0(1-\alpha_E\Delta T)(1+5\alpha_L\Delta T)}\times\left[\frac{\ell_0^2(1+2\alpha_L\Delta T)}{2}-\frac{\ell_0(1+\alpha_L\Delta T)x}{3}+\frac{x^2}{12}\right]+\frac{D_3 x+D_4}{E_0 J_{20}(1-\alpha_E\Delta T)(1+4\alpha_L\Delta T)} \tag{2-149}$$

$$y'(x)=\frac{a_y m x}{2E_0 J_{20}\ell_0(1-\alpha_E\Delta T)(1+5\alpha_L\Delta T)}\times\left[\ell_0^2(1+2\alpha_L\Delta T)-\ell_0(1+\alpha_L\Delta T)x+\frac{x^2}{3}\right]+\frac{D_3}{E_0 J_{20}(1-\alpha_E\Delta T)(1+4\alpha_L\Delta T)} \tag{2-150}$$

其中
$$D_3=D_{30}(1+2\alpha_L\Delta T)$$

$$D_{30}=\frac{J_{20}-J_{10}}{J_{10}}\cdot\frac{a_y m\ell_{10}}{2\ell_0}\left(\ell_0^2-\ell_0\ell_{10}+\frac{\ell_{10}^2}{3}\right)$$

$$D_4 = D_{40}\frac{1+2\alpha_L\Delta T}{1+\alpha_L\Delta T}$$

$$D_{40} = \frac{J_{20}-J_{10}}{J_{10}}\cdot\frac{a_y m \ell_{10}^2}{2\ell_0}\left(-\frac{\ell_0^2}{2}+\frac{2\ell_0\ell_{10}}{3}-\frac{\ell_{10}^2}{4}\right)$$

从式（2－147）～式(2－150)可以看出，最大弯度和最大变形发生在惯性零件的自由端（$x=\ell_0$ 时)。当不存在温度干扰时 $\Delta T=0$，从这些公式中得到弯度和变形的额定值。

公式（2－147）～式(2－150)可以看做是加速度计的基本静态性能，在这里，被测加速度 $a_y$ 是输入参数，最大弯度 $y_{max}$（或者最大变形）是输出参数。考虑温度作用的比例系数是比例系数 $G_y$。额定温度下比例系数的值为 $G_y^{HOM}$。从公式（2－147）～式（2－150）能够得到弯度（或者变形）比例系数相对误差的表达式。用式（2－147）～式(2－150)还可以评估温度对加速度计比例系数的影响（百分数）$\delta G_y=(G_y-G_y^{HOM})100\%/G_y^{HOM}$。

#### 2.5.8.3 研究动态因素对加速度计敏感零件热弹性应力变形状态影响的数学模型

近似考虑惯性零件运动的动力学是这样表达的，根据达兰贝尔原理，在弯度的准静态关系式中，增加了惯性力和耗散力。

描述加速度计惯性零件动力学的数学模型在考虑温度干扰的情况下写成下列形式。

最大弯度 $y(t)$ 的方程

$$\ddot{y}+2n(T)\dot{y}+\psi^2(T)y=K_y(a_{y0}+a_{y1}\cos\Omega t) \tag{2-151}$$

气体阻尼系数 $D(t)$ 的方程

$$\tau_c\dot{D}+D=0.91\mu(T)S^2/y_0^3 m\omega_0 \tag{2-152}$$

气体（氩气）黏度与温度的关系

$$\mu(T)=\mu_0\left(\frac{T+273}{T_{HOM}+273}\right)^{0.76} \tag{2-153}$$

其中

$$2n(T)=2D\sqrt{K_c K_y\beta k_{y\beta}/m}$$

$$\omega_0^2=(c+K_c K_y\beta K_{y\beta})/m$$

式中 $2n(T)$——阻尼系数；

$\psi^2(T)=\omega_0^2 f(T)$——固有频率；

$K_c$，$K_y$，$K_{y\beta}$——分别为位移传感器转换系数，末级放大器放大系数和负返馈电路放大系数。

$$f(T)=[0.25\ell_0^2+(J_{20}-J_{10})(\ell_0^2\ell_{10}-1.5\ell_0\ell_{10}^2+\ell_{10}^3-0.25\ell_{10}^4/\ell_0)/J_{10}]\times(1-\alpha_E\Delta T)(1+5\alpha_L\Delta T)/B$$

$$B=\ell_0^3(3+8\alpha_L\Delta T)/12+(J_{20}-J_{10})\ell_{10}/J_{10}\times[(\ell_0^2-\ell_0\ell_{10}+\ell_{10}^2/3)(1+5\alpha_L\Delta T)+\ell_{10}(-0.5\ell_0^2+2\ell_0\ell_{10}/3-\ell_{10}^2/4)(1+4\alpha_L\Delta T)/\ell_0]$$

$$\beta=\beta_0[1+\gamma_y(U_0/(U+U_0)+(U+U_0)/U_0)]$$

式中 $\beta$——返馈系数；

$\mu$——气体（氩气）黏度；

$\tau_c$——气体阻尼时间常数；

$y_0$——初始电容间隙；

$m$——惯性零件质量；

$S$——惯性零件面积；

$c$——硅支承机械刚度；

$\gamma_y$——调制深度；

$U_0$——基准电压模数；

$U=K_c y$——加速度计的输出电压；

$a_{y0}$，$a_{y1}$，$\Omega$——被测加速度参数。

2.5.8.4 加速度计测量通道结构中温度干扰产生的漂移

式（2-151）～式（2-153）的电路参数 $K_y$，$K_c$，$K_{y\beta}$ 在很大程度上与温度干扰有关，因此，需要建立更精确的数学模型。在更精确的数学模型中，应考虑加速度计测量通道系数 $K_y$，$K_c$，$K_{y\beta}$ 与温度的关系。

考虑温度对敏感零件热弹性状态的影响和 $K_y$，$K_c$，$K_{y\beta}$ 与温度的关系，根据式（2-151），稳定状态（$a_{y1}=0$，$\beta=\beta_0$）加速度计输出信号的解析表达式为

$$\begin{aligned} U &= K_c y(t) \\ &= K_c(T)\frac{K_y(T)}{\psi^2(T)}a_y \\ &= K_c(T)\frac{K_y(T)}{c+K_c(T)K_y(T)K_{y\beta}(T)\beta}\cdot\frac{1}{f(T_{sens})}a_y m \end{aligned} \tag{2-154}$$

这个模型应当与研究课题 1 中建立的热过程的模型联系起来。假设，测量通道基本参数与温度的线性关系是正确的。

末级放大器放大系数 $K_y(T)$

$$K_y(T(t)) = k_1(T(t) - T_{HOM}) + K_{yHOM} \tag{2-155}$$

位移传感器转换系数 $K_c(T)$

$$K_c(T(t)) = k_2(T(t) - T_{HOM}) + K_{cHOM} \tag{2-156}$$

负反馈放大器放大系数 $K_{y\beta}(T)$

$$K_{y\beta}(T(t)) = k_3(T(t) - T_{HOM}) + K_{y\beta HOM} \tag{2-157}$$

根据第一阶段建立的热模型，计算有热源单位体积的平均温度，作为加速度计测量通道区域的不稳定温度

$$\begin{aligned} T(t) = [&T_7(t) + T_8(t) + T_9(t) + T_{12}(t) + \\ &T_{13}(t) + T_{14}(t)]/6 \end{aligned} \tag{2-158}$$

加速度计的漂移按下式计算

$$D_{rift} = (U - U_{HOM})\ 100\%/U_{HOM} \tag{2-159}$$

式(2－154)～式(2－159)中

$T_{HOM}$，$K_{yHOM}$，$K_{cHOM}$，$K_{y\beta HOM}$——额定温度和测量通道系数的额定值；

$T_{sens}$——敏感零件温度相对额定温度的偏差；

$U_{HOM}$——额定电压；

$k_1$，$k_2$，$k_3$——数学模型的调整系数，它们决定函数关系式（2－155）～式（2－157）的斜率。

所建数学模型与实际物理过程相符，这在选择调整系数 $k_1$，$k_2$，$k_3$ 的数学仿真中得到证实。

#### 2.5.8.5　数学仿真和计算机实验

为实现关系式、公式、算法，保证温度场、热漂移、平面和弯

曲应力变形状态研究的自动化，同时考虑动态因素，研制了专用数学程序软件包 ALE - TD，ALE - NDS，ALE - NDS - D 。

加速度计 AJIE049 的基本参数如下：

$$\alpha_{L1}=\alpha_{L}=2.33\times10^{-6}℃^{-1}$$

$$\alpha_{L2}=(5.6\sim8.6)\times10^{-6}℃^{-1};$$

$$E_1=E_0=0.19\ N/\mu m^2;$$

$$E_2=(0.02\sim0.056)\ N/\mu m^2;$$

$$h_1=300\ \mu m;\ h_2=1\ 000\ \mu m;$$

$$\alpha_E=(24.5\sim500.0)\times10^{-6}℃^{-1};\ m=3\times10^{-6}\ kg;$$

$$\ell_0=2\ 500\ \mu m;\ c=4.0\times10^{-5}\ N/\mu m;$$

$$K_c=0.1V/\mu m;\ K_y=50;$$

$$K_{y\beta}=1.5;\ \beta_0=4\times10^{-5}\ N/V;$$

$$\mu_0=1.83\times1.0^{-3}\ Ns/m^2;$$

$$y_0=1.0\times10^{-5}\ m;$$

$$S=3\times10^{-6}\ m^2;\ U_0=9.5\ V。$$

根据这些数据，在给定周围介质温度，额定温度为 20 ℃，被测加速度等于 10 m/s$^2$ 的条件下，计算出敏感零件的平面和弯曲热弹性应力变形状态。

对不同的温度，在最不利的地方——惯性零件与玻璃板的连接处(图 2 - 41 中用较暗的颜色和黑线条表示)，平面应力变形状态见表 2 - 4。

表 2 - 4　惯性零件与玻璃板连接处的平面应力变形状态

| 温度－65 ℃ | 温度＋65 ℃ |
|---|---|
| 应力 | 应力 |
| $\sigma_1=-1.372\times10^{-5}\ N/\mu m^2$； | $\sigma_1=7.262\times10^{-6}\ N/\mu m^2$； |
| $\sigma_2=4.115\times10^{-6}\ N/\mu m^2$； | $\sigma_2=-2.179\times10^{-6}\ N/\mu m^2$； |
| 变形 $\varepsilon=-0.000\ 27$ | 变形 $\varepsilon=0.000\ 14$ |
| 绝对伸长 $\Delta\ell=-0.405\ 4\ \mu m$ | 绝对伸长 $\Delta\ell=0.214\ 6\ \mu m$ |

从表 2 - 4 看出，惯性零件与玻璃板连接处平面应力变形状态的性能与周围介质温度关系密切，这些干扰直接传到惯性零件的弹性接头（过梁）。当惯性零件与玻璃板在垂直于弯曲轴的地方连接时，

这个地方的接触尺寸必须做得最小。

不同温度下加速度计惯性零件的弯度曲线和弯曲变形曲线，作为坐标 $x$ 的函数，如图 2-43 所示。

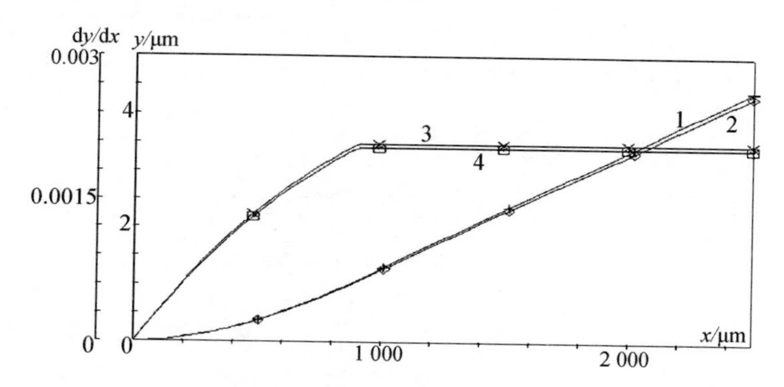


图 2-43　加速度计惯性零件的弯度 $y(x)$ 和弯曲变形 $dy/dx$

1，3—额定温度+20 ℃时的弯度 $y(x)$ 和弯曲变形 $dy/dx$；

2，4—当温度为-65 ℃时的弯度 $y(x)$ 和弯曲变形 $dy/dx$

从图 2-43 看出，在最不利的温度-65 ℃，弯度比例系数的相对温度误差可达 $\delta G_y \approx 2\%$。

为了得到温度对加速度计工作影响的定量评估，在不同的温度下，对加速度计的工作状态进行了动态仿真。惯性零件中的热过程时间常数比机械过程的时间常数大几个数量级，惯性零件的温度“来不及”从自己的初始温度发生变化。因此，一般认为，机械过渡过程是在给定常值温度下进行的。把常值被测加速度 10 m/s$^2$ 作为机械作用，气体阻尼时间常数 $\tau_c = 10^{-5}$ s 。

式（2-151）～式（2-153）的数字积分结果见图 2-44 。

从图 2-44 可以看出，大约 0.3 s 后，惯性零件的弯曲状态达到稳定。在常值加速度作用下，惯性零件弯曲的过渡过程具有非周期性，原因是有气体阻尼。温度升高使过渡过程更加动态；温度降低，过渡过程的动态性能减弱。

上述结果说明，在研究精密加速度计敏感元件的平面和弯曲应

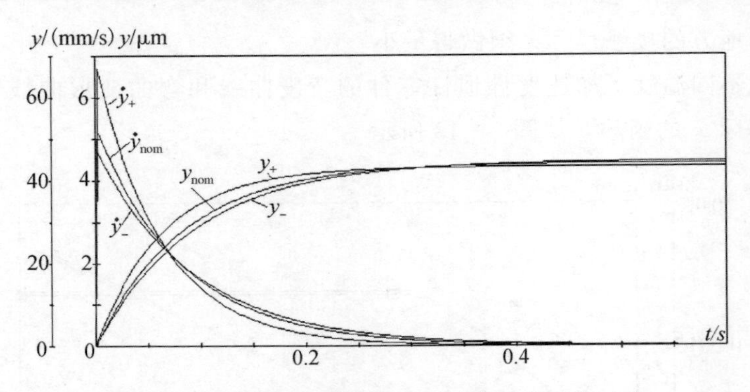


图 2-44 加速度计惯性零件动态弯曲的过渡过程

$y_{HOM}$，$\dot{y}_{HOM}$—额定温度为＋20 ℃时，弯度和它的时间导数；

$y_+$，$\dot{y}_+$，$y_-$，$\dot{y}_-$—温度为＋65 ℃，－65 ℃时，弯度和它的时间导数

力变形状态时，需要考虑温度作用和动态因数的影响。

请看微机械加速度计热过程数学仿真的结果及其温度漂移。

进行了加速度计工作的两种主要热状态的仿真。第一种状态，在 $T_{HOM}$＝＋20 ℃的常温下，由功率已知的内部热源为加速度计加温；第二种状态，与第一种状态相同，但用的是在基本结构基础上改型后的加速度计，即实现了测量通道电路板发热源向加速度计盖的热分流，这种热分流可通过导热零件将热源和盖"短路"实现。

加速度计全部计算点稳定温度场的数据见表 2-5 。

**表 2-5 基本型和改进型加速度计的稳定温度场**

| 时间＝1 800.01 无热分流 | | | | | 时间＝1 800.01 有热分流 | | | | |
|---|---|---|---|---|---|---|---|---|---|
| 电路板 1 上的温度 单位体积 1～25 | | | | | 电路板 1 上的温度 单位体积 1～25 | | | | |
| 21.82 | 24.10 | 24.67 | 24.08 | 21.30 | 22.01 | 21.72 | 21.69 | 21.67 | 21.48 |
| 27.18 | 52.14 | 56.39 | 52.50 | 29.06 | 24.86 | 26.27 | 26.32 | 26.34 | 26.70 |
| 7.23 | 52.69 | 57.10 | 53.08 | 29.17 | 24.81 | 26.27 | 26.33 | 26.35 | 26.72 |
| 21.84 | 27.25 | 28.66 | 27.34 | 22.00 | 21.52 | 21.75 | 21.79 | 21.78 | 21.67 |
| 20.97 | 21.28 | 21.43 | 21.25 | 20.61 | 21.33 | 21.16 | 21.14 | 21.13 | 20.98 |
| 电路板 2 上的温度 单位体积 26～50 | | | | | 电路板 2 上的温度 单位体积 26～50 | | | | |
| 21.90 | 28.32 | 29.07 | 28.15 | 21.27 | 22.09 | 28.48 | 29.22 | 28.31 | 21.46 |
| 25.95 | 40.30 | 42.49 | 39.20 | 22.38 | 26.11 | 40.37 | 42.54 | 39.27 | 22.54 |
| 25.68 | 37.37 | 38.99 | 34.35 | 21.93 | 25.83 | 37.42 | 39.03 | 34.40 | 22.09 |
| 22.79 | 39.85 | 40.57 | 26.17 | 21.05 | 22.96 | 39.92 | 40.62 | 26.24 | 21.22 |
| 21.01 | 30.12 | 30.26 | 21.86 | 20.60 | 21.35 | 30.30 | 30.42 | 22.03 | 20.94 |
| 盖 51 | 壳体 52 | 底 53 | 敏感元件 54 | | 盖 51 | 壳体 52 | 底 53 | 敏感元件 54 | |
| 20.68 | 20.41 | 20.03 | 20.03 | | 21.49 | 20.64 | 20.05 | 20.05 | |

续表

| 无热分流 | 有热分流 |
|---|---|
| 周围介质温度 $T$　20.00 | 周围介质温度 $T$　20.00 |
| 加速度计的平均温度　29.59 | 加速度计的平均温度　25.95 |
| 最高温度 57.10　单位体积坐标 13 | 最高温度 42.54　单位体积坐标 33 |
| 漂移参数　$K_y$　$K_c$　$K_{y\beta}$ | 漂移参数　$K_y$　$K_c$　$K_{y\beta}$ |
| 额定值　50.0，0.100 0，1.500 0 | 额定值　50.0，0.100 0，1.500 0 |
| 瞬时值　51.019 46，0.103 398 2，1.500 0 | 瞬时值　50.189 39，0.100 631 3，1.500 0 |
| 瞬时弯度　4.293 2 μm | 瞬时弯度　4.389 3 μm |
| 额定弯度　4.411 8 μm | 额定弯度　4.411 8 μm |
| 瞬时输出电压　0.443 9 V | 瞬时输出电压　0.441 7 V |
| 额定输出电压　0.441 2 V | 额定输出电压　0.441 2 V |
| 漂移　0.62 % | 漂移　0.12 % |

加速度计 2 个剖面稳定温度场的立体图见图 2 - 45 。两个剖面分别对应测量通道电路板（上板）和电源板（下板）。

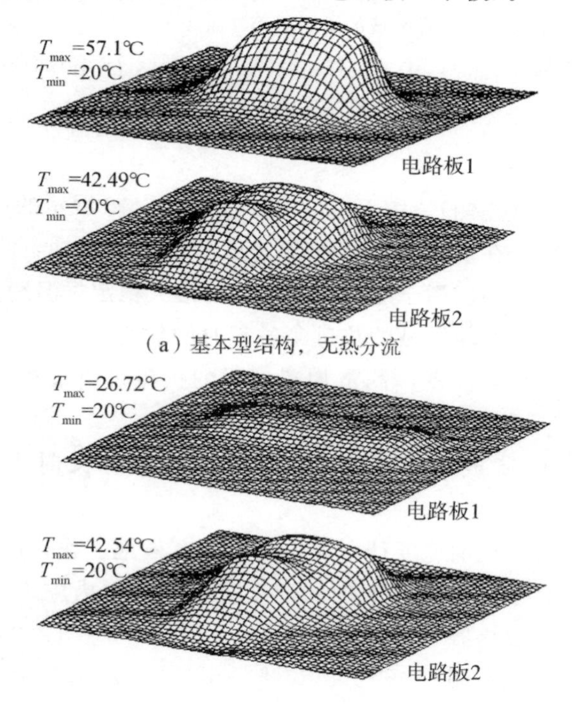


（a）基本型结构，无热分流

（b）改进型结构，有热分流

图 2 - 45　第 1 800 s 时加速度计剖面中稳定温度场的立体图

根据数学仿真结果制作的加速度计热模型计算点的瞬时温度曲线如图 2-46 所示。数学仿真时选用的模型调整系数，$k_1 = 0.03$ ℃$^{-1}$，$k_2 = 0.0001$ V·℃$^{-1}$·μm$^{-1}$，$k_3 = 0$。

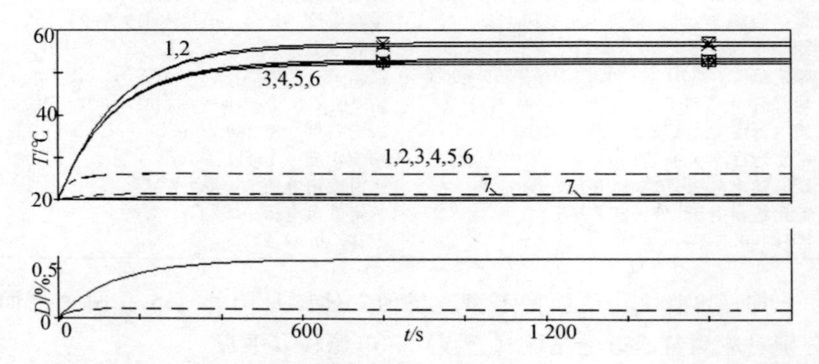


图 2-46　加速度计不同区域的瞬时温度（曲线 1，2，3，4，5，6—测量通道电路板的计算点 13，8，14，7，9，12；曲线 7—盖的计算点 51）和热漂移 $D(t)$

——无热分流；- - -有热分流

从表 2-5（左侧）、图 2-45（a）和图 2-46 展示的计算机实验结果可以看出，在没有热分流的加速度计基本结构中，测量通道电路板（上板）中心区高于周围介质温度的最大稳定过温约为 37 ℃。

加速度计电路板区域的热过渡过程时间约为 600 s。热过渡过程时间比加速度计惯性零件测量加速度时的机械过渡过程时间大几个数量级。

温度干扰造成的加速度计测量通道中的长时间热漂移达到 0.62%。

显然，为了让加速度计可靠、精确、有效地工作，应采取措施，降低热源区高于周围介质温度的温度过热，其中措施之一，就是在发热源上采用散热器和热分流。

从表 2-5（右侧）、图 2-45（b）和图 2-46 展示的计算机实验结果可以看出，在有热分流的加速度计改型结构中，测量通道电路板 1 高于周围介质温度的最大稳定过温仅为 7 ℃，也就是说，最大稳定过温显著减小了（减小 30 ℃）。

在盖上实行了热分流。盖的温度略有增加（增加 1 ℃）。加速度计改型结构中的热过渡过程时间减少了，减少到原来的 1/3。

由加速度计测量通道结构中温度干扰产生的热漂移缩小到原来的 1/5，采用散热器使高于周围介质温度的过温又减小 15%～20%。

这说明，某些元件采用热分流和在热源上采用散热器相当有效。

### 2.5.9 关于微机械加速度计温度和工艺误差的结论

在研制出的通用途径、方法和算法的基础上，建立了具有微机械敏感元件的 АЛЕ049 型加速度计热过程的数学模型。用这种数学模型能够计算、分析给定计算点数量的加速度计的不均匀、不稳定三维温度场，并使这种温度场直观化。

建立并研究了考虑温度干扰和动态因素的加速度计敏感元件平面和弯曲应力变形状态的数学模型。

建立并研究了由加速度计测量通道参数与温度的关系决定的不稳定温度漂移的数学模型。

进行了加速度计热过程和温度漂移的数学仿真，获得了对这些过程参数的定性和定量评估。在加速度计基本结构中，由于电路板上分布着总功率为 1.02 W 的发热源，高于周围介质温度的过温相当大（几十摄氏度）。数学仿真证明，在敏感元件温度值最不利的条件下和周围介质温度为 －65 ℃时，比例系数的相对温度误差可达到 2%。

提出了改进和完善加速度计结构的建议（优化惯性零件与玻璃板连接处的几何尺寸，对热源进行热分流等）。

数学仿真证明，与加速度计基本型结构相比，由于主要热源采用热分流和散热器，可以显著降低高于周围介质温度的过温，可以使热准备时间和热漂移减小到基本型加速度计的 1/3～1/5。

## 2.6 热作用条件下的光纤陀螺

光纤陀螺（亦称萨格奈克干涉仪）实现了一个久远的理想：利用光学现象和光学过程获取惯性信息。

光纤陀螺的作用原理是建立在萨格奈克效应基础上的，早在1913年，著名学者萨格奈克就论述过这一效应。该效应的本质如下：如果在闭环光路中，有两束光向相反的方向传播，当光路静止时，通过整个光路的两束光的相位差等于零。当光路围绕与其所在平面垂直的轴旋转时，两束光经过的路程不同，它们之间的相位差与光路的旋转角速度 $\Omega$ 成正比。

为了解释萨格奈克效应，出现了运动学理论、多普勒理论和相对论理论。运动学理论不够严整，但能够非常直观地解释萨格奈克效应。

假设有一个理想的光纤环，其半径为 $R$（见图 2-47）。光束到达 $A$ 点后，用镜片 $Z_1$，$Z_2$将其分解成两束光，其中一束沿顺时针方向传播，另一束沿逆时针方向传播。光束在光纤环中绕行一周后会合。

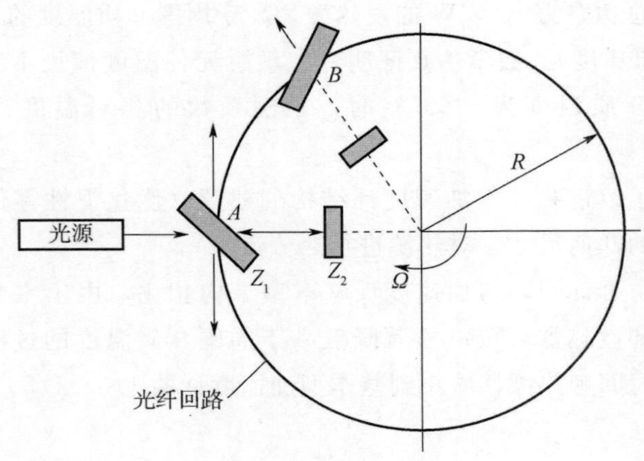


图 2-47　光纤环中的萨格奈克效应

在静止不动的干涉仪中，每束光通过光纤环的时间是相等的，$t=2\pi R/c$，$c$ 为光速。

在以角速度 $\Omega$ 在自己的平面内旋转的干涉仪中，两束光会合的地方已不是 $A$ 点，而在 $B$ 点。我们认为，光速是不变的。在这种情况下，沿旋转方向传播的光束经过的路程是 $ct_{+}=2\pi R+R\Omega t_{+}$，而沿相反方向传播的光束经过的路程是 $ct_{-}=2\pi R-R\Omega t_{-}$。

由此可知 $$\Delta t=t_{+}-t_{-}=\frac{4\pi R^2}{c^2-R^2\Omega^2}\Omega$$

因为 $$c\gg R\Omega$$

所以 $$\Delta t=\frac{4\pi R^2}{c^2}\Omega=\frac{4S}{c^2}\Omega \tag{2-160}$$

式中　$S=\pi R^2$——光纤环内的面积。

如果把相对传播的两束光在旋转时产生的相对滞后，用它们的相位差表示，则这两束光的相位差为

$$\Delta\varphi_C=\omega\Delta t=\frac{4\omega S}{c^2}\Omega=\frac{8\pi fS}{c^2}\Omega=\frac{8\pi S}{\lambda c}\Omega \tag{2-161}$$

式中　$\lambda=c/f$——波长；

$\omega=2\pi f$；

$f$——频率。

相位差 $\Delta\varphi_C$ 叫做萨格奈克相位。不难看出，它与光纤环的旋转角速度成正比。

根据闭合光路的结构，光学惯性传感器分为两种类型。

第一种叫环形激光陀螺。这种陀螺的光路是由充满活性工作气体——氦、氖混合气体的通道和一组镜片组成的闭合光路（环形激光器）。

第二种叫光纤陀螺。它的闭合光路是由许多匝光纤绕制而成的光纤圈。下面我们要研究的就是光纤陀螺。

如果光纤陀螺的闭合光路是由缠绕在圆筒形骨架上的光纤组成的，则萨格奈克相位的表达式（2-161）取下列形式

$$\Delta\varphi_C=\frac{4\pi RL}{\lambda c}\Omega=\frac{8\pi NS_в}{\lambda c}\Omega \tag{2-162}$$

式中 $R$——光纤环的平均半径；

$L$——光纤长度；

$N$——匝数；

$S_{\text{в}}$———匝光纤环围绕的平均面积。

式（2－162）既是描述光纤陀螺功能的基本关系式，也是确定其数学模型的基本关系式。

由此式立刻可以看出光纤陀螺优于激光陀螺之处：光纤陀螺的比例系数明显大于激光陀螺的比例系数。这是因为光纤陀螺的光纤很长，实践中可以做到 1～2 km。也就是说，光纤陀螺对被测参数的灵敏度非常高。

光纤陀螺的原理图见图 2－48。

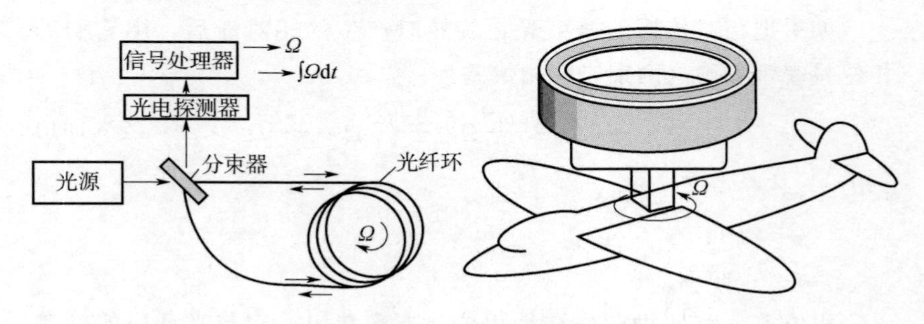


图 2－48 光纤陀螺的原理图

如图 2－48 所示，光源（激光二极管或超发光二极管）的辐射光落到分束器上，分束器将光波分成相向传播的两束光。这两束光通过光纤环后，在光电探测器上会合。光电探测器将光的干涉图像转变成电信号。

被光纤陀螺记录下来的相位差为 $10^{-5}$～$10^{-7}$ rad。对应的光纤环旋转角速度为 $1\sim10^{-3}$(°)/h 。

通常，光纤陀螺是角速度测量组合的一部分。这种测量组合[42]包括 4 个光纤陀螺、加速度计组合、电路板组合和其他元器件。

含有光纤陀螺和加速度计的角速度测量组合基本结构方案的外形图、布局图及其主要零部件[42]如图 2－49 所示。

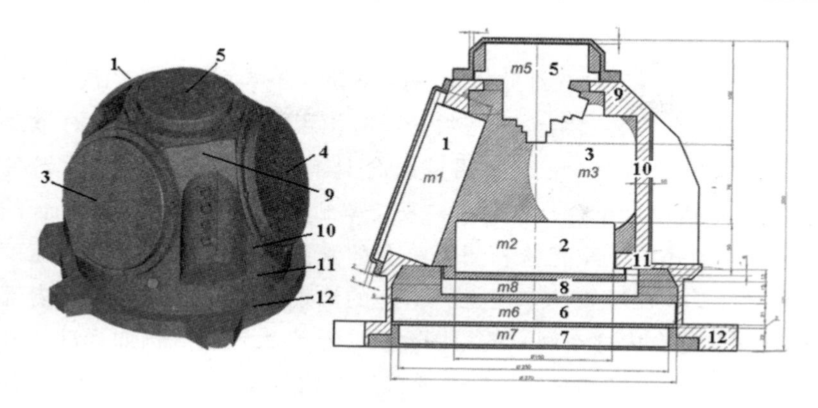


（a）角速度测量组合的外形图和主要元件布局图

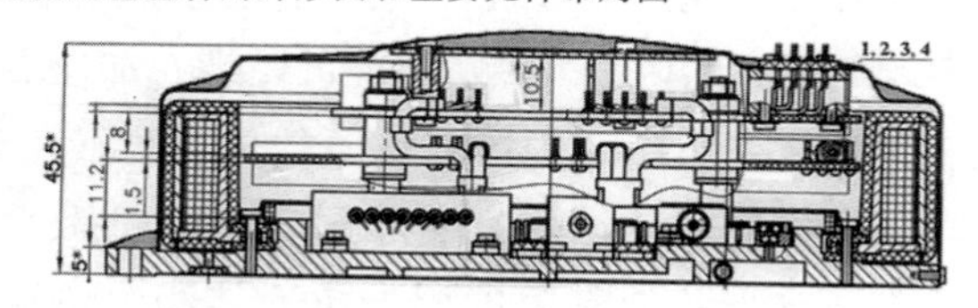


（b）光纤陀螺及其零部件

图 2－49　由光纤陀螺和加速度计组成的角速度测量组合

1，2，3，4—光纤陀螺；5—加速度计组合；6，7，8—电路板；9，10，11，12—壳体

以提高光纤陀螺精度及其工作效率为目的的研究课题有许多[16,18,46]，我们仅讨论其中与光纤陀螺的温度误差有关的几个问题。

### 2.6.1　确定含光纤陀螺的角速度测量组合的和单独光纤陀螺的不均匀、不稳定的温度场

在完成这项任务时，实施热设计“从上至下”的等级原则。先建立热模型，计算外部设备的温度场，然后是包含在外部设备中的内部设备，最后是内部设备中的零件等。高一级设备热计算的数据，是下一级设备热计算的原始数据。

具体到我们的任务中，这个等级原则是这样使用的：首先建立数学模型，进行光纤陀螺和加速度计组成的整个角速度测量组合的热计算，然后建立热过程的数学模型，进行测量组合中光纤陀螺的

更精确的热计算。

(1) 建立并研究光纤陀螺角速度测量组合热过程的数学模型

测量组合的基础结构不密封，没有恒温系统，热源上没有散热器，没有强制吹风。角速度测量组合具有模块结构，包含元器件（陀螺、加速度计组合、电路板）及功率给定的发热源。测量组合的散热是被动式的，经壳体和测量组合的紧固件向基座传热。角速度测量组合安装在厚重的基座上，基座的温度是给定的。外部和内部（填充测量组合内部空间）的周围介质是给定大气压（例如标准大气压）的空气。外部和内部周围介质温度变化范围是－50～＋80 ℃。

施加在角速度测量组合上的主要热作用是，周围介质温度的变化和不均匀分布的内部发热源（光纤陀螺、加速度计组合、电路板）。

角速度测量组合中内部热源的总功率不大于 86 W。

根据研制出的通用方法和角速度测量组合的结构特点，把它分成具有一定形状的有限的固态单元体积。角速度测量组合单元体积的数量（确定随时间变化的温度场计算点的数量）等于 12。

在图 2-50 中给出了光纤陀螺和加速度计组成的角速度测量组合的热模型，还表示出单元体积编号以及周围介质与单元体积之间的热联系。

(2) 建立并研究角速度测量组合光纤陀螺中热过程的数学模型

光纤陀螺的基本结构采用不密封方案，没有恒温系统，热源上没有散热器，没有强制吹风。光纤陀螺具有模块结构，含有功率给定的发热元件。

从热的观点来看，光纤陀螺的特点是，在光纤线圈区域结构零件布局紧凑，有用很长光纤绕制的光纤圈和许多专用光学零件以及某些元件（例如激光器）专用的温控系统。

光纤陀螺的下部固定在角速度测量组合的厚重基座上，基座的温度是已知的（或者在解决上一级任务是确定）。散热是被动式的，经陀螺的盖和紧固件向基座传热。为加大向周围介质散热的面积，在功率较大的发热元件上可采用散热器。

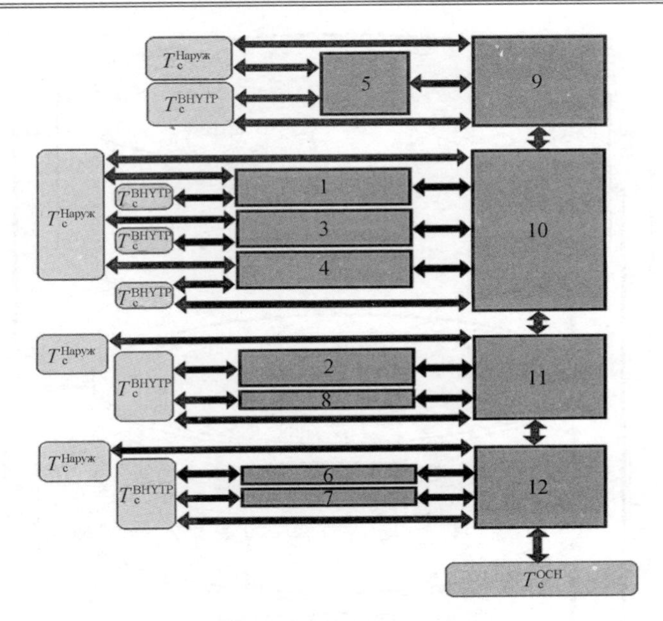


图 2-50　角速度测量组合的热模型及单元体积的编号

1，2，3，4—光纤陀螺；5—加速度计组合；6，7，8—电路板；9，10，11，12—壳体；$T_c^{Наруж}$——外部介质温度；$T_c^{ВНУТР}$—介质温度；$T_c^{ОСН}$—基座温度；⟺—热联系

光纤陀螺外部和内部的周围介质是一个大气压的空气。外部和内部周围介质的温度变化范围为－50～＋80 ℃。

施加在光纤陀螺上的主要热作用，是周围介质温度的变化和分布不均匀的内部发热源（电路板和光辐射源），这种光纤陀螺内部热源的总功率不超过 14 W。

根据研制出的通用方法和光纤陀螺的结构特点，把光纤陀螺分成规范的圆柱形固体单元体积，单元体积的数量等于 473 。

光纤陀螺的温度模型、单元体积的编号、单元体积和周围介质之间的温度关系如图 2-51 所示 。

角速度测量组合和单独光纤陀螺的不均匀、不稳定温度场，利用第 1 章中论述的理论、基本关系式和算法进行计算和研究。

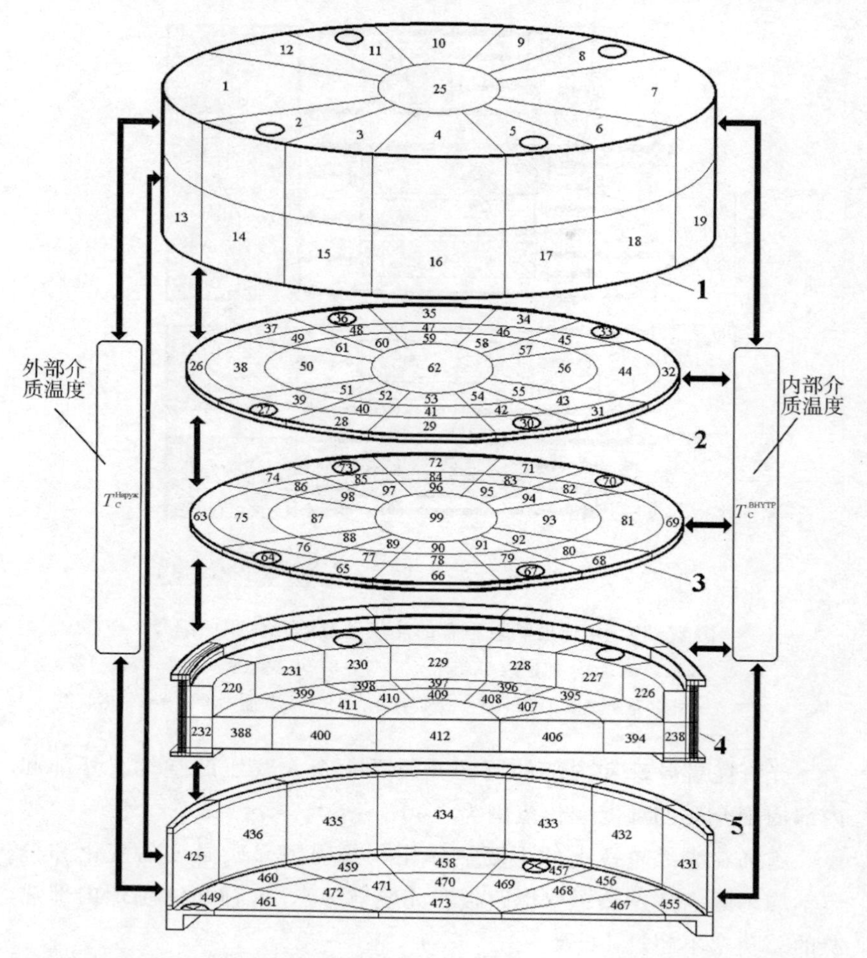


图 2-51　光纤陀螺的结构及其分成单元体积的热模型相互之间的温度关系

1—盖；2，3—上、下电路板；4—光纤线圈；5—基座

在对应最高等级的第一阶段，用研制的专用数学程序软件包 BL-IUS，进行了角速度测量组合两种主要热工作状态的数学仿真。

1）当周围介质温度为常值时，靠内部热源为角速度测量组合加温；

2）当周围介质温度谐波式变化时，靠内部热源为角速度测量组合加温。

认为，在初始时刻，角速度测量组合基本结构的全部零件已加温至额定温度＋20 ℃。

在第一种状态，无论角速度测量组合的外部，还是其内部空间，以及安装角速度测量组合基座的配合部位，周围介质温度任何时刻都保持常值，等于额定温度＋20 ℃。

在第二种状态，无论角速度测量组合的外部，还是其内部空间，以及安装角速度测量组合基座的配合部位，周围介质温度按谐波规律变化

$$T = T_{c0} + T_{c1}\sin(\omega_c t)$$

其中

$$T_{c0} = T_{HOM} = +20\ ℃$$

$$T_{c1} = 1\ ℃$$

周围介质温度变化的频率为 0.001 16 $s^{-1}$，相当于运动载体运动 90 min。

与此同时，角速度测量组合中的所有热源（光纤陀螺 1，2，3，4，加速度计组合 5，电路板 6，7，8）通电，它们的发热功率是已知的，并进行角速度测量组合所有计算点不稳定温度场的计算。

进行第一种状态的仿真，是为了阐明角速度测量组合零部件工作的“热时间常数”，也是为了确定角速度测量组合零部件（光纤陀螺 1，2，3，4，加速度计组合 5，电路板 6，7，8）在周围介质温度基础上的最大过温的值。

当周围介质温度为常值时，根据第一种工作状态数学仿真结果建立的角速度测量组合温度模型所有计算点的瞬时温度曲线见图 2 - 52 。

从这些曲线可以看出，角速度测量组合中最大温度变化速度发生在热过程的第 30～200 s 之间。电路板 8 的温度最高（24.7 ℃）。对于角速度测量组合的不同元件，过渡过程时间是完全不同的，数值为 300 s，900 s，1 200 s。

光纤陀螺的温度大致相同。与光纤陀螺 1，3 ，4 相比，光纤陀螺 2 的温度略低，这是因为它距离安装角速度测量组合的紧固件和基座更近一点。

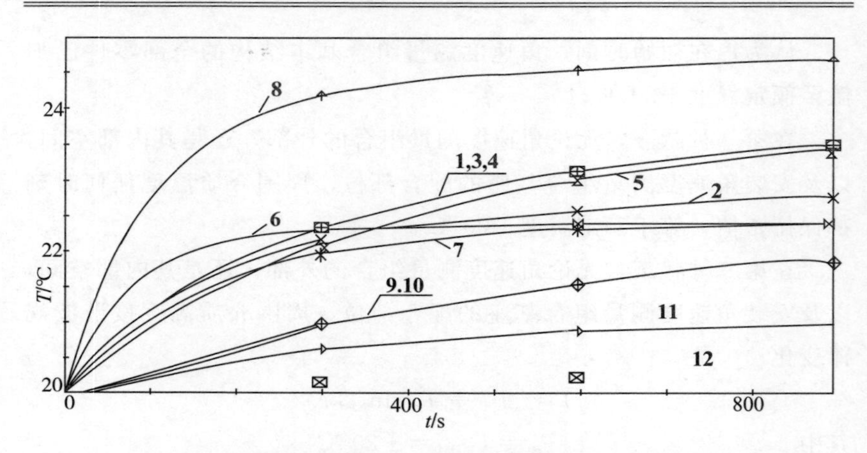


图 2-52　当周围介质温度为常值时，在热源通电的情况下，角速度测量组合各区域的瞬时温度

1，2，3，4—光纤陀螺；5—加速度计组合；6，7，8—电路板；9，10，11，12—壳体

进行第二种状态的仿真，是为了阐明周围介质温度的谐波变化对角速度测量组合内部元件的影响。

在周围介质温度按谐波规律变化时，根据角速度测量组合热工作状态数学仿真结果建立的测量组合热模型所有计算点的瞬时温度曲线如图 2-53 所示。

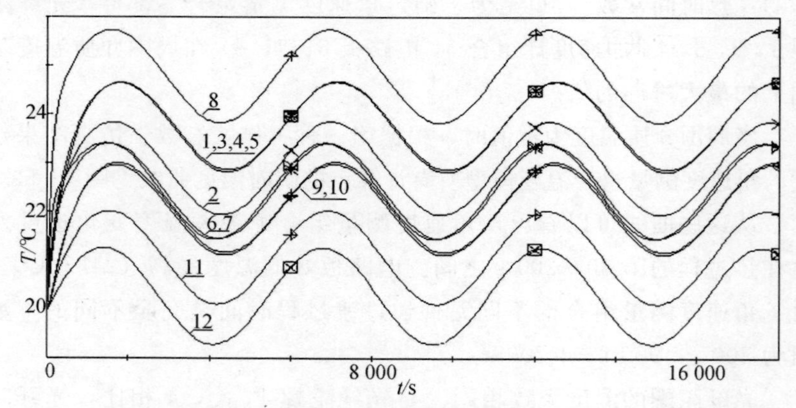


图 2-53　发热源通电，周围介质温度按谐波规律变化时，角速度测量组合不同区域的瞬时温度

1，2，3，4—光纤陀螺；5—加速度计组合；6，7，8—电路板；9，10，11，12—壳体

从这些曲线可以看出，平均温度曲线也像周围介质温度那样，按谐波规律变化，而且具有常值分量。常值分量是由内部热源决定的。

角速度测量组合热状态的数学仿真，能够近似评估测量组合中总的热图像（热状态），但不能回答具有局部热源的测量组合内部元件最高温度的评估问题，例如，陀螺的最高温度。这个问题的答案可以通过分析某些光纤陀螺热状态数学仿真的结果获得。这种标准结构角速度测量组合中光纤陀螺的平均温度区别不大，因此，研究哪一个光纤陀螺，没什么特别意义。

在第二阶段，用研制的专用数学程序软件包 VOG，进行了光纤陀螺工作热过程的下列数学仿真。

1）当周围介质温度梯度变化时，断电后光纤陀螺变冷的数学仿真；

2）当周围介质温度为常值时，光纤陀螺靠内部热源加温；

3）当周围介质温度谐波变化时，光纤陀螺靠内部热源加温。

在第一种状态开始时，光纤陀螺基本结构所有零部件加温到了周围介质温度范围的上限＋80 ℃。发热电子元件全部时间断电。

光纤陀螺外部和内部介质温度按阶梯形变化，光纤陀螺与基座连接处的温度低于额定温度＋20 ℃。计算光纤陀螺三维不均匀、不稳定的温度场，很明显，光纤陀螺每一计算点的温度开始改变，从初始值趋向额定值。

进行这个状态的仿真，是为了查明光纤陀螺工作的“热时间常数”，确定光纤陀螺零部件之间的最大温差，并确定最大温差发生的时刻 。

根据光纤陀螺第一种热工作状态数学仿真结果建立的光纤陀螺温度模型计算点的瞬时最高温度曲线和光纤线圈径向、轴向、圆周方向的温差见图 2－54。

从这些曲线可以看出，在光纤陀螺结构零部件中，最大温差和最高温度变化速度大约发生在热过程的第 20～40 s。

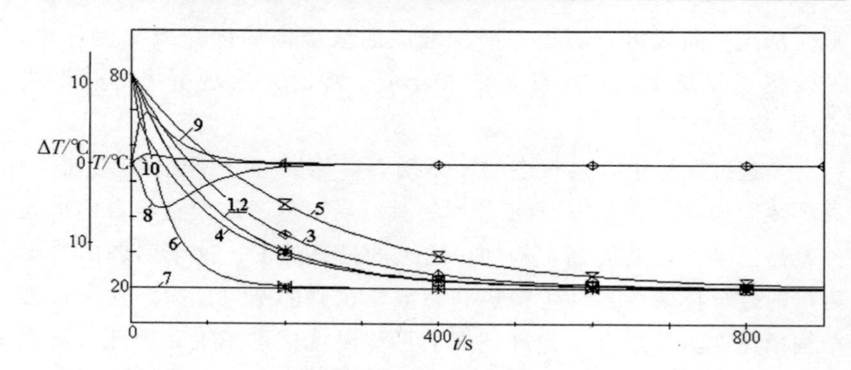


图 2-54　周围介质温度呈阶梯形变化时，断电后光纤陀螺不同区域的瞬时最高温度

1，2，3—上电路板温度 T55，T56，T62；4—盖上的温度 T7；5—下电路板温度 T93；6—光辐射源温度；7—周围介质温度；8，9，10—$\Delta T_R$，$\Delta T_Z$，$\Delta T_\varphi$光纤线圈区域的温降

光纤陀螺第一种工作状态所有计算点所有径向截面中 30 s 时最大温差、最高温度变化速度和温度场的立体分布图见图 2-55。

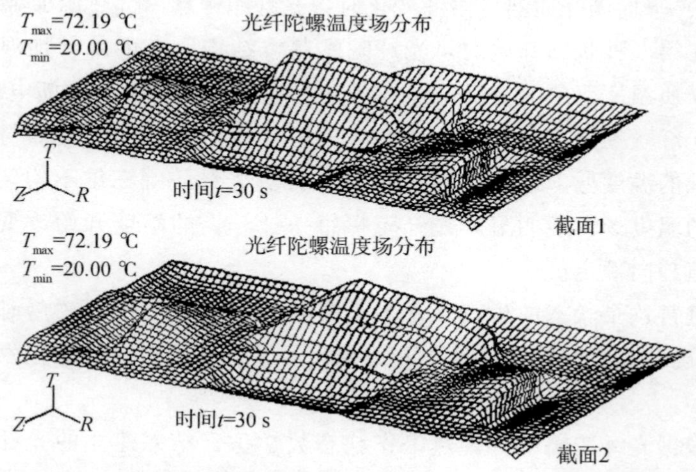


图 2-55　周围介质温度呈阶梯形变化时，不通电光纤陀螺在 30 s 时刻径向截面中温度场的立体分布图

$T_{max}$ = 72.19 ℃；$T_{min}$ = 20 ℃

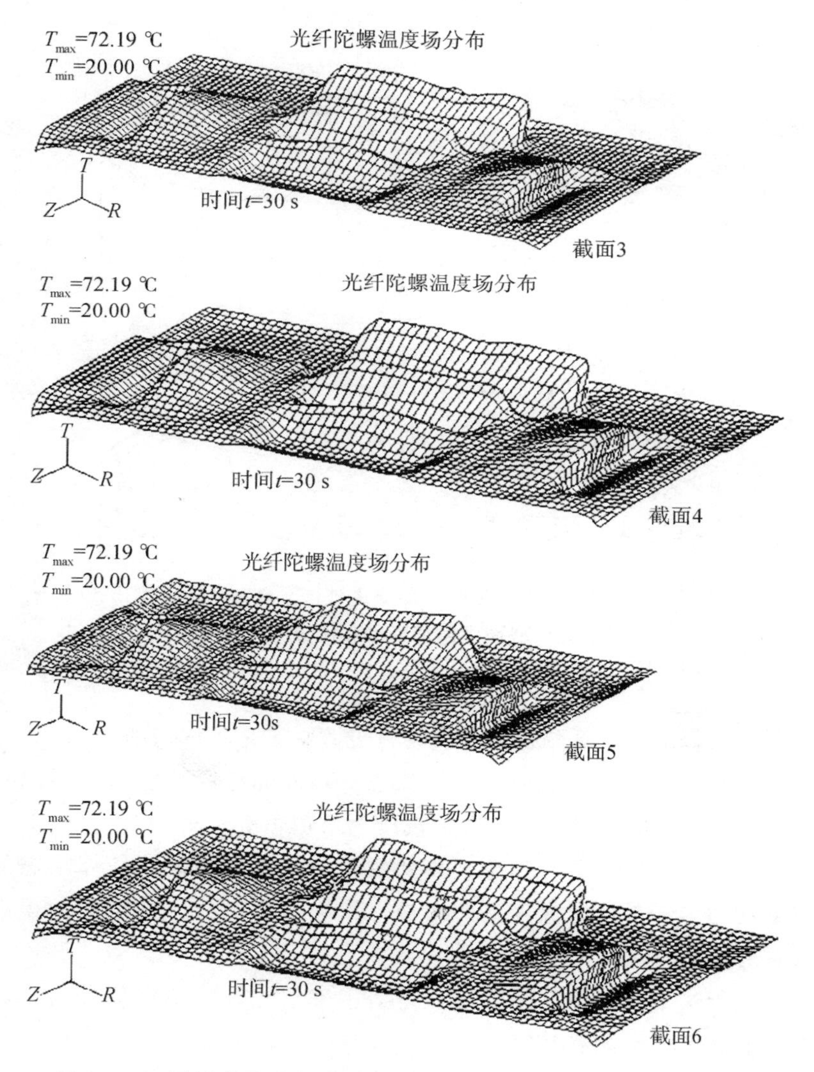


图 2-55　周围介质温度呈阶梯形变化时，不通电光纤陀螺在 30 s 时刻径向截面中温度场的立体分布图（续）

$T_{max}$ = 72.19 ℃；$T_{min}$ = 20 ℃

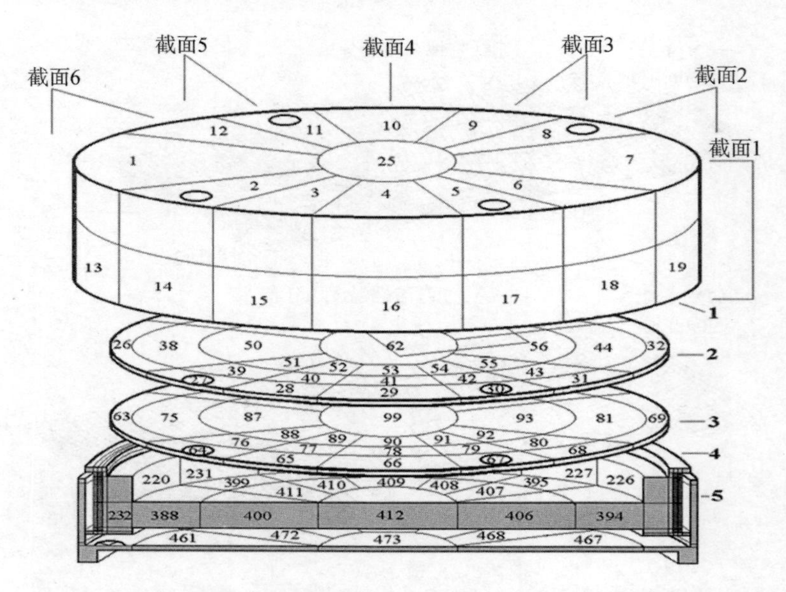


图 2-55　周围介质温度呈阶梯形变化时，不通电光纤陀螺在 30 s 时刻径向截面中温度场的立体分布图（续）

$T_{max}$ = 72.19 ℃；$T_{min}$ = 20 ℃

可以看出，光纤陀螺的温度场在过渡状态是不均匀的。

在光纤陀螺的第二种热工作状态，其外部和内部空间的周围介质温度、光纤陀螺基座固定处的温度为常值，等于+20 ℃。

接通光纤陀螺中的热源，热源的功率已知，同时，计算陀螺的三维不均匀、不稳定温度场。假设，从上电路板向光纤陀螺的盖进行热分流。

进行这个状态仿真的目的，是为了确定光纤陀螺零部件高于周围介质温度的最大温升值。

根据光纤陀螺第二种热工作状态数学仿真结果建立的光纤陀螺热模型计算点的瞬时最高温度曲线，光纤线圈径向、轴向和圆周方向的温降见图 2-56。

从图 2-56 中可以看出，光纤陀螺中光纤线圈径向、轴向和圆周

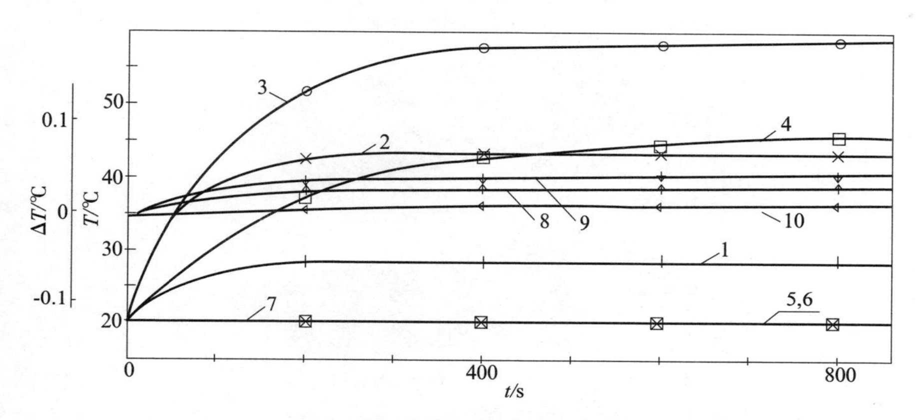


图 2-56　当周围介质温度为常值，依靠内部热源加温时，光纤陀螺中的瞬时温度

1—盖的温度 T10；2，3—上电路板的温度 T35，T62；

4—下电路板的温度 T81；5—光纤环中的温度 T163；

6—光辐射源的温度；7—周围介质温度；

8，9，10—$\Delta T_R$，$\Delta T_Z$，$\Delta T_\varphi$ 光纤环中的温降

方向温降的过渡过程时间常数和有热源的夹布胶木电路板区域的过渡过程时间常数为 400～900 s。位于光纤陀螺盖上的区域和热分流区域过渡过程时间仅为 200 s。这是因为光纤陀螺结构零件的导热性不同造成的。

当光纤陀螺工作在第二种热状态时，内部发热源造成的光纤线圈中径向、轴向和圆周方向温降的最大值比较小，分别为 $|\Delta T_R|=0.030$ ℃，$|\Delta T_Z|=0.045$ ℃，$|\Delta T_\varphi|=0.011$ ℃。

第 900 s 时，光纤陀螺所有径向截面中的稳态温度场立体图如图 2-57 所示。

当周围介质温度为+20 ℃时，光纤陀螺基本结构中稳态温度的最大绝对值出现在上电路板的中心区（如图 2-56 和图 2-57 所示），等于 58.9 ℃。

因此，光纤陀螺（有热分流，热源的发热功率已知，不超过 14 W）基本结构零件中高出介质温度的最大温升不大于 38.9 ℃。

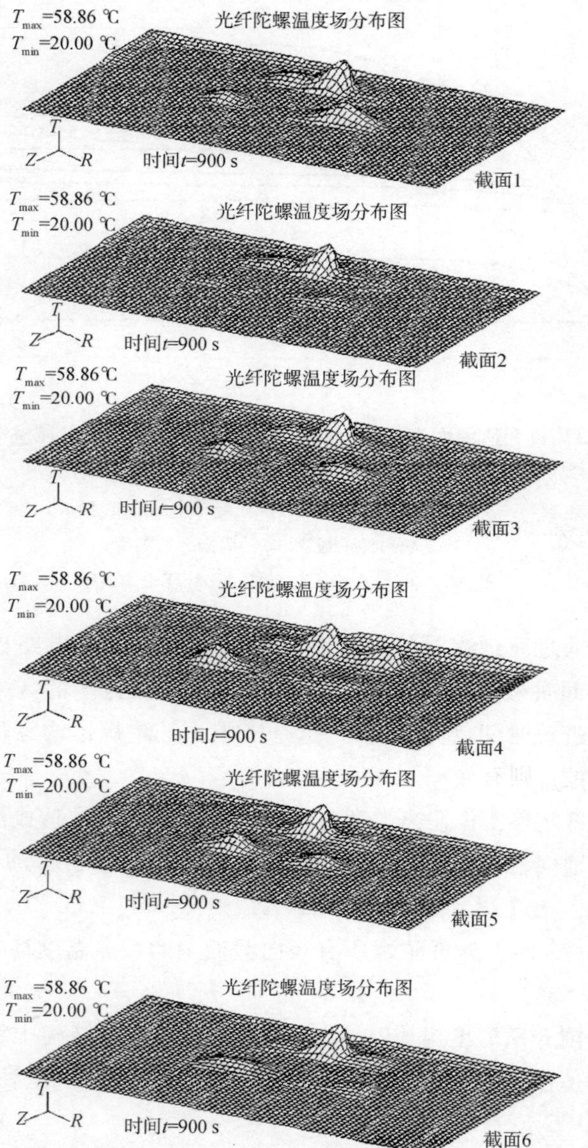


图 2-57　当周围介质温度为常值，光纤陀螺靠内部热源升温，第 900 s 时，光纤陀螺径向截面中稳态温度场的立体图

$T_{max}$ = 58.86 ℃；$T_{min}$ = 20 ℃

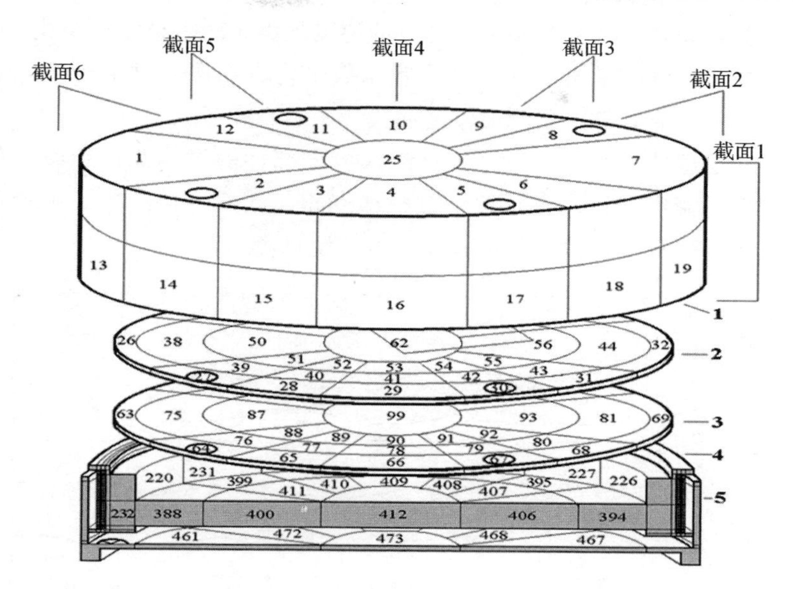


图 2 - 57　当周围介质温度为常值，光纤陀螺靠内部热源升温，第 900 s 时，光纤陀螺径向截面中稳态温度场的立体图（续）

$T_{max}$ = 58.86 ℃；$T_{min}$ = 20 ℃

由于在光纤陀螺的基本结构方案中没有采用散热凸台进行补充散热的措施，则有必要对采用这种散热方法的光纤陀螺结构改型方案进行评估。鉴于光纤陀螺基本结构的温升相当高，而散热凸台能够增加热源的散热面积，所以采用这种散热方法是有益的。

数学仿真证明，在该陀螺结构的主要发热元件上采用散热器，在增加散热面积 100％的情况下，能够减小高出周围介质温度的温升 25％～30％。这一结果证明了，采用散热器直接从光纤陀螺电源组合发热元件上导热的有效性。

陀螺第 4 个径向截面中温度场的轴不对称最严重（见图 2 - 57)，这是由光纤陀螺布局的结构特点决定的。总功率接近 9 W，位于电路板上的主要发热源与陀螺盖的接触具有轴不对称性。

在光纤陀螺的第三种热工作状态，其外部和内部空间的介质温度、光纤陀螺与安装基座配合部位的温度均随时间做谐波式变化。

根据光纤陀螺第三种热工作状态数学仿真结果建立的光纤陀螺温度模型所有计算点的瞬时温度曲线如图 2－58 所示。

从这些曲线可以看出，光纤陀螺内零部件的平均温度曲线，像周围介质温度一样，也是按谐波规律变化，在这种情况下，平均温度具有常值分量。常值分量取决于内部发热源的存在。

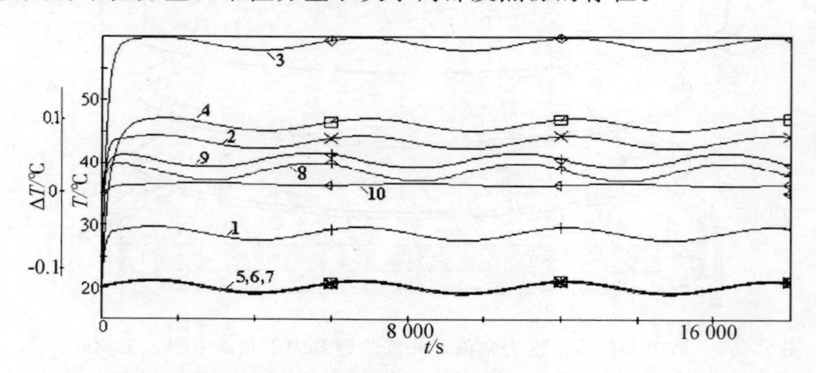


图 2－58　周围介质温度呈谐波形变化，光纤陀螺靠内部热源加温时，陀螺不同区域的瞬时温度

1—盖的温度 T10；2，3—上电路板温度 T35，T62；4—下电路板温度 T81；5—光纤中的温度 T163；6—光辐射源温度；7—周围介质温度；8，9，10—$\Delta T_R$，$\Delta T_Z$，$\Delta T_\varphi$ 光纤线圈区域的温差

## 2.6.2　计算和分析光纤陀螺的温度误差

对光纤陀螺误差的分析表明[46,16,18]，温度干扰造成漂移的主要原因之一，是由于相向传播的光波的相位具有非互易性（热感应非互易性，亦称 Shupe 效应[53]），相位的非互易性是由沿光纤长度方向不稳定的温度梯度造成的。如果向相反方向传播的两束光的相应的前沿在不同时间经过光纤的同一个区域，就会产生非互易性。

这一因素在一定程度上是决定光纤陀螺主要温度漂移分量的主要因素。

假如，热感应非互易性造成的漂移误差为 0.01（°）/h（对于惯导系统，这是典型的精度要求)，则光纤陀螺光纤环区域温度的稳定精度必须达到 0.01 ℃。

如此高的温控精度，甚至在相对稳定的工作条件下都是很苛刻的，更不用说加温周期或者光纤陀螺工作时周围介质温度的变化了。

为了图解热感应非互易性（Shupe 效应）的作用，在图 2－59 中给出了光纤陀螺温度漂移的实验研究数据[39]。光纤陀螺的敏感元件是一个用光纤做成的线圈，线圈内外可产生温度差。

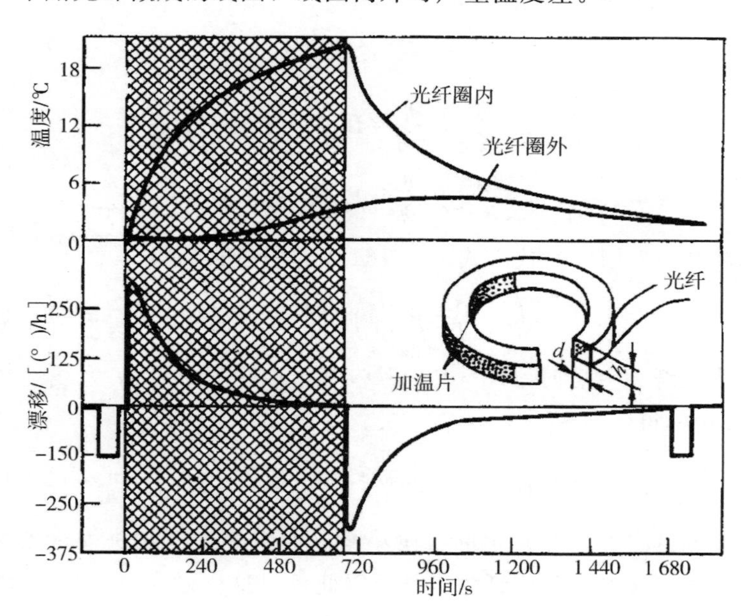


图 2－59 光纤圈中温度振荡造成的漂移

从图 2－59 可以看出，温度漂移与径向温差的时间导数成正比，能达到相当大的数值：16(°)·$h^{-1}$·$℃^{-1}$ 。

与热感应非互易性做斗争的主要方法是，采用折射率的温度系数小的光纤材料和采用合理的绕线方法。

根据参考文献［16，18，46，53］，温度对光纤陀螺精度影响的评估方法如下。

光波的相位

$$\varphi = \beta(T(\xi,t)) \cdot L(T(\xi,t)) = \beta(\xi,t) \cdot L(\xi,t) = \varphi(\xi,t) \tag{2-163}$$

式中 $\beta(T(\xi,t))$——光波在光纤中传播的相位"常数"，为温度 $T$ 的函数，温度 $T$ 又是光纤的弧度坐标 $\xi$ 和时间 $t$ 的函数；

$L(T(\xi,t))$——光纤的长度。

由上式可知

$$\mathrm{d}\varphi = \frac{\partial\varphi}{\partial\xi}\mathrm{d}\xi + \frac{\partial\varphi}{\partial t}\mathrm{d}t \tag{2-164}$$

$$\begin{cases} \dfrac{\partial\varphi}{\partial\xi} = L\dfrac{\partial\beta}{\partial\xi} + \beta\dfrac{\partial L}{\partial\xi} = L\dfrac{\mathrm{d}\beta}{\mathrm{d}T}\dfrac{\partial T}{\partial\xi} + \beta\dfrac{\mathrm{d}L}{\mathrm{d}T}\dfrac{\partial T}{\partial\xi} \\ \dfrac{\partial\varphi}{\partial t} = L\dfrac{\partial\beta}{\partial t} + \beta\dfrac{\partial L}{\partial t} = L\dfrac{\mathrm{d}\beta}{\mathrm{d}T}\dfrac{\partial T}{\partial t} + \beta\dfrac{\mathrm{d}L}{\mathrm{d}T}\dfrac{\partial T}{\partial t} \end{cases} \tag{2-165}$$

将式（2-165）代入式（2-164），进行变换后得

$$\mathrm{d}\varphi = \left(L\frac{\mathrm{d}\beta}{\mathrm{d}T} + \beta\frac{\mathrm{d}L}{\mathrm{d}T}\right)\left(\frac{\partial T}{\partial\xi}\mathrm{d}\xi + \frac{\partial T}{\partial t}\mathrm{d}t\right) \tag{2-166}$$

当光纤无穷短时（$L \approx \mathrm{d}\xi$，$\mathrm{d}L/\mathrm{d}T \approx \alpha_{\mathrm{T}}\mathrm{d}\xi$，此处 $\alpha_T$ 为线性热膨胀系数），得

$$\mathrm{d}\varphi = \left(\mathrm{d}\xi\frac{\mathrm{d}\beta}{\mathrm{dT}} + \beta\alpha_T\mathrm{d}\xi\right)\left(\frac{\partial T}{\partial\xi}\mathrm{d}\xi + \frac{\partial T}{\partial t}\mathrm{d}t\right) \tag{2-167}$$

忽略式（2-167）中的二阶小量 $(\mathrm{d}\xi)^2$ 和光纤端头固定条件的影响（光纤陀螺中的光纤相当长，因此可以这样做），得到光波相位在时间段 $\mathrm{d}t$ 内差分增量的表达式

$$\mathrm{d}\varphi = \left(\frac{\mathrm{d}\beta}{\mathrm{d}T}\mathrm{d}\xi + \beta\alpha_T\mathrm{d}\xi\right)\left(\frac{\partial T}{\partial t}\mathrm{d}t\right) \tag{2-168}$$

向相反方向传播的光波的前沿与光纤的微分单元 $\mathrm{d}\xi$ 相交。微分单元 $\mathrm{d}\xi$ 距光纤环端头的距离为 $\xi$，相交的时间间隔为

$$\mathrm{d}t = \frac{\xi n_1}{c} - \frac{(L-\xi)n_1}{c} = \frac{2\pi}{\lambda\omega}n_1(2\xi - L) = \frac{\beta}{\omega}(2\xi - L) \tag{2-169}$$

式中　$c$——光速；

$n_1$——光纤芯线的折射系数；

$\omega$——光辐射频率；

$\lambda$——波长。

在式（2-169）中引入下列物理量

$$\begin{cases} \beta = kn_1 \\ \dfrac{2\pi}{\lambda\omega} = \dfrac{1}{c} \\ k = \dfrac{2\pi}{\lambda} = \text{const} \\ \dfrac{d\beta}{dT} = k\dfrac{dn_1}{dT} \end{cases} \tag{2-170}$$

将式（2-169）代入式（2-168），取 0～$L$ 的 $d\xi$ 的积分，得非互易温度相位移的表达式

$$\Delta\varphi_T = \int_0^L d\varphi_T = \int_0^L \left(\frac{d\beta}{dT} + \beta\alpha_T\right)\frac{\beta}{\omega}(2\xi - L)\frac{\partial T}{\partial \tau}d\xi \tag{2-171}$$

使该相位移表达式与萨格奈克相位移表达式（2-162）相等，并考虑式（2-170）中的物理量等式，得到确定基座“视在”角速度的表达式（温度漂移表达式）

$$\Omega_T = \frac{1}{4NS_\theta}\int_0^L \left(\frac{dn_1}{dT} + n_1\alpha_T\right)n_1(2\xi - L)\frac{\partial T}{\partial t}d\xi \tag{2-172}$$

现在讨论式（2-172）中积分的计算方法。

假设在光纤陀螺的工作温度范围内，折射系数与温度的关系是线性的，则

$$n_1 = n_{10} + h_T T(\xi, t) \tag{2-173}$$

式中　$n_{10}$——光纤芯线折射系数的额定值；

$h_T$——折射率的温度系数。

不稳定的温度场具有下列形式

$$T(\xi, t) = T^0 \cdot f_1(t) \cdot f_2(\xi) \tag{2-174}$$

式中　$f_1(t), f_2(\xi)$——分别表征温度场的不稳定性函数和温度场的

分布函数；

$T^0$——最大温度落差。

考虑表达式(2-173)和式(2-174)，忽略二阶小量项之后，从式(2-172)得

$$\Omega_T(t)=\frac{T^0\dot{f}_1(t)(h_T+\alpha_T n_{10})n_{10}}{4NS_e}\int_0^L(2\xi-L)f_2(\xi)\mathrm{d}\xi \tag{2-175}$$

设 $f_2(\xi)$ 在 $0\leqslant\xi\leqslant 2\ell^*=L$ 范围内是确定函数，可以用傅里叶级数表示为

$$f_2(\xi)=\frac{a_0}{2}+\sum_{i=1}^{\infty}a_i\cos\frac{i\pi\xi}{\ell^*}+b_i\sin\frac{i\pi\xi}{\ell^*} \tag{2-176}$$

考虑傅里叶级数（2-176），算出式（2-175）中的积分，得到温度漂移角速度的公式如下

$$\Omega_T(t)=-T^0\dot{f}_1(t)(h_T+\alpha_T n_{10})n_{10}N\sum_{i=1}^{\infty}\frac{b_i}{i} \tag{2-177}$$

公式（2-177）为光纤陀螺热漂移的数学模型。这种热漂移是由光纤陀螺光纤环中的热感应非互易性造成的。

分析得到的解析关系式，可以指出下面几点。

1）关系式（2-177）比以前知道的公式更具有普遍意义。比如，当温度沿光纤线性变化时，光纤陀螺热漂移的表达式可由式（2-177）推出，是式（2-177）的特殊情况[46]。

2）在温度不稳定时，产生光纤陀螺的热感应非互易漂移。

3）折射率的温度系数 $h_T=\mathrm{d}n_1/\mathrm{d}T$ 可以是正值，也可以是负值，这取决于光纤的类型。它的变化范围为 $h_T=(-10^{-5}\sim+1.9\times10^{-5})$℃$^{-1}$，而线性热膨胀系数的值在 $\alpha_T=(2\sim5)\times10^{-7}$℃$^{-1}$范围内变化。这一事实使我们可以通过选择相应的 $h_T$ 和 $\alpha_T$，使光纤陀螺的热漂移最小化。

4）进入表达式（2-177）中的，只是“负责”光纤长度 $\xi$ 奇数温度函数的傅里叶级数系数。换句话说，如果光纤 $\xi$ 上温度函数是

偶数（相对光纤纵轴的垂直轴对称，并通过其中心），则漂移最小。

5）光纤陀螺实际结构的特点是[46,42]，光纤绕在一个圆筒形的骨架上。沿圆柱坐标 $r$，$\varphi$，$z$ 温度落差的影响表现在，不同部位的光纤升温是周期性的、不均匀的。换句话说，沿光纤长度温度场的结构是不同的。它们对光纤陀螺热漂移的影响也是有区别的。为讨论方便，我们假设，光纤环骨架中部相应坐标的温度落差为常值。

图 2－60 所示为用一根光纤绕成的圆柱形光纤线圈展开时的温度落差，以及与光纤陀螺热漂移成正比的计算值 $\sum b_i/i$。

从图 2－60 可以看出，从影响光纤陀螺温度漂移的观点看，沿圆筒形光纤线圈半径产生的温度差 $\Delta T_{\mathrm{R}}$ 是最不利的。在这种温度场情况下，相对光纤纵轴垂直轴的“温度带”结构最不对称，而且经过其中心。

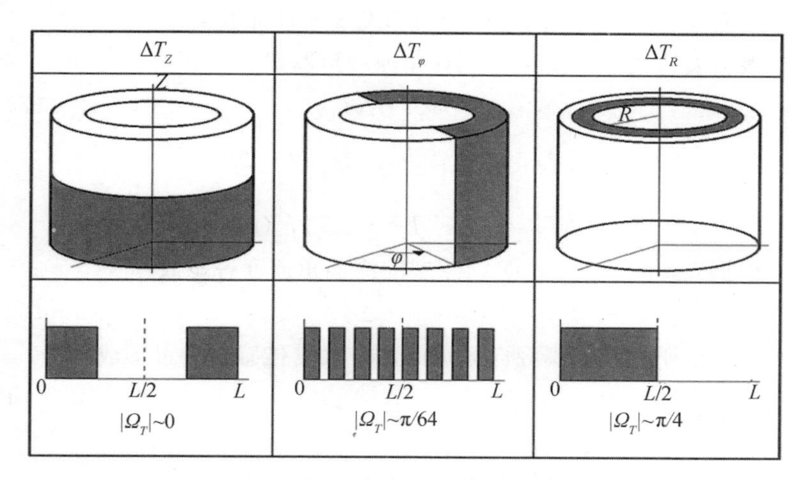


图 2－60　光纤线圈温差对光纤陀螺温度漂移的影响

下面讨论一个使光纤陀螺温度误差最小化的问题，也就是实现温度漂移的算法补偿问题，其实质如下。

把热漂移数学模型的基本公式和算法装定在机载计算机里。温度由以一定方法安装在陀螺里的温度传感器测出，并用装定在计算机里的公式和算法进行处理，算出与漂移角速度成正比的信号，按选定的相应放大系数放大后，输送给系统，以补偿陀螺漂移。

现在讨论用简易模型进行算法补偿的可能性。假设有一个理想的光纤陀螺，它由两个基本体积组成，分别与光纤线圈的内表面和外表面对应。每一部分有等量的热物理性能，在光纤线圈的内表面和外表面各安装一个理想的温度传感器，分别测量光纤线圈区域内部温度 $T_1$ 和外部温度 $T_2$。

描述这个系统热状态的方程为

$$\begin{cases} c\dot{T}_1 + q(T_1 - T_2) + q_c(T_1 - T_{c1}) = 0 \\ c\dot{T}_2 + q(T_2 - T_1) + q_c(T_2 - T_{c2}) = 0 \end{cases} \tag{2-178}$$

式中 $c$——有效比热；

$q$，$q_c$——导热率；

$T_{c1}$，$T_{c2}$——周围介质的内部温度和外部温度。

根据表达式（2-177），漂移角速度可写成

$$\Omega_T = A \cdot \Delta\dot{T}_r \tag{2-179}$$

其中

$$A = -(h_T + \alpha_T n_{10}) n_{10} N \sum_{i=1}^{\infty} \frac{b_i}{i}$$

$$\Delta\dot{T}_r = \dot{T}_1 - \dot{T}_2 = \Delta T_r^0 \dot{f}_1(t)$$

根据表达式（2-179），陀螺的漂移角速度可写成

$$\Omega_T^\Pi = A \cdot \Delta\dot{T}_r^\Pi \tag{2-180}$$

利用位于光纤线圈径向区域的两个温度传感器，可形成信号

$$\Omega_T = k \cdot A \cdot \Delta\dot{T}_r \tag{2-181}$$

式中 $k$——放大系数。

这就是在数学模型的基础上得到的热漂移角速度。

写出差值

$$\Delta\Omega_T = \Omega_T^\Pi - \Omega_T = A(\Delta\dot{T}_r^\Pi - k\Delta\dot{T}_r) \tag{2-182}$$

下一步的任务是，确定使 $\Delta\Omega_T$ 最小的放大系数 $k$。

当初始条件为零时，热平衡方程组（2-178）的解具有下列形式

$$\begin{cases}\Delta T_{\mathrm{r}}=T_1-T_2=\dfrac{q_{\mathrm{c}}\Delta T_{\mathrm{c}}}{2q+q_{\mathrm{c}}}\left(1-\mathrm{e}^{-\frac{2q+q_{\mathrm{c}}}{c}t}\right)\\ \Delta\dot{T}_{\mathrm{r}}=\dfrac{q_{\mathrm{c}}\Delta T_{\mathrm{c}}}{c}\mathrm{e}^{-\frac{2q+q_{\mathrm{c}}}{c}t}\end{cases}\tag{2-183}$$

其中

$$\Delta T_{\mathrm{c}}=T_{\mathrm{c1}}-T_{\mathrm{c2}}$$

实际陀螺的温差及其时间的导数的形式为

$$\begin{cases}\Delta T_{\mathrm{r}}^{\Pi}=\Delta T_{\mathrm{r}}^{0}(1-\mathrm{e}^{-\gamma t})\\ \Delta\dot{T}_{\mathrm{r}}^{\Pi}=\Delta T_{\mathrm{r}}^{0}\gamma\mathrm{e}^{-\gamma t}\end{cases}\tag{2-184}$$

则

$$\Delta\Omega_T=A\left(\Delta T_{\mathrm{r}}^{0}\gamma\mathrm{e}^{-\gamma t}-k\frac{q_{\mathrm{c}}\Delta T_{\mathrm{c}}}{c}\mathrm{e}^{-\frac{2q+q_{\mathrm{c}}}{c}t}\right)\tag{2-185}$$

由此可见，如果实际陀螺的时间常数与数学模型的时间常数一致，即 $\gamma=(2q+q_{\mathrm{c}})/c$，则可达到“理想的”补偿，即当 $k=\dfrac{\Delta T_{\mathrm{r}}^{0}}{\Delta T_{\mathrm{c}}}\cdot\dfrac{2q+q_{\mathrm{c}}}{q_{\mathrm{c}}}$时，$\Delta\Omega_T=0$。

应当指出，对于陀螺的实际结构，不可能得到这么理想的补偿结果。这是因为，温度传感器没那么理想，温度传感器的安装位置不可能随心所欲，对信号进行微分时产生误差，热漂移的数学模型不完善，还有其他原因等。

为了对光纤陀螺的温度漂移和算法补偿温度漂移的有效性进行定量评估，在更加完善的数学模型的基础上，进行了计算机实验。

在这种情况下，光纤陀螺周围介质温度阶梯式、谐波式和随机变化，还有内部热源（电路板和光辐射源）的散热是主要的干扰因素（输入干扰）。

分析了受温度干扰的光纤陀螺的主要输出性能——热漂移角速度、典型温降和陀螺的温度场，以及陀螺的加热准备时间。

用研制出的专用数学程序软件包 VOGTD，在下列光纤陀螺热工作状态下，进行了热过程和温度漂移的数学仿真。

1）周围介质温度为常值，靠内部热源升温，之后周围介质温度发生阶梯式改变；

2）周围介质温度谐波变化；

3）周围介质温度随机变化。

根据光纤陀螺第一种热工作状态（阶梯形热作用状态）数学仿真结果建立的瞬时温度曲线、光纤线圈中径向瞬时温降曲线、最大温漂的瞬时值以及算法补偿后的温漂曲线如图 2－61 所示。

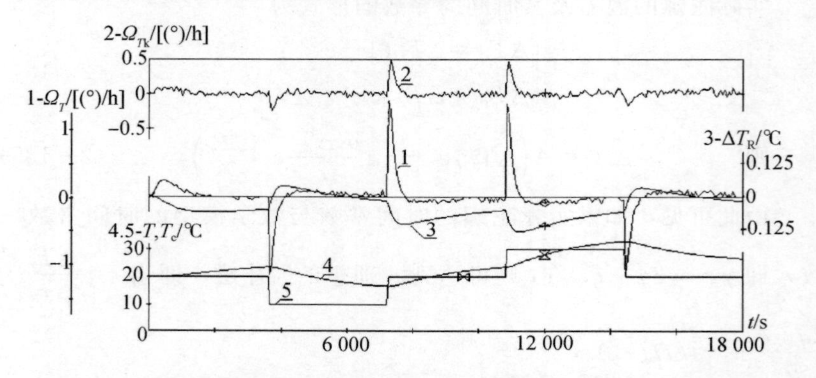


图 2－61　有热源情况下，周围介质温度为常值和周围介质温度发生阶梯形变化时光纤陀螺的瞬时温度和温度漂移

1—最大温漂 $\Omega_T$；2—补偿后的温漂 $\Omega_{Tk}$；3—光纤线圈中的径向温降 $\Delta T_R$；4—光纤中的温度 $T$；5—周围介质温度 $T_c$

从图 2－61 可以看出，当周围介质温度为常值＋20 ℃时，仅靠内部热源加温，没有温控的光纤陀螺的热漂移过渡过程时间为 1 000～1 200 s。

当周围介质温度呈阶梯形变化，并且变化范围为（20∓10）℃时，没有恒温系统的光纤陀螺的热漂移过渡过程时间略少一点，为 600～900 s。

光纤陀螺温度漂移的最大值出现在，当周围介质温度发生阶梯变化那一刻，或者，当内部热源通电那一刻，也是光纤线圈径向温降 $\Delta T_R$ 变化速度最快的时候。这些结果与对陀螺热感应漂移的定性评估完全相符。

由周围介质温度阶梯形变化引起且无法补偿掉的最大漂移值，

约为 0.15(°)·$h^{-1}$·$℃^{-1}$。

根据光纤陀螺第二种热工作状态（谐波式热作用状态）数学仿真结果建立的光纤陀螺热模型计算点的瞬时温度曲线、光纤线圈中径向的瞬时温降曲线、最大温漂的瞬时值以及算法补偿后的温度漂移曲线如图 2-62 所示。

数学仿真时曾经假设，周围介质温度按谐波规律变化：$T_c = T_{c0} + T_{c1}\sin(\omega_c t)$，式中 $T_{c0} = +20$ ℃，$T_{c1} = 10$ ℃，周围介质温度变化频率为 $\omega_c = 0.001\ 16\ s^{-1}$。

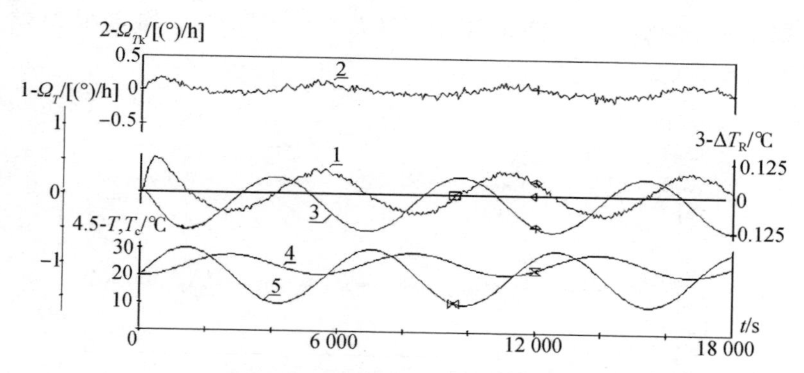


图 2-62　有热源情况下，周围介质温度发生谐波式变化时光纤陀螺的瞬时温度和温度漂移

1—最大温度漂移 $\Omega_T$；2—补偿后的温度漂移 $\Omega_{Tk}$；3—光纤线圈中的径向温降 $\Delta T_R$；4—光纤中的温度 $T$；5—周围介质温度 $T_c$

从这些曲线可以看出，温度漂移按谐波规律变化，其变化频率与周围介质温度谐波变化的频率一样。温度漂移与光纤线圈中径向温降的变化速度 $\Delta\dot{T}_R$ 成正比，这证明以前得到的解析评估是完全正确的。

由周围介质温度阶梯形变化引起且无法补偿掉的最大漂移值，约为 0.06(°)·$h^{-1}$·$℃^{-1}$。

将这个漂移量与阶梯式热作用状态下的漂移 0.15(°)·$h^{-1}$·$℃^{-1}$ 比较，可以看出，周围介质温度的谐波形变化对光纤陀螺温度漂移的影响，比阶梯形温度作用的影响小很多。这个结果可以这样解释，当周围介质温度阶梯式（剧烈）变化时，光纤线圈中径向温降变化的速度 $\Delta\dot{T}_R$ 比谐波式温度（和缓）作用时变化要快。

根据光纤陀螺第三种热工作状态（随机热作用状态）数学仿真结果建立的光纤陀螺热模型计算点的瞬时温度曲线，光纤线圈中径向的瞬时温降曲线、最大温度漂移的瞬时值、算法补偿后的温度漂移曲线如图 2－63 所示。

数学仿真时曾经假设，周围介质温度作为时间的随机稳定连续函数进行变化，其数学期望值 $M(T_c)$ ＝＋ 20 ℃，均方根误差 $\sigma(T_c)$ ＝ 1 ℃。

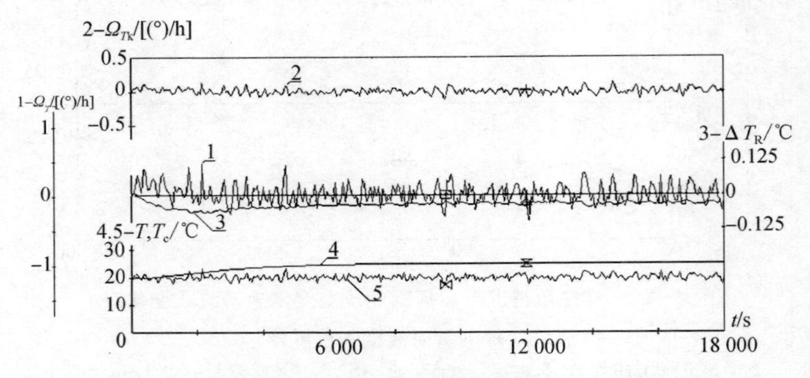


图 2－63　有热源情况下，周围介质温度发生随机变化时光纤陀螺的瞬时温度和温度漂移

1—最大温度漂移 $\Omega_T$；2—补偿后的温度漂移 $\Omega_{Tk}$；3—光纤线圈中的径向温降 $\Delta T_R$；4—光纤中的温度 $T$；5—周围介质温度 $T_c$

从图 2－63 的曲线可以看出，温度漂移曲线按标准的随机规律变化，这个随机变化规律与周围介质温度随机变化规律相一致。

由周围介质温度阶梯形变化引起且无法补偿掉的最大漂移值，约为 0.15(°)·$h^{-1}$·℃$^{-1}$ 。

将这个漂移量与阶梯式热作用状态下的漂移 0.15(°)·$h^{-1}$·℃$^{-1}$

相比较，可以看出，周围介质温度随机变化时对光纤陀螺温度漂移的影响，与阶梯形温度作用的影响大致相同。

所得结果可以用下列原因解释：周围介质温度的阶梯变化和随机变化引起大约相同的光纤线圈径向温降速度 $\Delta\dot{T}_{R}$ 的变化。

根据数学仿真数据，在所有研究过的可判定温度作用（阶梯形温度作用和谐波式温度作用）和随机温度作用情况下，采用算法补偿能够把温度漂移的最大值减小到原来的 1/3。

这证明，对于没有恒温系统的光纤陀螺来说，利用算法补偿温度漂移效率很高。

总之，进行的研究表明，光纤陀螺在我们研究过的陀螺当中，是对温度作用最敏感的陀螺之一。

## 2.7　惯性传感器温度干扰数学模型的系统化

数学模型的价值取决于它们反映的热过程的精度、温度干扰因素的精度和惯性传感器实际结构中温度漂移的精度。

请看数学模型的主要误差分量。

温度场的误差包括：计算方法误差，用惯性传感器的温度模型代替其实际结构时产生的误差，计算温度模型参数时产生的误差等。由于该研究课题的复杂性，不可能用解析方法评估温度场总的计算误差。

能够评估计算误差的方法之一，就是不仅将得到的计算结果与实验数据比较，而且要与已知标准温度检验任务的解析解比较，也就是说，与我们要解决的问题相接近的，但较为简单，又具有解析解的问题的计算结果进行比较。

对所建温度模型与标准温度任务的解析解的相符性进行分析的结果为：当取 200 个计算点时，第 1 章建立的单位热平衡改进算法造成的温度场的数字和解析解的误差散布不大于 4%～5%。

例如，固体波动陀螺谐振器温度场的比较研究使我们确信，它的热模型与实际情况完全相符。在取 190 个计算点时，数字解与解析解的差别不大于 3%。

为研究有活动部件的仪表和系统的热过程，实现热影方法的数学模型定性和定量适合性检查证明，当取 225 个计算点时，不稳定实验任务数字解与解析解的误差散布不大于 4%。

用数字解与解析解比较的方法，能够评估温度场的计算方法误差，但不能回答陀螺温度场总计算误差的问题。这个问题的答案可以在所建数学模型实验数据的基础上，与计算出的温度场进行比较后获得。因此，这种比较结果的一致，从技术上来说，足可以作为所建模型适用性的基本判据。为了分析所建数学模型的适用性，采用了典型液浮陀螺热状态的实验研究结果。

液浮陀螺零件动态热状态温度的瞬时计算值和实验值如图 2-64 所示。

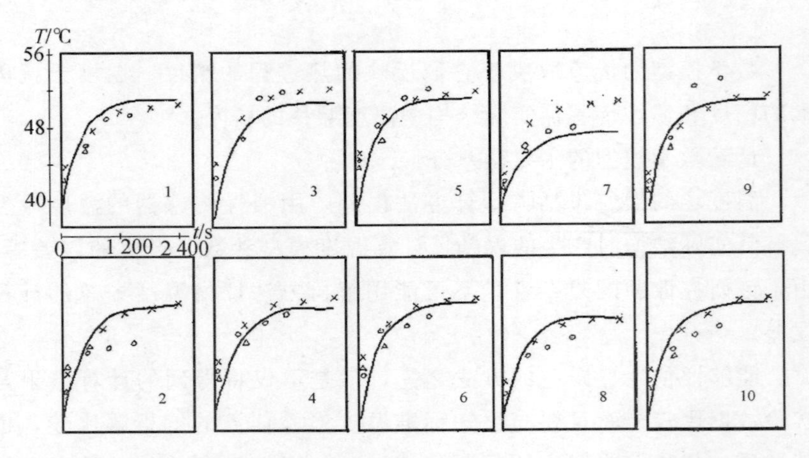


图 2-64　分析液浮陀螺温度模型的相符性——液浮陀螺内部的瞬时温度

1，2—杆的上下；3，4—滚珠轴承外环；5，6—定子线圈；

7，8—传感器和力矩器两边的环；9，10—陀螺电机的盖；

—— —计算值；Δ，×，o—实验值（3 个陀螺）

在使用有 130 个计算点的液浮陀螺热过程数学模型时发现，温度的计算数据和实验数据之间，动态均方根误差平均不超过 9%，稳态不超过 1%。

将温度的计算曲线与温度的实验值进行比较后可以发现，热模型反映了液浮陀螺中温度变化的特点和性能。例如，比较传感器一端的环，分离出内部区域。接通电气元件时，它里面的温度低于其他区域的温度。

因此，可以认定，计算结果与实验结果是一致的。所建热过程的数学模型与陀螺中实际发生的热过程是相符的。

通常，惯性传感器作为组成部分工作在平台式（具有万向支承框架和稳定在惯性空间的台体）或者捷联式惯性导航系统中。

图 2-65 所示为航天器捷联定位系统的热模型，系统中使用的是液浮陀螺。从“等级”观点看，捷联定位系统热模型的等级为高级。图中显示出分成单元体积的系统、固定部位和液浮陀螺的分布图。

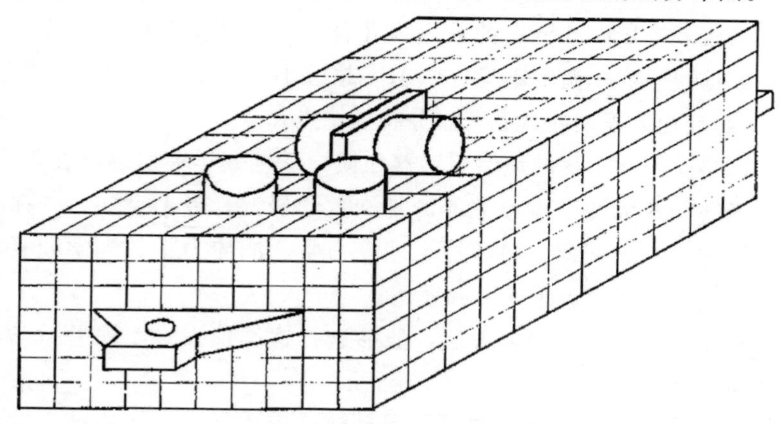

图 2-65　液浮陀螺捷联定位系统的热模型

当陀螺在这种类型的惯性系统中工作时，需要从系统的角度，在较高的结构等级水平上，研究所建数学模型的适用性。

我们讨论过的传感器和系统的主要类型，在参考文献［16，18］中都进行过研究（根据掌握的热过程的理论和实验数据的多少，研究广度和深度不同）。

对液浮陀螺捷联定位系统热过程数学模型（图 2-65）适用性的分析表明，计算和实验数据相对误差的频率分布图具有正态分布的特点，这时，数学模型给出的数据与实验数据的均方根偏差为 4%（计算点数量 770）。

对于静电陀螺平台惯导系统，温度场的计算和实验数据的相对均方根误差不大于 4%（模型中计算点的数量大于 700）。

对于典型的动力调谐陀螺平台惯导系统，稳态温度场的计算和实验数据的相对均方根误差不大于 3%（数学模型计算点的数量大于 100）。

对于光纤陀螺，也进行过类似的热过程数学模型、温度干扰因素数学模型和热漂移数学模型的适用性研究。

总之，我们的研究表明，数学仿真的结果完全反映了各种热状态实验时这类仪表中出现的热过程、温度干扰因素和热漂移的性质和特点。

当仪表容积内计算点的数量为几百个时，计算数据和实验数据的均方根误差，在温度不稳定状态不超过 10%，在稳定状态下则为 1%，而且均方根误差具有正态分布的特点。

所得受温度干扰的惯性传感器和惯导系统数学模型解析关系式，其准确度和权威性已被相关的物理和数学研究任务所证实，并在陀螺系统理论、热交换、热弹性、理论力学、流体力学、光学和复杂载体控制理论中得到了认可和应用。

第 1 章中建议的研究方法，能够进行这类仪表温度误差数学模型的概括和系统化。

建议将这种或者那种传感器测量信号形成区域表示成傅里叶级数的温度场的形状和作用原理不同的各种陀螺的平均精度及温度特性作为系统化的基础。

例如，对于液浮陀螺，最重要的热过程发生在充满支承液体的工作间隙中。

因此，计算过程中得到的温度场的形状用傅里叶级数式（2-9）表示，工作间隙用圆柱面或球面坐标表示。

这种构思比较好是因为浮子的形状有可能不理想，而不理想的浮子形状也可用傅里叶级数描述（无论小浮子，还是结构特殊的浮子，甚至桨叶式浮子也可以用傅里叶级数表示）。

对于动力调谐陀螺，高速旋转的转子的温度场的作用最重要，该温度场是高速旋转的转子径向和轴向坐标的函数，因此，温度场的形状可以用这些坐标相应的傅里叶级数表示。

对具有高速旋转空心或实心球形转子的无接触支承静电陀螺，最重要的是子午线方向和径向的温度梯度。温度场的形状可以用这些坐标的傅里叶级数表示。

对于固体波动陀螺，最重要的是半球形碗谐振器的温度场，它是子午线坐标和圆球面坐标的函数，因此，固体波动陀螺谐振器的温度场也可以用相应的球面坐标傅里叶级数表示。

对于光纤陀螺，我们所做的研究表明，最重要的是光纤线圈区域径向温度梯度随时间的变化，因此，最好用傅里叶级数（式 2 - 176）表示其温度场的形状。

另一方面，在研究过程中还证实，一种类型的陀螺，对温度作用的灵敏度是一定的，这也是各种类型陀螺具有的特征。

对温度作用的灵敏度，既取决于这种陀螺的物理作用原理和不同种类陀螺的工作过程，也与它们的结构特点有关。

例如，静电陀螺对温度作用的灵敏度低，是因为其转子与壳体之间的间隙真空度极高，金属转子的导热性好。

固体波动陀螺对温度作用的灵敏度也低，这在很大程度上是由于陀螺的主要材料——石英的热稳定性好。

这种对所建数学模型进行综合概括的方法，从陀螺温度漂移的观点看，使我们能将最不利的温度干扰因素这种复杂问题变成评估某些傅里叶级数系数，这些傅里叶级数系数影响该型陀螺的热漂移。

此外，用这种方法还可以将传统的和有前景的惯性传感器按温度作用对其漂移影响的程度排序。

系统化的结果见表 2 - 6 。

**表 2-6 温度作用下惯性传感器性能比较**

| 惯性传感器类型及其主要构成部件 | | 温度灵敏度 |
|---|---|---|
| 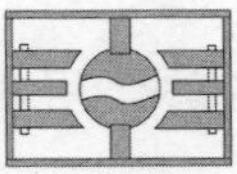 | 静电陀螺（实心转子） | |
| 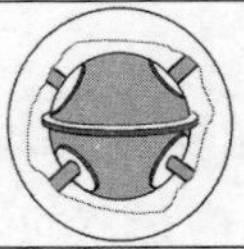 | 静电陀螺（空心转子） | $10^{-6}$～$10^{-4}$ (°) · $h^{-1}$ · ℃$^{-1}$ |
| 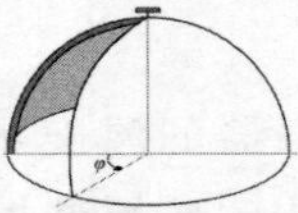 | 固体波动陀螺（石英谐振器） | |
| 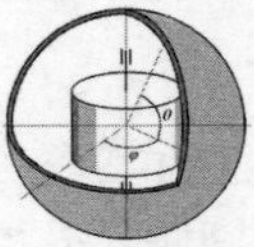 | 液浮陀螺（球形浮子） | |
| 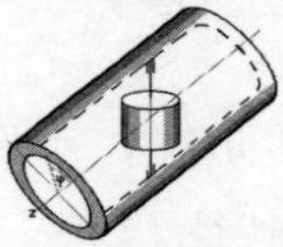 | 液浮陀螺（光滑的圆筒形浮子） | $10^{-3}$～ 1 (°) · $h^{-1}$ · ℃$^{-1}$ |
| 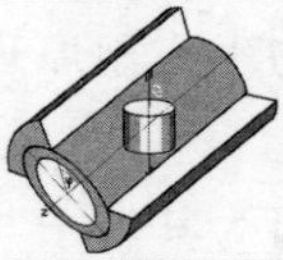 | 液浮陀螺（带叶片的圆筒形浮子） | |
| 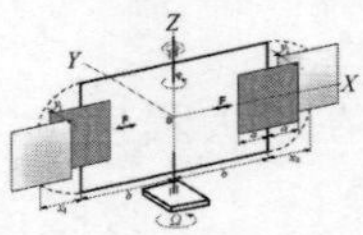 | 微机械陀螺和微机械加速度计（振动的敏感质量块） | |
| 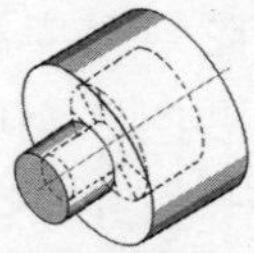 | 动力调谐陀螺（与驱动轴弹性连接的转子） | $10^{-1}$～1 (°) · $h^{-1}$ · ℃$^{-1}$ |
| 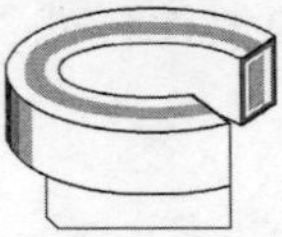 | 光纤陀螺（光纤线圈） | |

可以看出，具有实心或空心无接触球形转子的静电陀螺和有石英谐振器的固体波动陀螺对温度作用的灵敏度最低。

其次是液浮陀螺。在各种结构的液浮陀螺中，对温度作用最不敏感的是球形浮子液浮陀螺，对温度作用最灵敏的是带桨叶的圆筒形浮子液浮陀螺。

微机械陀螺和微机械加速度计对温度的作用相当敏感，绝对温度的变化对其热漂移影响很大。绝对温度的变化破坏谐振调谐，相对陀螺和加速度计测量轴产生附加惯性力矩、弹性力矩和哥氏惯性力矩；绝对温度的变化还会引起微机械陀螺和微机械加速度计零部件应力变形状态的改变。在我们研究过的惯性传感器中，动力调谐陀螺对温度的作用也相当敏感。

对于动力调谐陀螺，绝对温度的变化和温度梯度的出现影响最为严重，绝对温度的变化破坏动力调谐条件，而温度梯度的出现则使陀螺转子产生温度不平衡，进而破坏动力调谐条件。

在我们研究过的几种陀螺当中，对温度作用最灵敏的是光纤陀螺（表 2 - 6 中所列最后一种陀螺）。

对于光纤陀螺来说，最主要的特点，也是最为不利的因素是其圆筒形光纤线圈中沿径向不稳定的温度差。

我们建议的系统化方法，使我们可以进行惯性传感器和惯导系统温度误差最小化方法的分析与综合，制定出保证陀螺及其温控系统的热状态和精度指标的建议。

现有的提高惯性传感器和惯导系统精度的方法，无论在设计阶段，还是在使用过程中，均可用下列方法分类。

1）不采用任何外部信息，也不提高对现有陀螺结构和制造工艺的要求，在长时间工作过程中，提高惯性传感器精度的方法。这种方法是建立在将极性固定的干扰力矩转变成时间的周期性函数的原则上的。

已知的下列提高惯性传感器精度的方法是建立在上述原则基础上的：轴承的受迫振动（“旋转”轴承），支承的受迫振动，动量矩矢量反向，动力矩矢量周期性旋转。用这些方法，能够以最小的经费，达到提高传感器精度的目的。因为这些方法是建立在仪器制造技术成熟的基础上的。

2）要求具有外部信息，在各种闭环和开环控制系统中可以减小惯性传感器漂移的方法。各种惯性导航系统的修正方法可以作为这类方法的例子（天文惯导系统、采用地球磁场修正的系统、用地形图修正的系统、全球卫星导航系统等）。这类方法的主要缺点是，惯性导航系统在某种程度上失去了自主性。

3）建立在结构改进、工艺改进和其他改进基础上的方法。这些方法的着眼点是减小作用在惯性传感器上的干扰力矩（其中包括不均匀、不稳定温度场造成的干扰力矩）。

无论在古典式陀螺中建立更加完善的转子支承形式（液浮支承、动压气浮支承、静压气浮支承、静电支承、内部电磁万向支承和其他支承），还是创建和完善没有机械转子的“非古典式”新型陀螺（固体波动陀螺、微机械陀螺、环形激光陀螺、光纤陀螺等），都是实现上述思想的方法。能够明显提高精密传感器和惯导系统精度的主要方法，乃是使其温度漂移最小化的第三种方法。

研究表明，要想减小温度漂移，应对产生温度漂移的根本原因——温度场采取措施。一要使温度场均匀，二要使温度场稳定。或者想办法使由于温度场不均匀和温度场变化造成的力矩最小化，也可以想办法补偿这些力矩，或者综合使用两种方法。

从上述观点出发，第三组方法又分成如下 3 种方法。

1）主动法（直接法）。这种方法建立在改变陀螺结构和完善发热元件（例如完善陀螺温控系统）的基础上，它是通过改变发热（制冷）功率、热源位置（排热）以及温度传感器和执行元件的相互位置等途径“直接”改变惯性传感器的热状态。

2）被动法（间接法）。这种方法是建立在改变陀螺结构和完善陀螺非热源零部件的基础上的（或者，是热源零部件，但结构的变化不影响散热或制冷功能）。例如，改变零件材料，采用分流散热装置、隔热、用热管增加散热等。这些方法可以间接实现所需要的温度在陀螺内部的分配，从而减小温度误差。

3）混合方法。包括上述第 1）种和第 2）种方法。此外，还包括各种通过线路和算法补偿陀螺热漂移的方法。

综上所述，还必须指出：

对于对温度作用不灵敏的和中等灵敏度的惯性传感器（固体波动陀螺、静电陀螺、液浮陀螺、微机械陀螺），最好用直接法减小温度漂移（根据不同“等级”水平，建立低精度或中等精度的温控系统，并使温控系统的参数最佳化）。

对于对温度作用灵敏度高的惯性传感器（精密液浮陀螺、动力调谐陀螺、光纤陀螺），除采用高精度温控系统稳定陀螺某些元件的温度和缩短陀螺的准备时间外，最好采用算法补偿温度漂移，并采用间接方法使其温度漂移最小化。

我们建立的惯性传感器温度干扰数学模型使我们可以有选择地将其最重要的温度误差最小化，从而提高陀螺的精度。

研究表明，我们采取的使惯性传感器和惯导系统温度漂移最小化的一系列措施，能够使其准备时间缩短到原来的 1/2～1/5，与基本型结构方案相比，提高精度约 2～7 倍。

# 第3章　建立和研究受温度干扰的航空航天传感器、仪表和系统数学模型的特殊任务

## 3.1　受温度干扰的航空航天传感器、仪表和系统输出信号中的可判定无序现象

### 3.1.1　非偶然系统中发生的偶然事件

从解决技术问题的传统实践中，我们得出一个显而易见的观念，复杂而不规则的行为只能在很复杂的系统中出现。例如，气瓶里分子的状态、大海里波浪的起伏、大气中空气的运动、自己热爱的足球队输球后球迷们愤怒的表现等。

但是，最近10年，由于理论研究的进展和高速计算机的应用，已经证实[47]，对于比较简单的系统，比如，少数可判定（按一定规则存在，不包含随机变化参数或随机作用）普通非线性微分方程可能出现无规则行为。当可判定系统的参数出现某种组合时，它的这种表现乃是系统本身特有的性质，与它周围的介质、外部的随机作用、未考虑到的力无关，更不是采用这种或那种算法和方程解法的后果。

这种简单系统之一就是数列。例如，算术数列 $x_{n+1} = x_n + d$，或者几何级数 $x_{n+1} = qx_n$。这些系统的状态确实很简单，在任何时候都完全可以预测，无论 $n$ 有多大，$x_{n+1} = x_1 + nd$ 和 $x_{n+1} = q^n x_1$ 都是正确的。

因此，要想知道 $n$ 任意大时，这种系统的状态，不需追踪其生命的中间阶段，可以立刻算出 $x_{n+1}$。

是否就如此简单呢？

请看几乎同样简单的数列 $x_{n+1}=\{2x_n\}$，式中的符号 $\{\cdots\}$ 表示数的分数部分，显然，所有的 $x_n$ 都是数轴上从0到1那一段上的点。作为例子，取1/5作为 $x_1$，则 $x_2=2/5, x_3=4/5, x_4=3/5, x_5=1/5=x_1$，且一切重复。确实，一切都很简单，我们看到的是非常有规律的行为。当 $x_1=1/5$ 时，无论 $n$ 有多大，都可以预报该系统（数列）的状态。

现在，以圆周率 $\pi$ 的小数部分作为起始数，$x_1=\{\pi\}=\pi-3$，不难证明，数列 $x_2, x_3, \cdots, x_n$ 永远不会闭合，而数列酷似随机数列。如果是无理数，任何 $x_1$ 都将如此。

预报或预算系统的状态，甚至往前走几步都是不可能的。为了知道 $x_{n+1}$，我们应当计算出（$n+1$）步，这是一个时间相当长的过程，这就是不可预言性。而可判定过程是可预言的。这样，我们的“简单”系统，是一个按完全确定的秩序和规律“存在”的系统（可判定系统），它产生出无序（无规则）。但是，在这种无序中，也有自己确定的规律。这似乎有点自相矛盾，但事实如此。

为了表现得更加直观，让我们从实数数列过渡到复数数列，例如由系统 $x_{n+1}=x_n^2+a+b\mathrm{i}$ 生成的复数数列，式中 $(a+b\mathrm{i})$ 为常数复数。

这个数列的每一项都是复数，而且可以用简单的公式确定

$$\begin{cases} x_{n+1}=a_{n+1}+\mathrm{i}b_{n+1} \\ a_{n+1}=a_n^2-b_n^2+a \\ b_{n+1}=2a_nb_n+b \end{cases}$$

这时，大量的点已经不在直线上，而是位于实数和虚数部分 $\mathrm{Re}x_n$ 和 $\mathrm{Im}x_n$ 的平面里。当 $n\approx10^4$ 时，这众多点的分布见图3-1(a)[18]。

虽然数列 $\mathrm{Re}x_1, \cdots, \mathrm{Re}x_n$ 和 $\mathrm{Im}x_1, \cdots, \mathrm{Im}x_n$ 中的每一点看上去像是随机的［图3-1(b)］，但是，集合 $\{\mathrm{Re}x_n, \mathrm{Im}x_n\}$ 本身很难叫做完全随机的和无序的。

这样令人惊奇的美丽画面，乃是一个随机数列生成的可判定系统。这个系统是有一定秩序的，即动态无序在某种程度上是“有组织”的。

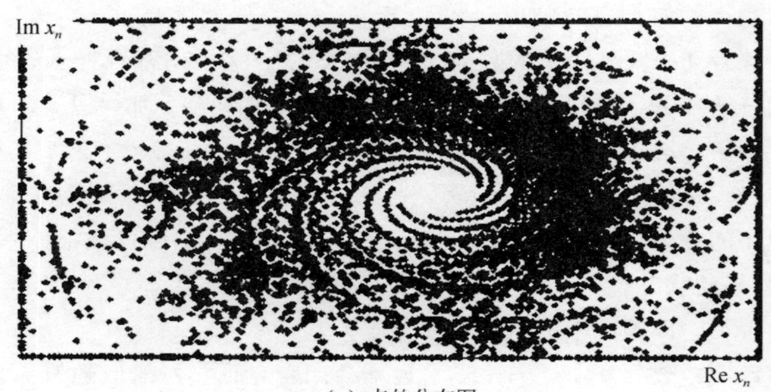


（a）点的分布图

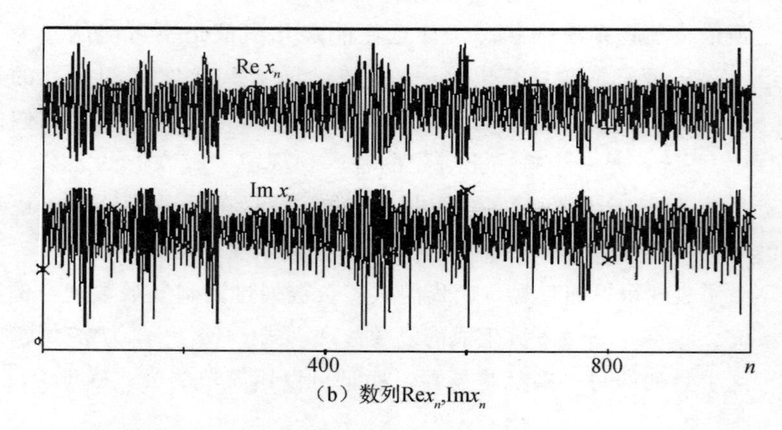


（b）数列Re$x_n$,Im$x_n$

图 3-1　由简单系统 $x_{n+1}=x_n^2+0.32+0.417\mathrm{i}$
生成的点的分布图和数列 Re$x_n$，Im$x_n$

在许多自然现象和生活中也能观察到无序现象。一个有名的例子是，滴水的自来水管（图 3-2）。

当水从阀门中流出的速度小的时候，在相等的时间间隔里形成一样大的水滴［图 3-2(a)］。如果建立每个水滴上部位置与其质量的关系曲线，得到的是一条被称为极限周期的闭合曲线。系统是由一个点演变成的，这个点随着时间的变化描绘出了这条曲线。如果水流增大，则系统的表现变得更加复杂［图 3-2(b)］，产生著名的

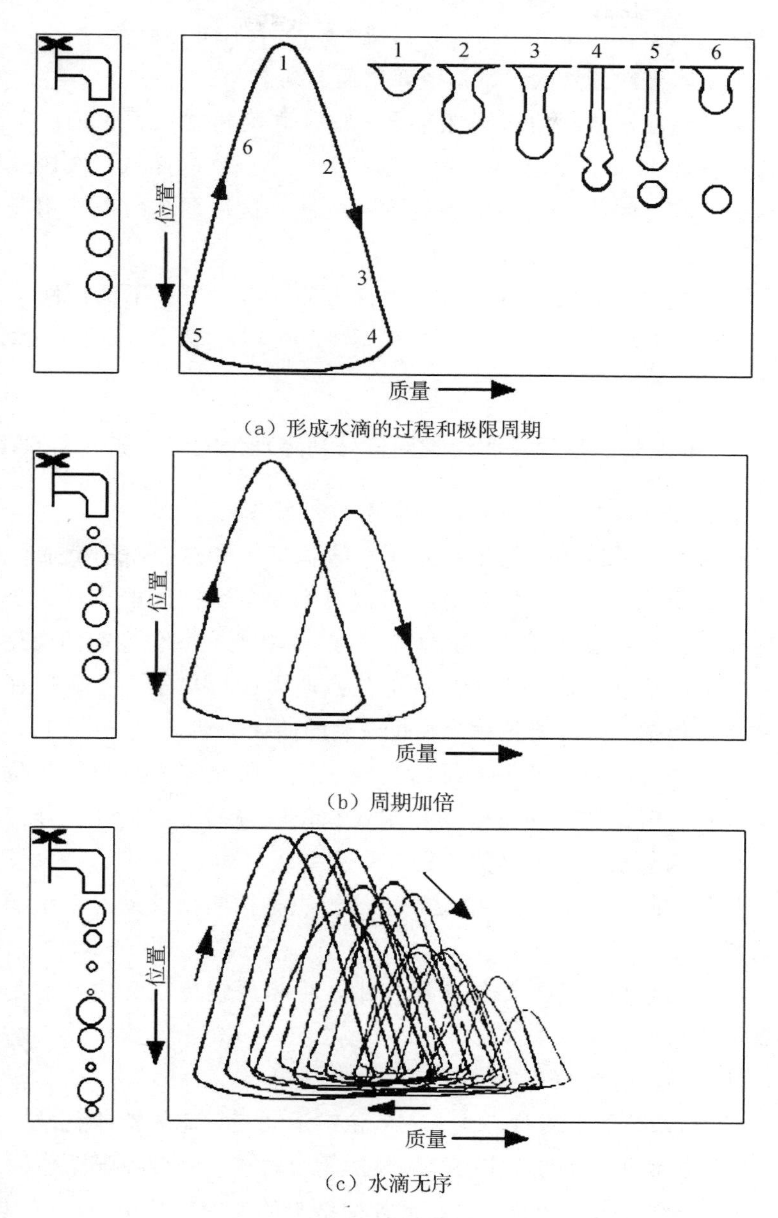


（a）形成水滴的过程和极限周期

（b）周期加倍

（c）水滴无序

图 3-2　阀门水流的无序化

周期加倍现象。在每一个循环，形成一对大小不同的水滴。

如果水流继续增大，则形成双周期数列。

最终，在水从阀门连续地流出之前，立刻建立“不正确的”水滴流［图 3-2(c)］，水滴的数量构成了一个完整的区域，而按顺序排列的水滴之间的间隔却仿佛具有随机性。这种系统的表现用复杂的曲线描绘，这种曲线叫做奇异引力子。

为了更严谨地描述表现出无序行为的动态系统，下面回顾一下非线性振动理论的一些基本概念和原理，以及可判定无序理论[33，47]。

### 3.1.2 非线性振动理论和无规则信号判定理论的基本概念和原理

请看用普通非线性微分方程描述的动态系统。

动态系统的数学模型是建立在它的状态 $x$ 和这个状态随时间的变化 $\dot{x}$ 的概念上的。系统状态 $x$ 可以看做是某个空间的点，这个空间叫做系统的相位空间，用字母 $\Phi$ 表示。$x$ 状态在相位空间的变化是由相位点的运动形成的，这个相应的点叫做图形描绘点。在这种运动中，图形描绘点沿着被称为相位轨迹的曲线运动。

用这种方法研究动态系统的表现，就是研究相位空间里相位轨迹的表现，就是研究相位空间分割成相位轨迹的分割特性，弄清这种分割结构与系统物理参数的数量关系。

相位空间 $\Phi$ 分割成的相位轨迹的组织结构叫做该动态系统的相位肖像。

在动态系统相位空间结构论述中，将相位轨迹划分成普通的和特殊的起很大作用。

相位轨迹分为：

1） 与系统的平衡状态或者它的稳定运动相对应的特殊点；

2） 与周期性运动对应的被隔离的闭合轨迹，叫做极限循环；

3） 分离曲线和平面，它们是各种稳定的特殊轨迹引力区（引力子）边界；

4）分流现象，表征稳态运动的交替，是系统某个物理参数通过某个数值时变化的结果。

相位空间的特殊要素分为稳定点、不稳定点和马鞍形点。

平衡稳定状态和周期性运动是稳态运动的最简单参数。

在非线性振动理论中，运动的稳定性概念是最基本的概念之一。在众多稳定性定义中，最著名的要算李雅普诺夫稳定性定义，如下所述。

如果对于任意一个 $\varepsilon > 0$ 的数，可以找出一个无穷小的数 $\delta(\varepsilon)$，对任何一种有初始条件的其他运动 $x = x(t)$，其初始条件与 $x_*$ 的差小于 $\delta$，对于后面所有的 $t$ 值，$\rho[x(t), x_*] < \varepsilon$ 都是成立的，则平衡状态 $x = x_*$ 叫做稳定状态，其中 $\rho[x(t), x_*]$ 表示坐标为 $x(t)$，$x_*$ 的相位点之间的距离。

如果在上述李雅普诺夫稳定性中补充条件：当 $t \to \infty$ 时，$\rho \to 0$，则这种平衡状态叫做渐近平衡状态。

特殊点的性质取决于它附近相位轨迹表现的性能。

现在以一个动态系统为例，通过在平衡状态附近建立相位轨迹和相位肖像，讨论非线性动态系统近似分析法。该动态系统可以用三个微分方程描述，这三个方程的右边很规范

$$\begin{cases} \dot{x} = F_1(x, y, z) \\ \dot{y} = F_2(x, y, z) \\ \dot{z} = F_3(x, y, z) \end{cases} \tag{3-1}$$

在平衡状态 $M_*(x_*, y_*, z_*)$，$\dot{x} = \dot{y} = \dot{z} = 0$ 成立，方程（3-1）的右边变成零。

点 $M_*$ 叫做固定点或不动点。$M_*$ 点附近相位轨迹的表现用方程（3-2）描述

$$\begin{cases} \Delta\dot{x} = \left(\dfrac{\partial F_1}{\partial x}\right)_* \Delta x + \left(\dfrac{\partial F_1}{\partial y}\right)_* \Delta y + \left(\dfrac{\partial F_1}{\partial z}\right)_* \Delta z \\ \Delta\dot{y} = \left(\dfrac{\partial F_2}{\partial x}\right)_* \Delta x + \left(\dfrac{\partial F_2}{\partial y}\right)_* \Delta y + \left(\dfrac{\partial F_2}{\partial z}\right)_* \Delta z \\ \Delta\dot{z} = \left(\dfrac{\partial F_3}{\partial x}\right)_* \Delta x + \left(\dfrac{\partial F_3}{\partial y}\right)_* \Delta y + \left(\dfrac{\partial F_3}{\partial z}\right)_* \Delta z \end{cases} \tag{3-2}$$

这些方程是对方程（3-1）进行线性化的结果。线性化是在平衡状态点（$x_*, y_*, z_*$）附近相对下面的小量进行的

$$\begin{cases}\Delta x = x - x_* \\ \Delta y = y - y_* \\ \Delta z = z - z_*\end{cases}$$

方程组（3-2）的解由下列特征方程的根决定

$$D(\lambda) = \begin{vmatrix} \frac{\partial F_1}{\partial x} - \lambda & \frac{\partial F_1}{\partial y} & \frac{\partial F_1}{\partial z} \\ \frac{\partial F_2}{\partial x} & \frac{\partial F_2}{\partial y} - \lambda & \frac{\partial F_2}{\partial z} \\ \frac{\partial F_3}{\partial x} & \frac{\partial F_3}{\partial y} & \frac{\partial F_3}{\partial z} - \lambda \end{vmatrix} = 0 \qquad (3-3)$$

其中所有导数都是在 $x = x_*$，$y = y_*$，$z = z_*$ 的条件下算出的。

这时可能有下列基本情况。

1）方程（3-3）的根为负实数（正实数），在这种情况下平衡状态叫做稳定环节（不稳定环节）。

2）一个根是实数，另外两个根是复数，并且，所有的根都有负实数部分（或正实数部分）。在这种情况下，平衡状态叫做稳定焦点（或不稳定焦点）。

3）一个根为实数，另外两个根为复数，而且，实数根和另外两个（复数一共轭）根实数部分的正负号不同。在这种情况下，平衡状态用马鞍一焦点形特殊点表示。

4）所有的根都是实数，而且有正有负。在这种情况下，平衡状态用马鞍一环类特殊点表示。

现在论述无序动力学的基本概念和原理。

最初，“无序”一词是从希腊文翻译过来的，指所有其余东西出现之前的无限空间。后来，罗马人将“无序”解释成远古时期无一定形状的原始物质，认为是造物主把秩序与和谐赋予了这种物质。

按现代理解，无序是指无秩序状态、随机状态、无规则状态，

以后我们将采用这种概念。

我们研究可判定动态系统。本来应当很自然地认定，可判定运动（比如连续微分方程描述的运动）是相当规则的运动，与无序相差很远，因为连续状态不断地从一种发展到另一种。

但是，在 19 世纪末 20 世纪初数学家普阿凯里发现[47]，在某些确定的机械系统中，可能出现无序运动。

遗憾的是，这一重要发现却被许多学者看成是奇谈怪论达 70 年之久。直到气象学家洛伦兹发现[47,33]，就连由三个相互关联的普通一阶非线性微分方程组成的简单系统，也可能产生无序轨迹。洛伦兹发现的重大意义，今天已被普遍承认，他发现了散逸系统中的第一批可判定无序的例子。

那么，什么叫可判定无序呢？首先确定可判定性这一术语[2]。

当说到可判定性时，指的是原因和结果的单值相关性。如果给出 $t=t_0$ 时系统的某个初始状态，则该状态单值决定在 $t>t_0$ 的任何时刻系统的状态。

例如，如果物体以恒定的加速度 $w_0$ 运动，则物体的速度取决于可判定规则 $v(t)=v(t_0)+w_0t$ 。当初始速度 $v(t_0)$ 已知时，我们能单值决定 $t>t_0$ 任意时刻的速度值 $v(t)$ 。

通常，未来状态 $x(t)$ 与初始状态 $x(t_0)$ 的关系可以用下列形式表示：$x(t)=G(x(t))$ ，其中 $G(x(t))$ 为可判定定律，在任何 $t>t_0$ 的时间，该可判定定律能够严格实现初始状态 $x(t_0)$ 向未来状态 $x(t)$ 的单值变换。

现在说说术语无序的定义。

说到无序，指的是系统状态随时间的变化是随机的（状态不能单值预言），而且无法重现（过程无法重复）。

所谓可判定无序，指的是由可判定非线性系统产生的无规则的运动[2, 33, 47]。对于这种系统，在已知的历史事例中，动态定律单值决定系统状态随时间的演变。

现在，我们理解了可判定无序这一术语的含义，它是用可判定定律表示的，由系统不可预言的随机行为产生的可控行为。

动态散逸（能量耗散）系统功能状态的数学形式是引力子——相位空间中表示点的极限轨迹，所有初始状态都趋向极限轨迹。

如果这个状态是平衡稳定状态，系统的引力子是一个简单的不动点；如果这是一种稳定的周期性运动，则引力子将是一条叫做极限循环的闭合曲线。

如果是可判定无序状态，引力子也是相位空间有限区域的某个极限轨迹。但是，这样的引力子具有两个重要区别，这种引力子的轨迹不是周期性的（一条轨迹不闭合），功能状态不稳定（状态小偏差在增长）。正是这些区别，使我们有必要引入奇异引力子这个新术语。文献［33，47］认为，奇异引力子这个新术语是1981年法国研究者泰凯斯（F. Takens ）首先提出的。

因此，奇异引力子的概念与可判定无序的概念是紧密相连的。作为在动态系统相位空间中结构稳定的和典型随机的集合，表明了无序行为与时间的关系。换句话说，随着大段时间的流逝，所有相位轨迹向相位空间的有限区域接近。

奇异引力子的基本性能是对初始条件的敏感和轨迹不能越出有限区域，有限区域内部具有不稳定周期的计数集合，不稳定周期“把图形描绘点从一处抛到另一处”这样一个事实。

应当指出，相位空间的非线性和因次 $N \geqslant 3$ 是产生无序运动的必要条件，但不是充分条件[2,47]。无序运动的真正的第一位的原因是非线性系统的性质决定的，按指数规律迅速从轨迹附近发展到相位空间的有限区域。

近年来，由于新的理论研究成果和高速计算机的出现以及实验技术的进步，已经十分清楚[2,18,33,47]，可判定无序现象在自然界和技术系统中经常遇到，对解决科学技术领域的许多基础科学和应用技术问题具有重大意义。例如，可以用它研究受温度干扰的航空航天非线性传感器、仪表和系统的问题。

表现可判定无序最著名的非线性系统例子[47]有，洛伦兹系统

（描述当下面的平板加热时，在黏性液体中位于重力场中的 2 个无限大的平板之间产生的紊流），有一个或几个自由度的带激励的非线性振子，应用珀耳帖效应的半导体可逆热电电池组，还有非线性光学仪器等。

现在，无序动力学得到快速发展，已经制定出下列可判定无序的基本质量和数量标准[47]：

1）输出信号“看上去像是随机的稳定过程”；

2）在输出信号的功率谱里，可观察到宽频带低频噪声；

3）过程的自相关函数迅速下降；

4）普安卡雷截面（与相位空间中轨迹相交的面）是由填充这个空间的点组成的；

5）表征奇异引力子静态结构的哈乌斯道尔夫（Hausdorff）因次（或因次的下限——相关因次）是分数；

6）表征动态系统状态信息随时间流逝速度的科尔莫戈罗夫熵（李雅普诺夫指数的平均和），即奇异引力子的动态结构 $K \to \text{const} > 0$ ；

7）在许多非线性系统中，从分流（与输出信号周期加倍有关）向无序过渡时，动态系统的质量表现用费根鲍姆通用常数确定，该常数具有确定的值。

为了实现上述标准，编制了相应的数学程序软件，利用这些软件，能够定性和定量研究在计算机实验（或实物试验）中得到的输出信号，以揭示可判定无序现象。

假设在方程组参数确定的情况下，通过计算机实验，得到微分方程组数字解的输出信号，该输出信号表征被研究的物理量（比如质点的坐标）与时间的关系 $x(t)$ ，这种关系具有离散数列的形式 $\{x_j\} j=1,2,\cdots,n$，式中 $x_j - t_j = j\Delta t$。时刻信号的大小 $t_{\max} = n\Delta t$ 表示信号延续的最长时间（计算机实验的时间）。从实际需要出发选择 $n$ 和 $\Delta t$ ，比如，合适的实验时间、物理量变化速度的特点、计算机的存储量和快速性。

根据上述可判定无序的标准，在计算机上制定时间数列 $x(t)$ 包含几个阶段。

第一阶段，计算输出信号的功率谱。

输出信号的功率谱表示输出信号的功率是如何沿频率谱分布的。为计算输出信号的功率谱 $P(\omega)$，进行傅里叶变换

$$x(\omega) = \lim_{t_{\max}\to\infty} \int_0^{t_{\max}} e^{i\omega t} x(t) dt$$

$$P(\omega) = |x(\omega)|^2 = \lim_{t_{\max}\to\infty} \left[ \left( \int_0^{t_{\max}} x(t) \cos\omega t \, dt \right)^2 + \left( \int_0^{t_{\max}} x(t) \sin\omega t \, dt \right)^2 \right] \tag{3-4}$$

第二阶段，计算输出信号的自相关函数。

在分析时间数列 $\{x_j\} j = 1,2,\cdots,n$ 的时候，评估时间间隔 $\Delta t_{\max}$ 起重要作用，因为随着它的消失，系统完全忘记了过去的历史。换句话说，系统状态在 $t_0$ 那一刻只与系统在时间段 $[t_0 - \Delta t_{\max}, t_0)$ 的行为有关，与以前（$t < t_0 - \Delta t_{\max}$）的状态无关。对于周期信号，$\Delta t_{\max} \to \infty$，而对于随机信号，$\Delta t_{\max}$ 是有限的。随机信号的极端情况是白噪声。对于白噪声，$\Delta t_{\max} = 0$。

评估 $\Delta t_{\max}$ 的大小，（对于离散数列，$\widetilde{m} = \Delta t_{\max}/\Delta t$ 的大小）可以用下列自相关函数评估

$$R_{xx}(\tau) = \lim_{t_{\max}\to\infty} \frac{1}{t_{\max}} \int_0^{t_{\max}} x(t) x(t+\tau) dt \tag{3-5}$$

式中　$\tau$——时间差。

第三阶段，确定奇异引力子的相关量纲和科尔莫戈罗夫熵，它们分别表征奇异引力子的结构和引力子的系统运动动力学。

根据泰凯斯定理和其他学者研究的结果[2,33,47]，可以用动态系统一个分量的时间序列确定相位空间奇异引力子的某些性能。

再一次请看时间序列 $\{x_j\} j = 1,\cdots,n$。选数值 $x_j, x_{j+\widetilde{m}}, x_{j+2\widetilde{m}}, \cdots, x_{j+(p-1)\widetilde{m}}$ 作为坐标，式中 $\widetilde{m}$ 为用恰当的方法选择的时间滞后。

改变 $j = 1,\cdots,n - p\widetilde{m}$，结果得到一组 $p$ 维的动态系统相位轨迹

矢量。文献 [2，47] 证明，在普通相位空间属于引力子轨迹的所有基本性能，在过渡到 $p$ 维假相位空间时，仍然保持着。

在无序状态（奇异引力子对应的相位状态，因而也对应假相位空间状态），不同时间位于同一轨迹上的两个点的位置是不相关的。但因为所有的点都位于引力子上，所以存在空间相关性。在文献 [47] 中建议，用所谓的相关积分表示空间相关性

$$C(r) = \lim_{n \to \infty} \frac{1}{n^2} \sum_{i,j=1}^{n} H(r - \| \boldsymbol{x}_i - \boldsymbol{x}_j \|) \tag{3-6}$$

式中　$H$——海维赛德（Heaviside）非对称函数，按定义，当自变量为正值时，等于 1，自变量为其余数值时等于零；

$\| \boldsymbol{x}_i - \boldsymbol{x}_j \|$——在 $p$ 维假相位空间中 $\boldsymbol{x}_i = (x_i, x_{i+\tilde{m}}, \cdots, x_{i+(p-1)\tilde{m}})$ 和 $\boldsymbol{x}_j = (x_j, x_{j+\tilde{m}}, \cdots, x_{j+(p-1)\tilde{m}})$ 两点之间的距离。

换句话说，$\sum_{i,j=1}^{n} H(r - \| \boldsymbol{x}_i - \boldsymbol{x}_j \|)$——这是一对数 $i,j$，对于它们 $\| \boldsymbol{x}_i - \boldsymbol{x}_j \| < r$。可以说，表达式（3-6）中的 $C(r)$ 是计算点之间的距离小于 $r$ 的点数的。

从文献 [47] 可知，对许多引力子，函数 $C(r)$ 与 $r$ 有关。当 $r \to 0$ 时，按指数规律，即 $\lim_{r \to 0} C(r) = r^d$。因此，所谓哈乌斯道尔夫（Hausdorff）因次 $D$（或它的下限——相关因次 $d$）可以用关系 $(\ln C, \ln r)$ 的斜率确定

$$d \leqslant D = \lim_{r \to 0} \frac{\ln C(r)}{\ln r} \tag{3-7}$$

需要指出，当 $r$ 的值很小时，点 $i,j$ 之间的距离小于 $r$ 的数对渐渐变少，因为引力子上的点数是有限的，统计资料渐渐“贫乏”，因此，实际上指数规律 $C(r) \sim r^d$ 仅在 $r$ 值的有限范围内成立。

为了实际确定相关因次，最好按下列算法进行。

从离散值 $\{ x_j \}$ 出发，像上面讲的那样，建立 $p$ 维矢量系列，重建 $p$ 维假相位空间中的轨迹。对每一个 $p$ 值，根据公式（3-6）计算相关积分 $C_p(r)$，再按公式（3-7），用相关积分 $C_p(r)$ 求得相关

因次 $d_p$ 。

如果引力子的因次是有限的，则从某一个 $p$ 开始，相关因次 $d_p$ 的值变得与置入空间的因次 $p$ 无关，发生因次饱和，即引力子的未知相关因次为

$$d = \lim_{p \to \infty} d_p \tag{3-8}$$

用适合不同 $p$ 值的公式（3-6）和式（3-7），还可以确定一个表征引力子的量值——科尔莫戈罗夫熵。

为此，确定数列

$$H_p(r) = \ln C_p(r) - \ln C_{p+1}(r) \tag{3-9}$$

式中　$C_p(r)$ ——为 $p$ 维假相位空间建立的相关积分。

科尔莫戈罗夫熵由下式计算[47]

$$K = \lim_{r \to 0} \lim_{p \to \infty} H_p(r) \tag{3-10}$$

根据文献［33］：如果 $K \to \text{const} > 0$ ，则具有存在可判定无序的条件；如果 $K \to 0$ ，则产生有规则运动；如果 $K \to \infty$ ，则出现随机运动。

为了按照上述算法正确计算相关因次，选择最佳时间滞后 $\tilde{m}$ 有重要意义。如果 $\tilde{m}$ 过长，则会丢失关于引力子结构的信息，并且 $d \to \infty$ ；如果 $\tilde{m}$ 太短，则为了使所研究的轨迹足够密集地填充引力子，要求非常大量的点数。实践中用自相关函数的形式确定 $\tilde{m}$ 。

因此，式（3-4）～式（3-10）能够实现可判定无序信号的定量标准。

为查明非线性动态系统中可能存在的不规则状态，作为分析非线性动态系统方法的应用例子，请看简单机械系统中产生可判定无序的可能性和条件的解析研究课题——被周期性激励的有阻尼非线性数学摆（见图 1-16）。

选数学摆的原因如下：在受干扰的航空航天传感器、仪表和系统（包括陀螺传感器、仪表和系统）中，可判定无序现象和它产生的条件是一种新的、很少研究的现象，而数学摆的某些基本性能（例如稳定平衡位置和不稳定平衡位置，具有三角非线性和干扰作用

等），也是多种航空航天仪表装置所固有的。

数学摆的引用方程具有下列形式

$$\ddot{\theta} + \gamma_* \dot{\theta} + g_* \sin\theta = F_* \cos\omega t \tag{3-11}$$

式中　$\theta,\dot{\theta},\ddot{\theta}$——数学摆偏离垂线的角度和它的时间导数；

$\gamma_*$——引用衰减系数；

$g_*$——引用自由落体加速度；

$F_*$——引用振幅；

$\omega$——激振力频率。

这项任务包括如下内容。

1）用理论力学方法，利用二型拉格朗日方程推导数学摆的运动方程（3－11）；

2）将二型方程（3－11）变成由三个一阶普通微分方程组成的方程组（柯西方程）式（3－1）；

3）确定系统的稳定点（不动点）；

4）在稳定点附近建立与线性化后的方程（3－2）对应的稳定矩阵；

5）求得在稳定点附近线性化的系统的特征方程（3－3）；

6）确定线性化系统在稳定点附近的稳定条件和稳定区域。

解题：任务的第 1 点和第 2 点已经在 1.1.3 节完成［见式（1－81）～式（1－87）和图 1－16］。

结果得到下列普通非线性微分方程组

$$\begin{cases} \dot{\theta} = x = f_1(\theta,x,z) \\ \dot{x} = -g\sin\theta - \gamma x + F\cos z = f_2(\theta,x,z) \\ \dot{z} = \omega = f_3(\theta,x,z) \end{cases} \tag{3-12}$$

式中　$\theta,x,z$——方程组的相位变量；

$g,\gamma,F,\omega$——方程组参数。

现在分析方程组（3－12）的稳定性。使方程组右边等于零

$$\begin{cases} f_1(\theta,x,z) = x = 0 \\ f_2(\theta,x,z) = -g\sin\theta - \gamma x + F\cos z = 0 \\ f_3(\theta,x,z) = \omega = 0 \end{cases} \tag{3-13}$$

并找出方程组的稳定点（不动点）

$$\sin\theta_* = F/g, \quad x_* = 0, \quad z_* = 0 \tag{3-14}$$

方程组(3-12) 在式(3-14) 附近的线性化稳定矩阵具有形式

$$\begin{bmatrix} \left(\dfrac{\partial f_1}{\partial \theta}\right)_* & \left(\dfrac{\partial f_1}{\partial x}\right)_* & \left(\dfrac{\partial f_1}{\partial z}\right)_* \\ \left(\dfrac{\partial f_2}{\partial \theta}\right)_* & \left(\dfrac{\partial f_2}{\partial x}\right)_* & \left(\dfrac{\partial f_2}{\partial z}\right)_* \\ \left(\dfrac{\partial f_3}{\partial \theta}\right)_* & \left(\dfrac{\partial f_3}{\partial x}\right)_* & \left(\dfrac{\partial f_3}{\partial z}\right)_* \end{bmatrix} = \begin{bmatrix} 0 & 1 & 0 \\ -g\cos\theta_* & -\gamma & -F\sin z_* \\ 0 & 0 & 0 \end{bmatrix} \tag{3-15}$$

与式（3-15）对应的特征方程的形式为

$$\begin{vmatrix} -\lambda & 1 & 0 \\ -g\cos\theta_* & -\gamma-\lambda & -F\sin z_* \\ 0 & 0 & -\lambda \end{vmatrix} = \lambda(\lambda^2 + \gamma\lambda + g\cos\theta_*) = 0 \tag{3-16}$$

特征方程（3-16）的赫维茨稳定条件为

$$\cos\theta_* > 0 \Leftrightarrow -\pi/2 < \theta_* < \pi/2 \tag{3-17}$$

比较式（3-14）和稳定条件式（3-17），可以看出，当激励力 $F$ 的某个引用临界幅值接近引用值 $g$ 时，稳定点可能位于稳定边界 $\theta_* = \pi/2$。因此，受到周期扰动的数学摆的无序运动应当出现在 $F/g \approx 1$ 的时刻。

## 3.2 受温度干扰的测量陀螺和阻尼陀螺动态系统中的可判定无序现象

到目前为止，在现代陀螺系统、陀螺装置和惯性信息传感器理论中，只分析和研究有规律的或者随机的现象，或者它们两者的组合。按照传统惯例，陀螺系统研究人员的努力方向是寻找有规律的解，以保证这些系统的正常运行。

但是，这种系统中实际存在的非线性，迫使我们在陀螺系统理论中必须以新的方法分析陀螺的表现，研究在陀螺系统中产生可判定无序现象的可能性[18, 33, 47]。为避免输出信号的无序现象，并学会控制，从而保证陀螺能够无故障地工作，这种分析很有必要。

下面，按照 3.1 节的结论，我们把可判定无序（动态无序）理解成一种无规则行为。这种无规则行为是由有规律的（可测定的）非线性动态耗散系统生成的。

在惯性传感器和陀螺测量系统中存在干扰现象，这种现象早在设计阶段就必须考虑，必须知道什么样的陀螺外部工作条件和什么样的陀螺系统参数组合可能使陀螺的输出信号变得无规则。

最典型的例子是具有可逆温控系统的光纤陀螺，该温控系统建立在珀耳帖热敏元件基础上，用于保持其给定温度。

还有另一类陀螺动态系统。这种系统在一定条件下，作为长期工作的航天飞行器的振动缓冲器使用。转子动量矩很大，而且阻尼效果明显的单自由度液浮陀螺在这类陀螺动态系统（陀螺阻尼器）中得到了广泛的应用[7,44]。

在这种情况下，传统采用不适应飞行程序各种动态状态的阻尼系数为常值的陀螺阻尼器（例如著名的“V－滚动”系统[7]），还要研究根据对航天飞行器飞行状态的要求在很宽的范围内按给定程序改变陀螺阻尼器阻尼性能的可能性。例如，文献［51］中建议在局部区域用工作液体的黏度实行温控，也就是用珀耳帖热敏元件可逆温控系统——互阻尼部件实行温控。但是，一方面，这种温控系统存在非线性，另一方面，描述“航天飞行器－陀螺阻尼器”系统非线性运动动力学的方程也受到温度的干扰，这都要求从产生不规则、不稳定状态的观点出发，对系统做具体研究。

本节的目的是，在可判定无序理论基本原理的基础上，制定研究受温度干扰的非线性陀螺系统中发生的这种现象的方法和在具体陀螺动态系统中使用这种方法。

初始对象——受温度干扰的有分布参数的陀螺系统。把这个系统看成某个有密集参数的动态系统，这个动态系统由相互关联的分系统组成。分系统有自己的机械性能、热物理性能和能量连接。

根据第1章的结论，系统结构零件的相对机械运动和它的热状态用相互关联的普通非线性微分方程描述

$$\dot{\boldsymbol{X}} = \boldsymbol{A}(\boldsymbol{T})F(\boldsymbol{X}) + \boldsymbol{B}(\boldsymbol{X},\boldsymbol{T}) = F_1(\boldsymbol{X},\boldsymbol{T}) \tag{3-18}$$

$$\dot{\boldsymbol{T}} = \boldsymbol{G}(\boldsymbol{X})\boldsymbol{T} + \boldsymbol{D}(\boldsymbol{T},\boldsymbol{T}_c,\boldsymbol{X}) = F_2(\boldsymbol{X},\boldsymbol{T}) \tag{3-19}$$

式中 $\boldsymbol{X}$——对象的机械状态矢量；

$\boldsymbol{T},\boldsymbol{T}_c$——分别为对象和周围介质的热状态矢量；

$\boldsymbol{A}(\boldsymbol{T})$——对象惯性、散逸性、弹性和其他机械性能的矩阵；

$\boldsymbol{G}(\boldsymbol{X})$——对象零件的热物理性能矩阵；

$\boldsymbol{B}(\boldsymbol{X},\boldsymbol{T})$，$\boldsymbol{D}(\boldsymbol{T},\boldsymbol{T}_c,\boldsymbol{X})$——分别为作用在对象机械状态和热状态上的输入、控制和干扰矢量。

为了用解析方法说明产生可判定无序现象的条件，最好在式（3-18）和式（3-19）中按下列算法办理。

根据3.1的结果，从下面的条件中，求出相互关联方程组（3-18）和式（3-19）的稳定点（不动点）$M_*(X_*,T_*)$

$$\dot{\boldsymbol{X}} = \dot{\boldsymbol{T}} = 0 \Leftrightarrow \begin{cases} F_1(\boldsymbol{X},\boldsymbol{T}) = 0 \\ F_2(\boldsymbol{X},\boldsymbol{T}) = 0 \end{cases} \tag{3-20}$$

为此，通常需要解非线性代数方程组（3-20）。

把式（3-18）和式（3-19）在稳定点 $M_*(X_*,T_*)$ 附近线性化，稳定点 $M_*(X_*,T_*)$ 附近相位轨迹的行为用下列线性化后的方程组描述

$$\Delta\dot{X} = \left(\frac{\partial F_1}{\partial X}\right)_* \Delta X + \left(\frac{\partial F_1}{\partial T}\right)_* \Delta T \tag{3-21}$$

$$\Delta\dot{T} = \left(\frac{\partial F_2}{\partial X}\right)_* \Delta X + \left(\frac{\partial F_2}{\partial T}\right)_* \Delta T \tag{3-22}$$

式中 $\Delta X = X - X_*$，$\Delta T = T - T_*$——相位变量相对平衡状态的小偏差。

式（3-21）和式（3-22）的解取决于特征方程的根，特征方程中所有导数都是在稳定点 $M_*(X_*,T_*)$ 算出的

$$\mathrm{Det}(\lambda)=\begin{vmatrix}\left(\dfrac{\partial F_1}{\partial X}\right)_* - \lambda & \left(\dfrac{\partial F_1}{\partial T}\right)_* \\ \left(\dfrac{\partial F_2}{\partial X}\right)_* & \left(\dfrac{\partial F_2}{\partial T}\right)_* - \lambda\end{vmatrix}=0 \qquad (3-23)$$

根据方程（3－23）的根，对照赫维茨、米哈依洛夫、奈奎斯特稳定判据，可以确定稳定点和不稳定点。

因此，方程（3－20）和方程（3－23）的解使我们能够建立线性化系统的固定解和稳定区域图，作为系统参数的函数。

在固定解和不稳定区域存在转折点和奇异点，使我们能够选择原始非线性方程组（3－18）和方程（3－19）的参数组合，当出现这种参数组合时，系统可能产生无序行为。

下面，在非线性微分方程（3－18）和方程（3－19）数字积分的基础上，用选定的参数组合，进行计算机实验。

然后，根据可判定无序准则，选择系统中发生可判定奇特现象的参数组合。接下来，在系统参数平面内，建立系统的无序状态区域。必要时，解决在无序区域以外选择系统参数的问题，或解决对无序的控制问题。

采用这种通用方法研究具体的陀螺系统。

我们将研究两种陀螺系统，这两种系统的功能和用途不同，使用的陀螺也不同。一种是陀螺测量系统，另一种是用于缓冲宇宙飞行器振动的系统。实际上，这些系统处于外部和内部温度作用的条件下，外部作用是周围介质温度的变化，内部作用如热源、温控系统。所以，与系统本身存在非线性的同时，还可能导致系统输出信号中产生无序状态。

### 3.2.1 受温度干扰的光纤陀螺输出信号中的可判定无规则误差

作为第一个研究对象，选择光纤陀螺。因为它是对温度作用最敏感的陀螺之一，也是一个非线性系统。为稳定其元器件的温度，而采用的非线性可逆温控系统，在一定的系统参数组合中，可能带来新的干扰。

因此，研究的目的和任务在于，分析和阐明光纤陀螺具有的可判定无规则热漂移及其产生的条件。这种可判定无规则热漂移是在奇异引力子输出信号相位空间中产生的。

为达到这个目的，我们用解析法和数值法建立和研究了光纤陀螺热漂移非线性数学模型，该光纤陀螺具有建立在珀耳帖半导体热敏元件基础上的可逆温控系统。

可从两方面解决这一问题。

1）基础方面：获得关于受温度干扰的非线性陀螺系统工作规律性的新知识。

2）应用方面：查明陀螺输出信号中（惯性信息中）出现可判定无规则误差时“陀螺－温控系统”的参数组合，也就是说，查明当没有载体输入角速度时，输出信号的特有不规则形式。

不稳定的热状态（热模型）和光纤陀螺－温控系统的热漂移[16,18]可以用下列方程组和关系式描述（图 3－3）。

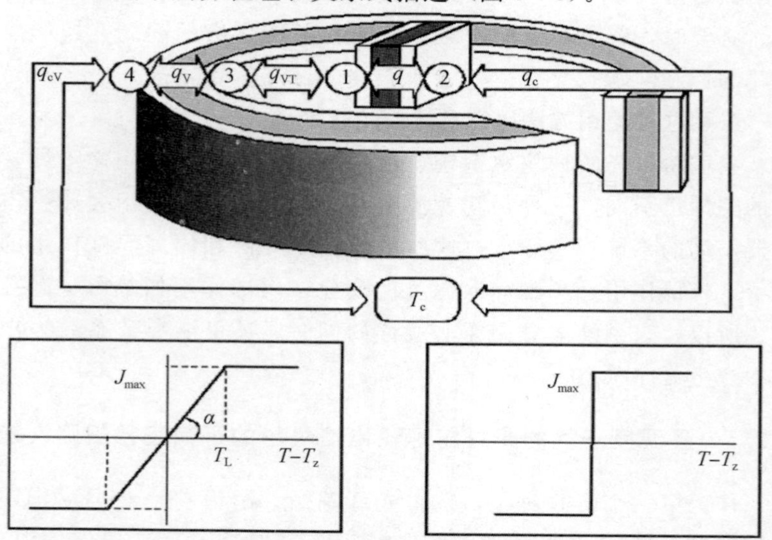


图 3－3　系统的热模型和温度的控制规律

1—温差电池的内接头；2—温差电池与周围介质接触的外接头；

3—光纤环内表面；4—光纤环外表面

热平衡方程

$$c\dot{T}_1 + q(T_1 - T_2) + q_{VT}(T_1 - T_3) = Q_1 \tag{3-24}$$

$$c\dot{T}_2 + q(T_2 - T_1) + q_c(T_2 - T_c) = Q_2 \tag{3-25}$$

$$c_V\dot{T}_3 + q_{VT}(T_3 - T_1) + q_V(T_3 - T_4) = 0 \tag{3-26}$$

$$c_V\dot{T}_4 + q_V(T_4 - T_3) + q_{cV}(T_4 - T_c) = 0 \tag{3-27}$$

周围介质温度

$$T_c = T_{cA}\sin\omega t + T_{c0} \tag{3-28}$$

珀耳帖温差电池接头上的发热源功率（制冷能力）

$$Q_1 = \left[-\alpha_T J(T_1 + 273) + \frac{J^2 R}{2}\right] n\,m \tag{3-29}$$

$$Q_2 = \left[\alpha_T J(T_2 + 273) + \frac{J^2 R}{2}\right] n\,m \tag{3-30}$$

如果位于珀耳帖温差电池内接头上的（见图3-3）温度传感器是理想的，则温度调节规律为

$$J = \begin{cases} J_{\max} & T_1 - T_z \geqslant T_L \\ \tan\alpha(T_1 - T_z) & -T_L \leqslant T_1 - T_z \leqslant T_L \\ -J_{\max} & T_1 - T_z \leqslant -T_L \end{cases} \tag{3-31}$$

假设，温度沿光纤的变化是线性的，$f_2(\xi) = \xi/L$，则当 $b_i = -\frac{1}{i\pi}$ 和 $\sum_{i=1}^{\infty}\frac{b_i}{i} = -\frac{\pi}{6}$ 时，由光纤环的热感应非互易性决定的光纤陀螺热漂移角速度式（2-177）变成下列形式

$$\Omega = (\dot{T}_3 - \dot{T}_4)(h + \alpha_V n_{10}) n_{10}\pi N/6 \tag{3-32}$$

在式（3-24）～式（3-32）中

$T_i$，$T_c$ ——结构元件单位体积平均温度的不稳定值和周围介质温度，$i = 1,2,3,4$；

$c, c_V$ ——分别为与温差电池接头和光纤环内、外面对应的单位体积的比热；

$q, q_{VT}, q_V, q_c, q_{cV}$ ——导热系数；

$\alpha_T$ ——温差元件的温差电动势系数；

$J$ ——流过温差元件的电流；

$R$ ——温差元件的电阻；

$n,m$ ——温差电池中的温差元件数量和温差电池数量；

$J_{\max}$ ——电流的最大值；

$T_{\mathrm{L}}$ ——温度调节规律的线性区；

$T_{\mathrm{z}}$ ——给定的稳定温度；

$h$ ——光纤折射率的温度系数；

$\tan\alpha = J_{\max}/T_{\mathrm{L}}$ ；

$N = L/2\pi R_{\mathrm{\kappa}}$ ；

$L$ ——光纤长度；

$R_{\mathrm{\kappa}}$ ——光纤环的平均半径；

$\alpha_{\mathrm{V}}$ ——光纤的温度线膨胀系数；

$n_{10}$ ——光纤折射率的额定值。

所建数学模型的非线性，是由珀耳帖温差电池的工作原理决定的。温差电池的工作原理与焦耳发热定律式（3-29）和珀耳帖制冷定律式（3-30）有关。这些数学模型的非线性，还取决于温度调节规律的形式，见式（3-31）。该温度调节具有线性区分段的性质，而且有限幅。当 $\tan\alpha \to \infty$ 时，变成继电器式调节。还有一点很重要，热漂移角速度式(3-32)与光纤环径向温度下降的时间导数成正比。

### 3.2.2 光纤陀螺输出信号中无规则信号产生的条件及其稳定性分析

摆在我们面前的任务是，选择方程（3-24）～方程（3-32）参数的某种组合，使得陀螺输出信号中产生可判定的无序信号。由于方程组参数的数量很多，每个参数的数值变化范围又很宽，所以，用尝试大量方案的办法完成这一任务，不是理想方案。

为得到对原始方程参数的可观察的初步解析评估，从而使寻找未知参数组合付出的努力最小，需要对方程（3-24）～方程（3-32）进行简化。这些方程的主要的非线性集中在珀耳帖温差电池的作用原理和工作规律上。因此，在方程（3-24）～方程（3-32）

中，在第一次近似时，我们只讨论与珀耳帖温差电池的功能有关的方程。这样，得出下列简化的非线性方程组

$$\dot{T}_1 = -\frac{q}{c}(T_1 - T_2) + \left[-\alpha_T \tan\alpha (T_1 - T_z)(T_1 + 273) + \frac{\tan^2\alpha}{2} R (T_1 - T_z)^2\right]\frac{mn}{c} = F_1(T_1, T_2) \tag{3-33}$$

$$\dot{T}_2 = -\frac{q}{c}(T_2 - T_1) - \frac{q_c}{c}(T_2 - T_c) + \left[\alpha_T \tan\alpha (T_1 - T_z)(T_2 + 273) + \frac{\tan^2\alpha}{2} R (T_1 - T_z)^2\right]\frac{mn}{c} = F_2(T_1, T_2) \tag{3-34}$$

将方程（3-33）和方程（3-34）在稳定点附近线性化，稳定点用条件 $\dot{T}_1 = \dot{T}_2 = 0$ 确定。这时得出下列非线性代数方程组，用它可以确定稳定点 $T_{1*}$，$T_{2*}$

$$a_1 T_{1*} + a_2 T_{2*} + a_3 T_{1*}^2 + b_1 = 0 \tag{3-35}$$

$$f_1 T_{1*} + f_2 T_{2*} + f_3 T_{1*}^2 + f_4 T_{1*} T_{2*} + b_2 = 0 \tag{3-36}$$

其中　$a_1 = -q - 273\alpha_T nm\tan\alpha + \alpha_T T_z nm\tan\alpha - RT_z nm\tan^2\alpha$

$$a_2 = q$$

$$a_3 = Rnm\tan^2\alpha/2 - \alpha_T nm\tan\alpha$$

$$b_1 = 273\alpha_T T_z nm\tan\alpha + RT_z^2 nm\tan^2\alpha/2$$

$$f_1 = q + 273\alpha_T nm\tan\alpha - RT_z nm\tan^2\alpha$$

$$f_2 = -q - q_c - \alpha_T T_z nm\tan\alpha$$

$$f_3 = Rnm\tan^2\alpha/2$$

$$f_4 = \alpha_T n\, m\tan\alpha$$

$$b_2 = -273\alpha_T T_z nm\tan\alpha + RT_z^2 nm\tan^2\alpha/2 + q_c T_c$$

为了研究方程（3-33）和方程（3-34）在不动点的稳定性，写出稳定矩阵

$$\begin{bmatrix} \left(\frac{\partial F_1}{\partial T_1}\right)_* & \left(\frac{\partial F_1}{\partial T_2}\right)_* \\ \left(\frac{\partial F_2}{\partial T_1}\right)_* & \left(\frac{\partial F_2}{\partial T_2}\right)_* \end{bmatrix} = \begin{bmatrix} a_1 + 2a_3 T_{1*} & a_2 \\ f_1 + 2f_3 T_{1*} + f_4 T_{2*} & f_2 + f_4 T_{1*} \end{bmatrix} \tag{3-37}$$

把对应的非线性方程（3－33）和方程（3－34）在固定点 $T_{i*}$ 附近相对小量 $\Delta T_i = T_i - T_{i*}$ 进行线性化，线性化后的方程组具有下列形式

$$\dot{T}_1 = \left(\frac{\partial F_1}{\partial T_1}\right)_* \Delta T_1 + \left(\frac{\partial F_1}{\partial T_2}\right)_* \Delta T_2 \tag{3-38}$$

$$\dot{T}_2 = \left(\frac{\partial F_2}{\partial T_1}\right)_* \Delta T_1 + \left(\frac{\partial F_2}{\partial T_2}\right)_* \Delta T_2 \tag{3-39}$$

该方程组对应的特征方程为

$$\begin{vmatrix} -\lambda + \left(\frac{\partial F_1}{\partial T_1}\right)_* & \left(\frac{\partial F_1}{\partial T_2}\right)_* \\ \left(\frac{\partial F_2}{\partial T_1}\right)_* & -\lambda + \left(\frac{\partial F_2}{\partial T_2}\right)_* \end{vmatrix} = \lambda^2 + E\lambda + G = 0 \tag{3-40}$$

其中 $$E = -a_1 - 2a_3 T_{1*} - f_2 - f_4 T_{1*}$$

$$G = (a_1 + 2a_3 T_{1*})(f_2 + f_4 T_{1*}) - a_2(f_1 + 2f_3 T_{1*} + f_4 T_{2*})$$

这种方程的稳定条件为

$$E > 0, \quad G > 0 \tag{3-41}$$

用方程（3－35）和方程（3－36）的解，能够建立固定解的曲线图，并确定不动点的区域，作为系统参数（与周围介质热交换的传热系数，温度调节规律特性曲线的斜率）的函数、周围介质温度的函数和设定恒温温度的函数。稳定条件式（3－41）乃是在方程（3－33）和方程（3－34）参数平面内不动点附近建立稳定区域的基础。

请看具有下列参数的温差电池[16,18,28]：$n=24$，$m=1$，$\alpha_T = 0.002\ \mathrm{V/℃}$，$R=0.3\ \Omega$，$J_{\max}=2.5\ \mathrm{A}$，$c=5\ \mathrm{J/℃}$；$q=0.15\ \mathrm{W/℃}$。

光纤陀螺参数[16,18]：

$c_V=250\ \mathrm{J/℃}$，$q_{VT}=0.2\ \mathrm{W/℃}$，$q_V=0.026\ \mathrm{W/℃}$，$h=10^{-5}\ ℃^{-1}$，$\alpha_v=5\times10^{-7}\ ℃^{-1}$，$n_{10}=1.456$，$L=1\ 560\ \mathrm{m}$，$R_K=0.1\ \mathrm{m}$。

图 3－4 所示为，当与周围介质的传热系数在下列范围变化时，$0\leqslant q_{cv}\leqslant 10\ \mathrm{W/℃}$，$0\leqslant q_c\leqslant 2\ \mathrm{W/℃}$，系统固定解的曲线图和固定点的稳定区。从图中可以看出，存在旋转点和异常点。这是系统中产

生可判定无序现象的特征之一。

在图3-5中，根据得到的关系式和方程（3-35）、方程（3-36）、方程（3-41），建成了与方程（3-33）和方程（3-34）对应的，当温度调节规律非线性特性的斜率 $\tan\alpha$ 不同时在不动点附近线性化了的系统的稳定区。温度范围为 $-50$ ℃ $\leqslant T_c \leqslant 50$ ℃，$-50$ ℃ $\leqslant T_z \leqslant 50$ ℃[18]。

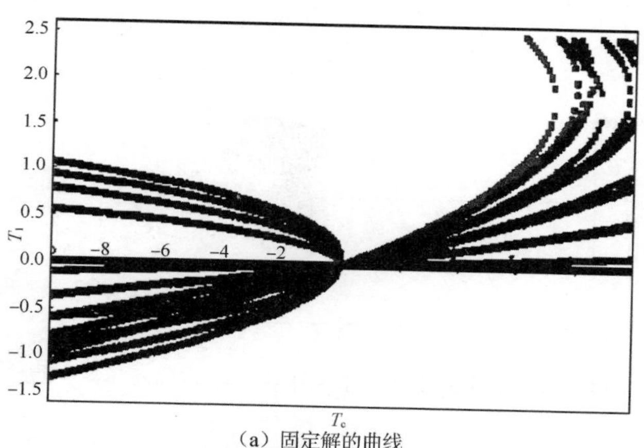


（a）固定解的曲线

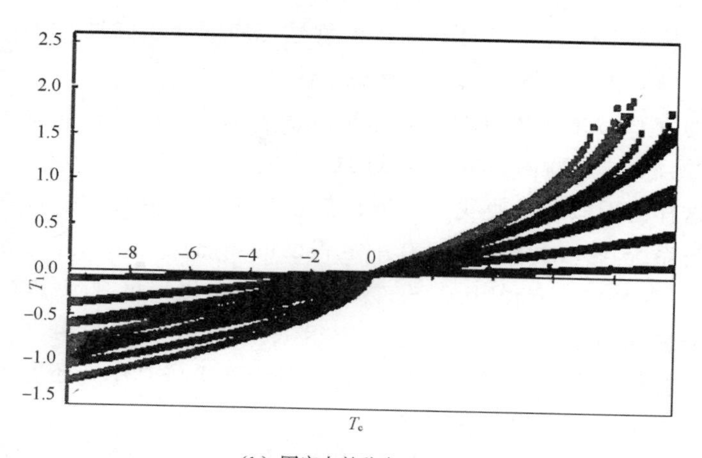


（b）固定点的稳定区

图3-4　与周围介质的传热系数变化时

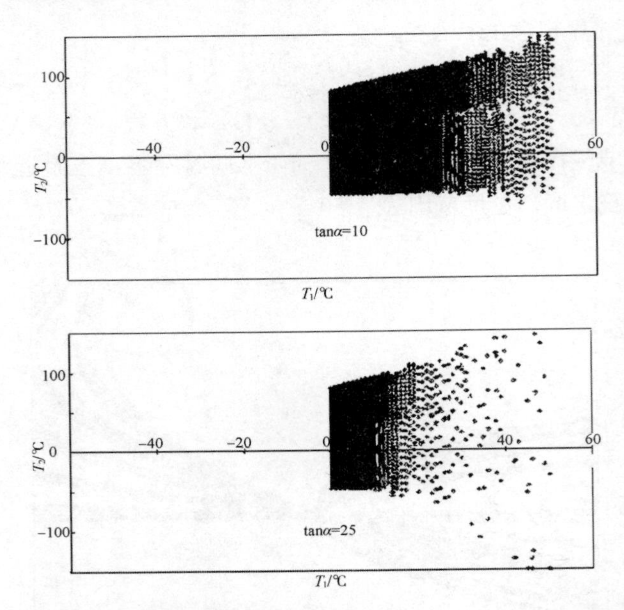


图 3-5　温度调节规律非线性特性的斜率 tan $\alpha$ 不同时，系统的稳定区

从图 3-4 和图 3-5 可以看出，系统固定点具有不稳定区。只有当工作接头上的温度相对不高，正负号与周围介质温度一致，而且 $\tan\alpha$ 的值有限时，固定点才具有稳定性。

随着 $\tan\alpha$ 的增大（调节规律接近继电器式），稳定区域急剧减小，并且变成多联的，出现分散的稳定点。

这样的近似结果使我们可以设想，当温度调节规律接近继电器时，且系统与外部介质之间有一定程度的隔热层时，在完整原始方程组（3-24）～方程组（3-32）中可以期望出现可判定无序信号。这种推测在用完整的数学模型方程组（3-24）～方程组（3-32）进行计算机仿真实验时得到了验证。在计算机仿真中，还验证了产生可判定无序信号的所有判据。

在系统耗散性能为额定值 $q_c = 0.9$ W/℃的情况下，当温度调节规律特性（$\tan\alpha$）变化时，“温差电池外接头温度一光纤陀螺热漂移角速度”参数平面内系统相位肖像的演变如图 3-6 所示。

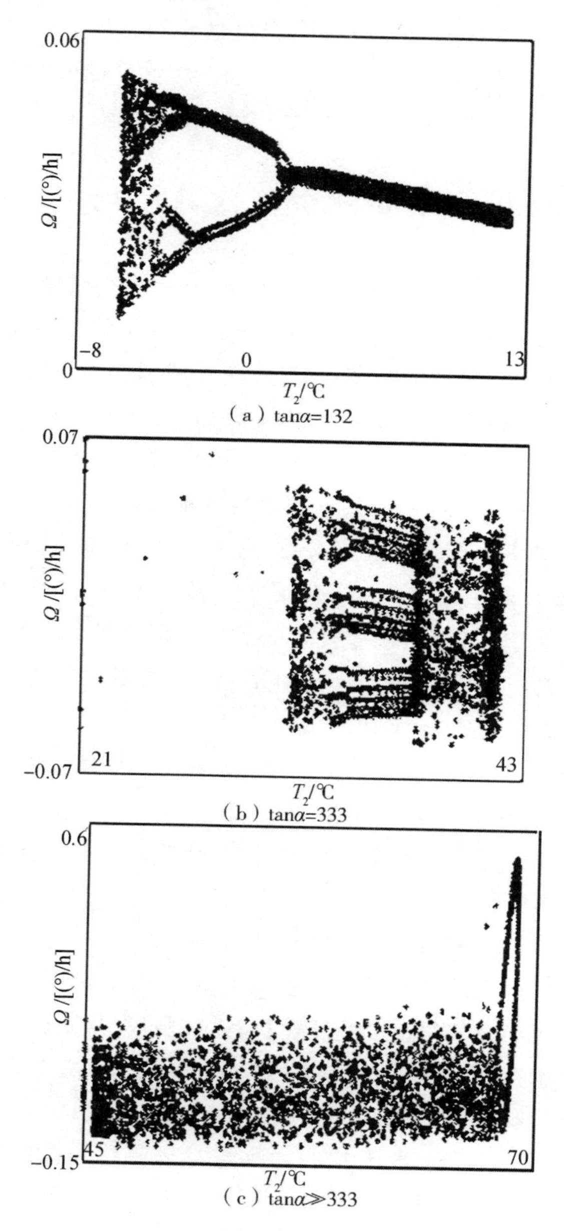

（a）tanα=132

（b）tanα=333

（c）tanα≫333

图 3－6　系统相位肖像的演变

对于一定的参数组合，既可能产生过渡到无序的分流方案（输出信号周期经过多次加倍），如图 3－6(a) 所示；也可能按交替方案（有规则相位和无规则溅沫依次替换）过渡到无序［图 3－6(b)，图 3－6(c)］。

现在，更具体地研究按分流方案向可判定无序过渡时，系统的行为和表现。

在图 3－7(a) 展示出数学仿真中得到的，热漂移角速度 $\Omega = \Omega(t)$ 与时间的可判定无序关系和按谐波规律变化的［见式 (3－28)］周围介质温度与时间的关系 $T_c = T_c(t)$ 。周围介质温度变化的频率为 $0.02\ s^{-1}$，振幅为 ±10 ℃。系统参数如下：$T_0 = T_z = 0$ ℃，$\tan\alpha = 132$，$q_c = 0.9$ W/℃，$q_{cv} = (0 \sim 0.002)$ W/℃[18]。

图 3－7(b) 是在同一状态下建立的标准分流图 $\Omega = f(T_c)$ 。分流图描述按顺序分流的区域，分流向无序的过渡用费根鲍姆 (Feigenbaum) 通用常数 $\delta_F$，$\alpha_F$ 表征[47]，费根鲍姆通用常数用下列方法确定。当稳定的周期点数量加倍并等于 $2^n$ 时，控制参数 $T_{cn}$ 的值满足比例关系 $T_{cn} = T_{\infty} - a\delta_F^{-n}$，其中 $a$ 为某个常数。距离 $u_n$［见图 3－7(b)］满足比例关系 $u_n / u_{n+1} = \alpha_F$ 。

此外，与 $u_n$ 对应的 $T_{cn}^*$ 的值，像 $T_{cn}$ 一样，也满足比例关系 $T_{cn}^* = T_{\infty}^* - b\delta_F^{-n}$，其中 $b$ 为某个常数。

根据计算机仿真实验得到的结果和所列关系式计算出的本方程组的费根鲍姆常数分别为：$\delta_F^* = 4.8$，$\alpha_F^* = 2.6$，它们与费根鲍姆通用常数 $\delta_F = 4.669\cdots$，$\alpha_F = 2.503\cdots$ 非常接近。

得到的数据证明，在某种系统参数和可测干扰性能组合的情况下，光纤陀螺热漂移角速度的变化具有可判定无规则的性质。

还建立了存在系统热漂移的可判定无序行为区［图 3－7(b)］，它是温度干扰参数的函数。

而且证明，受到温度干扰的光纤陀螺热漂移参数的数值，在可判定无序情况下，处于惯性精度范围内。因此，这种现象必须在光纤陀螺惯导系统的设计阶段加以考虑。

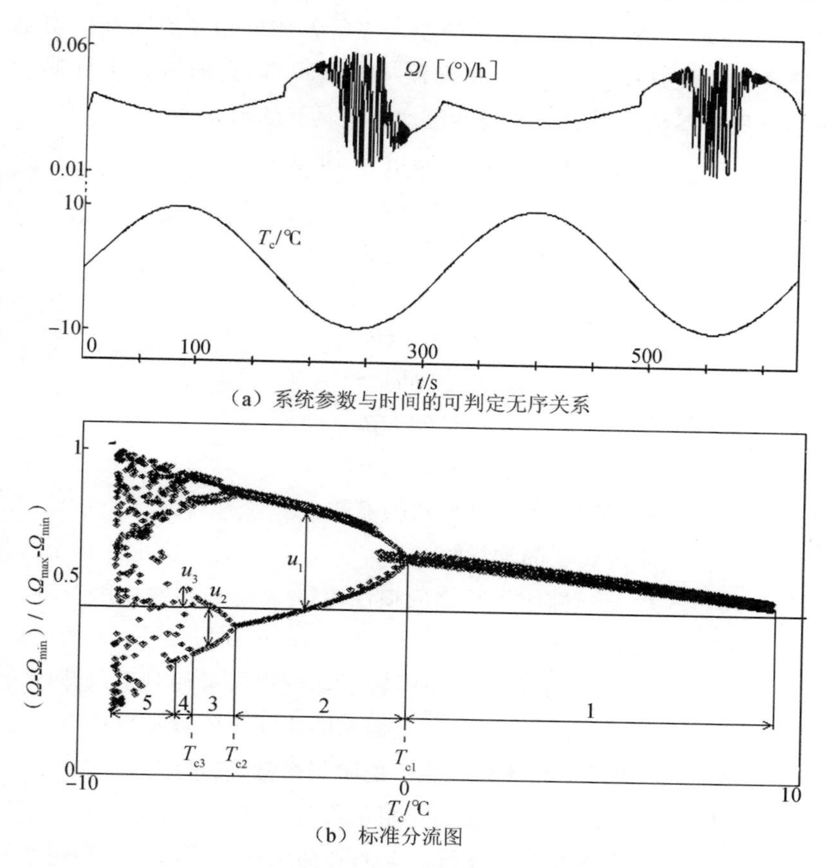


（a）系统参数与时间的可判定无序关系

（b）标准分流图

图 3－7　热漂移角速度和标准分流图

1—系统的可判定行为区；2，3—第一和第二分流区；
4—高阶分流概率区；5—系统无序行为区

这表明，原则上可能出现分流和输出信号中的可判定无序现象。就是说，在系统参数和干扰特性一定组合情况下，陀螺非线性温度干扰系统的热漂移中可能出现可判定无序行为。

### 3.2.3　受温度干扰的陀螺自主阻尼装置中的可判定无规则误差

建立在液浮陀螺基础上的、有阻尼装置的航天飞行器示意图如

图 3-8 所示。请看受重力作用的航天飞行器俯仰角 $\theta$ 的固有振动阻尼通道[7]。从方程（3-18）和方程（3-19）得到的航天飞行器—陀螺阻尼器系统受干扰的非线性运动方程具有的形式为

$$\begin{cases}\ddot{\theta}+a_1\sin\theta-a_2\dot{\beta}=B\cos\omega t\\ \eta_T\dot{\beta}+a_4\sin\beta+a_3\dot{\theta}=0\end{cases}\tag{3-42}$$

其中

$$a_1=3\omega_0^2(J_x-J_z)/J_y$$

$$a_2=H\delta/J_y$$

$$a_3=2H\delta$$

$$a_4=H\omega_0S$$

$$\beta=\beta_1-\beta_2$$

$$\eta_T=\eta+2\eta_s(T_1)$$

式中 $a_1$ ——决定航天飞行器形状的参数；

$H$ ——陀螺转子的动量矩；

$J_x,J_y,J_z$ ——航天飞行器的惯性矩；

$\omega_0$ ——轨道角速度；

$\delta=\cos\varepsilon$ , $S=\sin\varepsilon$ ——陀螺转子动量矩矢量相对于载体固连的坐标系的相互角位置参数；

$\eta$ ——陀螺浮子和壳体间隙中的阻尼系数；

$\eta_s(T_1)$ ——与温度有关的互阻尼部件的补充阻尼系数；

$B,\omega$ ——作用在航天飞行器上的外部机械作用的幅值和频率。

陀螺热状态分系统可以看成是两个单位体积之间的热交换（因为互阻尼部件中的液体体积很小）。第一个单位体积对应热敏电池的内接头，它与互阻尼部件接触；第二个单位体积对应热敏电池的外接头，它与周围介质接触。

这时，方程组（3-19）写成

$$c\dot{T}_1+q(T_1-T_2)=Q_1\tag{3-43}$$

$$c\dot{T}_2+q(T_2-T_1)+q_c(T_2-T_c)=Q_2\tag{3-44}$$

式中 $Q_1,Q_2$ ——由关系式（3-29）～式（3-31）确定。

当互阻尼部件的几何参数不变时，阻尼系数与温度的关系取决

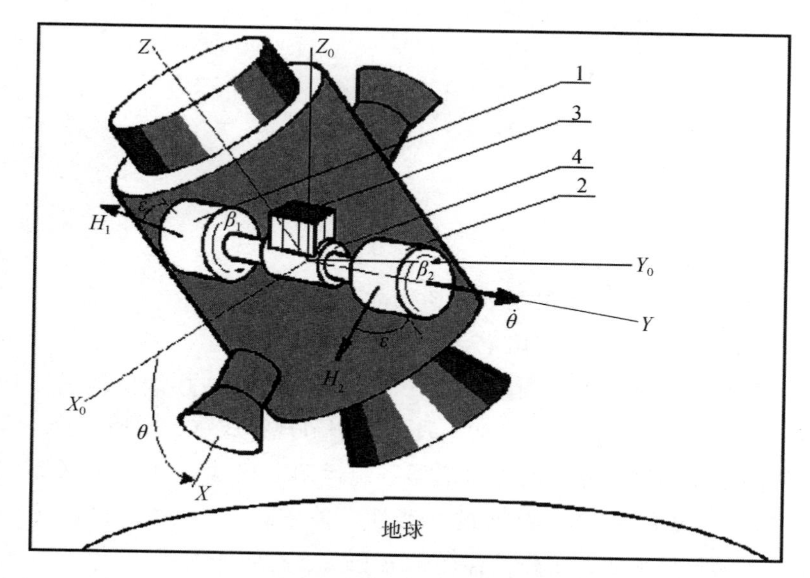


图 3-8　带互阻尼部件的航天飞行器一陀螺阻尼器系统图

$X_0,Y_0,Z_0$— 轨道坐标系；$X,Y,Z$— 与航天飞行器固连的坐标系；

1，2—陀螺浮子；3—珀耳帖热电元件；4—互阻尼部件

于阻尼系数与工作液体动态黏度温度系数的关系。这种关系可用下式表示

$$\eta_s(T_1)=\eta_s^0\frac{\mu(T_1)}{\mu^0} \tag{3-45}$$

式中　$\eta_s^0,\mu^0$ ——对于航天飞行器飞行程序的基准状态、阻尼系数和工作液体动态黏度系数的额定值。

由于采用工作液体的特点，$\mu(T_1)/\mu^0$ 的关系适合用下列形式的指数关系描述

$$\begin{cases}\dfrac{\mu(T_1)}{\mu^0}=De^{-\gamma T_1}\\ D=n_0\left(\dfrac{n_k}{n_0}\right)^{\frac{T_{1k}}{T_{1k}-T_{10}}}\\ \gamma=\dfrac{\ln\dfrac{n_k}{n_0}}{T_{1k}-T_{10}}\end{cases}\tag{3-46}$$

式中 $[n_0,n_k]$——阻尼系数的变化范围，无量纲；

$[T_{10},T_{1k}]$——互阻尼部件中温度变化范围。

所建数学模型具有的非线性，既取决于珀耳帖热敏电池的工作原理式（3－29）和式（3－30）及温度调节规律式（3－31）的形式，也取决于航天飞行器一陀螺阻尼器系统运动方程（3－42）和关系式（3－45）、关系式（3－46）的非线性。关系式（3－45）和式（3－46）表示阻尼系数、工作液体的黏度和温度之间的关系。

方程组和关系式（3－42）～式（3－46）是研究载体热过程和机械运动数学模型的基础。

### 3.2.4 受温度干扰的航天飞行器一陀螺阻尼器系统中产生无规则运动的条件及其稳定性分析

现在讨论航天飞行器一陀螺阻尼器系统的稳定性，因为温控系统前面已研究过。将方程组（3－42）写成典型的柯西形式方程组

$$\begin{cases}\dot{\theta}=\varphi\\ \dot{\varphi}=-a_1\sin\theta-\dfrac{a_2a_4}{\eta_T}\sin\beta-\dfrac{a_2a_3}{\eta_T}\varphi+B\cos z\\ \dot{\beta}=-\dfrac{a_4}{\eta_T}\sin\beta-\dfrac{a_3}{\eta_T}\varphi\\ \dot{z}=\omega\end{cases}\tag{3-47}$$

由条件 $\dot{\theta}=\dot{\varphi}=\dot{\beta}=\dot{z}=0$ 决定的该系统的固定点为

$$\sin\theta_*=B/a_1,\quad \varphi=0,\quad \beta=0,\quad z=0\tag{3-48}$$

柯西形式方程组（3－47）在固定点式（3－48）附近线性化后的

特征方程具有下列形式

$$\lambda^3 + \left(\frac{a_4 + a_2 a_3}{\eta_T}\right)\lambda^2 + (a_1 \cos\theta_*)\lambda + \frac{a_1 a_4}{\eta_T}\cos\theta_* = 0 \quad (3-49)$$

这种系统的稳定条件为

$$\begin{cases} \dfrac{a_4 + a_2 a_3}{\eta_T} > 0 \\ a_1 \cos\theta_* > 0 \\ \dfrac{a_1 a_4}{\eta_T}\cos\theta_* > 0 \\ \dfrac{a_1 a_2 a_3}{\eta_T}\cos\theta_* > 0 \end{cases} \quad (3-50)$$

因为 $a_i, \eta_T > 0$，则稳定条件变成了

$$\cos\theta_* > 0 \quad (3-51)$$

条件（3-51）和关系式（3-48）说明，当俯仰角 $\theta$ 为某些值时，航天飞行器可能进入不稳定区，而俯仰角是由作用在航天飞行器上的外部机械作用的幅值 $B = B_k \approx a_1$ 和频率 $\omega = \omega_k$ 的极限值决定的。由于阻尼系数是温度的函数，则稳定区的边界变化与外部机械作用及温度作用振幅和频率的变化有关。

为了查明可能的无规则运动，在周期性外部机械作用和陀螺阻尼器相互阻尼部件中，温度在给定范围内不连续变化时，进行了航天飞行器俯仰角主要扫描状态的数学仿真。

航天飞行器一陀螺阻尼器系统的性能参数如下[44,7,51]：$J_x = 25$ kN·m·s$^2$，$J_y = 23.5$ kN·m·s$^2$，$J_z = 9$ kN·m·s$^2$，$H = 0.01$ kN·m·s，$\omega_0 = 0.001\,02$ s$^{-1}$，$\varepsilon = 39.8^0$。

根据进行的解析研究，在强制力频率一温度参数平面内，建立了存在可判定无序的区域（见图 3-9）。

系统输出信号的相位肖像 $(\theta, \dot{\theta})$ 从有规律区域（图 3-9 的 $D$ 点，其参数为 $T = 16$ ℃，$\omega = 0.7\omega_0$）过渡到可判定无序区域（图 3-9 的 $H$ 点，其参数为 $T = 19$ ℃，$\omega = 0.7\omega_0$）的演变如图 3-10 所示。

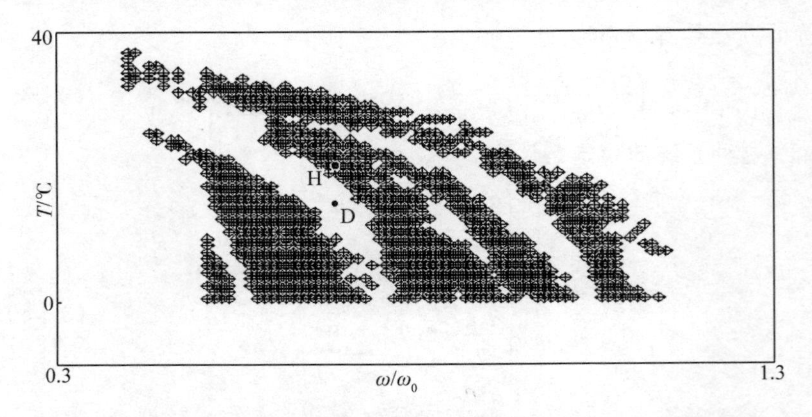


图 3-9 航天飞行器俯仰角强制扫描状态下存在可判定无序的区域
($B \approx a_1$)

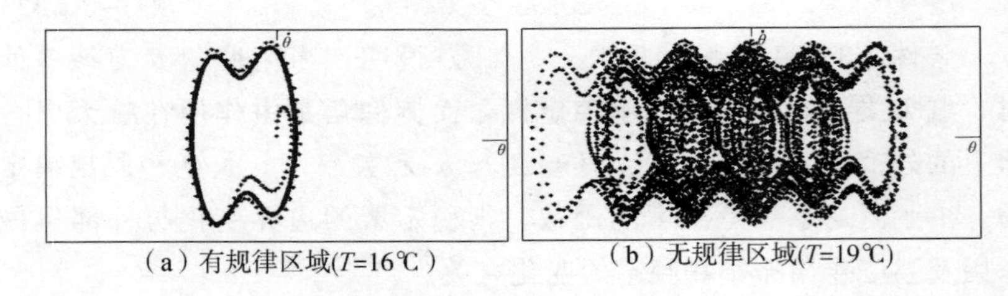


(a) 有规律区域($T$=16℃)　(b) 无规律区域($T$=19℃)

图 3-10 航天飞行器俯仰角强制扫描状态下，“航天飞行器—陀螺阻尼器”系统从有规律区域（$T=16$ ℃）过渡到无规律区域（$T=19$ ℃）时，相位肖像的演变

比较实验结果，可得出以下结论：在强制力幅值的某个极限值（例如当 $B \approx 2\times10^{-6}\ \mathrm{s}^{-2}$）、某些频率（例如 $\omega = 0.7\omega_0$），互阻尼部件中某些温度（例如 $T=19$ ℃）在航天飞行器俯仰运动中可能产生可判定无序现象。

这样，我们从输出信号中产生可判定无序现象的观点出发，建立和研究了受温度干扰的光纤陀螺和航天飞行器自主陀螺阻尼器的非线性数学模型。

理论研究和计算机实验证明，受温度干扰的光纤陀螺和自主陀螺阻尼装置中，在外部温度和机械作用下，在系统的某些参数组合中，可能产生可判定无序现象。对光纤陀螺、航天飞行器阻尼器和温控系统输出参数进行了定性和定量评估，建立了作为陀螺系统和外部作用参数函数的可判定无序区域。

## 3.3 在液浮支承间隙中产生黏性液体不等温无序运动的可能性

在许多采用液浮支承的装置中，支承液体位于不均匀温度场里。温度分布的不均匀导致重力场中产生液体对流。由于液体的黏性性能，液体对流本身又会产生力矩，力矩作用在悬浮于液体中的物体上。当温度梯度不大，而悬浮在液体里的物体与壳体（液浮陀螺、浮动平台等）之间的间隙小时，液体的流动是分层的。这种层流对液体中悬浮着的物体的作用已经被研究透彻[16,36]。

本节从陀螺新方法的观点，分析黏性液体在工作间隙中运动的不等温过程，研究液浮支承中受温度干扰的支承液体流动特性中产生可判定无序现象的可能性和条件。

航天飞行器上有大量的工作液体。由于航天飞行器上能源的寿命有限，飞行器在轨道上工作的时间又很长，工作液体没有温度稳定系统。所以，研究航天飞行器液浮陀螺振动阻尼器中发生的这种现象有特别的意义。

分析建立在著名的洛伦兹数学模型研究[47,52]的基础上。洛伦兹数学模型描述瑞利－贝纳尔实验——将两块位于重力场中的无穷大的板，放进黏性液体里，给其中下面的板加热，这时液体产生紊流。

但是，洛伦兹关于表面张力很小的设想以及忽略由于在有限表面上位移构成的应力张量，不能把它的直接结果挪用到在液体支承工作间隙中黏性液体运动的问题上。

### 3.3.1 一次近似数学模型

假设，在重力场中有两个无限大的水平平面，用外部热源给下面的平面加温，请看位于它们之间的黏性液体的一层。模拟这个状态，比如，发生在水平放置的浮动装置环形间隙上部的（图 3-11）流体动力过程和热过程，并考虑它的电器元件和外部温度场散热。

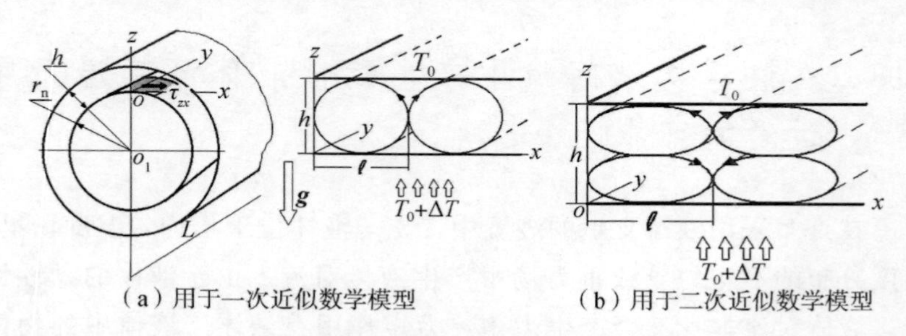

（a）用于一次近似数学模型　　（b）用于二次近似数学模型

图 3-11　浮子支承几何参数和瑞利－贝纳尔对流轴的形状

研究课题 1。

1）研究和确定不稳定的液体流动速度场和温度场，作为支承几何参数函数的作用在液体中悬浮体表面上的黏性力和力矩，液体的热物理性能和受到干扰的可判定温度的作用。

2）查明液体运动和它的散逸性能出现无序的条件。

描述这个课题的基本原始方程是黏性液体不等温运动的不稳定奥伯贝克－布西涅斯克近似方程[18,36]

$$\frac{\partial \mathbf{V}}{\partial t}+(\mathbf{V}\cdot\nabla)\mathbf{V}=\frac{1}{\rho}\,\mathrm{grad}P+\boldsymbol{g}\beta T+\nu\nabla^2\mathbf{V} \qquad (3-52)$$

能量（热质传递）方程

$$\frac{\partial T}{\partial t}+\mathbf{V}\,\mathrm{grad}T=k\nabla^2 T \qquad (3-53)$$

连续方程

$$\mathrm{div}\mathbf{V}=0 \qquad (3-54)$$

此处　$\mathbf{V}$ ——流动速度场；

$T$ ——温度场；

$\rho$ ——液体密度；

$P$ ——压力；

$\boldsymbol{g}$ ——自由落体加速度矢量；

$\beta$——液体的温度膨胀系数；

$\nu$——运动黏度；

$k$——温度传导系数；

$\nabla^2$——拉普拉斯算子。

在演变方程（3-52）和方程（3-53）中，有 2 个非线性成员：$(\boldsymbol{V}\cdot\nabla)\boldsymbol{V}$ 和 $\boldsymbol{V}\,\mathrm{grad}T$。它们的相对作用与普朗特数 $\sigma=\nu/k$ 有关。如果普朗特数小（$\sigma<1$），则 $(\boldsymbol{V}\cdot\nabla)\boldsymbol{V}$ 项起主导作用，可以预期，在液体对流状态下产生和发展起来的二次不稳定实质上起源于流体动力的作用。另一方面，在普朗特数大的液体中，$\sigma>(20\sim100)$，非线性项 $\boldsymbol{V}\,\mathrm{grad}T$ 变成起主导作用的项，二次不稳定主要取决于有热源。这种情况对于在液浮支承中使用的不进行温控的黏性液体特别重要。

根据文献［47，52］，假设产生的对流轴是平行的，一直沿着 $y$ 轴延伸到无限远（图 3-11）。

假设[47]，系统沿 $y$ 轴具有传播不变性，因此，方程（3-52）～方程（3-54）中的变量与 2 个空间坐标有关：高度坐标 $z$ 和与对流轴垂直的水平坐标 $x$（图 3-11）。

设下列表达式是正确的

$$\boldsymbol{V}=\boldsymbol{V}(u(x,z,t),w(x,z,t)) \tag{3-55}$$

$$T(x,z,t)=T_0+\Delta T-\frac{\Delta T}{h}z+\theta(x,z,t) \tag{3-56}$$

式中　$u(x,z,t),w(x,z,t)$——$x$ 轴和 $z$ 轴速度场的组元；

$\theta(x,z,t)$——温度场沿 $z$ 轴的线性断面偏差；

$h$——平面之间的距离。

引入电流函数 $\psi(x,z,t)$，使得

$$u=-\frac{\partial\psi}{\partial z},\quad w=\frac{\partial\psi}{\partial x} \tag{3-57}$$

结果使连续方程（3-54）自动满足下式

$$\frac{\partial u}{\partial x}+\frac{\partial w}{\partial z}=0 \tag{3-58}$$

为消除压力，对方程（3-52）使用转子算子，并考虑温度场的表达式（3-56），从方程（3-52）和方程（3-53）求得通过电流函数 $\psi(x,z,t)$ 和温度偏差 $\theta(x,z,t)$ 表达的方程

$$\frac{\partial}{\partial t}(\nabla^2\psi)=-\frac{\partial\psi}{\partial x}\frac{\partial}{\partial z}(\nabla^2\psi)+\frac{\partial\psi}{\partial z}\frac{\partial}{\partial x}(\nabla^2\psi)+\nu\nabla^4\psi+g\beta\frac{\partial\theta}{\partial x} \tag{3-59}$$

$$\frac{\partial\theta}{\partial t}=-\frac{\partial\psi}{\partial x}\frac{\partial\theta}{\partial z}+\frac{\partial\psi}{\partial z}\frac{\partial\theta}{\partial x}+\frac{\Delta T}{h}\frac{\partial\psi}{\partial x}+k\nabla^2\theta \tag{3-60}$$

在盖勒金方法的基础上[6,47]，把方程（3-59）和方程（3-60）变换成有限普通微分方程组。

为此，写出方程组（3-59）和方程（3-60）的边界条件。边界条件应考虑上下界限平面的不渗透性，这些平面的切向应力和温度的零偏差

$$\begin{cases}u\big|_{z=0,h}=w\big|_{z=0,h}=0\\ \left.\dfrac{\partial\psi}{\partial z}\right|_{z=0,h}=\left.\dfrac{\partial\psi}{\partial x}\right|_{z=0,h}=0\\ \theta\big|_{z=0,h}=0\end{cases} \tag{3-61}$$

从偏导数方程向普通微分方程过渡时，盖勒金方法的总的思想在于，把未知函数表示成能精确满足边界条件和接近初始方程的变量分离形式。

把函数 $\psi(x,z,t)$ 和 $\theta(x,z,t)$ 表示成下列形式

$$\psi(x,z,t)=\frac{\psi_1(t)}{2}\sin\frac{\pi x}{\ell}-\frac{\psi_1(t)}{2}\cos\frac{2\pi z}{h}\sin\frac{\pi x}{\ell} \tag{3-62}$$

$$\theta(x,z,t)=\frac{\theta_1(t)}{2}\cos\frac{\pi x}{\ell}-\frac{\theta_1(t)}{2}\cos\frac{\pi x}{\ell}\cos\frac{2\pi z}{h}-\theta_2(t)\sin\frac{2\pi z}{h} \tag{3-63}$$

可以看出，这样的未知函数表达式保证准确完成边界条件（3-61）。

将式（3-62）和式（3-63）代入式（3-59）和式（3-60），忽略3次和3次以上谐波，经变换后，得到下列普通非线性微分方程组

$$\dot{\psi}_1 = \frac{g\beta\ell}{\pi}\theta_1 - \nu\frac{\pi^2}{\ell^2}\psi_1 \tag{3-64}$$

$$\dot{\theta}_1 = -\frac{\pi^2}{\ell h}\psi_1\theta_2 + \Delta T\frac{\pi}{\ell h}\psi_1 - \frac{k\pi^2}{\ell^2}\theta_1 \tag{3-65}$$

$$\dot{\theta}_2 = \frac{\pi^2}{2\ell h}\psi_1\theta_1 - k\frac{4\pi^2}{h^2}\theta_2 \tag{3-66}$$

进行下列变量替换

$$\begin{cases} \psi_1 = \dfrac{\sqrt{2}k\ell^2}{h^2}X \\ \theta_1 = \dfrac{\sqrt{2}\pi^3\nu k}{h^2\ell g\beta}Y \\ \theta_2 = \dfrac{\pi^3\nu k}{h\ell^2 g\beta}Z \\ t = \dfrac{\ell^2}{k\pi^2}\tau \end{cases} \tag{3-67}$$

得到便于研究的无量纲方程

$$\dot{X} = \sigma Y - \sigma X \tag{3-68}$$

$$\dot{Y} = -b^2XZ + r_1X - Y \tag{3-69}$$

$$\dot{Z} = b^4XY - 4b^2Z \tag{3-70}$$

式中　$\ell$——水平对流轴的特征尺寸；

$b^2 = \ell^2/h^2$——几何参数；

$\tau$——无量纲时间；

$r_1 = \dfrac{\Delta T\ell^4 g\beta}{\pi^4 hk\nu} = R\dfrac{b^4}{\pi^4}$——与温度差 $\Delta T$ 成正比的控制参数；

$R = \dfrac{\Delta Tg\beta h^3}{\nu k}$——瑞利数。

变量 $X$ 决定环流液体的速度，$Y$ 表示上升与下沉液流的温度差，$Z$ 与垂直断面温度偏离平衡值的偏差成正比。

黏性液体在下边界（悬浮体—浮筒的模拟表面）造成的切向应力用牛顿流变定律[36]确定，并考虑表达式（3-57）和式（3-62）

$$\tau_{zx}(x,t)\bigg|_{z=0} = \mu\frac{\partial u}{\partial z}\bigg|_{z=0} = -\mu\frac{2\pi^2}{h^2}\psi_1(t)\sin\frac{\pi x}{\ell} \tag{3-71}$$

式中　$\mu$ ——液体的动态黏度。

下边界一个对流轴（图 3－11）切向应力的力矩用下面的积分式确定

$$M_{\text{om}}(t) = r_{\text{n}} L \int_0^{\ell} \tau_{zx} \big|_{z=0} \, \mathrm{d}x = - r_{n} L \mu \, \frac{4\pi \ell}{h^2} \psi_1(t) \tag{3-72}$$

式中　$r_{\text{n}}$ ——浮子半径；

$L$ ——浮子长。

非线性方程和关系式（3－64）～式（3－72）乃是解决所提任务的一次近似数学模型。这个模型包括作为特殊情况的洛伦兹“古典”模型[47]，其特点是，在这个模型中考虑到黏性液体流动时，受限平面上产生的切向应力。因此，采用与洛伦兹模型有区别的边界条件、电流函数和温度场表达式。

根据研制的方法，进行稳定性和一次近似模型中产生液体不规则运动条件的分析。

使无量纲方程（3－68）～方程（3－70）的右边等于零，求得系统的固定点

$$A_1(0,0,0), A_{2,3}\left(\pm \frac{2\sqrt{r_1 - 1}}{b^2}, \pm \frac{2\sqrt{r_1 - 1}}{b^2}, \frac{r_1 - 1}{b^2}\right) \tag{3-73}$$

第一个不动点 $A_1(0,0,0)$ 对应液体不运动时的热传导状态，在 $A_1$ 点附近线性化了的方程（3－68）～方程（3－70）的稳定矩阵具有下列形式

$$\begin{bmatrix} -\sigma & \sigma & 0 \\ r_1 & -1 & 0 \\ 0 & 0 & -4b^2 \end{bmatrix} \tag{3-74}$$

与式（3－74）对应的特征方程写成

$$\begin{vmatrix} -\sigma - \lambda & \sigma & 0 \\ r_1 & -1-\lambda & 0 \\ 0 & 0 & -4b^2 - \lambda \end{vmatrix} =$$

$$(4b^2 + \lambda)[\lambda^2 + (1+\sigma)\lambda + \sigma(1 - r_1)] = 0 \tag{3-75}$$

特征方程（3-75）的根

$$\lambda_{1,2}=-\frac{\sigma+1}{2}\pm\frac{1}{2}\sqrt{(\sigma+1)^2+4(r_1-1)\sigma}$$

$$\lambda_3=-4b^2 \tag{3-76}$$

因此，在 $A_1(X=Y=Z=0)$ 点，解是稳定的，就是说，当 $0<r_1<1$ 时，所有 $\lambda<0$ 。

当 $r_1=1$ 时，开始对流。因为 $\lambda_1=0$ ，而且，正是在这个时刻，第2个和第3个与对流轴对应的不动点 $A_{2,3}$ 接过了接力棒（见图3-11）。

在不动点 $A_{2,3}$ 附近线性化了的方程（3-68）～方程（3-70）的稳定矩阵具有下列形式

$$\begin{bmatrix} -\sigma & \sigma & 0 \\ 1 & -1 & \mp 2\sqrt{r_1-1} \\ \pm 2b^2\sqrt{r_1-1} & \pm 2b^2\sqrt{r_1-1} & -4b^2 \end{bmatrix} \tag{3-77}$$

与其对应的特征方程写成

$$\lambda^3+(4b^2+\sigma+1)\lambda^2+4b^2(\sigma+r_1)\lambda+8b^2(r_1-1)\sigma=0 \tag{3-78}$$

特征方程（3-78）的赫维茨稳定条件为

$$r_1-1>0,\quad 4b^2(4b^2+\sigma+1)(\sigma+r_1)-8b^2(r_1-1)\sigma>0 \tag{3-79}$$

稳定条件（3-79）经变换后得

$$1<r_1<r_k=\sigma\frac{\sigma+4b^2+3}{\sigma-4b^2-1} \tag{3-80}$$

从特征方程（3-78）可以看出，当 $r_1=1$，$\lambda_1=0$，$\lambda_2=-4b^2$，$\lambda_3=-(\sigma+1)$ 时，对流不动点位于稳定边界上。从式（3-80）可以看出，当 $1<r_1<r_k$ 时，对流不动点是稳定的。这时，两个根成为复数根，即出现两个极限循环（对流轴）。

当控制参数超过临界值时 $r_1>r_k$ ，极限循环变得不稳定，可能产生无序现象。

将产生无序现象的必要条件 $r_1>r_k$ 写成有量纲形式

$$\Delta T>\nu^2\frac{\sigma+4b^2+3}{\sigma-4b^2-1}\cdot\frac{h}{\beta g\ell^4}\pi^4 \tag{3-81}$$

为了评估必要条件（3-81），设 $\ell/h \approx 1$（对流轴接近环状），普朗特数足够大（$\sigma > 20$），这时，简化后的必要条件（3-81）取下列形式

$$\Delta T > \frac{\nu^2}{h^3} \cdot \frac{\sigma + 7}{\sigma - 5} \cdot \frac{\pi^4}{\beta g} \tag{3-82}$$

从式（3-82）可以看出，产生无序现象需要的表面之间的温差与液体黏度的平方成正比，与间隙尺寸的立方成反比。

现在渐渐变得清楚了，为什么工作间隙小，支承液体黏度大的液浮测量陀螺传统结构中，观察不到可判定无序现象，因为出现无序运动的条件是，在陀螺结构中的温差必须很大。

看来，这种无序现象发生在具有相对大的工作间隙的液浮陀螺阻尼器或其他液体阻尼器中，在这些阻尼器中出现了大的温度干扰。

我们得到了一次近似数学模型对液浮支承中液体发生不等温无序运动条件的定量评估。

在方程（3-68）～方程（3-70）中产生可判定无序（非线性可判定系统生成的无规则运动）的条件 $r_1 > r_k$，是必要条件，但不是充分条件。

只有当系统参数出现某些组合时，才会发生无序运动。根据可判定无序理论判据，寻找这样的参数组合，是一项重要任务。

图 3-12 列出了方程组（3-68）～方程（3-70）数字积分得到的 X（τ），Y（τ），Z（τ），$M_{om}$（τ），给定参数 $\sigma = 50$，b＝1.43，控制参数 $r_k = 74.94$。

可以看出，当 $r_1 < r_k$ 时，可判定无序的第 1 个判据成立——输出信号看上去像是稳定的随机过程。

根据非线性动态系统的通用理论，检查了可判定无序的第 2 个、第 3 个、第 4 个判据的完成情况：在相位肖像上具有奇异引力子；当 $r_1 > r_k$ 时，宽频带噪声在低频带；自相关函数迅速下降。

按照 3.1 节中制定的，并在专用程序软件中实现的算法，确定了方程（3-68）～方程（3-70）奇异引力子结构的静态和动态特性：自相关因次 $d \approx 2.1$，科尔莫戈罗夫熵（李雅普诺夫指数）$K \rightarrow$

const ≈ 0.2 。相关因次为分数，科尔莫戈罗夫熵趋向正时间常数，

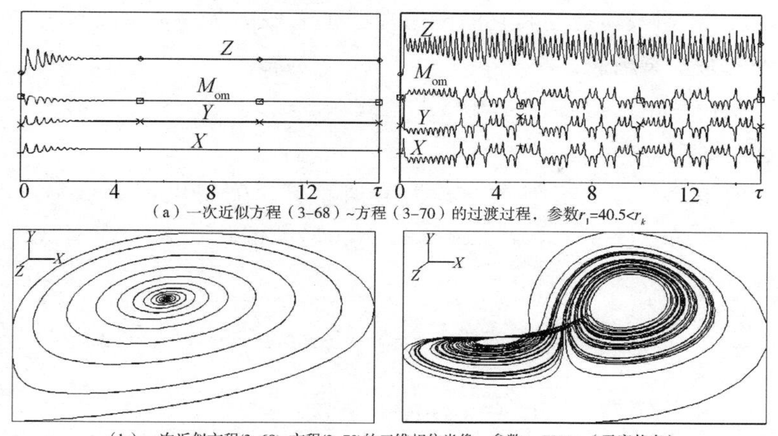


（a）一次近似方程（3-68）~方程（3-70）的过渡过程，参数$r_1$=40.5<$r_k$

（b）一次近似方程(3-68)~方程(3-70)的三维相位肖像，参数$r_1$=791>$r_k$（无序状态）

图 3-12　方程（3-68）～方程（3-70）数字积分得到的 $X$（$\tau$），$Y$（$\tau$），$z$（$\tau$），$M_{om}$（$\tau$），

即可判定无序的第 5 个和第 6 个判据成立。

在一次近似中得到的新的定性和定量评估，是下一步研究的基础，也可以说是推导和分析二次近似方程的基础，使我们能够利用这些评估建立可能发生支承液体无序运动的，进而出现液浮支承散逸性能紊乱的系统参数区域。

### 3.3.2　二次近似数学模型

不仅要考虑时间上的无序，像在一次近似模型中那样，而且要考虑“空间上的”无序（流速变化既有模数的改变，也有方向的改变)，为了在系统参数平面内建立详细具体的稳定区，下面研究二次近似模型。

像以前一样，研究被外部热源加热的黏性液体的液浮支承（图 3-11)。

研究课题 2。

1）研究和确定二次近似中的液体流速场和温度场，以及作用在

悬浮液体中物体（浮子）表面的相关力和力矩；

2）查明液体运动和它的散逸性产生无序的条件，建立可能产生无序的系统参数区。

我们利用表达式、方程和关系式（3-52）～式（3-61）来完成这个研究课题。

但是，与一次近似数学模型有所不同，需将电流函数 $\psi(x,z,t)$，速度场分量 $u(x,z,t),w(x,z,t)$ 和温度偏差 $\theta(x,z,t)$ 写成下列形式

$$\psi(x,z,t)=\frac{\psi_1(t)}{2}\sin\frac{\pi x}{\ell}-\frac{\psi_1(t)}{2}\sin\frac{\pi x}{\ell}\cos\frac{4\pi z}{h}+\frac{\psi_2(t)}{4}\sin\frac{2\pi x}{\ell}-\frac{\psi_2(t)}{4}\sin\frac{2\pi x}{\ell}\cos\frac{4\pi z}{h} \tag{3-83}$$

$$u(x,z,t)=-\psi_1(t)\frac{2\pi}{h}\sin\frac{\pi x}{\ell}\sin\frac{4\pi z}{h}-\psi_2(t)\frac{\pi}{h}\sin\frac{2\pi x}{\ell}\sin\frac{4\pi z}{h} \tag{3-84}$$

$$w(x,z,t)=\psi_1(t)\frac{\pi}{2\ell}\cos\frac{\pi x}{\ell}-\psi_1(t)\frac{\pi}{2\ell}\cos\frac{\pi x}{\ell}\cos\frac{4\pi z}{h}+\psi_2(t)\frac{\pi}{2\ell}\cos\frac{2\pi x}{\ell}-\psi_2(t)\frac{\pi}{2\ell}\cos\frac{2\pi x}{\ell}\cos\frac{4\pi z}{h} \tag{3-85}$$

$$\theta(x,z,t)=\frac{\theta_1(t)}{2}\cos\frac{\pi x}{\ell}-\frac{\theta_1(t)}{2}\cos\frac{\pi x}{\ell}\cos\frac{4\pi z}{h}+\frac{\theta_3(t)}{4}\cos\frac{2\pi x}{\ell}-\frac{\theta_3(t)}{4}\cos\frac{2\pi x}{\ell}\cos\frac{4\pi z}{h}-\theta_4(t)\sin\frac{4\pi z}{h} \tag{3-86}$$

把电流函数、速度场分量和温度偏差写成上述形式，是由图 3-11（b）所示对流轴的结构决定的。这种表达式不仅能够像一次近似模型中那样，考虑时间上的无序［由于 $\psi_1(t)$ 可能随时间发生无序变化，只有流速的模数可以无序变化］，而且能够考虑空间上的无序［由于 $\psi_1(t)$ и $\psi_2(t)$ 都具有无序变化的性质，流速的模数和方向都在改变］。

将式（3-83）、式（3-86）代入式（3-89）和式（3-90），忽略 5 次以上谐波，得到下列普通非线性微分方程组

$$\dot{\psi}_1 = \frac{g\beta\ell}{\pi}\theta_1 - \nu\frac{\pi^2}{\ell^2}\psi_1 \tag{3-87}$$

$$\dot{\psi}_2 = \frac{g\beta\ell}{2\pi}\theta_3 - \nu\frac{4\pi^2}{\ell^2}\psi_2 \tag{3-88}$$

$$\dot{\theta}_1 = \Delta T\frac{\pi}{h\ell}\psi_1 - k\frac{\pi^2}{\ell^2}\theta_1 - \frac{2\pi^2}{h\ell}\psi_1\theta_4 \tag{3-89}$$

$$\dot{\theta}_3 = \Delta T\frac{2\pi}{h\ell}\psi_2 - k\frac{4\pi^2}{\ell^2}\theta_3 - \frac{4\pi^2}{h\ell}\psi_2\theta_4 \tag{3-90}$$

$$\dot{\theta}_4 = \frac{\pi^2}{2h\ell}\psi_2\theta_3 - \frac{16k\pi^2}{h^2}\theta_4 + \frac{\pi^2}{h\ell}\psi_1\theta_1 \tag{3-91}$$

进行下列变量置换

$$\begin{cases}\psi_1 = \dfrac{\sqrt{2}k\ell^2}{h^2}X \\ \psi_2 = \dfrac{\sqrt{2}k\ell^2}{h^2}G \\ \theta_1 = \dfrac{\sqrt{2}\pi^2\nu k}{h^2\ell g\beta}Y \\ \theta_3 = \dfrac{\sqrt{2}\pi^2\nu k}{h^2\ell g\beta}E \\ \theta_4 = \dfrac{\pi^3\nu k}{h\ell^2 g\beta}D \\ t = \dfrac{\ell^2}{k\pi^2}\tau\end{cases} \tag{3-92}$$

得到下列便于研究的无量纲方程组

$$\dot{X} = \sigma Y - \sigma X \tag{3-93}$$

$$\dot{G} = \frac{\sigma}{2}E - 4\sigma G \tag{3-94}$$

$$\dot{Y} = r_1 X - Y - 2b^2 XD \tag{3-95}$$

$$\dot{E} = 2r_1 G - E - 4b^2 GD \tag{3-96}$$

$$\dot{D} = b^4 GE - 16b^2 D + 2b^4 XY \tag{3-97}$$

黏性液体在悬浮体（浮子）表面建立的切向应力用牛顿流变定律[36]计算，并考虑表达式（3-84）

$$\tau_{zx}(x,t)\mid_{z=0}=\mu\frac{\partial u}{\partial z}\mid_{z=0}=-\mu\frac{4\pi^2}{h^2}\left[2\psi_1(t)\sin\frac{\pi x}{\ell}+\psi_2(t)\sin\frac{2\pi x}{\ell}\right] \tag{3-98}$$

切向应力在悬浮体（浮子）表面造成的力矩由相应的积分确定

$$M_{\text{om}}(t)=r_nL\int_0^{\ell}\tau_{zx}\mid_{z=0}\mathrm{d}x=-r_nL\mu\frac{8\pi\ell}{h^2}\psi_1(t) \tag{3-99}$$

得到的非线性方程（3-87）～方程（3-91）或方程（3-93）～方程（3-97）以及关系式（3-98）和式（3-99）乃是解决研究课题的二次近似数学模型。

该数学模型发展和概括了描述瑞利一贝纳尔实验的洛伦兹“古典”数学模型[47]。

与洛伦兹数学模型的区别是，在所建二次近似数学模型中，考虑到有限平面上产生的切向应力，因此采用了与洛伦兹数学模型不同的边界条件及电流函数和温度场表达式，并在所求函数表达式中考虑了包括4次谐波在内的高次谐波。

根据我们研制的方法，对二次近似数学模型中产生液体不规则运动的条件和稳定性进行分析。

使方程（3-93）～方程（3-97）的右边部分等于零，求出系统的稳定点

$$A_1\ (X_1=0;\ G_1=0;\ Y_1=0;\ E_1=0;\ D_1=0) \tag{3-100}$$

$$A_{2,3}\left(X_{2,3}=\pm\frac{2\sqrt{r_1-1}}{b^2};\ G_{2,3}=0;\ Y_{2,3}=\pm\frac{2\sqrt{r_1-1}}{b^2};\ E_{2,3}=0;\ D_{2,3}=\frac{r_1-1}{2b^2}\right) \tag{3-101}$$

$$A_{4,5}\left(X_{4,5}=0;\ G_{4,5}=\pm\frac{\sqrt{r_1-4}}{b^2};\ Y_{4,5}=0;\ E_{4,5}=\pm\frac{8\sqrt{r_1-4}}{b^2};\ D_{4,5}=\frac{r_1-4}{2b^2}\right) \tag{3-102}$$

跟一次近似数学模型中一样，第一个不动点 $A_1$ 对应液体不动时的热传导状态。对于在 $A_1$ 点附近线性化了的方程（3－93）～方程（3－97），稳定矩阵的形式为

$$\begin{bmatrix} -\sigma & 0 & \sigma & 0 & 0 \\ 0 & -4\sigma & 0 & \sigma/2 & 0 \\ r_1 & 0 & -1 & 0 & 0 \\ 0 & 2r_1 & 0 & -1 & 0 \\ 0 & 0 & 0 & 0 & -16b^2 \end{bmatrix} \tag{3-103}$$

与矩阵（3－103）对应的特征方程为

$$(16b^2+\lambda)(\lambda^4+\alpha_1\lambda^3+\alpha_2\lambda^2+\alpha_3\lambda+\alpha_4)=0 \tag{3-104}$$

其中

$$\alpha_1 = 5\sigma+2$$

$$\alpha_2 = 4\sigma^2+10\sigma+1-2r_1\sigma$$

$$\alpha_3 = \sigma(8\sigma+5-5r_1\sigma-2r_1)\lambda$$

$$\alpha_4 = \sigma^2(4+r_1^2-5r_1)$$

方程（3－104）的赫维茨稳定条件为

$$\begin{cases} \alpha_i > 0 \quad (i=1,2,3,4) \\ \alpha_1\alpha_2\alpha_3-\alpha_1^2\alpha_4-\alpha_3^2>0 \end{cases} \tag{3-105}$$

对稳定条件（3－105）的解析和数值研究证明，当 $0<r_1<1$ 时，$A_1$ 点的解是稳定的。

当 $r_1>1$ 时，产生与图 3－11（$b$）所示对流轴对应的对流，第 2、第 3、第 4 和第 5 个稳定点 $A_{2,3}, A_{4,5}$ 接过“接力棒”。以后，我们把这些点叫做对流稳定点。

对于在 $A_{2,3}$ 点附近线性化了的方程（3－93）～方程（3－97），稳定矩阵取下列形式

$$\begin{bmatrix} -\sigma & 0 & \sigma & 0 & 0 \\ 0 & -4\sigma & 0 & \sigma/2 & 0 \\ 1 & 0 & -1 & 0 & \mp 4\sqrt{r_1-1} \\ 0 & 2 & 0 & -1 & 0 \\ \pm 4b^2\sqrt{r_1-1} & 0 & \pm 4b^2\sqrt{r_1-1} & 0 & -16b^2 \end{bmatrix} \tag{3-106}$$

稳定矩阵（3-106）对应的特征方程为

$$\lambda^5+\beta_1\lambda^4+\beta_2\lambda^3+\beta_3\lambda^2+\beta_4\lambda+\beta_5=0 \tag{3-107}$$

其中

$$\beta_1=5\sigma+2+16b^2$$

$$\beta_2=16b^2r_2+80b^2\sigma+32b^2+4\sigma^2+8\sigma+1$$

$$\beta_3=96b^2r_2\sigma+16b^2r_2+64b^2\sigma^2+128b^2\sigma+16b^2+3\sigma^2+3\sigma$$

$$\beta_4=128b^2r_2\sigma^2+80b^2r_2\sigma+48b^2\sigma^2+48b^2\sigma$$

$$\beta_5=96b^2r_2\sigma^2$$

$$r_2=r_1-1$$

方程（3-107）的赫维茨稳定条件为

$$\begin{cases}\beta_i>0(i=1,2,\cdots,5), \quad \beta_1\beta_2-\beta_3>0\\(\beta_1\beta_2-\beta_3)(\beta_3\beta_4-\beta_2\beta_5)-(\beta_1\beta_4-\beta_5)^2>0\end{cases} \tag{3-108}$$

对于在 $A_{4,5}$ 点附近线性化的方程（3-93）～方程（3-97），类似的稳定矩阵具有下列形式

$$\begin{bmatrix}-\sigma & 0 & \sigma & 0 & 0\\0 & -4\sigma & 0 & \sigma/2 & 0\\4 & 0 & -1 & 0 & 0\\0 & 8 & 0 & -1 & \mp4\sqrt{r_1-4}\\0 & \pm8b^2\sqrt{r_1-4} & 0 & \pm b^2\sqrt{r_1-4} & -16b^2\end{bmatrix} \tag{3-109}$$

稳定矩阵（3-109）对应的特征方程为

$$\lambda^5+\gamma_1\lambda^4+\gamma_2\lambda^3+\gamma_3\lambda^2+\gamma_4\lambda+\gamma_5=0 \tag{3-110}$$

其中

$$\gamma_1=5\sigma+2+16b^2$$

$$\gamma_2=4b^2r_3+80b^2\sigma+32b^2+4\sigma^2+2\sigma+1$$

$$\gamma_3=36b^2r_3\sigma+4b^2r_3+64b^2\sigma^2+32b^2\sigma+16b^2-12\sigma^2-3\sigma$$

$$\gamma_4=32b^2r_3\sigma^2+20b^2r_3\sigma-192b^2\sigma^2-48b^2\sigma$$

$$\gamma_5=96b^2r_3\sigma^2$$

$$r_3=r_1-4$$

方程（3-110）的赫维茨稳定条件为

$$\begin{cases}\gamma_i>0(i=1,2,\cdots,5), \quad \gamma_1\gamma_2-\gamma_3>0\\(\gamma_1\gamma_2-\gamma_3)(\gamma_3\gamma_4-\gamma_2\gamma_5)-(\gamma_1\gamma_4-\gamma_5)^2>0\end{cases} \tag{3-111}$$

利用稳定条件式（3－105）、式（3－108）和式（3－111）能够借助计算机的帮助，在图 3－13 的参数平面“$r_1$ － $\sigma$”内，建立稳定的不动点。图中 $r_1$ 为控制参数，$\sigma$ 为在液浮支承几何参数给定的情况下，表征液体热物理性能的普朗特数。

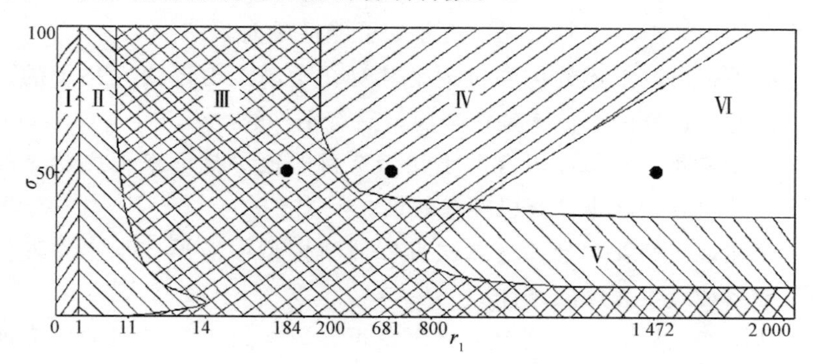


图 3－13　当 $b = 1.43$ 时，不动点 $A_1$，$A_{2,3}$，$A_{4,5}$ 的稳定区域

●— 计算机实验数据

图中表示出按稳定条件式（3－105）、式（3－108）和式（3－111）建立的稳定的、不动点的、互相重合的区域。

从图 3－13 可以看出，共分成 6 个区域。对这 6 个区域进行分析，可以得出结论：在系统参数的不同组合中，可能发生液体的无序运动。

区域Ⅰ，对应稳定点 $A_1$，当控制参数 $0 < r_1 \leqslant 1$ 时，没有对流，不可能产生无序运动。

区域Ⅱ，对应稳定点 $A_{2,3}$ 和小的控制参数值 $r_1$，该区域发生无序运动的可能性极小，因为外部作用的功率不大（控制参数 $r_1 < 14$）。

区域Ⅲ，对应不动点 $A_{2,3}$ 和 $A_{4,5}$。该区域虽然外部作用功率可以达到相当大的值（控制参数 $11 \leqslant r_1 \leqslant 2\ 000$），产生无序的可能性仍然极小，因为所有“对流”稳定点都具有稳定性。

区域Ⅳ，对应不动点 $A_{4,5}$。该区域产生液体无序运动的概率也很小，比区域Ⅲ稍大一些。因为不动点 $A_{2,3}$ 不稳定，而且外部作用的功率相当大（$200 < r_1 < 800$）。

区域Ⅴ，对应不动点 $A_{2,3}$ 和大的控制参数值 $r_1$。在这个或者那个不动对流点具有稳定性的上述所有区域中，位于该区域的系统参数组合产生无序或者边界状态的概率最大。因为，在这一区域，不动点 $A_{4,5}$ 是不稳定的，外部作用的功率也相当大（$800 < r_1 < 2\ 000$）。

区域Ⅵ是系统的不稳定区。系统参数在这个区域，在液浮支承工作液体中，产生可判定无序现象的可能性最大。

必须指出，上述分析和讨论是针对在不动点附近线性化了的系统，因此，这样的结论不是很全面，是有条件的。

尽管如此，所做分析有助于我们有目的地寻找诱发无序状态的系统参数组合，减少计算机实验数量。

现在，我们要定量评估二次近似数学模型中液浮支承工作液体不等温运动产生无序的条件。

从动态系统通用可判定无序理论可知，在第 1 章进行的研究亦证明，这种现象仅仅发生在非线性系统某种确定的参数组合中。

如何寻找这种参数组合？通过对原始方程（3－93）～方程（3－97）进行数字积分，分析稳定区域，得到上述结果，在此基础上找出这种参数组合。

图 3－14 所示为在给定参数 $\sigma = 50, b = 1.43$ 和不同控制参数 $r_1$ 情况下，对方程（3－93）～方程（3－97）进行数字积分的结果

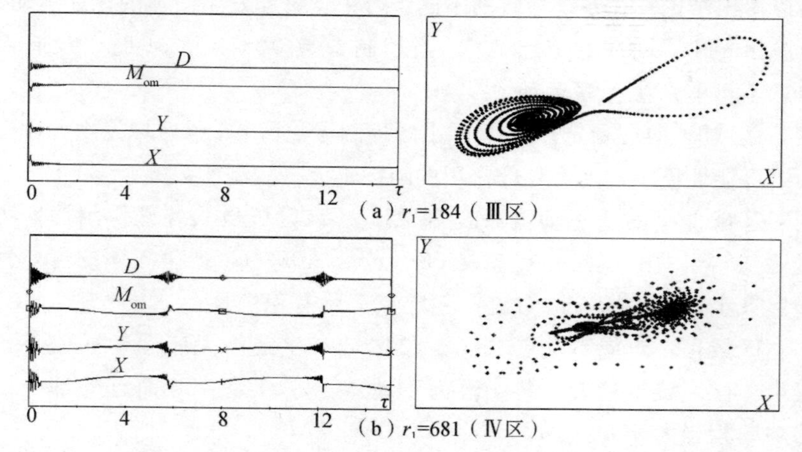


图 3－14　二次近似方程（3－93）～方程（3－97）的过渡过程和二维相位图

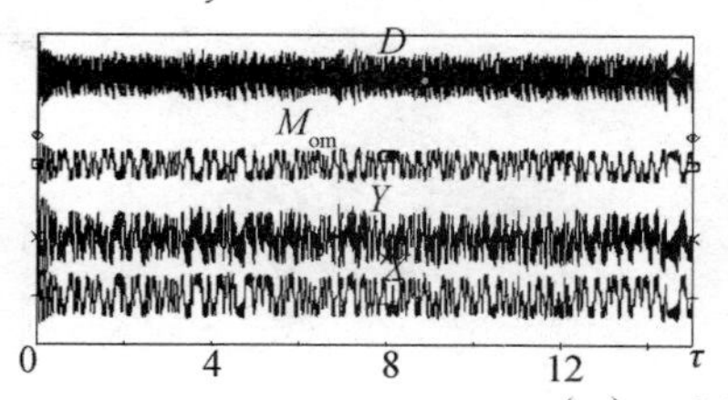

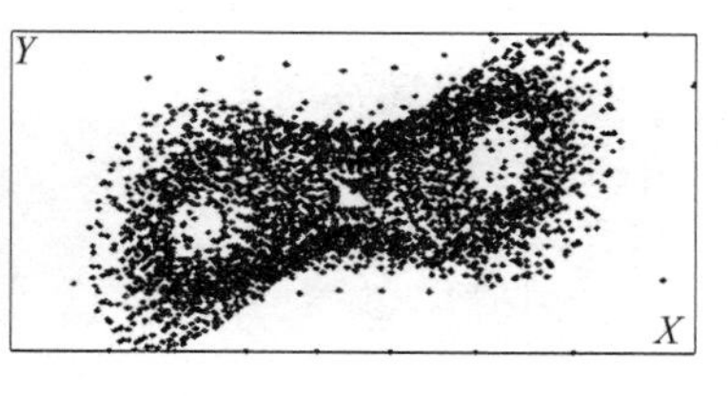


（c）$r_1$=1 472（Ⅳ区，无序区）

图 3 - 14　二次近似方程（3 - 93）～方程（3 - 97）的过度过程和二维相位图（续）

$X(\tau),Y(\tau),Z(\tau),M_{om}(\tau)$。控制参数 $r_1$ 与外部温度干扰成正比。

计算机实验结果完全验证了我们进行的理论研究。

可以看出，当 $r_1$ 位于稳定区Ⅲ时，过渡过程具有衰减的性质［图 3 - 14(a)］。

当控制参数 $r_1$ 过渡到区域Ⅳ时，系统开始周期性激励，但还观察不到液体的无序运动［图 3 - 14(b)］。

当控制参数 $r_1$ 位于区域Ⅵ(不稳定区）时，支承液体开始无序运动［图 3 - 14（c)］。

控制参数 $r_1$ 对应的系统液体流动速度场和三维相位图的演变如图 3 - 15 所示。该演变图也验证了解析研究得到的数据。

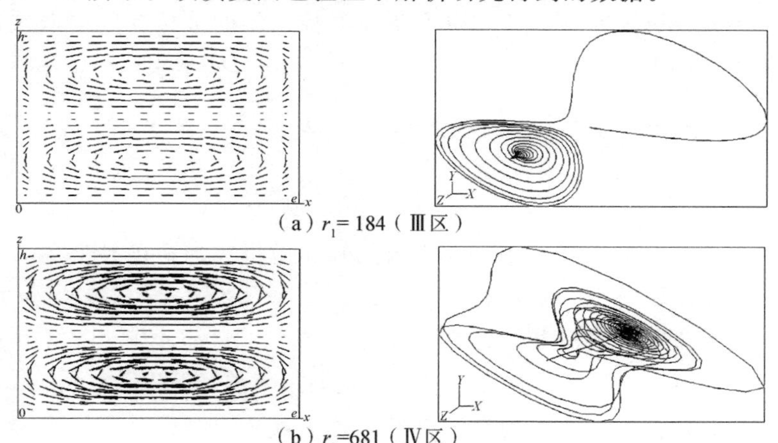


（a）$r_1$= 184（Ⅲ区）

（b）$r_1$=681（Ⅳ区）

图 3 - 15　液体流速场式（3 - 83)、式（3 - 84）和
二次近似方程（3 - 93）～方程（3 - 97）的三维相位图

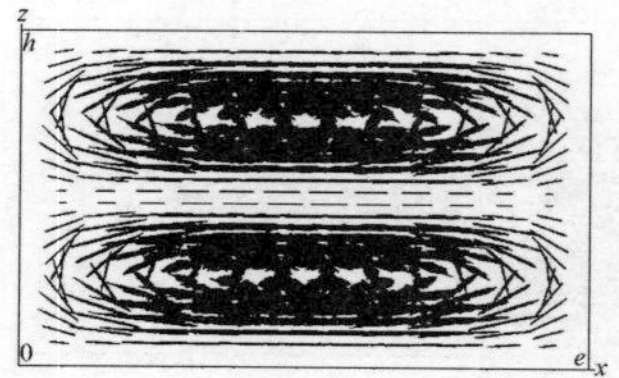


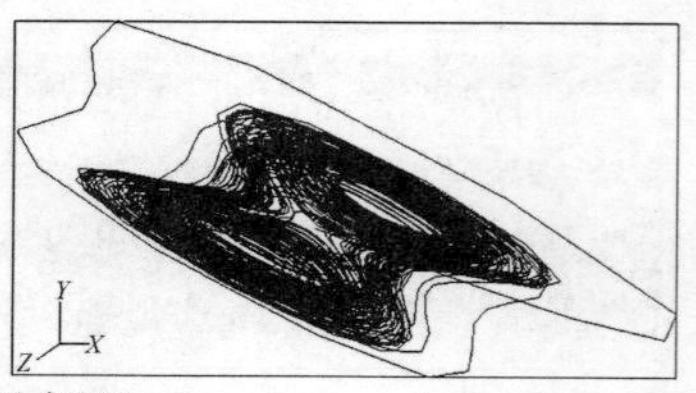


（c）$r_1$ =1 472（Ⅵ无序区）

图 3－15　液体流速场式（3－83），式（3－84）和
二次近似方程（3－93）～方程（3－97）的三维相位图（续）

当出现系统参数 $\sigma = 50$ ，$b = 1.43$ ，$r_1 = 1\ 472$ 组合时，支承液体中产生无序运动，这种无序运动具有可判定无序的性质。因为存在这种现象的所有已知判据全部成立：与液体流速成正比的输出信号 $X(\tau)$ ，看上去是稳定的随机过程，液体的流速场具有无序性——流速的模数和方向在每一点都在发生无序变化，在相位肖像上显露奇异引力子等。

因此，所建数学模型进行的解析研究和计算机实验，能够定性和定量评估在支承液体运动中产生不规则状态的可能性，以及工作液体体积足够大时，为节省资源不设温控系统的液浮支承中非线性温度干扰的散逸性。

## 3.4　航空航天仪表微机械传感器可逆温控系统和加温温控系统

在 2.5 节曾经指出，在微机械陀螺和微机械加速度计的工具误差中，温度误差占有重要地位。

另一方面，根据参考文献［5，14，35，50］，应用恒温系统可以显著提高微机械陀螺的精度（有时可提高一个数量级以上）。

在微机械陀螺中采用有源温控系统更加重要，因为周围介质对这种陀螺的温度作用范围很宽（－40～＋85)℃ 。

与此同时，对于微机械惯性传感器（特别是对于微机械陀螺），选择温控系统类型的有关问题，确定控制规律和散热参数的有关问题，研究这些系统在可判定和随机温度作用下的功能问题，还有其他一些问题，目前的研究还很不够。

本节的目的是，制定微机械惯性传感器有源温控系统分析与综合的理论观点和实用方法。这种有源温控系统能够在复杂的温度作用条件下，以最低能耗确保微机械传感器的既定温度，达到最终减小传感器热漂移的目的。

任务包括：

1）建立温控系统的数学模型。在珀耳帖半导体温差元件基础上建立可逆温控系统，或者在电位调节加温元件基础上建立温控系统；

2）对所建数学模型进行解析研究和计算机实验，选取温控系统参数，选择调节规律类型和调节特性；在复杂的可测定随机温度作用下，获得对微机械传感器一温控系统这个复合系统功能的定性和定量评估；查明可能产生无规则工作状态的条件。

完成这项研究任务时，利用的是含有微机械陀螺的基片，但得到的结果完全可以用于含有其他微机械传感器的基片，因为它们具有相似的体积、质量和能耗。

### 3.4.1　用于微机械陀螺基片的可逆温控系统和加温温控系统的数学模型

为了完成摆在我们面前的任务，建立并研究了微机械陀螺一可逆温控系统和微机械陀螺一加热温控系统热过程的非线性数学模型。

为保持微机械陀螺基片给定温度，建立在珀耳帖温差电池组基础上的可逆温控系统的数学模型（图 3-16）[5]。

热平衡微分方程组

$$\begin{cases} c\dot{T}_1 + q(T_1 - T_2) + q_{\text{мт}}(T_1 - T_3) = Q_1 \\ c\dot{T}_2 + q(T_2 - T_1) + q_{\text{c}}(T_2 - T_{\text{c}}) = Q_2 \\ c_{\text{м}}\dot{T}_3 + q_{\text{мт}}(T_3 - T_1) + q_{\text{cм}}(T_3 - T_{\text{c}}) = Q_3 \end{cases} \tag{3-112}$$

周围介质温度变化规律

$$T_{\text{c}} = T_{\text{cA}}\sin\omega t + T_{\text{c0}} + T_{\text{cc}} \tag{3-113}$$

珀耳帖温差电池组散热或制冷功率的变化规律和温度的非线性

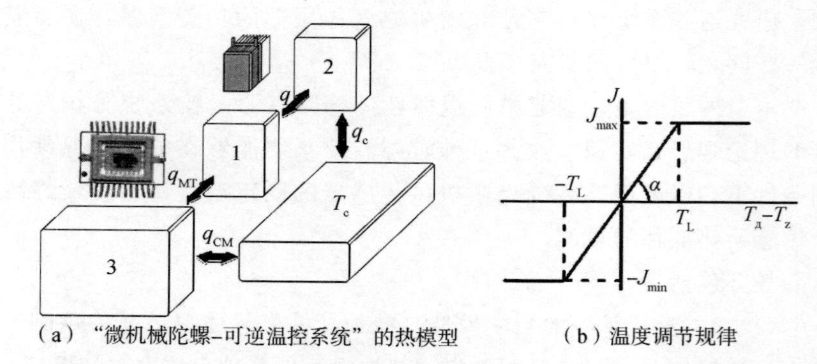


（a）“微机械陀螺-可逆温控系统”的热模型　　（b）温度调节规律

图 3-16　建立在珀耳帖温差电池组基础上的可逆温控系统的数学模型

1—温差电池的工作接头；2—温差电池与周围介质接触的外部接头；3—微机械陀螺基片

调节规律及其特性

$$\begin{cases} Q_1 = \left[ -\varepsilon_T J(T_1 + 273) + \dfrac{J^2 R}{2} \right] mm \\ Q_2 = \left[ \varepsilon_T J(T_2 + 273) + \dfrac{J^2 R}{2} \right] mm \end{cases} \tag{3-114}$$

$$J = \begin{cases} J_{max}, T_д - T_z \geqslant T_L \\ \tan\alpha(T_д - T_z), -T_L \leqslant T_д - T_z \leqslant T_L \\ -J_{max}, T_д - T_z \leqslant -T_L \end{cases} \tag{3-115}$$

$$T_д = \begin{cases} T_1，\text{温度传感器安装在工作接头上} \\ T_3，\text{温度传感器安装在微机械陀螺上} \end{cases} \tag{3-116}$$

加温式温控系统的数学模型（图 3-17）如下所示[5]。

热平衡微分方程组

$$\begin{cases} c\dot{T}_1 + q_{мт}(T_1 - T_3) + q_c(T_1 - T_c) = Q_1 \\ c_м\dot{T}_3 + q_{мт}(T_3 - T_1) + q_{см}(T_3 - T_c) = Q_3 \end{cases} \tag{3-117}$$

加温元件散热功率的变化规律和温度调节的非线性规律及其特性

$$Q_1 = \frac{J^2 R}{2} N \tag{3-118}$$

$$J=\begin{cases}J_{\max}, & T_4-T_z\geqslant T_L\\ \tan\alpha\ (T_4-T_z), & 0\leqslant T_4-T_z\leqslant T_L\\ 0, & T_4-T_z\leqslant 0\end{cases} \tag{3-119}$$

对于加温式温控系统，周围介质温度变化规律和温度传感器的安装位置分别用关系式（3-113）和式（3-116）描述。

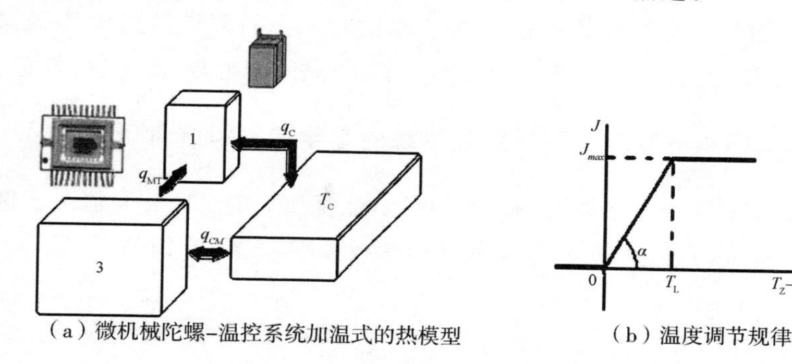

（a）微机械陀螺-温控系统加温式的热模型　（b）温度调节规律

图 3-17　加温式温控系统的数学模型

1—与周围介质和微机械陀螺接触的加温元件；3—微机械陀螺基片

在数学模型式（3-112）～式（3-119）中，采用了下列符号。

$T_i(t),T_c(t)$ ——平均在单元体积上的结构元件温度的不稳定值和周围介质温度，i=1，2，3；

$c_M,c$ ——分别为微机械陀螺基片和温差电池（或加温元件）的比热；

$q,q_{MT},q_c,q_{cM}$ ——分别为内部和外部热交换的导热率；

$T_{cA}$，$T_{c0}$，$T_{cc}$，$\omega$ ——周围介质温度变化规律的特性；

$\varepsilon_T$ ——温差元件热电驱动力系数；

$J$ ——电流；

$R$ ——电阻；

$n,m$ ——温差元件数量和温差电池数量；

$N$ ——加热元件数量；

$J_{\max}$，$T_L$，$\tan\alpha=J_{\max}/T_L$，$T_z$，$T_Д$ ——温度调节规律参数；

$Q_1,Q_2$ ——散热或制冷功率；

$Q_3$ ——微机械陀螺基片内部散热功率。

为研究可判定（阶梯状和周期性）温度作用和随机温度作用对微机械陀螺温度场的影响，在专门的软件包中实施了数学模型。

由于散逸干扰系统是非线性系统，则不仅需要研究它们在可判定（常值和周期性）干扰和随机干扰情况下的功能，而且必须研究它们的不规则状态（例如可判定无序现象）产生的条件和可能性。

在解析研究和计算机仿真数学模型时，我们假设，温度传感器安装在微机械陀螺基片上，即 $T_{д} = T_{з}$，温度调节规律只看线性区。

### 3.4.2 微机械陀螺—可逆温控系统的数学仿真和解析研究

计算机实验是在微机械陀螺的起始温度和给定温度相同情况下进行的，$T_0 = T_z = 20$ ℃。实验的其他参数如下：$q = 0.15$ W/℃，$q_c = 4$ W/℃，$c = 5$ J/℃，$c_м = 50$ J/℃；$J_{max} = 2.5$ A，$\varepsilon_T = 0.002$ V/℃，$R = 0.3$ Ω，$T_L = 2.5$ ℃，$n = 24$，$m = 1$，$Q_з = 0$。

变更了参数：$\omega$，$T_{cA}$，$T_{c0}$，$T_{cc}$，$q_{cм}$，$q_{мт}$。

在第一阶段，周围介质温度在它的变化范围（$-40 \sim +85$）℃内进行阶梯状变化。

图 3-18 所示为 $T_{c0} = 85$ ℃，$T_{c0} = -40$ ℃，$q_{cм} = 0.5$ W/℃，$q_{мт} = 0.004$ W/℃，$T_{cA} = 0$ ℃，$T_{cc} = 0$ ℃ 时，计算机实验的结果。

根据这些计算机实验结果，确定了过渡过程时间常数和可逆温控系统在线性区工作时功率的额定值。

从图 3-18 可以看出，加温状态（$T_{c0} = -40$ ℃）和制冷状态（$T_{c0} = 85$ ℃）过渡过程时间常数大约为 50 s。温控系统所需功率的稳态值在制冷状态为 9.7 W，在加温状态为 3.8 W，对应的微机械陀螺温度偏差分别为 1.4 ℃和 0.8 ℃。可以看出，可逆温控系统能够更精确地保持给定温度（精确近 2 倍），而且加温状态需要的功率比制冷状态还小（是制冷状态的1/2），因此，选择给定温度应尽量接近周围介质温度的上限。存在功率不大于 1 W 的热源（电子部件）导致高于微机械陀螺给定温度的过温不大于 3 ℃，需要增加的用电量功率为 4 W。

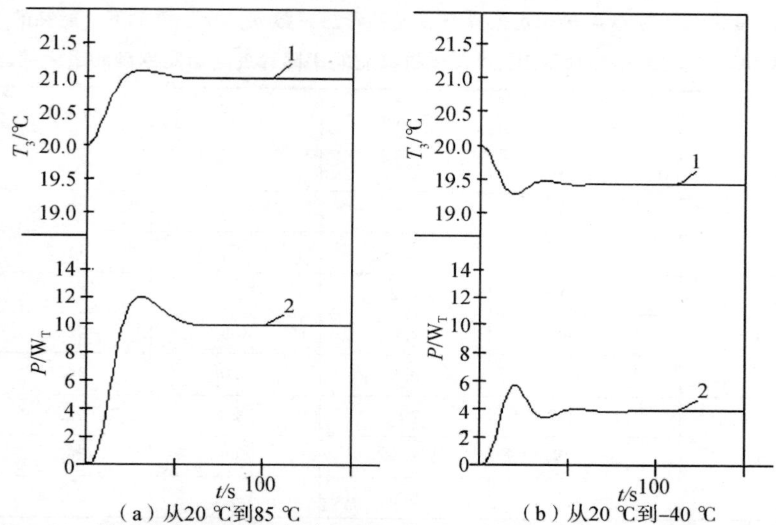


图 3-18　周围介质温度成阶梯变化时，微机械陀螺-可逆温控系统的特性曲线
1—微机械陀螺的温度；2—温控系统需要的功率

在第二阶段，对周围介质温度谐波变化的影响进行了仿真。周围介质温度的幅值为给定值 $T_{cA}$，其周期与微机械陀螺中过渡过程的时间常数重合（见图 3-19 和表 3-1），$T_{c0}$ =20 ℃。

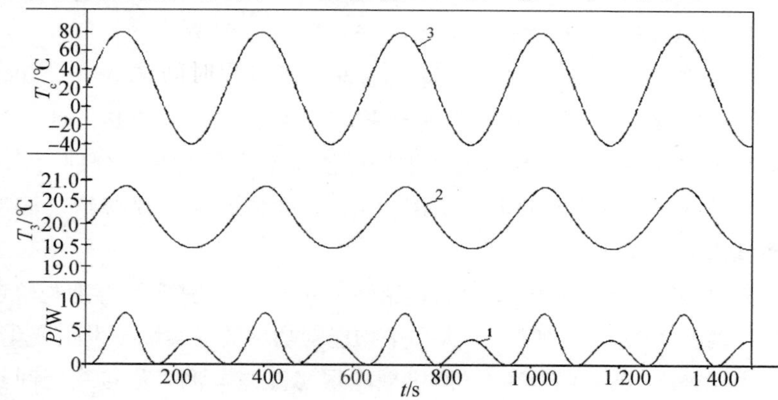


图 3-19　周围介质温度谐波变化时，微机械陀螺-可逆温控系统特性曲线变化
频率 $\omega$ =0.02 $s^{-1}$；　幅值 $T_{cA}$ =60 ℃；
1—温控系统耗电量功率；2—微机械陀螺的温度；3—周围介质温度

**表 3-1 在谐波热作用条件下和各种导热系数 $q_{MT}$，$q_{CM}$ 情况下，能耗的最大功率 $P_{max}$ 和平均功率 $P_{cp}$ 以及微机械陀螺实际温度与给定温度的最大偏差**

| $q_{MT}$ \ $q_{CM}$ | | **0.004** | 0.050 | 0.500 |
|---|---|---|---|---|
| 0.01 | $P_{max}$/W | 7.2 | 7.3 | 8.0 |
| | $P_{cp}$/W | 2.6 | 2.9 | 3.1 |
| | $T_3 \sim T_Z$/℃ | 0.9 | 7.5 | 44.8 |
| **0.50** | $P_{max}$/W | **7.2** | 11.1 | 52.4 |
| | $P_{cp}$/W | **2.6** | 3.9 | 22.9 |
| | $T_3 \sim T_Z$/℃ | **0.9** | 5.0 | 34.5 |
| 1.00 | $P_{max}$/W | 7.2 | 13.2 | 52.0 |
| | $P_{cp}$/W | 2.7 | 4.6 | 26.6 |
| | $T_3 \sim T_Z$/℃ | 0.9 | 13.6 | 32.5 |

根据这些实验结果，制定出选择可逆温控系统参数 $q_{MT}$，$q_{CM}$ 的建议，这些参数表征微机械陀螺与珀耳帖温差电池和周围介质温度的关系。

甚至当周围介质温度在（−40～+80)℃范围内发生可判定变化时，具有选定参数的可逆温控系统也能精确保持给定的绝对温度（精度在 1 ℃以内）和输入功率不大于 1 W。

分析表 3-1 和图 3-19 可以看出，当 $q_{CM}$ 的值不大于 0.004 W/℃（微机械陀螺与周围介质隔热较好，但没有完全绝热）时，温控系统工作效率最高，其最大和平均耗能功率指标最好（分别为 7.2 W 和 2.6 W)，在温度的振荡幅值为 60 ℃的情况下，保持给定温度的精度为 0.9 ℃。

微机械陀螺与周围介质的隔热越好（$q_{CM}=0$)，其实际温度与给定温度的偏差就越小，这时，最大和平均能耗功率的值实际不发生变化。

当 $q_{CM} \leqslant 0.004$ W/℃时，微机械陀螺与温差电池工作接头之间热连接导热率 $q_{MT}$ 的变化对温控系统特性的变化影响不大。当导热系数 $q_{CM} \geqslant 0.05$ W/℃时，观察到温控系统的性能骤然变坏。

在第三阶段，研究了随机温度干扰对微机械陀螺一可逆温控系统的影响（图 3－20）。

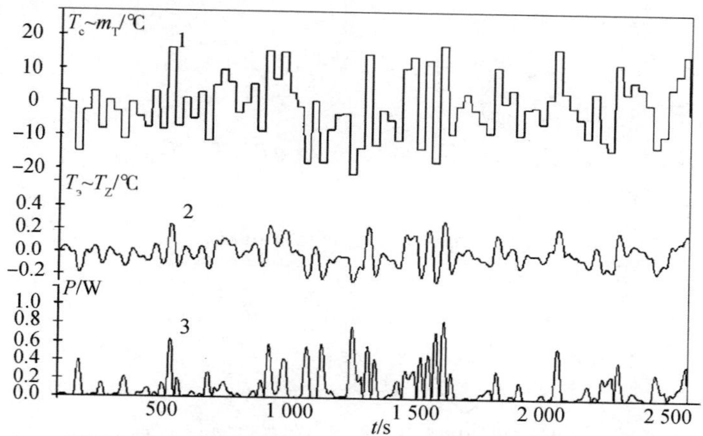


图 3－20　周围介质温度随机变化时，微机械陀螺一可逆温控系统的特性曲线
1—周围介质温度；2—微机械陀螺温度；3—温控系统用电功率

方程（3－113）中随机分量 $T_{cc}$ 幅值的数学期望值等于 20 ℃，$T_{cc}$ 幅值的均方根偏差为 10 ℃，随机分量 $T_{cc}$ 持续时间的数学期望值等于 30 s。

系统的输出特性为稳定的随机过程，微机械陀螺温度与给定温度的均方根偏差为 0.06 ℃，能耗功率的数学期望值等于 0.15 W，最大尖峰可达 0.8 W。

在第四阶段，研究了在微机械陀螺一可逆温控系统中产生可判定无序现象的可能性。

我们的任务是，选择微机械陀螺一可逆型温控系统式（3－112）～式（3－116）的参数组合，当这种参数组合出现时，在微机械陀螺的输出信号中可能产生可判定无序现象。

考虑关系式（3－113）和式（3－114），把可逆温控系统热平衡方程组（3－112）写成柯西方程的形式

$$\begin{cases}\dot{T}_1 = a_1 T_1 + a_2 T_2 + a_3 T_3 + a_4 T_3 T_1 + a_5 T_3^2 + b_1 \\ \quad = F_1(T_1, T_2, T_3, \varphi) \\ \dot{T}_2 = c_1 T_1 + c_2 T_2 + c_3 T_3 + c_4 T_3 T_2 + c_5 T_3^2 + c_6 \sin\varphi + b_2 \\ \quad = F_2(T_1, T_2, T_3, \varphi) \\ \dot{T}_3 = d_1 T_1 + d_2 T_3 + d_3 \sin\varphi + b_3 = F_3(T_1, T_2, T_3, \varphi) \\ \dot{\varphi} = \omega = F_4(T_1, T_2, T_3, \varphi)\end{cases} \tag{3-120}$$

其中

$$a_1 = -q - q_{\text{мт}} + nm\varepsilon_{\text{T}} \tan\alpha T_z / c$$

$$a_2 = q/c$$

$$a_3 = q_{\text{мт}} - nm\tan\alpha(\varepsilon_{\text{T}} 273 + R\tan\alpha T_z)/c$$

$$a_4 = -nm\varepsilon_{\text{T}} \tan\alpha / c$$

$$a_5 = nmR\tan^2\alpha / 2c$$

$$b_1 = nm\tan\alpha T_z (2\varepsilon_{\text{T}} 273 + R\tan\alpha T_z)/2c$$

$$c_1 = q/c$$

$$c_2 = -q - q_{\text{c}} - nm\varepsilon_{\text{T}} \tan\alpha T_z / c$$

$$c_3 = nm\tan\alpha(\varepsilon_{\text{T}} 273 - R\tan\alpha T_z)/c$$

$$c_4 = nm\varepsilon_{\text{T}} \tan\alpha / c$$

$$c_5 = nmR\tan^2\alpha / 2c$$

$$c_6 = q_{\text{c}} T_{\text{cA}} / c$$

$$b_2 = 2q_{\text{c}} T_{\text{c0}} - nm\tan\alpha T_z (2\varepsilon_{\text{T}} 273 - R\tan\alpha T_z)/2c$$

$$d_1 = q_{\text{мт}} / c_{\text{м}}$$

$$d_2 = -q_{\text{мт}} - q_{\text{cм}} / c_{\text{м}}$$

$$d_3 = q_{\text{cм}} / c_{\text{м}} T_{\text{cA}}$$

$$b_3 = q_{\text{cм}} / c_{\text{м}} T_{\text{c0}} + Q_3 / C_m$$

将方程组（3-120）在稳定点附近线性化。由条件 $\dot{T}_1 = \dot{T}_2 = \dot{T}_3 = \dot{\varphi} = 0$ 决定的寻找稳定点 $T_{1*}, T_{2*}, T_{3*}, \varphi_*$ 的非线性代数方程组具有下列形式

$$\begin{cases}a_1 T_{1*} + a_2 T_{2*} + a_3 T_{3*} + a_4 T_{3*} T_{1*} + a_5 T_{3*}^2 + b_1 = 0 \\ c_1 T_{1*} + c_2 T_{2*} + c_3 T_{3*} + c_4 T_{3*} T_{2*} + c_5 T_{3*}^2 + c_6 \sin\varphi_* + b_2 = 0 \\ d_1 T_{1*} + d_2 T_{3*} + d_3 \sin\varphi_* + b_3 = 0 \\ \omega = 0\end{cases} \tag{3-121}$$

稳定矩阵的形式为

$$\begin{bmatrix} a_1 + a_4 T_{3*} & a_2 & a_3 + a_4 T_{1*} + 2a_5 T_{3*} & 0 \\ c_1 & c_2 + c_4 T_{3*} & c_3 + c_4 T_{2*} + 2a_5 T_{3*} & c_6 \cos\varphi_* \\ d_1 & 0 & d_2 & d_3 \cos\varphi_* \\ 0 & 0 & 0 & 0 \end{bmatrix} \quad (3-122)$$

对于在稳定点附近线性化了的方程组，其特征方程为

$$a(a^3 + K_1 a^2 + K_2 a + K_3) = 0 \quad (3-123)$$

其中

$$K_1 = -a_1 - d_2 - c_2$$

$$K_2 = (a_1 + a_4 T_{3*} + d_2)(c_2 - a_4 T_{3*}) - d_1(a_3 + a_4 T_{1*} + 2a_5 T_{3*}) - a_2^2 + d_2(a_1 + a_4 T_{3*})$$

$$K_3 = d_1(a_3 + a_4 T_{1*} + 2a_5 T_{3*})(c_2 - a_4 T_{3*}) - a_2 d_1(c_3 - a_4 T_{2*} + 2a_5 T_{3*}) + d_2[a_2^2 + (a_1 + a_4 T_{3*})(a_4 T_{3*} - c_2)]$$

系统的稳定条件为

$$K_1 > 0, K_2 > 0, K_3 > 0, K_1 K_2 - K_3 > 0 \quad (3-124)$$

解非线性代数方程（3-121），能够建立固定解的曲线，并确定不动点区域，作为方程组（3-120）参数（导热系数 $q_{MT}, q_c, q_{CM}$，温度调节规律曲线的斜率 $\tan\alpha$）的函数，周围介质温度的函数和给定恒温温度的函数。稳定条件（3-124）是在方程组（3-120）的参数平面内建立稳定区的基础。

根据得到的关系式和方程，图3-21展示了在不动点附近线性化了的、与方程组（3-120）相应的系统在周围介质温度 $T_c$ —工作接头温度 $T_1$ 平面内，与周围介质的各种导热系数情况下的稳定解曲线图和稳定区曲线图。

从图3-21可以看出，在平面（$T_c, T_1$）内的稳定解曲线图上，有旋转点和奇异点，它们是系统中可能产生可判定无序的标志之一；此外，还存在系统的固定点不稳定区域。固定点的稳定性出现在工作接头上的温度相对不高，并且出现在温度的正负号与周围介质温度相同的时候。

图3-22示出了在给出了各种导热系数 $q_c$ 情况下，调节规律斜

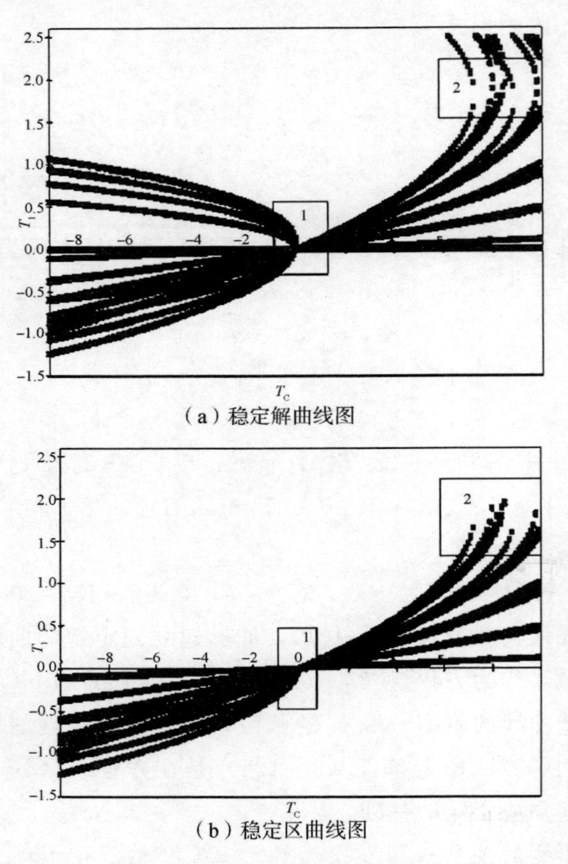


（a）稳定解曲线图

（b）稳定区曲线图

图 3-21　平面（$T_c$，$T_1$）中的稳定解曲线图和稳定区曲线图

1—奇异点；2—旋转点

率和温度 tan$\alpha$ − $T_1$ 平面内系统固定解的曲线图和稳定区的曲线图。

可以看出，当温差电池工作结头的温度为负温、tan$\alpha$ 的值接近终端时，不动点是稳定的。随着 tan$\alpha$ 的增加（随着调节规律逼近继电器特性）稳定区急剧减小。

因此，可以设想，微机械陀螺与周围介质隔热程度达到某种水平、温度调节规律接近继电器式时，在可逆温控系统中可能产生可判定无序型不规则过程。

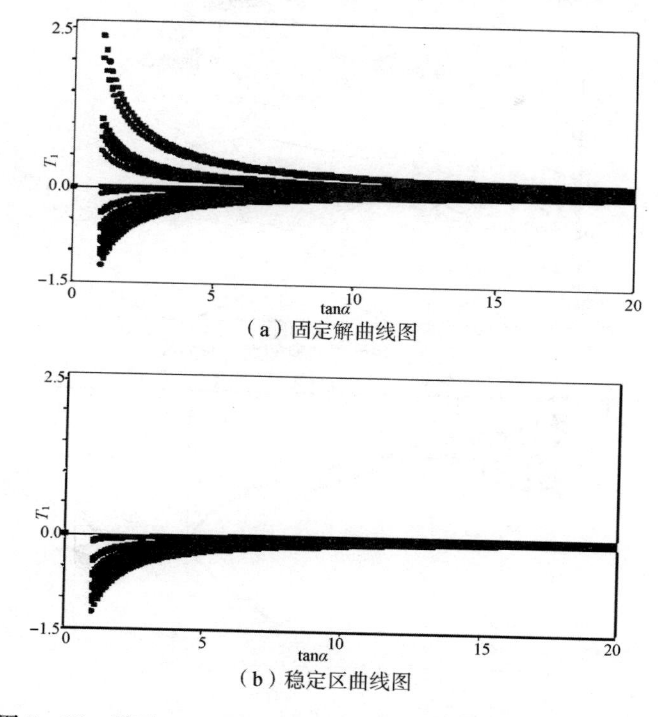


（a）固定解曲线图

（b）稳定区曲线图

图 3 - 22　平面（$\tan\alpha, T_1$）内的固定解曲线图和稳定区曲线图

这些设想被计算机仿真实验所证实。

图 3 - 23 所示为，当 $\tan\alpha = 115$，$q_{\text{см}} = 0.0001$ W/℃时，系统性能与时间的关系曲线和与这些曲线对应的温差电池工作结头温度与周围介质温度关系的分支图。

从图上可以看到系统的无序行为区。但是，从图 3 - 23（a）可以看出，即使当温差电池工作结头上的温度无序变化时，微机械陀螺基片温度的变化仍然具有可判定性，这说明，微机械陀螺的基片对于珀耳帖温差电池工作结头上产生的温度的无序振动起着独特的滤波器的作用。

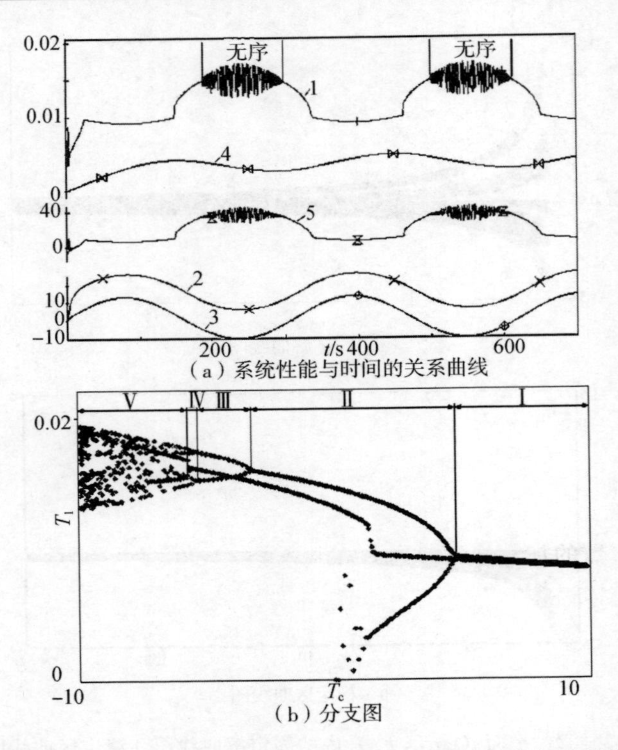


(a) 系统性能与时间的关系曲线

(b) 分支图

图 3-23 当 $\tan\alpha = 115$，$q_{cм} = 0.0001$ W/℃时，系统性能与时间的关系曲线和与这些曲线对应的温差电池工作结头温度与周围介质温度关系的分支图

1—温差电池工作结头的温度；2—温差电池外接头的温度；3—周围介质的温度；4—微机械陀螺的温度；5—温控系统能耗功率；Ⅰ—系统的可判定行为区；Ⅱ，Ⅲ—第一和第二分支区；Ⅳ—高阶分支区；Ⅴ—行为无序区

### 3.4.3 微机械陀螺—加温温控系统的数学仿真和解析研究

微机械陀螺—加温温控系统的计算机仿真实验是在微机械陀螺的起始温度和给定温度相同的情况下进行的，$T_0 = T_z = 20$ ℃，实验的其他参数如下：

$q_c = 0.04$ W/℃，$c = 5$ J/℃，$c_м = 50$ J/℃，$J_{max} = 2.5$ A；$\varepsilon_T = 0.002$ V/℃，$R = 0.3$ Ω，$T_L = 0.0075$ ℃；$N = 1$，$Q_3 = 0$ W。

变更了参数 $\omega$，$T_{cA}$，$T_{c0}$，$T_{cc}$，$q_{cM}$，$q_{MT}$。

在第一阶段，周围介质温度在（−40～+85)℃范围内进行阶梯变化。

图 3-24（a）所示为，当 $T_{c0}=-40$ ℃，$q_{cM}=0.5$ W/℃，$q_{MT}=0.004$ W/℃，$T_{cA}=0$ ℃，$T_{cc}=0$ ℃时计算机实验的结果，确定了加温温控系统工作在线性区时过渡过程的时间常数和加温温控系统功率的额定值。比较图 3-18 和图 3-24（a）可以看出，加温温控系统的时间常数远远大于可逆温控系统的时间常数。

在第二阶段，对周围介质温度谐波变化的影响进行了仿真。周围介质温度变化的幅值为给定值 $T_{cA}=40$ ℃，变化的周期与微机械陀螺热过渡过程时间常数是同一个数量级［图 3-24（b)］。

从图 3-24 中可以看出，在耗能功率不大于 1 W 的情况下，具有选定参数的加温温控系统维持给定温度的精度不低于 1 ℃。

与可逆温控系统相比，加温温控系统较简单，也更可靠，在某些情况下，它可以用于微机械陀螺的温控。

加温温控系统的主要缺点是，在采用这种温控系统时，微机械陀螺的初始温度应当尽量接近工作温度范围的上限，而这很可能影响微机械陀螺电路的正常工作，而且会增加能耗。

在最后阶段，像研究可逆温控系统时那样，在研究微机械陀螺—加温温控系统方程（3-113)、方程（3-117）～方程（3-119)时，证明系统在任何参数组合情况下，微机械陀螺输出信号中不会出现可判定无序现象。

考虑关系式（3-114）和方程（3-119)，将方程组（3-117)写成柯西方程的形式

$$\begin{cases}\dot{T}_1=\tilde{a}_1T_1+\tilde{a}_2T_3+\tilde{a}_3T_3^2+\tilde{a}_4\sin\varphi+\tilde{b}_1=\tilde{F}_1(T_1,T_3,\varphi)\\ \dot{T}_3=\tilde{a}_5T_1+\tilde{a}_6T_3+\tilde{a}_7\sin\varphi+\tilde{b}_2=\tilde{F}_2(T_1,T_3,\varphi)\\ \dot{\varphi}=\omega=\tilde{F}_3(T_1,T_3,\varphi)\end{cases}\tag{3-125}$$

其中
$$\tilde{a}_1=\frac{-q_c-q_{MT}}{c}$$

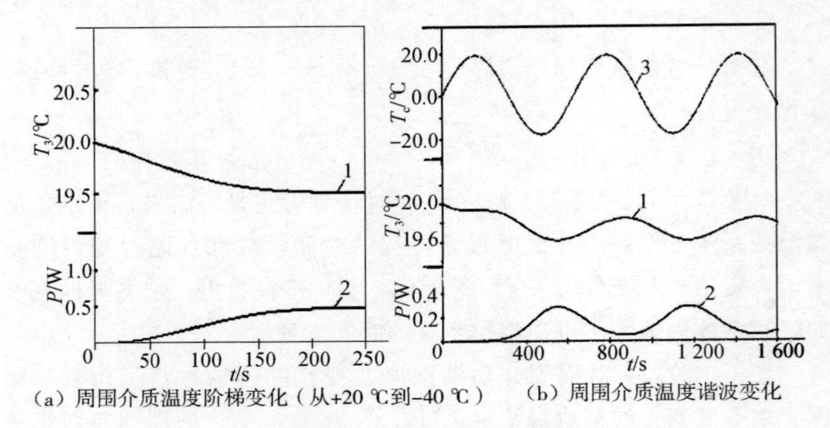


（a）周围介质温度阶梯变化（从+20 ℃到−40 ℃） （b）周围介质温度谐波变化

图 3-24 微机械陀螺—加温温控系统特性曲线图

1—微机械陀螺的温度；2—温控系统能耗的功率；3—周围介质的温度

$$\tilde{a}_2 = \frac{q_{\text{мт}} - 2RT_z\tan^2\alpha}{c}$$

$$\tilde{a}_3 = \frac{R\tan^2\alpha}{c}$$

$$\tilde{a}_4 = \frac{q_c T_{cA}}{c}$$

$$\tilde{a}_5 = \frac{q_{\text{мт}}}{c_{\text{м}}}$$

$$\tilde{a}_6 = \frac{-q_{\text{cм}} - q_{\text{мт}}}{c_{\text{м}}}$$

$$\tilde{a}_7 = \frac{q_{\text{cм}} T_{cA}}{c_{\text{м}}}$$

$$\tilde{b}_1 = \frac{q_c T_{c0} - T_z^2 R\tan^2\alpha}{c}$$

$$\tilde{b}_2 = \frac{q_{\text{cм}} T_{c0}}{c} + \frac{Q_3}{c_{\text{м}}}$$

将方程（3-125）在固定点附近线性化，固定点是由条件 $\dot{T}_1 = \dot{T}_3 = \dot{\varphi} = 0$ 决定的。找出固定点 $T_{1*}$，$T_{3*}$，$\varphi_*$ 的非线性代数方程组具有下列形式

$$\begin{cases}\tilde{a}_1 T_1 + \tilde{a}_2 T_3 + \tilde{a}_3 T_3^2 + \tilde{a}_4 \sin\varphi + \tilde{b}_1 = 0 \\ \tilde{a}_5 T_1 + \tilde{a}_6 T_3 + \tilde{a}_7 \sin\varphi + \tilde{b}_2 = 0 \\ \omega = 0\end{cases} \tag{3-126}$$

稳定矩阵

$$\begin{bmatrix}\tilde{a}_1 & \tilde{a}_2 + 2\tilde{a}_3 T_{3*} & \tilde{a}_4 \cos\varphi_* \\ \tilde{a}_5 & \tilde{a}_6 & \tilde{a}_7 \cos\varphi_* \\ 0 & 0 & 0\end{bmatrix} \tag{3-127}$$

对于在固定点附近线性化了的方程组，其特征方程写成

$$\lambda(\lambda^2 + \widetilde{K}_1\lambda + \widetilde{K}_2) = 0 \tag{3-128}$$

其中

$$\widetilde{K}_1 = -\tilde{a}_1 - \tilde{a}_6$$

$$\widetilde{K}_2 = \tilde{a}_1\tilde{a}_6 - \tilde{a}_5(\tilde{a}_2 + 2\tilde{a}_3 T_{3*})$$

这种方程的稳定条件为

$$\widetilde{K}_1 > 0, \quad \widetilde{K}_2 > 0 \tag{3-129}$$

不难证明，考虑柯西方程（3-125）和特征方程（3-128）后，稳定条件式（3-129）对所有系统参数都成立。

因此，所有固定点都是稳定的。在加温温控系统中也不会出现可判定无序现象。

在所做研究的基础上，不难做出下列结论和实践建议。

为了稳定微机械陀螺基片（或者其他微机械传感器基片）的绝对温度，最好采用有珀耳帖温差电池的可逆温控系统。

这种温控系统的特点是，它们可以工作在电流极性改变（制冷—加热）的可逆状态，这就保证了在能耗为 1 W 的情况下，周围介质温度在－40～＋85 ℃范围内变化时，微机械陀螺的给定温度误差不大于 1 ℃这样的温控精度。

遗憾的是，这种非线性温控系统还有另一个令人不愉快的特点：当周围介质温度发生可测定变化时，在某种系统参数组合情况下，系统中可能发生可判定无序现象，即珀耳帖温差电池工作结头上的温度具有无序性质。

用解析方法查明了可判定无序产生的条件，建立了固定解的曲

线图，图中包括规律点、旋转点和异常点，确定了可能发生这种现象的系统参数区。

已经证明，当温度调节规律特性和温度传感器的位置确定时，微机械传感器与温差电池外接头之间具有某种程度隔热的情况下，在珀耳帖温差电池工作结头上可能发生温度的无序变化。

但是，甚至当温差电池工作结头上的温度无序变化时，微机械陀螺基片的温度变化仍具有可判定性，就是说，微机械陀螺的基片对于温差电池工作结头上发生的温度的无序振荡，有自己特有的滤波器的作用。

通过选择相应的系统参数，可以消除温差电池工作结头上温度的无序变化。

在某些特定情况下，为了调节微机械陀螺的温度，可以采用建立在加温元器件基础上的加温温控系统；在这种温控系统中，不会出现可判定无序现象；这种温控系统较简单，也比较可靠。

这种温控系统的主要缺点是，微机械陀螺的给定温度必须选择周围介质温度变化范围的上限值（对所讨论的微机械陀螺型号来说，为＋85 ℃），这对于微机械陀螺及其支持电路很不方便，而且要求的功耗也较大。

## 3.5 受干扰数学摆的非线性运动

正如前几章所述，对非线性离散动态系统而言，如何解决其在干扰运动作用下的不规则运动问题，无论是从理论研究的角度，还是从工程应用的角度，都有其重要的意义。

本章将着重研究非线性振子的不规则运动，其数学模型在本书第 1.3 节中已推导得出，陀螺、仪表等传感器以及航空航天仪表的数学建模可参考使用上述数学模型。

为了便于本章数学摆非线性运动问题的研究，我们选择两个有代表性的受周期性干扰的非线性数学摆，其中一个为双自由度数学摆。

第一个振子（见1.3节图1-17，双数学摆）可看做是一个数学摆，具有质量支撑点，该支点可实现振子在振动平面的圆形轨迹运动。

另一个振子（见1.3节图1-18，支承点水平振动的数学摆）可看做是一个在动基座上的数学摆，它与第一个振子的区别在于，后者可以实现在数学摆振动平面上的平移运动。

在研究带有摆式惯性阻尼器的旋转轴运动规律时[45]，我们可参考使用以上模型。因为，在外部干扰对动基座的作用下，当动基座质量与数学摆本身的质量处于同一量级时，外部作用的功率是有限的。

第一种情况，双自由度数学摆有两个质点 $m_1,m_2$ ，双数学摆悬挂在位于固定点上的不可伸长的无质量拉杆上，拉杆长度为 $\ell_1,\ell_2$（图1-17）。

数学摆的质点位置同时受到干扰力和阻力的作用。干扰力方向为支承杆的垂直方向（图1-17）。它们的模数按谐波规律［$F_{B1}=F_1\cos\omega_1 t$ , $F_{B2}=F_2\cos\omega_2 t$（$F_1,F_2$ 为幅值；$\omega_1,\omega_2$ 为频率；$t$ 为时间)］变化。阻力的模数与数学摆质点的速度成正比［$F_{c1}=\gamma_1 v_1=\gamma_1\ell_1\dot{\theta}$ , $F_{c2}=\gamma_2 v_2$（$\gamma_1$ , $\gamma_2$ 为阻尼系数)］。

第二种情况，对应的数学摆质量为 $m_1$ ，移动支承点质量为 $m_2$（图1-18）。质点 $m_2$ 可在水平方向运动。质点 $m_1$ 与质点 $m_2$ 用无质量不能伸长的拉杆连接，拉杆长度为 $\ell$ 。

当干扰力作用在数学摆的质点上时，干扰力的模数按谐波规律变化［$F_{B1}=F_1\cos\omega_1 t$ , $F_{B2}=F_2\cos\omega_2 t$（$F_1$ , $F_2$ 为幅值；$\omega_1$ , $\omega_2$ 为频率；$t$ 为时间)］。当阻力也作用在数学摆的质量点上时，阻力的模数与数学摆质点运动的速度成正比［$F_{c1}=\gamma_1 v_1$ , $F_{c2}=\gamma_2 v_2=\gamma_2\dot{y}$（$\gamma_1$ , $\gamma_2$ 为阻尼系数)］。在质量点 $m_2$ 上还作用着恢复力，恢复力的模数与弹性元件的形变成正比［$F_y=cy$（$c$ 为弹性元件的刚度)］。

几种情况[9,24,38]的区别在于：干扰力可分别作用于 $m_1$ 和 $m_2$ 任一质量块上，同时应考虑系统的耗散特性与环境温度谐波变化的关系。

本书 1.3 节中所列的其他情况，可用类似的方法进行分析。

下述问题有待解决。

1）在非线性运动方程基础上，研究质量摆的稳定性；分析产生非规律性运动的原因和条件；建立系统参数数据库，对质量摆各种不规则运动进行仿真；

2）借助计算机仿真试验，找到各质量摆的组合关系参数以及所发生的不规则运动，确定动态判据，并求出在动态条件下质量摆和干扰力的质量与数量特性；

3）研究分析动态系统在不规则运动条件下的温度扰动耗散特性。

为了进行数学模型非线性微分方程的运算，并处理适时数据，包括计算系统动态和静态特性参数、统计数据、生成图表等，应研制专用软件，借助计算机实现数据处理功能。

计算机软件窗口视图，见图 3-25。

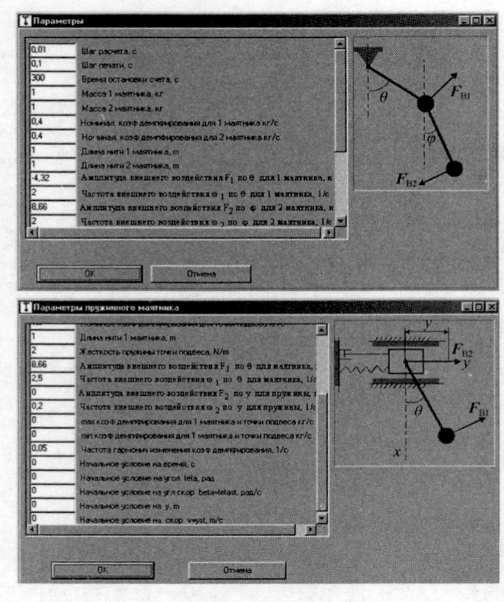


图 3-25　计算机软件窗口视图

### 3.5.1 双自由度数学摆的不规则运动

常规的双自由度数学摆非线性微分运动方程，见1.3节式（1-94）～式（1-98）。

为了进行系统稳定性分析，应运用3.1节和3.2节中的方法。

计算方程组（1-98）不移动的特征点，柯西形式为

$$\begin{cases} H_1 + H_2\cos(\theta - \varphi) - a_2\sin\theta = 0 \\ h_2 - b_2\sin\varphi = 0 \\ \beta = 0, \psi = 0, z_1 = 0, z_2 = 0 \end{cases} \tag{3-130}$$

特征点（3-130）周围线性化系统方程组（1-98）的稳定性矩阵如下

$$\begin{bmatrix} f_{1\beta} & f_{1\psi} & f_{1\theta} & f_{1\varphi} & 0 & 0 \\ f_{2\beta} & f_{2\psi} & f_{2\theta} & f_{2\varphi} & 0 & 0 \\ 1 & 0 & 0 & 0 & 0 & 0 \\ 0 & 1 & 0 & 0 & 0 & 0 \\ 0 & 0 & 0 & 0 & 0 & 0 \\ 0 & 0 & 0 & 0 & 0 & 0 \end{bmatrix} \tag{3-131}$$

其中
$$f_{1\beta} = \frac{\partial f_1}{\partial \beta}$$

$$f_{1\psi} = \frac{\partial f_1}{\partial \psi}$$

$$f_{1\theta} = \frac{\partial f_1}{\partial \theta}$$

$$f_{1\varphi} = \frac{\partial f_1}{\partial \varphi}$$

$$f_{2\beta} = \frac{\partial f_2}{\partial \beta}$$

$$f_{2\psi} = \frac{\partial f_2}{\partial \psi}$$

$$f_{2\theta} = \frac{\partial f_2}{\partial \theta}$$

$$f_{2\varphi}=\frac{\partial f_2}{\partial \varphi}$$

这些偏导数用关系式（3-130）中确定的特征点数据进行计算。

借助“DERIVE”或“MATHEMATICA”解析计算系统，确定特征点式（3-130）、稳定性矩阵式（3-131）中相对导数的表达式，可写为以下形式

$$f_{1\beta}=-\frac{a_1+a_4b_3}{1-a_3b_3\cos^2(\theta-\varphi)}$$

$$f_{1\psi}=\frac{(a_3b_1-a_4)\cos(\theta-\varphi)}{1-a_3b_3\cos^2(\theta-\varphi)}$$

$$f_{1\theta}=-\frac{(a_3b_2\sin\varphi-a_3h_2+H_2)\sin(\theta-\varphi)+a_2\cos\theta}{1-a_3b_3\cos^2(\theta-\varphi)}-$$

$$\frac{a_3b_3\sin2(\theta-\varphi)[(a_3b_2\sin\varphi-a_3h_2+H_2)\cos(\theta-\varphi)-a_2\sin\theta+H_1]}{[1-a_3b_3\cos^2(\theta-\varphi)]^2}$$

$$f_{1\varphi}=\frac{a_3b_2\cos\varphi\cos(\theta-\varphi)+(a_3b_2\sin\varphi-a_3h_2+H_2)\sin(\theta-\varphi)}{1-a_3b_3\cos^2(\theta-\varphi)}+$$

$$\frac{a_3b_3\sin2(\theta-\varphi)[(a_3b_2\sin\varphi-a_3h_2+H_2)\cos(\theta-\varphi)-a_2\sin\theta+H_1]}{[1-a_3b_3\cos^2(\theta-\varphi)]^2}$$

$$f_{2\beta}=\frac{(a_1b_3+a_4b_3^2)\cos(\theta-\varphi)}{1-a_3b_3\cos^2(\theta-\varphi)}-b_1b_3\cos(\theta-\varphi)$$

$$f_{2\psi}=\frac{a_4b_3\cos^2(\theta-\varphi)-b_1}{1-a_3b_3\cos^2(\theta-\varphi)}$$

$$f_1=\frac{H_1+H_2\cos(\theta-\varphi)-a_1\beta-a_2\sin\theta}{1-a_3b_3\cos^2(\theta-\varphi)}$$

$$f_{2\theta}=-f_{1\theta}b_3\cos(\theta-\varphi)+f_1b_3\sin(\theta-\varphi)$$

$$f_{2\varphi}=-f_{1\varphi}b_3\cos(\theta-\varphi)-f_1b_3\sin(\theta-\varphi)-b_2\cos\varphi$$

与式（3-131）对应的线性系统特征方程为

$$\lambda^2(\lambda^4+C_1\lambda^3+C_2\lambda^2+C_3\lambda+C_4)=0 \quad (3-132)$$

其中

$$C_1=-f_{1\beta}-f_{1\psi}$$

$$C_2=f_{1\beta}f_{2\psi}-f_{1\psi}f_{2\beta}-f_{1\theta}-f_{2\varphi}$$

$$C_3=f_{1\beta}f_{2\varphi}-f_{1\varphi}f_{2\beta}-f_{1\psi}f_{2\theta}+f_{1\theta}f_{2\psi}$$

$$C_4=f_{1\theta}f_{2\varphi}-f_{1\varphi}f_{2\theta}$$

特征方程（3－132）的古里威斯稳定条件如下

$$C_1>0,C_2>0,C_3>0,C_4>0,C_1C_2C_3-C_1^2C_4-C_3^2>0 \quad (3-133)$$

在系统参数和干扰力幅度已知的前提下，通过求得的关系式（3－130）可计算初始动态系统式（1－98）中多个特征点的数据 $\{\beta=0,\psi=0,\theta,\ \varphi,\ z_1=0,\ z_2=0\}$。

返回到初始变量和代号，根据式（1－97）将式（3－130）写为

$$F_{1v}=\frac{F_1}{g(m_1+m_2)}=\sin\theta-m_*\sin\varphi\cos(\theta-\varphi)$$

$$F_{2v}=\frac{F_2}{gm_2}=\sin\varphi \quad (3-134)$$

式中　$F_{1v}$，$F_{2v}$——干扰力幅值；

$m_*=m_2/(m_1+m_2)$——质量摆的相互关系。

图 3－26 为干扰力幅值 $F_{1v}=F_{1v}(\theta,\varphi)$ 示意图，即 $m_*$ 为不同值的情况下特征点的系统方程。

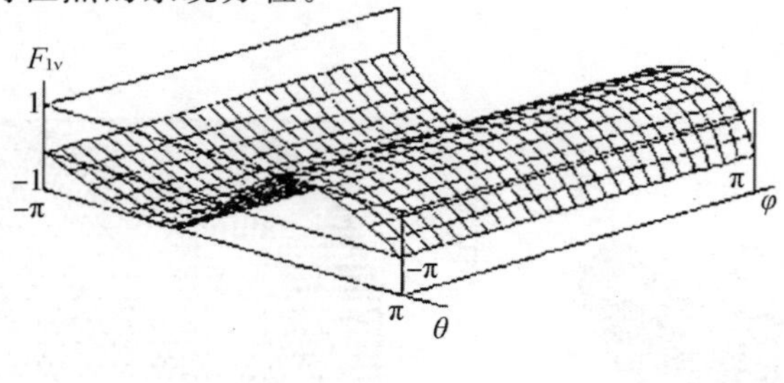


（a）m*=0

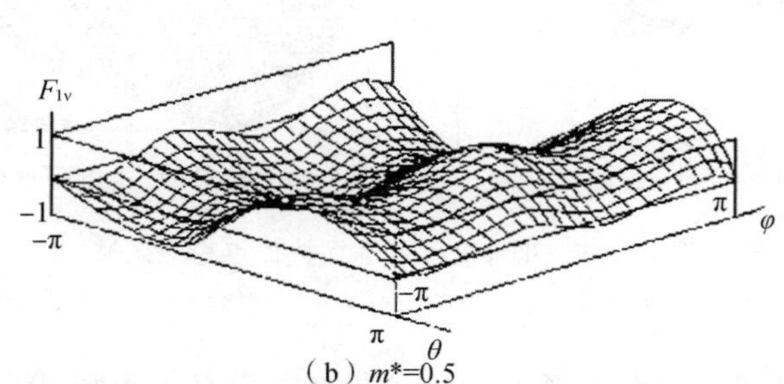


（b）m*=0.5

图 3－26　当质量摆的相互关系为不同值时干扰力幅值 $F_{1v}=F_{1v}(\theta,\varphi)$ 示意图

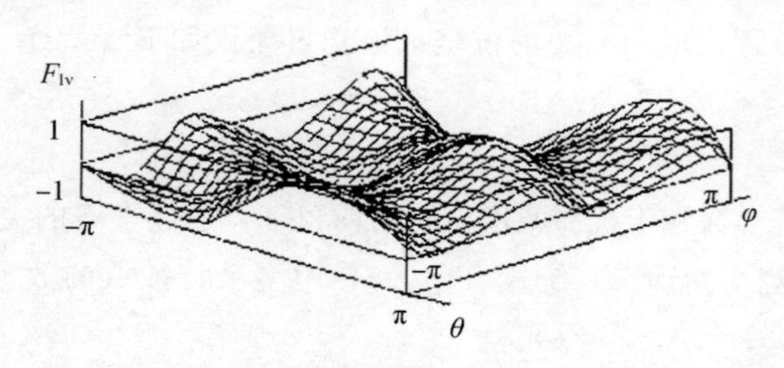


(c) $m^*=1$

图 3－26　当质量摆的相互关系为不同值时干扰力幅值 $F_{1v} = F_{1v}(\theta,\varphi)$ 示意图（续）

由图 3－26 可见，干扰力幅值与特征点间的对应关系十分复杂，具有多个局部最大值和最小值，相同大小的干扰力幅值可对应不同的特征点 $\theta,\varphi$。

依据求得的特征点计算关系式（3－130）和式（3－134）以及稳定性条件式（3－133），可在式（1－98）点系统周围建立线性化稳定区域。

在不同平面内双自由度数学摆特征点稳定区域范围如图 3－27 所示。

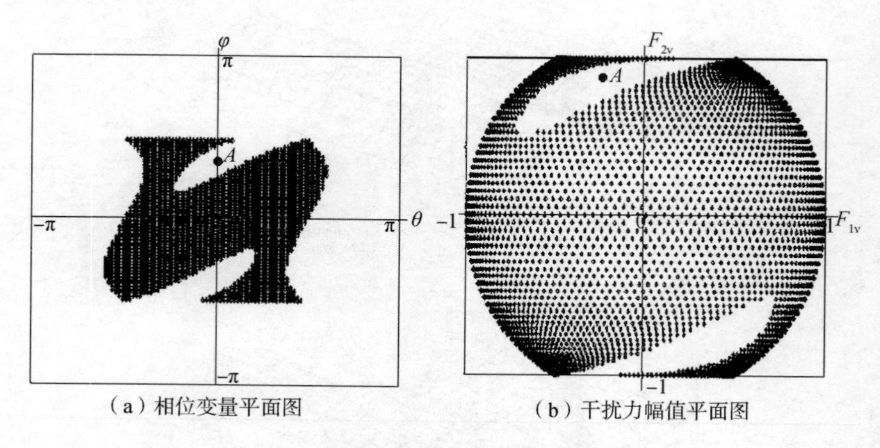


(a) 相位变量平面图　　(b) 干扰力幅值平面图

图 3－27　双自由度数学摆特征点稳定区域

$\ell_1 = \ell_2 = 1$ m，$m_1 = m_2 = 1$ kg，$\gamma_1 = \gamma_2 = 0.4$ kg·s$^{-1}$，$g = 10$ m·s$^{-2}$

稳定区域的轮廓图形相对比较复杂，而且，当特征点干扰力幅值处于某种特定组合的情况下，该区域可能具有不稳定性。

比如，按公式（3 - 132），当干扰力幅值 $F_{1\nu}=-0.216$，$F_{2\nu}=0.866$ 时，特征点 $A$（$\theta=0$，$\varphi=\pi/3$）是不稳定的，如图 3 - 27 和图 3 - 28 所示。

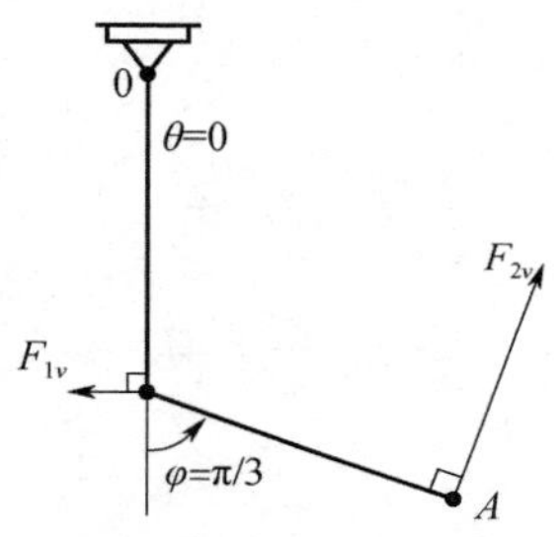


图 3 - 28　数学摆在不稳定点 A 上的位置

由此可见，在干扰力幅度足以使特征点处于非稳定区域的前提下，才会产生数学摆的不规则运动。

### 3.5.2　位于弹性水平振动支架上的数学摆的不规则运动

位于弹性水平振动支架上的数学摆，其非线性微分运动方程为 1.3 节式（1 - 105）～式（1 - 109）。

计算方程组（1 - 109）不移动的特征点，柯西形式为

$$\begin{aligned}&H_1-a_2\sin\theta=0\\&H_2+h_2\cos\theta-b_2y=0\\&\beta=0,\nu=0,z_1=0,z_2=0\end{aligned}\qquad(3-135)$$

特征点式（3 - 135）周围线性化系统方程组（1 - 109）的稳定性矩阵如下

$$\begin{bmatrix}f_{1\beta}&f_{1\nu}&f_{1\theta}&f_{1y}&0&0\\f_{2\beta}&f_{2\nu}&f_{2\theta}&f_{2y}&0&0\\1&0&0&0&0&0\\0&1&0&0&0&0\\0&0&0&0&0&0\\0&0&0&0&0&0\end{bmatrix}\qquad(3-136)$$

其中

$$f_{1\beta}=\frac{\partial f_1}{\partial\beta}$$

$$f_{1\nu}=\frac{\partial f_1}{\partial\nu}$$

$$f_{1\theta}=\frac{\partial f_1}{\partial\theta}$$

$$f_{1y}=\frac{\partial f_1}{\partial y}$$

$$f_{2\beta}=\frac{\partial f_2}{\partial\beta}$$

$$f_{2\nu}=\frac{\partial f_2}{\partial\nu}$$

$$f_{2\theta}=\frac{\partial f_2}{\partial\theta}$$

$$f_{2y}=\frac{\partial f_2}{\partial y}$$

偏导数用式（3－135）中确定的特征点数据进行计算。

借助“DERIVE”或“MATHEMATICA”解析计算系统，确定特征点式（3－135）、稳定性矩阵式（3－136）中偏导数的表达式，可写为以下形式

$$f_{1\beta}=\frac{a_3b_4\cos^2\theta-a_1}{1-a_3b_3\cos^2\theta}$$

$$f_{1\nu}=\frac{(a_3b_1+a_3^2b_4-a_1a_3)\cos\theta}{1-a_3b_3\cos^2\theta}$$

$$f_{1\theta}=\frac{a_3b_3\sin2\theta[a_3h_2\cos^2\theta+a_3(H_2-yb_2)\cos\theta+a_2\sin\theta-H_1]}{(1-a_3b_3\cos^2\theta)^2}-$$

$$\frac{(a_2-2a_3h_2\sin\theta)\cos\theta}{1-a_3b_3\cos^2\theta}+\frac{a_3\sin\theta(H_2-yb_2)}{1-a_3b_3\cos^2\theta}$$

$$f_{1y}=\frac{a_3b_2\cos\theta}{1-a_3b_3\cos^2\theta}$$

$$f_{2\beta}=-f_{1\beta}b_3\cos\theta-b_4\cos\theta$$

$$f_{2\nu}=-f_{1\nu}b_3\cos\theta-b_1-a_3b_4$$

$$f_1 = \frac{H_1 - a_2\sin\theta - a_3\cos\theta(H_2 + h_2\cos\theta - b_2 y)}{1 - a_3 b_3\cos^2\theta}$$

$$f_{2\theta} = f_1 b_3\sin\theta - f_{1\theta} b_3\cos\theta - h_2\sin\theta$$

$$f_{2y} = - f_{1y} b_3\cos\theta - b_2$$

与（3 - 136）对应的特征方程，可写为以下形式

$$\lambda^2(\lambda^4 + C_1\lambda^3 + C_2\lambda^2 + C_3\lambda + C_4) = 0 \qquad (3-137)$$

其中

$$C_1 = - f_{1\beta} - f_{1\nu}$$

$$C_2 = f_{1\beta} f_{2\nu} - f_{1\nu} f_{2\beta} - f_{1\theta} - f_{2y}$$

$$C_3 = f_{1\beta} f_{2y} - f_{1y} f_{2\beta} - f_{1\nu} f_{2\theta} + f_{1\theta} f_{2\nu}$$

$$C_4 = f_{1\theta} f_{2y} - f_{1y} f_{2\theta}$$

方程（3 - 137）的古里威斯稳定条件如下

$$C_1 > 0\,, C_2 > 0\,, C_3 > 0\,, C_4 > 0\,, C_1 C_2 C_3 - C_1^2 C_4 - C_3^2 > 0 \qquad (3-138)$$

在系统参数和干扰力幅度已知的前提下，通过求得的关系式（3 - 135）可计算初始动态系统式（1 - 109）中多个特征点 $\{\beta = 0, \nu = 0, \theta, y, z_1 = 0, z_2 = 0\}$。

返回到初始变量和代号，根据式（1 - 108）将式（3 - 135）写为

$$\begin{cases} F_{1\nu} = \dfrac{F_1}{g m_1} = \sin\theta \\ F_{2\nu} = \dfrac{F_2}{g(m_1 + m_2)} = \dfrac{cy - m_1 g\sin\theta\cos\theta}{g(m_1 + m_2)} \end{cases} \qquad (3-139)$$

式中 $F_{1\nu}$，$F_{2\nu}$ ——干扰力幅值。

依据求得的特征点计算关系式（3 - 135）和式（3 - 139）以及稳定性条件式（3 - 138），可在式（1 - 109）系统点周围建立线性化稳定区域。

在不同平面内，位于水平振动支架上的数学摆，其固定点稳定性区域范围及阻尼系数变化示意图如图 3 - 29 所示。

分析结果显示：

稳定区域的轮廓图形相对比较复杂，而且，当特征点干扰力幅

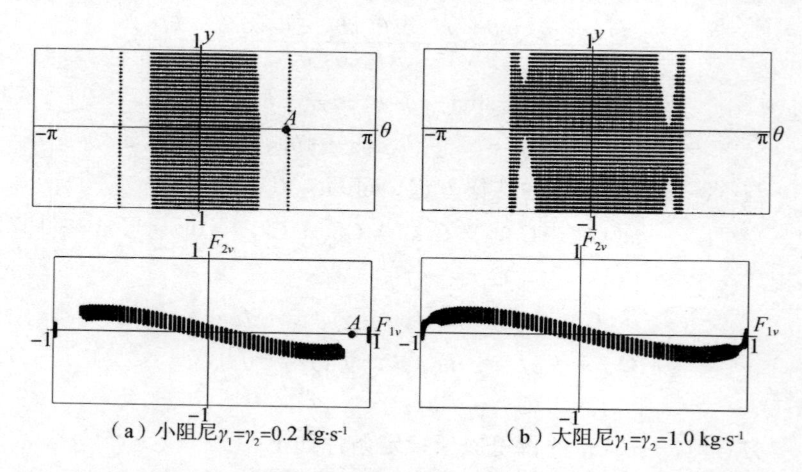


（a）小阻尼$\gamma_1=\gamma_2=0.2\ \mathrm{kg\cdot s^{-1}}$　　（b）大阻尼$\gamma_1=\gamma_2=1.0\ \mathrm{kg\cdot s^{-1}}$

图 3-29　位于水平振动支架上的数学摆，在不同相位变量和干扰力幅值条件下，其固定点稳定性区域示意图

$\ell=1$ mz；$m_1=m_2=1$ kg；$c=2\ \mathrm{N\cdot m^{-1}}$；$g=10\ \mathrm{m\cdot s^{-2}}$

值处于某种特定组合的情况下，该区域可能具有不稳定性。此时，随着阻尼系数 $\gamma_1,\gamma_2$ 的减小，特征点稳定性区域范围减小。

当角度足够小 $-\pi/4<\theta<\pi/4$，$y$ 坐标值任意，且阻尼系数很小时，所有特征点都是稳定的。因此，作用在数学摆支撑点 $m_2$ 上的一个干扰力 $F_2$ 是不可能将动态系统带入无规则振动状态的。

将动态系统带入无规则振动状态的必要条件是：要么作用在一个数学质量摆 $m_1$ 上的干扰力 $F_1\approx m_1g$（当 $F_2=0$ 时）足够大，要么取决于干扰力 $F_1$，$F_2$（$0<F_1<m_1g$，$F_2\neq0$）作用于 $m_1$，$m_2$ 两个质量块时的相对位置。

这样，我们可以针对所要分析的动态系统找出特征点，创建稳定性区域，耗费相对较少的时间和精力，进行有针对性的分析并求出准确的系统参数，从而判定动态系统无规则振动发生的可能性。

此时，干扰力幅值的选择应确保特征点处于非稳定性区域，如图 3-29（a）所示，应尽量接近点 $A$ 的位置。

### 3.5.3　计算机试验和结果分析

找到双数学摆发生无规则振动时的系统参数式（1－98），同时考虑分析结果，带入以下参数值

$$\ell_1 = \ell_2 = 1\ \mathrm{m}, m_1 = m_2 = 1\ \mathrm{kg}, g = 10\ \mathrm{m \cdot s^{-2}}$$

$$F_{1\nu} = -0.216(F_1 = -4.32\ \mathrm{N}), F_{2\nu} = 0.866(F_2 = 8.66\ \mathrm{N})$$

$$\gamma_1 = \gamma_2 = (0.4 \sim 1.6)\mathrm{kg \cdot s^{-1}}, \omega_1, \omega_2 = (0.2 \sim 3)\ \mathrm{s^{-1}} \tag{3-140}$$

根据环境温度随时间变化的谐波规律，温度扰动可判别系统消散特性的变化

$$\gamma_1 = \gamma_2 = \gamma(T(t)) = \gamma_0(1 + \varepsilon \Delta T_0 \cos pt) \tag{3-141}$$

式中　$\gamma_0 = 1.0\ \mathrm{kg \cdot s^{-1}}$；$\Delta T_0 = 20\ ℃$；$\varepsilon = 0 \sim 0.03\ ℃^{-1}$；
$p = 0.045\ \mathrm{s^{-1}}$。

计算机处理结果显示，不考虑温度扰动的情况下，当参数变量为以下值时，双数学摆可发生不规则运动

$$\varepsilon = 0, \gamma_1 = \gamma_2 = \gamma_0 = 0.4\ \mathrm{kg \cdot s^{-1}}, \omega_1 = \omega_2 = 2.0\ \mathrm{s^{-1}} \tag{3-142}$$

其他参数值大小见式（3－140）。

为验证无规则振动的发生条件和判据，可使用 3.1 节中非线性振动理论方程。

图 3－30 是带有给定参数式（3－140）、式（3－142）的双数学摆积分方程组（1－98）在发生无规则振动 $\theta(t), \dot{\theta}(t)$，$\varphi(t), \dot{\varphi}(t)$ 时实测情况。

如图 3－30 所示，符合可判定无序的第一个判据：输出信号看上去像是固定的随机过程。

图 3－31 是双数学摆方程组（1－98）的相位图 $(\theta, \dot{\theta})$，$(\varphi, \dot{\varphi})$；图 3－32 是功率谱和输出信号 $\theta(t)$ 自相关函数。

以上各图显示，双数学摆系统中可判定无序的第二、三、四个判据成立：功率谱低频段的宽带噪声干扰、自相关函数的快速下降和相位图像中奇异引力子的存在。

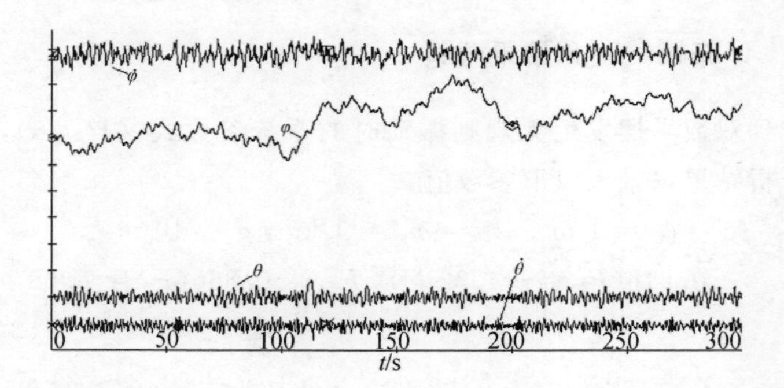


图 3-30　有给定参数式（3-140）、式（3-142）的双数学摆积分方程组实测结果

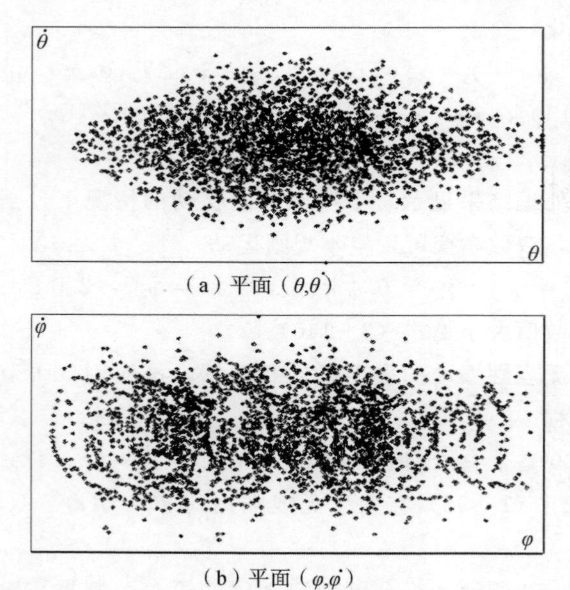


（a）平面（$\theta,\dot{\theta}$）

（b）平面（$\varphi,\dot{\varphi}$）

图 3-31　带有给定参数式（3-140）和式（3-142）的双数学摆积分方程组的相位图

计算出的方程组（1-98）的相关因次 d≈3.4。卡尔莫格卢夫熵 $K \to 0.73 = \text{const}$。

正如我们看到的，相关因次为分数，卡尔莫格卢夫熵趋近于大于零的常值，就是说，符合可判定无序的第五和第六个判据。

从非线性动态系统理论分析结果可以确定，系统的这种无规则

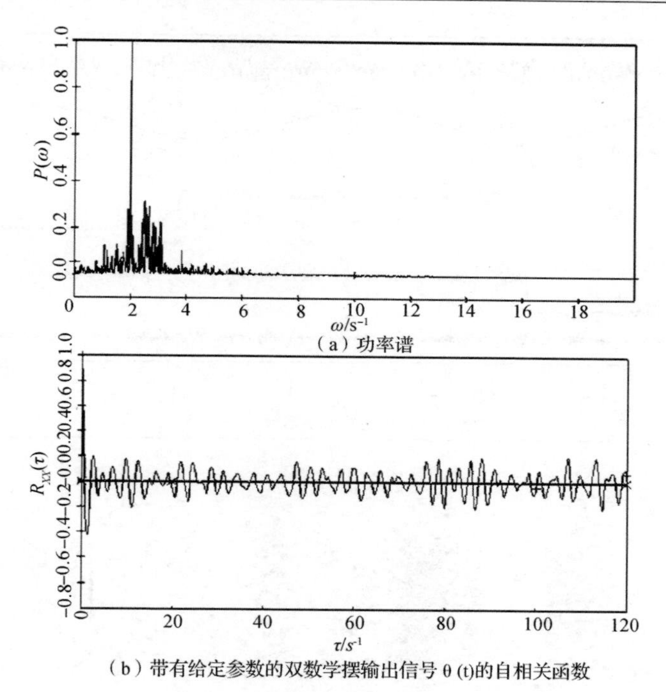


（a）功率谱

（b）带有给定参数的双数学摆输出信号 θ (t)的自相关函数

图 3-32　功率谱和输出信号 θ（t）自相关函数

行为具有可判定无序的性质。因为发生的这种现象与所有的主要判据都是相符的。

在温度谐波扰动式（3-141）作用下，当 $\varepsilon = 0.03\ ℃^{-1}$ 时，双自由度数学摆方程组（1-98）进行数字积分的结果，如图 3-33 所示。

如图 3-33 所示，当所有参数按某种固定方式组合时，与温度变化的周期性特征（黏性摩擦力的周期性变化）相符，双自由度数学摆系统进入无规则振动状态。

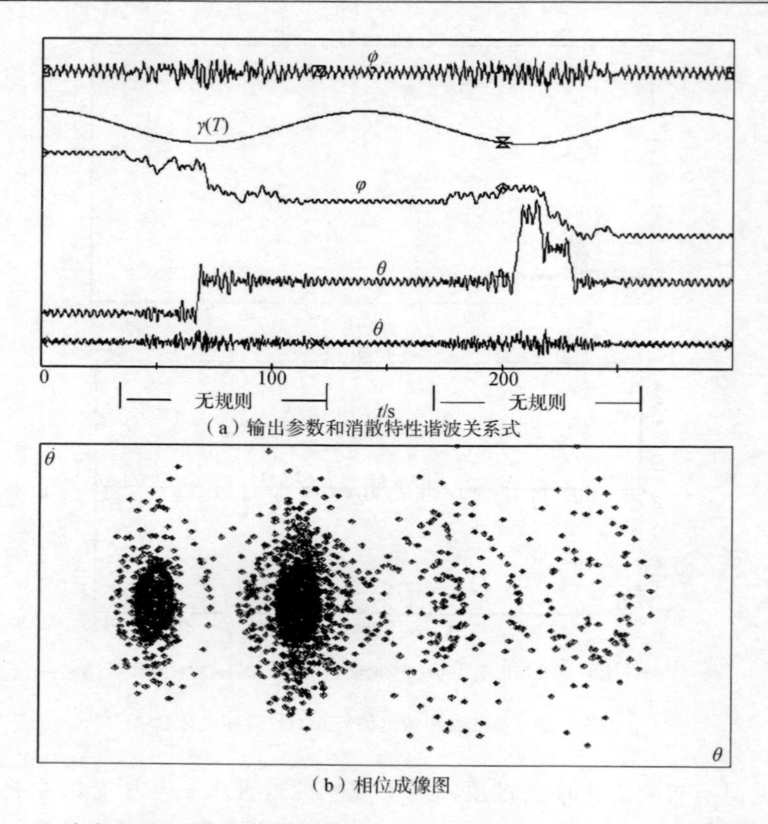


(a) 输出参数和消散特性谐波关系式

(b) 相位成像图

图 3-33　在考虑温度变化与消散特性 $\varepsilon = 0.03\ ℃^{-1}$ 对应关系式（3-141）的前提下，双自由度数学摆方程组（1-98）数字积分结果

对支撑点水平振动的数学摆式（1-109）而言，分析结果类似。

计算机处理结果显示，当系统参数为以下值时，数学摆必然发生不规则运动。此时，不规则运动的所有判据均正确。

$$\ell = 1\ \mathrm{m}\ , m_1 = m_2 = 1\ \mathrm{kg}\ , \gamma_1 = \gamma_2 = 0.2\ \mathrm{kg \cdot s^{-1}}$$

$$c = 2\ \mathrm{N \cdot m^{-1}}\ , g = 10\ \mathrm{m \cdot s^{-2}}$$

$$F_{1\nu} = 0.866(F_1 = 8.66\ \mathrm{N})\ , F_{2\nu} = 0.0(F_2 = 0.0\ \mathrm{N})\ , \omega_1 = 2.5\ \mathrm{s^{-1}} \tag{3-143}$$

当其中一个周期性变化力 $F_{1\nu}$ 的幅度足够大时，支撑点水平振动的数学摆可能发生不规则运动，且运动情况与分析结果完全相符。

当参数为式（3 - 143）所列值，对支撑点水平振动的数学摆方程组（1 - 109）进行数字积分的振动图形 $\theta(t),\dot{\theta}(t)$，$y(t),\dot{y}(t)$ 如图 3 - 34 所示。

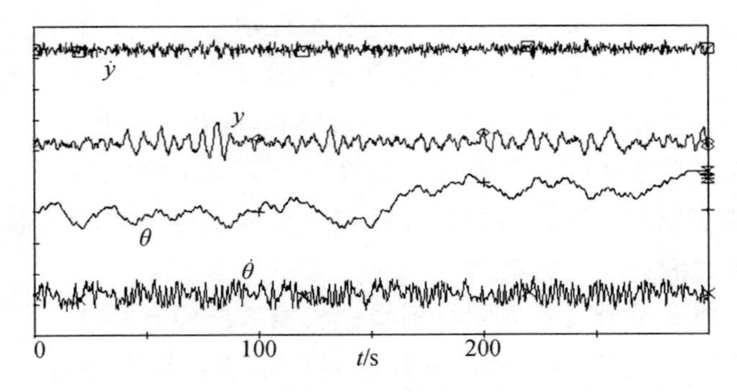


图 3 - 34　支撑点水平振动的数学摆积分系统
在参数已知情况下［式（3 - 143）］的运动图形

我们可以得出以下结论。

在动态系统非线性运动方程（1 - 94）～方程（1 - 98）和方程(1 - 105）～方程（1 - 109）基础上，可对双数学摆阻尼不规则动态特性，以及黏弹性底座上可动支点数学摆的不规则动态特性进行分析和研究。

借助式（3 - 130）～式（3 - 134）和式（3 - 135）～式（3 - 139）所列关系式，可确定特征点的稳定性区域，并“预测”被研究对象的各项系统参数、干扰力幅值和频率，以及在这些外力作用下，系统可能发生的不规则运动。

已经证明，系统的无序状态具有可判定无序的性质，建立了可判定无序的定性和定量判剧，查明了奇异引力子的存在，确定了奇异引力子的基本特性。

还证明，当非线性振子的消散特性谐波温度变化时，当谐波干扰力按固定幅值和频率作用时，数学摆的运动具有可判定无规则特性。此时，如系统处在固定温度和固定参数的情况下，不规则运动不存在。

## 3.6 参数变化对机械系统固有特性的影响

对于多自由度线性机械系统，例如：陀螺系统、组合数学摆、机电装置等，当其按正常条件进行自由运动时，运动能量、力学速度和状态矩阵中的各项参数为固定值，即额定值，这时，可将系数为常值的常规化微分方程组[24,29-30]看做标准的数学模型。

但是，由于实际动态系统的温度变化、加工精度、装配和调试质量等诸多原因，这些由微分方程组中系数求得的实际参数，会与额定参数之间存在一定偏差。

本节将着重研究并力图找到线性机械系统固有特性与额定参数偏差值之间的关系。此时，参数偏差值很小，且不随时间变化而变化。

这种方法，对研究参数变化情况下，机械系统的固有特性和随机特性具有特殊的意义。

另一方面，研究机械系统固有特性与参数变化特性之间的相互关系，除了其本身的理论意义之外，更具有重要的工程应用意义。当需要类似形式的量化数据，对批次生产的机械系统装置进行评估，可将之作为常规微分方程组的数学模型。

在不破坏推理一致性的前提下，我们可以用常规的二阶微分方程组描述具有能量消散和陀螺回转力特性的机械系统

$$\boldsymbol{A}\ddot{\boldsymbol{x}} + \boldsymbol{B}\dot{\boldsymbol{x}} + \boldsymbol{C}\boldsymbol{x} = 0 \tag{3-144}$$

$$\boldsymbol{A}(d) = a_{ik}(d_1, \cdots, d_m), \boldsymbol{B}(d) = b_{ik}(d_1, \cdots, d_m)$$

$$\boldsymbol{C}(d) = c_{ik}(d_1, \cdots, d_m)(i, k = 1, n)$$

式中 $\boldsymbol{x} = (x_1, \cdots, x_n)^{\mathrm{T}}$ ——状态矢量；

$\boldsymbol{A}, \boldsymbol{B}, \boldsymbol{C}$ ——与参数 $m$ 相关的因次矩阵 $n \times n$ 。

通过 $a_{ik}$ ，$b_{ik}$ ，$c_{ik}$ 矩阵元素确定的参数 $d_\nu$ ，可以作为设计参数（如几何尺寸、密度、黏度等）、工艺参数（如安装、调试等）、试验参数（如损耗、加温等）进行使用。

此外，在设计过程中通过计算得出的这些参数，应当伴随着现代化技术水平的提高，尽量反映动态系统在各种复杂过程中的性能，如：热传输过程、外部电磁场相互作用的过程等。

这样，与惯用方法有所不同，我们假设每一个 $d_\nu$ 值当中都包含误差项，即

$$d_\nu = d_\nu^0 + \Delta d_\nu (\nu = 1, m) \tag{3-145}$$

我们假设 $\Delta d_\nu$ 是随机量。对于这个随机值，我们可以认为它是系统某个大概特性，或是某个更为宏观的特性：某种理论预期、协方差矩阵，或其他一些量级更高的要素。

在没有推理必须具备一致性限制的情况下，我们认为，矢量 $\boldsymbol{d}_0 = (d_1^0, \cdots, d_\nu^0, \cdots, d_m^0)^{\mathrm{T}}$ ——额定值矢量，是矢量随机大小的平均值 $\boldsymbol{d}_0 = \boldsymbol{M}(\boldsymbol{d})$ 。

现在让我们研究一下动态系统式（3-144）的模量，即动态系统的局部解

$$x_k(t) = \mathrm{e}^{\lambda_k t} \boldsymbol{e}_k \text{ , } \boldsymbol{e}_k \neq 0 (k = 1, 2, \cdots, 2n) \tag{3-146}$$

式中 $\lambda_k$ ——广义的固有频率（固有值）；

$\boldsymbol{e}_k$ ——第 $k$ 个模量的幅值（特征矢量）。

如果 $\lambda_k$ 为一个假设数，那么 $\lambda_k$ 就是第 $k$ 个模量的真实频率。$\lambda_k$ 的有效部分测定第 $k$ 个模量的衰减。

如果 $\Delta d_\nu$ 是随机数，则 $\lambda_k = \lambda_k(d), \boldsymbol{e}_k = \boldsymbol{e}_k(d)$ 为随机值。

下面的问题是，如何通过参数 $d_1, \cdots, d_\nu, \cdots, d_m$ 的概率特性表示 $\lambda_k$ 的概率特性。

为求模量值，带入代数分数方程组的解

$$(\lambda^2 \boldsymbol{A} + \lambda \boldsymbol{B} + \boldsymbol{C}) \boldsymbol{e} = 0 \tag{3-147}$$

这样，必须求出二次方矩阵群 $\lambda^2 \boldsymbol{A} + \lambda \boldsymbol{B} + \boldsymbol{C}$ 的特征值和特征矢量。当 $\boldsymbol{e} \neq 0$ ，也只有 $\boldsymbol{e} \neq 0$ 时，方程（3-147）才有以下解

$$\det(\lambda^2 \boldsymbol{A} + \lambda \boldsymbol{B} + \boldsymbol{C}) = 0 \tag{3-148}$$

将特征值式（3-145）带入线性群的特征值

$$\boldsymbol{S}\boldsymbol{y} = \lambda \boldsymbol{y} \tag{3-149}$$

$$\boldsymbol{y}=(y_1,\cdots,y_{2n})^{\mathrm{T}}$$

式中　$\boldsymbol{S}$——因次矩阵（$2n\times 2n$）。

线性群式（3-149）的所有固有值$\lambda_1,\cdots,\lambda_{2n}$为特性方程 det（$\boldsymbol{S}-\lambda\boldsymbol{E}$）=0（$\boldsymbol{E}$为单元矩阵）的根。

那么，每一个$\lambda_k$（$k=1，2，\cdots，2n$）对应一个（也是唯一一个）特征矢量$\boldsymbol{y}_k$，这时，矢量$\boldsymbol{y}_1,\boldsymbol{y}_2,\cdots,\boldsymbol{y}_{2n}$构成$\boldsymbol{R}^{2n}$的基础。这说明，任一矢量$\boldsymbol{y}\in\boldsymbol{R}^{2n}$都只按唯一指定的基准分解

$$\boldsymbol{y}=C_k\boldsymbol{y}_k \tag{3-150}$$

这里和下文我们将用到张量标号。

将上面使用的相同的标号进行求和。

此时这些标号可标在上侧和下侧。按线性代数规则，用以下方式计算分解式中的系数$C_k$

$$C_k=\boldsymbol{z}_k^{\mathrm{T}}\boldsymbol{y}_k(k=1,2,\cdots,2n)$$

式中　$\boldsymbol{z}_k$——矢量，因次为 2 $n$。

矢量$\boldsymbol{z}_1,\boldsymbol{z}_2,\cdots,\boldsymbol{z}_{2n}$构成$\boldsymbol{y}_1,\boldsymbol{y}_2,\cdots,\boldsymbol{y}_{2n}$标准双正交方程组，即

$$\boldsymbol{z}_j\boldsymbol{y}_k=\delta_{jk}=\begin{cases}1 & \text{当 } j=k \text{ 时}\\ 0 & \text{当 } j\neq k \text{ 时}\end{cases} \tag{3-151}$$

已知，$\boldsymbol{z}_k$是移项矩阵$\boldsymbol{S}^{\mathrm{T}}$的特征矢量：$\boldsymbol{S}^{\mathrm{T}}\boldsymbol{z}_k=\lambda\boldsymbol{z}_k,(k=1,2,\cdots,2n)$。

如果矩阵$\boldsymbol{A}$代入式（3-144）($\det\boldsymbol{A}\neq 0$)，那么可按$\lambda$线性化方程组（3-147），使状态矢量因数增加一倍。

式（3-147）左侧两部分与$\boldsymbol{A}^{-1}$相乘，得到

$$(\lambda^2\boldsymbol{E}+\lambda\boldsymbol{A}^{-1}\boldsymbol{B}+\boldsymbol{A}^{-1}\boldsymbol{C})e=0 \tag{3-152}$$

此时，设

$$V=\lambda\boldsymbol{e} \tag{3-153}$$

那么式（3-152）将写为

$$-\boldsymbol{A}^{-1}\boldsymbol{C}e-\boldsymbol{A}^{-1}\boldsymbol{B}V=\lambda V \tag{3-154}$$

因次为 $2n$ 的状态矢量$\boldsymbol{y}$

$$\boldsymbol{y}=\boldsymbol{e}/\mathrm{V} \tag{3-155}$$

因次为 $2n \times 2n$ 组合矩阵为

$$\boldsymbol{S} = \begin{Vmatrix} 0 & \boldsymbol{E} \\ -\boldsymbol{A}^{-1}\boldsymbol{C} & -\boldsymbol{A}^{-1}\boldsymbol{B} \end{Vmatrix} \tag{3-156}$$

式（3－153）和式（3－154）按 $\lambda$ 线性化方程组形式，可写为

$$\boldsymbol{Sy} = \lambda \boldsymbol{y} \tag{3-157}$$

即从式（3－147）中可分离出式（3－157），相反，如果 $\boldsymbol{y} \neq 0$ 而式（3－157）得以成立，那么由最初 $n$ 组成的矢量 $\boldsymbol{e}$ 与矢量 $\boldsymbol{y}$ 成分符合。

这说明，二次方矩阵群式（3－147）的特征值可带入到线性群式（3－157）用于特征值的求解。

因为矩阵 $\boldsymbol{A}$，$\boldsymbol{B}$ 和 $\boldsymbol{C}$ 中的元素与参数 $d_\nu$ 直接相关，所以 $\boldsymbol{S} = \boldsymbol{S}(d_1, \cdots, d_m) = \boldsymbol{S}(\boldsymbol{d})$。

利用矢量公式，写为

$$\boldsymbol{d} = \boldsymbol{d}_0 + \Delta\boldsymbol{d}, \Delta\boldsymbol{d} = (\Delta d_1, \cdots, \Delta d_m)^{\mathrm{T}} \tag{3-158}$$

此处主要的假设条件为：当 $\boldsymbol{d} = \boldsymbol{d}_0$ 时，特性方程（3－148）的根 $\lambda_1(\boldsymbol{d}_0), \cdots, \lambda_{2n}(\boldsymbol{d}_0)$ 为单根。

应单独研究根是否可以除尽。与根 $\lambda_\nu$ 相符的矩阵 $\boldsymbol{S}(\boldsymbol{d}_0)$ 特征矢量 $\boldsymbol{y}_1(\boldsymbol{d}_0), \cdots, \boldsymbol{y}_{2n}(\boldsymbol{d}_0)$ 是 $\boldsymbol{R}^{2n}$ 中的基准。

当上述假设成立时，可将 $\lambda_\nu(\boldsymbol{d})$ 和 $\boldsymbol{y}_\nu(\boldsymbol{d})$ 分置到泰勒（Taylor）制行 $\boldsymbol{d} = \boldsymbol{d}_0$ 的附近，设 $\Delta d_\nu$ 为无限小，只用线性项 $\Delta d_\nu$ 限制

$$\lambda_\nu(\boldsymbol{d}) = \lambda_\nu(\boldsymbol{d}_0) + \lambda_{\nu\mu}(\boldsymbol{d}_0)\Delta d\mu \tag{3-159}$$

$$\boldsymbol{y}_\nu(\boldsymbol{d}) = \boldsymbol{y}_\nu(\boldsymbol{d}_0) + \boldsymbol{y}_{\nu\mu}(\boldsymbol{d}_0)\Delta d\mu \tag{3-160}$$

其中

$$\lambda_{\nu\mu}(\boldsymbol{d}) = \frac{\partial \lambda_\nu(\boldsymbol{d})}{\partial d_\mu}$$

$$\boldsymbol{y}_{\nu\mu}(\boldsymbol{d}) = \frac{\partial \boldsymbol{y}_\nu(\boldsymbol{d})}{\partial d_\mu}$$

首先求出 $\lambda_{\nu\mu}(\boldsymbol{d}_0)$ 和 $\boldsymbol{y}_{\nu\mu}(\boldsymbol{d}_0)$。

取某个标准双正交方程组 $z_1(\boldsymbol{d}_0), \cdots, z_{2n}(\boldsymbol{d}_0)$ 对方程组 $y_1(\boldsymbol{d}_0), \cdots, y_{2n}(\boldsymbol{d}_0)$，$\boldsymbol{d}$ 接近 $\boldsymbol{d}_0$，在保证下面关系式成立的条件下，设定矩阵 $\boldsymbol{S}(\boldsymbol{d})$ 的特征矢量 $\boldsymbol{y}_1(\boldsymbol{d}), \cdots, \boldsymbol{y}_{2n}(\boldsymbol{d})$

$$z_{\mu}^{\mathrm{T}}(\boldsymbol{d}_{0})\boldsymbol{y}(\boldsymbol{d}) = 1(\mu = 1,2,\cdots,2n) \tag{3-161}$$

将式（3－157）写成 $\boldsymbol{S}(\boldsymbol{d})\boldsymbol{y}(\boldsymbol{d}) = \lambda_{\nu}(\boldsymbol{d})\boldsymbol{y}_{\nu}(\boldsymbol{d})$，将 $d_{\mu}$ 两部分求微分，设 $\boldsymbol{d} = \boldsymbol{d}_{0}$，得到

$$\boldsymbol{S}(\boldsymbol{d}_{0})\boldsymbol{y}_{\nu\mu}(\boldsymbol{d}_{0}) - \lambda_{\nu}(\boldsymbol{d}_{0})\boldsymbol{y}_{\nu\mu}(\boldsymbol{d}_{0}) = -\boldsymbol{S}_{\mu}(\boldsymbol{d}_{0})\boldsymbol{y}_{\nu}(\boldsymbol{d}_{0}) + \lambda_{\nu\mu}(\boldsymbol{d}_{0})\boldsymbol{y}_{\nu}(\boldsymbol{d}_{0}) \tag{3-162}$$

$$\boldsymbol{S}_{\nu\mu} = \frac{\partial \boldsymbol{S}(\boldsymbol{d})}{\partial d_{\mu}}(\nu = 1,2,\cdots,2n;\mu = 1,2,\cdots,2n)$$

按 $d_{\mu}$ 求式（3－161）微分，设 $\boldsymbol{d} = \boldsymbol{d}_{0}$，得到

$$\boldsymbol{z}_{\nu}^{\mathrm{T}}(\boldsymbol{d}_{0})\boldsymbol{y}_{\nu\mu}(\boldsymbol{d}_{0}) = 0(\nu = 1,2,\cdots,2n;\mu = 1,2,\cdots,2n) \tag{3-163}$$

相对 $\boldsymbol{y}_{\nu\mu}(\boldsymbol{d}_{0})$ 方程组，可以进行式（3－162）的研究。

按基准 $\boldsymbol{y}_{1}(\boldsymbol{d}_{0}),\cdots,\boldsymbol{y}_{2n}(\boldsymbol{d}_{0})$ 以分解的方式，将求出这个方程组的解

$$\boldsymbol{y}_{\nu\mu}(\boldsymbol{d}_{0}) = C_{\nu\mu\ell}\boldsymbol{y}_{\ell}(\boldsymbol{d}_{0}) \tag{3-164}$$

$$C_{\nu\mu\ell} = \boldsymbol{z}_{\ell}^{\mathrm{T}}(\boldsymbol{d}_{0})\boldsymbol{y}_{\nu\mu}(\boldsymbol{d}_{0}) \tag{3-165}$$

但是，从式（3－163）得出结论

$$C_{\nu\mu\ell} = 0 \tag{3-166}$$

另一方面，将式（3－164）带入式（3－162），按基准 $\boldsymbol{y}_{\ell}(\boldsymbol{d}_{0})$ $(\ell = 1,2,\cdots,2n)$ 带到式（3－162）的右侧，得到

$$\begin{aligned} &C_{\nu\mu\ell}(\lambda_{\nu}(\boldsymbol{d}_{0}) - \lambda_{\ell}(\boldsymbol{d}_{0}))\boldsymbol{y}_{\ell}(\boldsymbol{d}_{0}) = \\ &[\boldsymbol{z}_{\ell}^{\mathrm{T}}(\boldsymbol{d})(\boldsymbol{S}_{\mu}(\boldsymbol{d}_{0})\boldsymbol{y}_{\nu}(\boldsymbol{d}_{0}) - \lambda_{\nu\mu}(\boldsymbol{d}_{0})\boldsymbol{y}_{\nu}(\boldsymbol{d}_{0}))]\boldsymbol{y}_{\ell}(\boldsymbol{d}_{0}) \end{aligned} \tag{3-167}$$

当 $\boldsymbol{y}_{\ell}$ 相同时，比较式（3－167）中的系数，得到

$$C_{\nu\mu\ell} = \frac{1}{\lambda_{\nu}(\boldsymbol{d}_{0}) - \lambda_{\ell}(\boldsymbol{d}_{0})}\boldsymbol{z}_{\ell}^{\mathrm{T}}(\boldsymbol{d}_{0})[\boldsymbol{S}_{\mu}(\boldsymbol{d}_{0})\boldsymbol{y}_{\nu}(\boldsymbol{d}_{0}) - \lambda_{\nu\mu}(\boldsymbol{d}_{0})\boldsymbol{y}_{\nu}(\boldsymbol{d}_{0})](\ell \neq \nu) \tag{3-168}$$

$$\boldsymbol{z}^{\mathrm{T}}(\boldsymbol{d}_{0})[\boldsymbol{S}_{\mu}(\boldsymbol{d}_{0})\boldsymbol{y}_{\nu}(\boldsymbol{d}_{0}) - \lambda_{\nu\mu}(\boldsymbol{d}_{0})\boldsymbol{y}_{\nu}(\boldsymbol{d}_{0})] = 0\ (\ell = \nu) \tag{3-169}$$

得到

$$\lambda_{\nu\mu}(\boldsymbol{d}_{0}) = \boldsymbol{z}_{\nu}^{\mathrm{T}}(\boldsymbol{d}_{0})\boldsymbol{S}_{\mu}(\boldsymbol{d}_{0})\boldsymbol{y}_{\nu}(\boldsymbol{d}_{0}) \tag{3-170}$$

将式（3－168）、式（3－170）带到式（3－164）中，式（3－

159）和式（3－160）将写为以下形式

$$\Delta\lambda_\nu(\boldsymbol{d}_0)=\lambda_\nu(\boldsymbol{d})-\lambda_\nu(\boldsymbol{d}_0)=\boldsymbol{z}_\nu^{\mathrm{T}}(\boldsymbol{d}_0)\boldsymbol{S}_\mu(\boldsymbol{d}_0)\boldsymbol{y}_\nu(\boldsymbol{d}_0)\Delta\boldsymbol{d}_\mu \tag{3-171}$$

$$\Delta\boldsymbol{y}_\nu(\boldsymbol{d}_0)=\boldsymbol{y}_\nu(\boldsymbol{d})-\boldsymbol{y}_\nu(\boldsymbol{d}_0)=$$

$$\frac{1}{\lambda_\nu(\boldsymbol{d}_0)-\lambda_\ell(\boldsymbol{d}_0)}[\boldsymbol{z}_\ell^{\mathrm{T}}(\boldsymbol{d}_0)\boldsymbol{S}_\mu(\boldsymbol{d}_0)\boldsymbol{y}_\nu(\boldsymbol{d}_0)]\boldsymbol{y}_\ell(\boldsymbol{d}_0)\Delta\boldsymbol{d}_\mu \tag{3-172}$$

对式（3－172）所有 $\nu\neq\ell$ 求和。使用求得的关系式（3－171），列式如下

$$a_{\nu\mu}=\boldsymbol{z}^{\mathrm{T}}(\boldsymbol{d}_0)\boldsymbol{S}_\mu(\boldsymbol{d}_0)\boldsymbol{y}_\nu(\boldsymbol{d}_0) \tag{3-173}$$

那么式（3－171）将写为

$$\Delta\lambda_\nu(\boldsymbol{d}_0)=a_{\nu\mu}\Delta\boldsymbol{d}_\mu \tag{3-174}$$

我们只研究数学期望值 $\boldsymbol{M}(\Delta\boldsymbol{d}_\mu)=0$ 的情况。从式（3－174）得出结论，$\boldsymbol{M}(\Delta\lambda_\nu)=0$，即矢量 $\{\lambda_1(\boldsymbol{d}_0),\cdots,\lambda_{2n}(\boldsymbol{d}_0)\}$ 是随机矢量值 $\{\lambda_1(\boldsymbol{d}),\cdots,\lambda_{2n}(\boldsymbol{d})\}$ 的平均值。

设 $\boldsymbol{k}_{\mathbf{d}}=(\boldsymbol{k}_{\mathbf{d}})_{ij}(i,j=1,m)$ 为 $(\Delta d_1,\cdots,\Delta d_m)$ 值的协方差矩阵，即 $(\boldsymbol{k}_{\mathbf{d}})_{ij}=M(\Delta d_i\Delta d_j)$；而 $\boldsymbol{k}_\lambda((\boldsymbol{k}_\lambda)_{\lambda\mu})(\nu,\mu=1,2n)$ 为 $(\Delta\lambda_1,\cdots,\Delta\lambda_{2n})$ 值的协方差矩阵，即 $(\boldsymbol{k}_\lambda)_{\nu\mu}=M(\Delta\lambda_\nu\Delta\lambda_\mu)$。

鉴于式（3－174），得到

$$(\boldsymbol{k}_\lambda)_{\nu\mu}=M(a_\nu^i\Delta d_i\cdot a_\mu^j\Delta d_\mu)=a_\nu^i a_\mu^i M(\Delta d_i\Delta d_j) \tag{3-175}$$

或

$$(\boldsymbol{k}_\lambda)_{\nu\mu}=a_\nu^i a_\mu^j(\boldsymbol{k}_{\mathrm{d}})_{ij} \tag{3-176}$$

下面研究一下与 $\Delta d_\nu$ 无关的个别情况，即 $i\neq j(\boldsymbol{k}_{\mathrm{d}})_{ij}=0$。由于 $D(\Delta d_i)=(\boldsymbol{k}_{\mathrm{d}})_{ij}$ 和 $D(\Delta\lambda_\nu)=(\boldsymbol{k}_\lambda)_{\nu V}$ 离散差，我们得出参数偏差 $\Delta\boldsymbol{d}$ 离散度与特征值偏差 $\Delta\lambda$ 离散度之间的关系，并最终用公式表述为

$$D(\Delta\lambda_\nu)=(a_\nu^i)^2D(\Delta d_i) \tag{3-177}$$

为了举例说明，我们现在来研究一下不同质量且相互关联的数学摆系统。系统具有两个自由度，选择相对于垂向的偏差角 $\varphi_1$ 和 $\varphi_2$ 作为典型坐标。

数学摆的支撑点位于静基座上。当 $\varphi_1$ 和 $\varphi_2$ 很小时，系统特征运

动的矩阵形式为

$$\begin{Vmatrix}1 & 0\\0 & h\end{Vmatrix}\{\ddot{\varphi}\}+2\xi\begin{Vmatrix}(1+S_1) & -1\\-1 & (1+S_2)\end{Vmatrix}\{\dot{\varphi}\}+\begin{Vmatrix}1 & 0\\0 & k\end{Vmatrix}\{\varphi\}=0$$

式中 $h$——摆的质量偏差；

$S_1,S_2$——当外部环境变化时，代表质量摆运动能量耗散特性的数值；

$2\xi$——两个质量摆相互运动时的阻尼。

那么

$$\boldsymbol{A}=\begin{Vmatrix}1 & 0\\0 & h\end{Vmatrix}$$

$$\boldsymbol{B}=2\xi\begin{Vmatrix}(1+S_1) & -1\\-1 & (1+S_2)\end{Vmatrix}$$

$$\boldsymbol{C}=\begin{Vmatrix}1 & 0\\0 & k\end{Vmatrix}$$

其中 $h=0.2$，$\xi=0.15$，$S_1=S_2=0.1$，$k=2$

矩阵 $\boldsymbol{S}$ 为

$$\boldsymbol{S}=\begin{Vmatrix}0 & 0 & 1 & 0\\0 & 0 & 0 & 1\\-1 & 0 & -0.33 & 0.3\\0 & -10 & 1.5 & -1.65\end{Vmatrix}$$

矩阵 $\boldsymbol{S}$ 的特征值

$\lambda_{1,2}=-0.820\,2\pm 2.968\,1i$，$\lambda_{3,4}=-0.169\,7\pm 1.012\,7i$

矩阵 $\boldsymbol{S}$ 的特征矢量

$$\boldsymbol{y}_1=\boldsymbol{y}_2=\begin{bmatrix}-0.030\,0+0.015\,7i\\-0.081\,7-0.295\,9i\\-0.221\,5-0.102\,0i\\0.945\,3\end{bmatrix}$$

$$\boldsymbol{y}_3 = \boldsymbol{y}_4 = \begin{bmatrix} 0.1136 - 0.6778i \\ 0.1186 - 0.0180i \\ 0.7057 \\ -0.0016 + 0.1231i \end{bmatrix}$$

矩阵 $\boldsymbol{S}^{\mathrm{T}}$ 的特征矢量

$$\boldsymbol{z}_1 = \boldsymbol{z}_2 = \begin{bmatrix} -0.0110 - 0.0508i \\ 0.9420 \\ -0.1599 - 0.0089i \\ 0.0772 - 0.2796i \end{bmatrix}$$

$$\boldsymbol{z}_3 = \boldsymbol{z}_4 = \begin{bmatrix} 0.0120 + 0.6683i \\ -0.2339 + 0.3558i \\ 0.6958 \\ -0.0003 + 0.242i \end{bmatrix}$$

当 $\boldsymbol{z}_k^{\mathrm{T}}\boldsymbol{y}_k = 1$ 时，额定因数 $N = 0.11510 + 1.09338i$ 。

使 $\boldsymbol{e}$ 矩阵中只有参数 $\xi$ ，其相对与额定值 $\xi_{\mathrm{H}}$ 的偏差为 $\pm\Delta\xi$ ，即 $\xi = \xi_{\mathrm{H}} \pm \Delta\xi$ 。

此时，矩阵 $\boldsymbol{S}_\mu = \dfrac{\partial \boldsymbol{S}}{\partial \xi}$ 的形式为

$$\boldsymbol{S}_\mu = \begin{bmatrix} 0 & 0 & 0 & 0 \\ 0 & 0 & 0 & 0 \\ 0 & 0 & 2.2 & 2 \\ 0 & 0 & 10 & -11 \end{bmatrix}$$

对应 $\lambda_1$　　$\Delta\lambda_1 = \boldsymbol{z}_1^{\mathrm{T}}\boldsymbol{S}_\mu N y_1(\pm\Delta\xi)(\Delta\xi = 5\%\xi_{\mathrm{H}})$

设 $\Delta\xi = +\xi_{\mathrm{H}}/10 = 0.015$ ，则 $\Delta\lambda_1 = (-0.6436 - 2.7278i)\cdot\Delta\xi = -0.0096 - 0.0409i$ 。

上述所有计算，借助“MATHEMATICA”解析计算系统完成。

因而，对于第一种模型，当参数 $\xi$ 变化达到 10%时，衰减变化为 1.1%，固有频率的变化为 1.5%。

第二种模型的分析方法相同，由于分析结果大致类似，为节省

时间，此处不再赘述。

这样，求得的解析关系式和计算算法完全可以用来评价线性机械系统特性值的变化，以及运动能量、力学速度和状态矩阵计算得出的各项参数与特性值之间的关系。

# 第4章　航空航天飞行器定位系统中受到温度干扰的压力传感器、线位移传感器、仪表和电子控制部件

## 4.1　热作用对航空航天飞行器压力传感器的影响

在前几章已经指出，现代物理场（压力，温度）传感器、惯性信息传感器和其他传感器乃是一些复杂的动态系统。在这些系统中进行着本质不同（热的、机械的、热弹性的、电的、光等）但又相互联系着的物理过程。

因此，建立物理场传感器在温度干扰条件下工作的数学模型，并采用自动化装置对其进行研究是非常重要和迫切的任务。

在这一节，我们研究的对象是 Bт 212 型压力传感器[21,49]。这种传感器用于测量航空航天火箭技术中使用的液态和气态介质（氧、氮、氢）的静压和动压过程。

这种传感器的主要部件是它的感受器，在感受器的敏感膜上用薄膜工艺方法做了些应变电阻、接触面和其他电子元件，它们是分布在内部的功率恒定的热源，这种类型的压力传感器没有恒温系统。

压力传感器的外形图和它的主要部件——有敏感膜的感受器如图 4－1 表示。

### 4.1.1　建立压力传感器内不稳定热过程的数学模型

这种压力传感器的作用原理，是在液态或者气态介质被测压力的作用下，敏感膜片发生变形，变形量就是被测压力的度量尺度。

摆在我们面前的是一个普通的建立、分析和实验研究压力传感

器数学模型的任务，压力传感器工作在被测介质和周围介质不稳定、不均匀的温度场中。

这项任务包含两个相互关联的子任务：建立和研究压力传感器中发生的不稳定热过程的数学模型，建立和研究压力传感器敏感膜片的热弹性准静态和动态应力变形状态的数学模型。

由于课题任务十分复杂（不稳定性、各种形式的热交换、有热源、不均质的多元结构，与周围介质和被测介质热交换的特点等），这类压力传感器温度场的计算只能借助现代计算机应用数值法解决。

为计算压力传感器不均匀和不稳定的温度场，采用第 1 章中改进了的元素平衡算法。

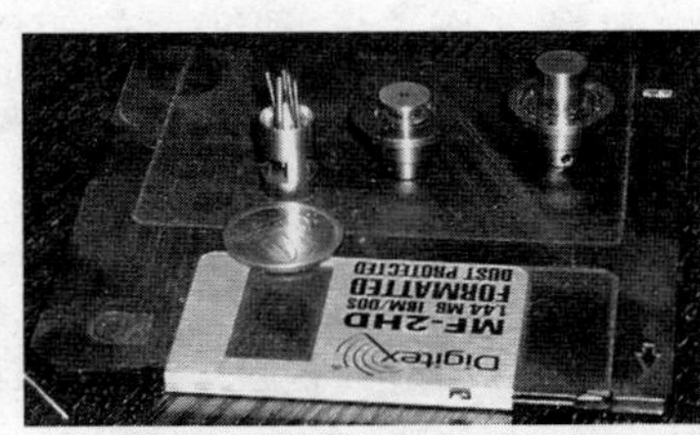

(a)压力传感器及其感受器

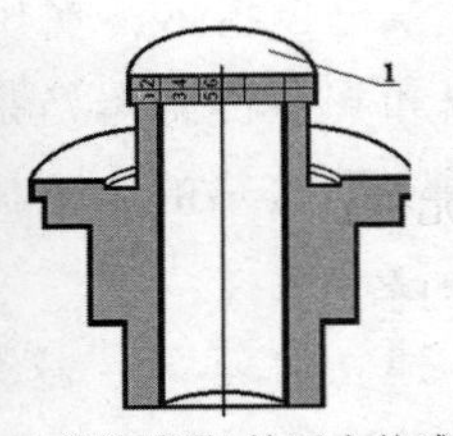


(b)带敏感膜1的压力传感器

图 4-1　压力传感器的外形和它的主要部件

压力传感器的热模型是这样建立的，把它的结构分成几个固态体积单元，因为传感器的结构为轴对称结构，所以这些单元的形状为圆环形；这些体积单元的热物理性能和几何性能，以及它们之间的热连接与传感器的实际结构相对应。

压力传感器的散热属于被动型散热，是经过传感器的壳体和紧固件传到基座；外部环境的介质是正常大气压下的空气。

传感器内部空间被抽成真空，有总功率≤0.07 W 的内部热源。

压力传感器外部介质工作温度的变化范围为（−65～+65）℃。

该压力传感器的重要特点是，被测介质温度变化范围非常宽，为−196～+100 ℃。

压力传感器的配置及其分成单元体积的热模型如图 4-2 所示。

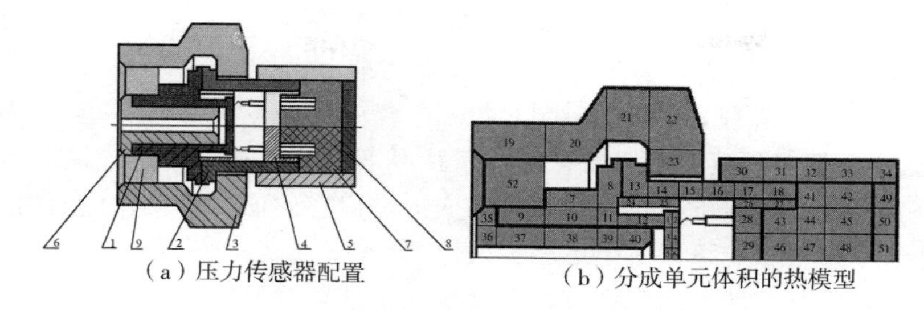


（a）压力传感器配置　（b）分成单元体积的热模型

图 4－2　压力传感器配置及其分成单元体积的热模型

1—带膜片的感受元件（单元体积 1～12）；2—内壳体（13～18）；3—外螺套（19～23）；4— 接线板（24～29）；5—外壳体（30～34）；6—衬套（35～40）；7—填充胶（41～48）；8—盖（49～51）；9—接头（52）

## 4.1.2　考虑温度作用时感受元件膜片应力变形状态的分析与计算

感受元件的主要部分是膜片 1（见图 4－3）。膜片可以看成是一个有弹性的各向同性的圆片，具有自由连接的轮廓[4]，其半径为 $R$ ，厚度为 $h$ 。

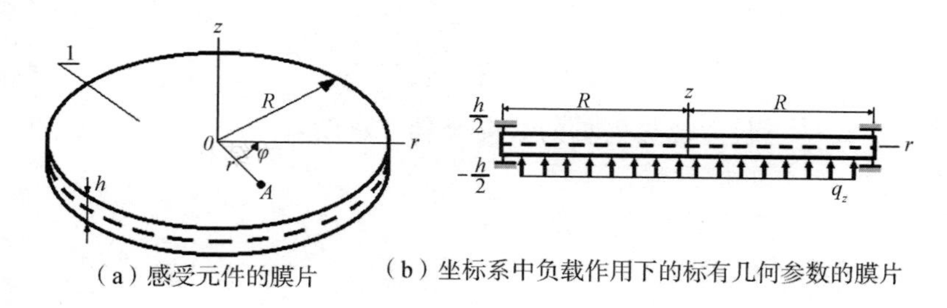


（a）感受元件的膜片　（b）坐标系中负载作用下的标有几何参数的膜片

图 4－3　膜片

1—膜片

请看膜片的轴对称（与 $\varphi$ 无关）应力变形状态。应力变形是由于强度为 $q_z$ 的负载均匀作用在膜片的面积上，再加上温度的作用产生的。

假设膜片的温度场是已知的（温度场用热过程的数学模型计算）其形式如下

$$T(r,z,t)=T_0(r,t)+z\theta(r,t) \tag{4-1}$$

式中　$t$——时间，为简化书写，下面省略 $t$ 。

在这个阶段，考虑膜片拉伸对它弯曲的影响，以及弯度极小（远小于膜片厚度）而且有限（与膜片厚度可比）这个事实，课题研究在准静态状况下进行。当膜片的变形是由它的温度场变化引起时，由于变形很小，可以不考虑相关效应[4,31]。

轴对称非线性热弹性方程在极坐标系具有下列形式[4]

$$\frac{\mathrm{d}}{\mathrm{d}r}(\nabla^2\Phi(r))=-(1-\mu)\frac{\mathrm{d}N_T(r)}{\mathrm{d}r}-\frac{D_0(1-\mu^2)}{2r}\left[\frac{\mathrm{d}w(r)}{\mathrm{d}r}\right]^2 \tag{4-2}$$

$$D_2\nabla^2\nabla^2 w(r)=q_z-\nabla^2 M_T(r)+\frac{1}{r}\frac{\mathrm{d}}{\mathrm{d}r}\left[\frac{\mathrm{d}\Phi(r)}{\mathrm{d}r}\cdot\frac{\mathrm{d}w(r)}{\mathrm{d}r}\right]^2 \tag{4-3}$$

其中

$$N_T(r)=\frac{E\alpha hT(r)}{1-\mu}$$

$$M_T(r)=E\alpha h^3\theta(r)/12(1-\mu)$$

$$D_0(r)=\frac{Eh}{1-\mu^2}$$

$$D_2(r)=\frac{Eh^3}{12(1-\mu^2)}$$

式中　$w$——膜片位移矢量的法向分量（弯度）；

$\mu$——泊松系数；

$\alpha$——温度线膨胀系数；

$E$——杨氏模数；

$\Phi$——应力函数；

$N_T(r)$——热作用引起的张力；

$M_T(r)$——热作用引起的弯曲力矩；

$q_z(r)$——分布负载强度。

膜片中的应力用下式计算

$$\begin{cases}\sigma_r(r)=\dfrac{1}{hr}\dfrac{\mathrm{d}\Phi}{\mathrm{d}r}\\[2ex]\sigma_\varphi(r)=\dfrac{1}{h}\dfrac{\mathrm{d}^2\Phi}{\mathrm{d}r^2}\end{cases} \tag{4-4}$$

膜片中间面的变形为

$$\begin{cases}\bar{\varepsilon}_r = \dfrac{1}{(1-\mu^2)D_0}\left[\dfrac{1}{r}\dfrac{\mathrm{d}\Phi}{\mathrm{d}r} - \mu\dfrac{\mathrm{d}^2\Phi}{\mathrm{d}r^2} + (1-\mu)N_T(r)\right] \\ \bar{\varepsilon}_\varphi = \dfrac{1}{(1-\mu^2)D_0}\left[\dfrac{\mathrm{d}^2\Phi}{\mathrm{d}r^2} - \dfrac{\mu}{r}\dfrac{\mathrm{d}\Phi}{\mathrm{d}r} + (1-\mu)N_T(r)\right]\end{cases} \tag{4-5}$$

用膜片弯曲时的径向位移 $u$ 和法向位移 $w$（见图 4－4）表示的变形张量的分量 $\varepsilon_r$，$\varepsilon_\varphi$ 具有下列形式

$$\begin{cases}\bar{\varepsilon}_r = \dfrac{\mathrm{d}u}{\mathrm{d}r} + \dfrac{1}{2}\left(\dfrac{\mathrm{d}w}{\mathrm{d}r}\right)^2 \\ \bar{\varepsilon}_\varphi = \dfrac{u}{r}\end{cases} \tag{4-6}$$

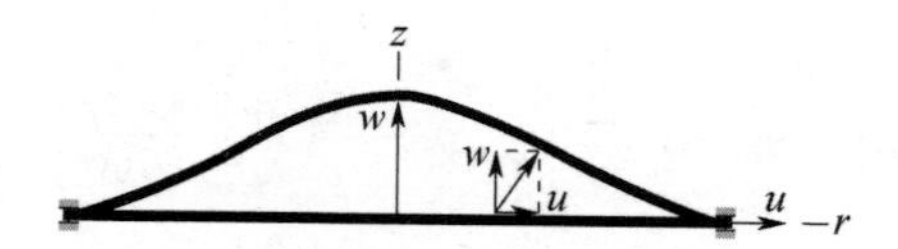


图 4－4　膜片弯曲时点的径向位移 $u$ 和法向位移 $w$（弯度）

现在讨论几何边界条件和静态边界条件。

在膜片轮廓上没有弯度和转角

$$\begin{cases}w\,|_{r=R} = 0 \\ \left|\dfrac{\mathrm{d}w}{\mathrm{d}r}\right|_{r=R} = 0\end{cases} \tag{4-7}$$

在膜片中心和轮廓上径向应力是有限的

$$\begin{cases}\Phi\,|_{r=0} = \mathrm{const} \Rightarrow \left.\dfrac{\mathrm{d}\Phi}{\mathrm{d}r}\right|_{r=0} = 0 \\ \left.\left(\dfrac{1}{r}\dfrac{\mathrm{d}\Phi}{\mathrm{d}r}\right)\right|_{r=R} = 0\end{cases} \tag{4-8}$$

用解析法确定膜片的应力变形状态。

引入无量纲参数

$$\rho = \frac{r}{R}\;;\;\zeta = \frac{u}{h}\;;\;\xi = \frac{w}{h}\;;\;q_z^o = q_z\frac{R^4}{Eh^4}\;;\;\Phi_0 = \frac{\Phi}{Eh^3} \tag{4-9}$$

温度场式（4－1）的形状用下列方式表示

$$T(\rho,z) = T_0(\rho) + z\theta(\rho) = T_{00} f_1(\rho) + z\theta_0 f_2(\rho) \quad (4-10)$$

式中 $T_{00}$ ——膜片中间面中心的温度；

$\theta_0$ ——中心的温度梯度；

$f_1(\rho)$ ——决定温度场形状的无量纲参数（是膜片半径的函数）；

$f_2(\rho)$ ——温度梯度沿膜片厚度随膜片半径按规律变化的无量纲函数。

考虑式（4-9）和式（4-10），得到下列无量纲方程组和边界条件。这些方程组和边界条件与方程（4-2）和方程（4-3）以及边界条件（4-7）和边界条件（4-8）是等值的

$$\frac{\mathrm{d}}{\mathrm{d}\rho}[\nabla^2\Phi_0(\rho)] = -\gamma_1 \frac{\mathrm{d}f_1(\rho)}{\mathrm{d}\rho} - \frac{1}{2\rho}\left[\frac{\mathrm{d}\xi(\rho)}{\mathrm{d}\rho}\right]^2 \quad (4-11)$$

$$C\nabla^2\nabla^2\xi(\rho) = q_z^{\circ} - \gamma_2 \nabla^2 f_2(\rho) + \frac{1}{\rho}\frac{\mathrm{d}}{\mathrm{d}\rho}\left[\frac{\mathrm{d}\Phi_0(\rho)}{\mathrm{d}\rho}\cdot\frac{\mathrm{d}\xi(\rho)}{\mathrm{d}\rho}\right] \quad (4-12)$$

其中

$$C = [12(1-\mu^2)]^{-1}$$

$$\gamma_1 = \alpha(T_{00} - T_{\mathrm{HOM}})R^2/h^2$$

$$\gamma_2 = \alpha\theta_0 R^2/[12(1-\mu)h]$$

式中 $T_{\mathrm{HOM}}$ ——额定温度，在这个温度下没有变形和应力；

$\theta_0 = \Delta T_{zo}/h$ ——膜片中心温度的垂直梯度。

无量纲边界条件

$$\xi\big|_{\rho=1} = 0, \left.\frac{\mathrm{d}\xi}{\mathrm{d}\rho}\right|_{\rho=1} = 0, \left.\frac{\mathrm{d}\Phi_0}{\mathrm{d}\rho}\right|_{\rho=0} = 0, \left.\left(\frac{1}{\rho}\frac{\mathrm{d}\Phi_0}{\mathrm{d}\rho}\right)\right|_{\rho=1} = 0$$

$$(4-13)$$

采用布波诺夫—盖勒金法[4]，取精确符合边界条件的弯度 $\xi$ 的近似函数形式

$$\xi(\rho) = f_0(1-\rho^2)^2 \quad (4-14)$$

无量纲数值 $f_0 = f/h$（$f$ 为膜片中心的弯度）。

将表达式（4-14）中 $\xi$ 的值代入式（4-11），进行相关变换后，考虑式（4-10）中膜片温度场的参数，并假设沿膜片厚度和膜片半径温度按线性规律变化，得到计算 $f_0$ 的无量纲方程

$$\frac{1}{7}f_0^3+\left(\frac{32}{3}C+\frac{82}{945}\underline{\gamma_1 G_1}\right)f_0+\frac{8}{15}\underline{\gamma_2 G_{z1}}-\frac{1}{6}q_z^o=0 \quad (4-15)$$

式中　$G_1$ ——表征温度沿膜片半径变化的 $f_1(\rho)$ 的系数；

$G_{z1}$ ——表征温降沿膜片半径变化与厚度关系的 $f_2(\rho)$ 的系数。

因此，有了解决该研究课题的下列算法。

算出方程（4－15）的系数，求解，选择决定弯度 $f_0$ 的实根。

根据式（4－14）、式（4－11）和式（4－12），确定膜片每个点的弯度 $\xi(\rho)$ 和应力函数的导数。

根据式（4－5）确定膜片的变形，按式（4－6）求得膜片各点的径向位移。

根据式（4－4）确定作用在膜片各点上的应力的数值。

对得到的方程（4－15）进行质量分析。在这个弯度方程中，有重点项 $\gamma_1 G_1$ ，$\gamma_2 G_{z1}$ ，它们考虑温度对膜片的作用。

应当指出，在压力传感器的实际结构中，这些温度项与主要的力学项相比，是小项，$82\gamma_1 G_1/945 \ll 32C/3$ ，$8\gamma_2 G_{z1}/15 \ll q_z^o/6$ ，它们对膜片弯度的影响不大。

膜片弯度主要由被测介质的压力引起。但是，下面将证明，其他应力变形状态的性能（应力、形变和径向位移）在很大程度上与温度作用有关。

由于压力传感器的结构特点和它工作的热状态的特点（膜片半径远远大于它的厚度，被测介质的温度经常在零度以下，环境介质的温度高于被测介质的温度等），不等式 $\gamma_2 G_{z1} < 0$ 成立。

因此，由 $\gamma_2 G_{z1}$ 决定的温度梯度将使得主要由“压力”造成的弯度增大。当被测压力小的时候（ $q_z^o \leqslant 16\gamma_2 G_{z1}/5$ ），弯度的增长将很明显。

### 4.1.3　压力传感器热过程和应力变形状态的数学仿真及计算机实验

为进行数学仿真，研制了专用数学程序软件包“TPOLE－NDS”，它能自动进行计算，得出数据，通过建立计算点不稳定温度值的曲线、压力传感器膜片应力变形状态特性曲线、压力传感器容积中每一时刻温度场的分布图，实现数据的直观化。

在第一阶段，计算出热冲击情况下压力传感器的不稳定温度场。初始温度和周围介质温度 $T_0 = T_c = +50$ ℃；被测介质温度 $T_{изм} = -196$ ℃；被测介质压力 $P_{изм} = 1\ 250\ \text{kg} \cdot \text{cm}^{-2}$。

压力传感器所有元件在模拟温度冲击状态下，过渡过程开始时（$t = 1$ s）温度场的分布图和稳态温度场的分布图（$t = 3\ 600$ s）如图 4－5 所示。

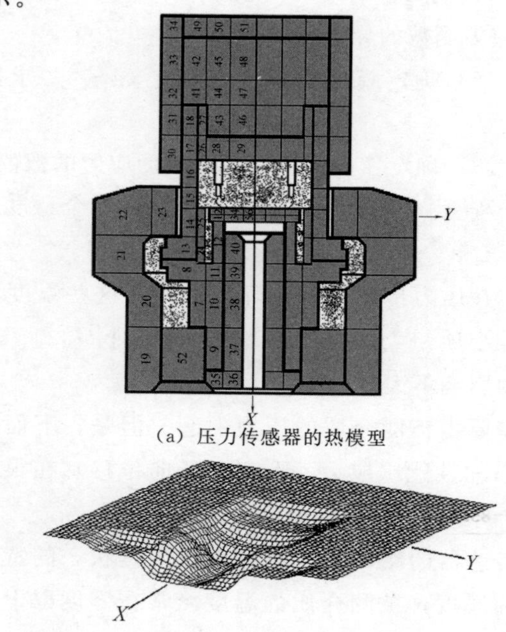


(a) 压力传感器的热模型

(b) $t=1$ s 时，温度冲击状态下压力传感器温度场的分布图

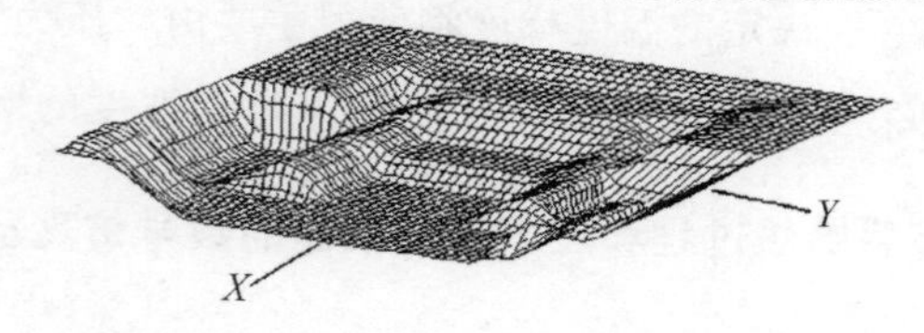


图 4－5　$t = 3\ 600$ s 时，温度冲击状态下压力传感器温度场的分布图

（$T_{min} = -196$ ℃，$T_{max} = +50$ ℃）

根据温度冲击仿真结果绘制的压力传感器主要元件瞬时温度曲线如图 4－6 所示。

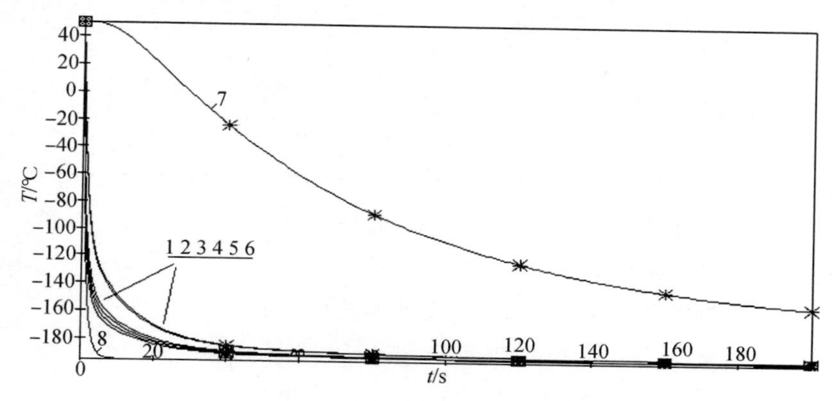


图 4－6　温度冲击时压力传感器中的瞬时温度

1～6—膜片；7—螺帽；8—衬套

与温度场分布图对应的压力传感器温度场的数据（数组）见表 4－1。

**表 4－1　温度冲击时压力传感器的温度场的数组**

| | 过渡过程开始时（$t$＝1s）的温度场 | 稳态温度场（$t$＝3 600 s） |
|---|---|---|
| 膜片区域 | **－36.54　－38.02　－95.85<br>－85.59　－110.14　－100.37** | **－194.27　－194.31　－194.95<br>－194.85　－195.11　－195.01** |
| 敏感元件其他区域 | 45.56　48.63　31.77<br>45.92　37.28　－18.61 | －190.84　－190.94　－190.36<br>－190.90　－191.61　－193.88 |
| 内壳体温度 | 50.00　50.00　50.00<br>50.00　50.00　50.00 | －61.74　－61.38　－60.88<br>－60.25　－59.84　－59.55 |
| 外螺帽温度 | 43.22　49.71　49.98<br>50.00　50.00 | －181.84　－173.31　－169.63<br>－168.04　－167.54 |
| 环形接线板温度 | 50.00　50.00　50.00<br>50.00　50.00　50.00 | －89.05　－88.97　－22.73<br>－22.72　－22.71　－22.69 |
| 外壳温度 | 50.00　50.00　50.00<br>50.00　50.00 | 37.81　37.83　37.90<br>37.99　38.05 |
| 衬套温度 | －112.46　－123.10　－78.67<br>－67.14　－87.48　－119.07 | －194.47　－195.29　－195.72<br>－195.92　－195.96　－195.98 |

续表

| | 过度过程开始时（$t=1\text{s}$）的温度场 | 稳态温度场（$t=3\ 600\ \text{s}$） |
|---|---|---|
| 填充胶温度 $T$ | 50.00　50.00<br>50.00　50.00　50.00<br>50.00　50.00　50.00 | 13.21　15.39<br>9.92　12.52　14.84<br>10.32　12.36　14.59 |
| 盖的温度 | 50.00　50.00　50.00 | 39.07　39.07　39.07 |
| 接头温度 | −12.43 | −190.09 |

在热过渡过程开始时（$t=1\ \text{s}$）和稳态时（$t=3\ 600\ \text{s}$）对膜片应力变形状态进行了计算。

计算膜片应力变形状态的主要原始数据如下：

$$T_{\text{HOM}}=20\ ℃,E=2\times10^{6}\ \text{kg/cm}^{2};$$

$$\alpha=1.8\times10^{-6}℃^{-1};h=0.05\ \text{cm};$$

$$R=0.25\ \text{cm};\mu=0.3;q_{z}=1\ 250\ \text{kg/cm}^{2}。$$

作为径向坐标函数的膜片各点的应力曲线、变形曲线和位移曲线（完全应力变形状态）如图 4－7 所示。

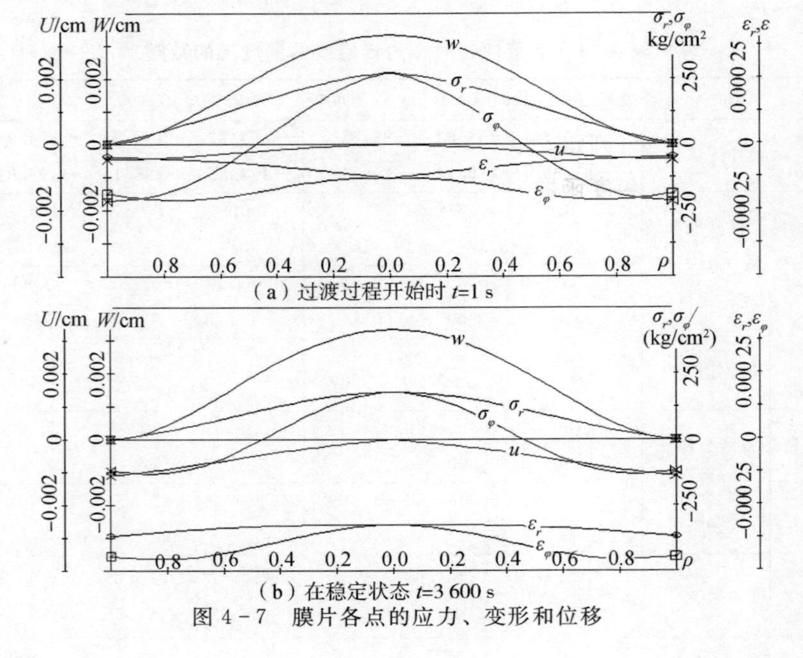


（a）过渡过程开始时 $t$=1 s

（b）在稳定状态 $t$=3 600 s

图 4－7　膜片各点的应力、变形和位移

可以看出，膜片弯度实际与温度的作用无关，而是由被测介质分布压力的作用决定的。

应力变形状态的性能——应力、变形和位移则完全是另一种表现，例如，热过渡过程中的最大应力比稳定状态的最大应力约大1.5倍。热过渡过程中变形的最大值与稳定状态的变形大约相差2.1～2.9倍。最大变形发生在膜片的径向无量纲坐标$\rho=0.82$时，因此，为了测量形变，在膜片的这个地方安装应变电阻最理想。

### 4.1.4　动态效应对压力传感器感受元件膜片应力变形状态的影响

动态效应表现为，在实际压力传感器中，当突然施加均匀分布的被测介质压力时，以及感受元件膜片的温度剧烈变化时，会产生轴对称机械振动。

这种振动在开始瞬间具有最大振幅，依靠耗散力衰减，并趋向稳定值。该稳定值在上一节解决热弹性准静态问题时已确定。显然，应力变形状态的其他参数及应力、形变和径向位移，也具有振动特性。

这一阶段的主要任务是，阐明这些振动的性质及它们产生的条件，获得振动参数的定量评估，研究在非线性动态系统（感受元件膜片）中产生可判定紊乱现象的可能性。

请看考虑弯度函数表达式（4-14）后得到的，确定薄片中心无量纲弯度$f_o$的方程（4-15）。薄片运动动力学的近似计算[31]表明，根据原理，在方程（4-15）中加上惯性力和耗散力，这时，弯度的表达式（4-14）采用了不稳定函数的形式

$$\xi(\rho,t)=f_o(t)(1-\rho^2)^2=f(t)(1-\rho^2)^2/h \qquad (4-16)$$

考虑表达式（4-16），并考虑耗散力和惯性力，利用布波诺夫—盖勒金法，经变换后得到下列计算膜片中心有量纲弯度$f(t)$的非线性微分方程

$$\ddot{f}(t)+k_d\dot{f}(t)+\omega_T^2 f(t)+\omega_0 f^3(t)=A_1\sin pt+A_0-q_{zT} \qquad (4-17)$$

其中　$\omega_T^2=(32C/3+82\gamma_1 G_1/945)Eh^2/(0.1\rho_0 R^4)$

$$\omega_0 = E/(0.7\rho_0 R^4)$$

$$q_{zT} = 8\gamma_2 G_{z1} Eh^3/(1.5\rho_0 R^4)$$

式中 $A_1$，$A_0$ ——分别为膜片负载力的谐波分量系数和常值分量系数；

$k_d$ ——阻尼系数；

$q_{zT}$ ——作用在膜片上的外负载的温度分量；

$\rho_0$ ——膜片材料的额定密度。

非线性微分方程（4－17）中温度和时间的关系可以忽略不计。因为膜片弯曲热过程的时间常数比膜片弯曲机械过程的时间常数大几个数量级。

全部动态应力变形状态（$\sigma_r,\sigma_\varphi,\varepsilon_r,\varepsilon_\varphi,u,w$）用 4.1.3 节得到的公式确定。这时，动态弯度按照表达式（4－16）变化，式中 $f(t)$ 从方程（4－17）求得。

引入代号 $\psi=\dot{f},pt=x$，将方程（4－17）变成合乎规范的柯西方程

$$\begin{cases}\dot{f} = \psi = F_1(f,\psi,x)\\ \dot{\psi} = -k_d\psi - \omega_T^2 f - \omega_o f^3 + A_1\sin x + A_o - q_{zT} = F_2(f,\psi,x)\\ \dot{x} = p = F_3(f,\psi,x)\end{cases} \tag{4-18}$$

按照 3.1 节和 3.2 节制定的方法，进行微分方程（4－18）非线性系统的解析研究，以便阐明在这种系统中产生有规律运动的可能性，即可判定无序现象的可能性。

求系统式（4－18）的固定点（不动点）。为此，将方程（4－18）的右边等于零，得

$$\omega_0 f_*^3 + \omega_T^2 f_* - A_0 + q_{zT} = 0,\psi_* = 0,x_* = 0 \tag{4-19}$$

此处，$(f_*,\psi_*=0,x_*=0)$ 为固定点。式中 $f_*$ 通过解立方方程（4－19）求出。

对于固定点 $(f_*,\psi_*=0,x_*=0)$ 附近线性化了的系统式（4－18），特征方程具有下列形式

$$\begin{vmatrix} -\lambda & 1 & 0 \\ -\omega_T^2 - 3\omega_0 f_*^2 & -k_d - \lambda & A_1 \\ 0 & 0 & -\lambda \end{vmatrix} = \lambda(\lambda^2 + k_d\lambda + \omega_T^2 + 3\omega_0 f_*^2) = 0 \tag{4-20}$$

对方程（4－20），古尔维茨稳定条件写成

$$k_d > 0, \omega_T^2 + 3\omega_0 f_*^2 = (32C/3 + 82\gamma_1 G_1/945)h^2 + 3f_*^2/7 > 0 \tag{4-21}$$

稳定条件式（4－21）成立，因为，对于我们讨论的膜片，$32C/3 \gg 82\gamma_1 G_1/945$ 是正确的。

因此，对于这种结构的感受元件膜片以及膜片的工作状态，所有固定点都是稳定的。这就意味着，在这种非线性系统中，不会产生可判定无序现象。

只有当薄片的半径与厚度比 $R/h > 700$ 时，才可能产生可判定无序现象。

考虑动态效应，并借助一个专门研制的专用数学程序软件包"NDS－DIN"，对膜片振动动态方程（4－18）进行数字积分，可以获得处于分布压力和温度作用下的膜片应力变形状态性能的定量评估。

由于膜片中热过程的时间常数比机械过程的时间常数大几个数量级，膜片的温度"来不及"从自己的初始温度 $T_0$ 变化，则在仿真时习惯认为，机械过渡过程在等于周围介质温度变化范围上限的常温下进行，$T_0 = T_c = +50$ ℃，其他原始数据同4.1.3节的数据。

对于弯度及其时间导数（过渡过程和相位图）数字积分的结果如图4－8所示。

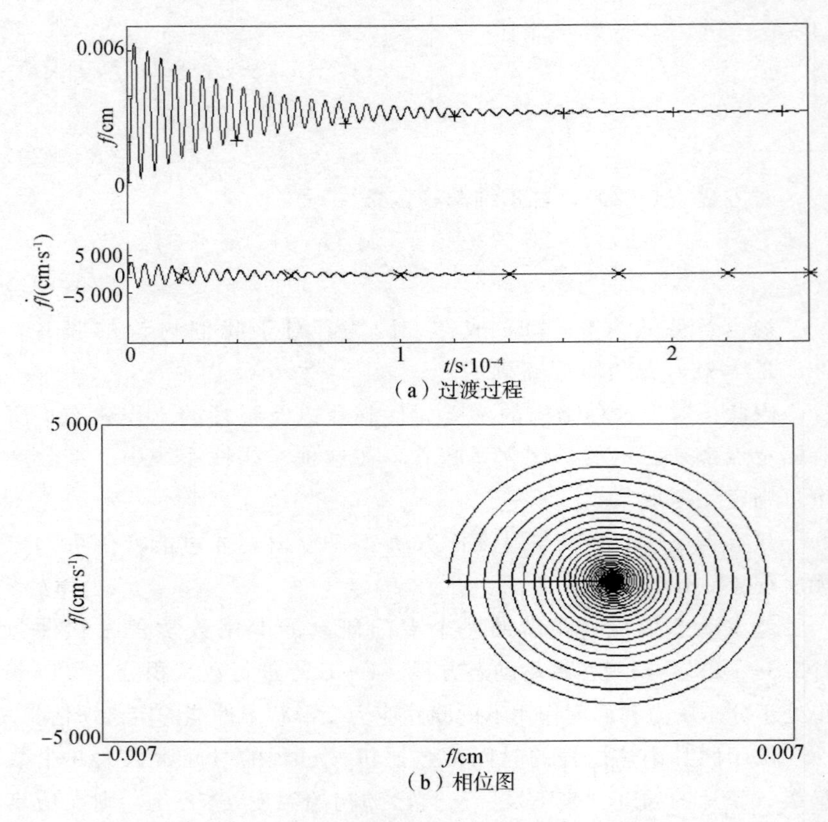


图 4-8 感受元件膜片中心的动态弯曲

膜片中心动态应力、形变及弯度最大值和稳定值如表 4-2 所示。

**表 4-2 膜片动态应力变形状态**

| | 最大值 | 稳定值 |
|---|---|---|
| 应力 $\vert\sigma_r\vert=\vert\sigma_\varphi\vert$ / (kg · cm$^{-2}$) | 645.86 | 176.82 |
| 形变 $\vert\varepsilon_r\vert=\vert\varepsilon_\varphi\vert$ | 0.000 288 | 0.000 116 |
| 弯度 $w$ /cm | 0.006 46 | 0.003 33 |

可见，发生在起始瞬间的动态效应对膜片的应力变形状态影响显著。

当分布压力突然作用在膜片上，并且被测介质温度剧烈变化时，压力传感器中发生的机械过渡过程时间远远小于热过渡过程时间，它们分别为 $10^{-3} \sim 10^{-4}$ s 和 10～500 s。

膜片应力变形状态性能的值在动态和稳态差别很大，请看它们的比值。

应力比：$|\sigma_r^{дин}/\sigma_r^{усT}| = |\sigma_\varphi^{дин}/\sigma_\varphi^{усT}| = 3.65$；

形变比：$|\varepsilon_r^{дин}/\varepsilon_r^{усT}| = |\varepsilon_\varphi^{дин}/\varepsilon_\varphi^{усT}| = 2.48$；

弯度比：$|w^{дин}/w^{усT}| = 1.94$

研究热作用对航空航天飞行器用的压力传感器的影响，我们做了下列工作。

1）建立并研究了压力传感器不稳定热过程的数学模型，考虑周围介质和被测介质温度作用以及动态效应的感受元件膜片应力变形状态的数学模型。

2）在现代化的微型计算机环境中，制作并实现了数学程序软件包，它能够自动研究温度作用对压力传感器的影响，避免了一系列劳动量大、耗能多和长时间的实验研究。

3）得到了对温度场特性和膜片应力变形状态的定性和定量评估，从而提出了如何使传感器性能最佳化的建议（例如，热敏电阻的最佳布局）。

4）推导出了在突然施加被测压力时，考虑温度作用的、描述膜片中动态效应的微分方程和关系式。

5）证明了在所研究的系统中，不存在产生可判定无序现象的条件，得到了动态效应对膜片应力变形状态影响的定量评估。

## 4.2　温度冲击条件下的航天飞行器线位移传感器

本节研究的对象是 058 型无接触线位移传感器[49,13]，这种传感器是用来测量被测物体静态和动态线位移的。

这种传感器的重要特点是，它工作在不稳定温度场的剧烈作用

（温度冲击）下。

线位移传感器的外形和主要结构零件如图 4 - 9 所示。

（a）线位移传感器外形图

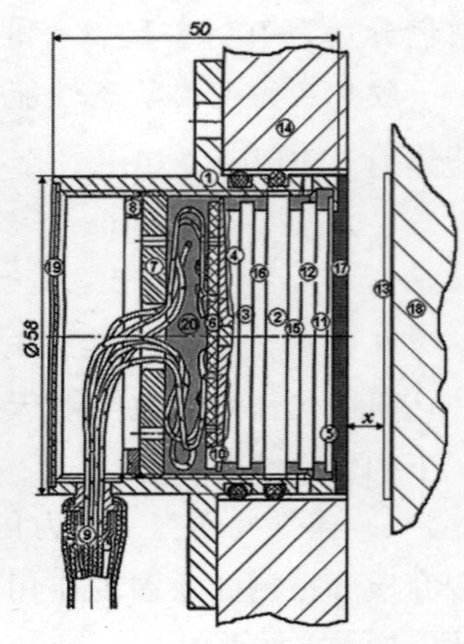

（b）线位移传感器结构零件布局图

图 4 - 9　线位移传感器的外形和主要结构零件

1—壳体；2—铁芯；3，12—分隔板；4，11—绕组线圈；5，10—安装盘；6—接线板；7—屏蔽板；8—螺帽；9—连接电缆；13—检测对象活动件上的钢带；14—固定传感器的钛合金板；15，16—绕组的激磁线圈；17—吸热板；18—检测对象的活动部分；19—盖；20—固化胶

振幅变压器型线位移传感器的作用原理是，通过无接触变换，将这种线位移变成两个正弦电压之间的相位差，从而实现物体线位移的测量。

在线位移传感器结构中，有一个差动变压电路。敏感元件就是建立在这种电路基础上的，它的磁路分为工作磁路和补偿磁路。

线位移传感器由壳体、4 个带线圈的绕组、两个分隔板、接线板、屏蔽板、螺帽 、连接电缆和固定在检测对象活动件上的钢带组成。

为了安装和固定线位移传感器，实践中采用钛合金板 14。线位移传感器的导磁壳体起着屏蔽外部磁场的作用，是传感器磁路的一部分。

线圈骨架是一个铁芯，铁芯上固定着安装盘和由玻璃胶布板制成的分隔板。

在与磁路相邻的绕组中，有两个激磁线圈 15，16 。在远离磁路的绕组中，安装着测量线圈——工作线圈 11 和补偿线圈 4。

线圈的引出端经过铁芯和安装盘上的槽焊到接线板上，电缆的芯线也焊接在接线板上，连接电缆的端部有与电子部件对接的插头。

接线板与屏蔽板之间，螺帽与壳体边缘之间，壳体与 4 个线圈绕组之间的空隙中填充固化胶，以保证转换器结构的整体性。

在没有恒温调节装置时，为减小温度误差，传感器需要针对来自端面（敏感面）热流的不稳定作用进行过热保护。

为了进行线位移传感器的过热保护，采用由氟塑料制成的吸热板 17。

将位移变成两个正弦信号之间的相位差是通过变压器实现的。

在这个转换器（变压器）中，两个有相位移的谐波电压几何相加，其中一个的幅值和相位均按近似指数规律进行了调制，位移则用总电压的相位确定。该相位是位移传感器的转换函数，由下式计算

$$\varphi(x)=\frac{\sin\psi(x)}{\cos\psi(x)+U_{\text{оп}}(x)/U_{\text{раб}}(x)}$$

式中 $\psi(x)$ ——用电阻 $R^*$ 确定的，电压 $U_{\text{оп}}(x)$ 和 $U_{\text{раб}}(x)$ 之间的相位移角；

$U_{\text{оп}}(x)$ ——第 4 绕组次级补偿线圈电压；

$U_{\text{раб}}(x)$ ——第 11 绕组工作线圈的输出电压；

$x$ ——被测位移。

提出主要任务：建立和研究位移传感器被测间隙中不稳定热作用（温度冲击）的数学模型。

### 4.2.1 建立线位移传感器中不稳定热过程的数学模型和被测间隙中介质温度动态变化（温度冲击）的仿真

为了计算线位移传感器不均匀、不稳定的温度场，采用第 1 章中讲过的算法——基本平衡改进法。热模型的建模方法与 4.1 节描

述的压力传感器的建模方法相似。

本热模型单元体积的数量等于 50（基准计算点的数量，随时确定每一点的温度场）。在温度场的直观化过程中，在计算点之间还要增加插入值，所以，点的总数要多 10 倍，甚至 100 倍。线位移传感器的散热属于被动型散热，是经过传感器的壳体和紧固件传到基座。

线位移传感器没有恒温系统，具有分布式内部热源，绕组线圈的已知功率≤0.1 W，周围介质温度变化范围－50～＋60 ℃。

线位移传感器的配置及其单元体积的热模型如图 4－10 所示。

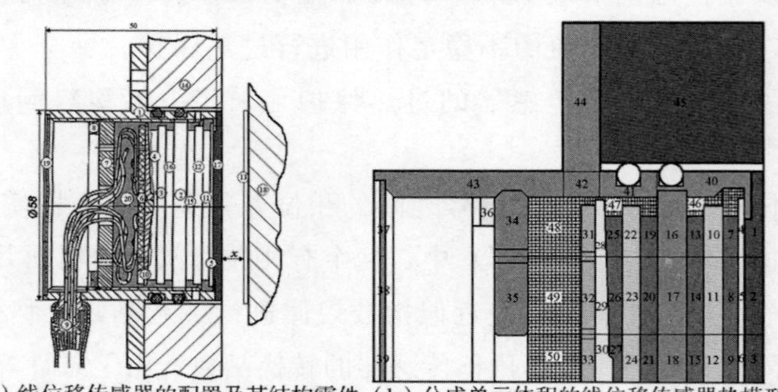


（a）线位移传感器的配置及其结构零件（b）分成单元体积的线位移传感器热模型

图 4－10　线位移传感器的配置及其单元体积的热模型

1—壳体（40～44）；2—铁芯（16～18）；3—分隔板（22～24）；4—绕组线圈（25～27）；5—安装盘（4～6）；6—接线板（31～33）；7—屏蔽板（34～35）；8—螺帽（36）；9—连接电缆；10—安装盘（28～30）；11—绕组线圈（7～9）；12—分隔板（10～12）；13—检测对象活动部件上的钢带；14—固定传感器的钛合金板（45）；15，16—绕组的中间线圈（13～15），(19～21)；17—吸热板（1～3）；18—检测对象的活动部分；19—盖（37～39）；20—固化胶（46～50）

前面已指出，线位移传感器的工作特点是，在被测间隙中，热流在短时间内按已知规律（见图 4－11）进行着剧烈的变化。根据参考文献［26］，被测间隙中的温度在极短时间（几秒）之内，可以达到 2 500～4 000 ℃的高温。

需要研究热流的这种剧烈变化如何影响线位移传感器的温度场，最终如何影响线位移传感器的工作。

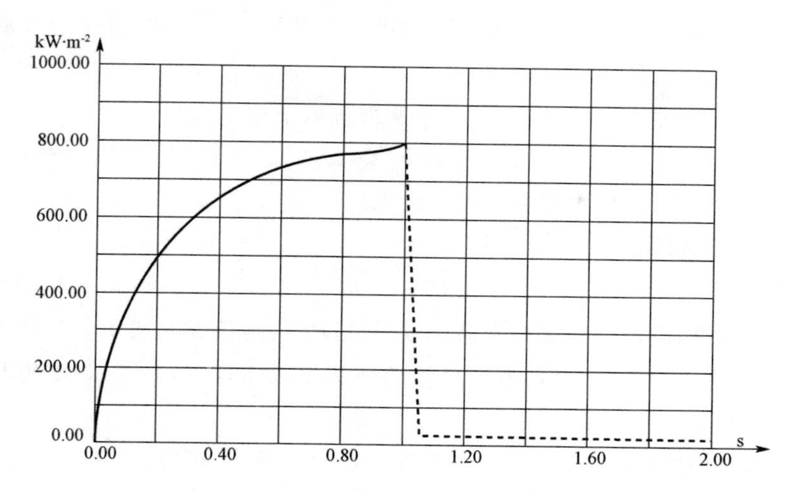


图 4-11　温度冲击时被测间隙中热流引用功率与时间的关系

热流随时间的变化表明，在被测间隙中，介质温度在变化。

因此，为完成我们的研究课题，需要把热流随时间变化的关系曲线（图 4-11）转变成被测间隙中介质温度随时间变化的关系曲线。

假设用下面的指数线性解析关系式对图 4-11 的曲线进行近似逼近

$$\frac{Q(t)}{S}=\begin{cases}A_1\left[1-\exp(-\alpha t)\right], & 0\leqslant t\leqslant t_1\\ Dt+B, & t_1\leqslant t\leqslant t_2\\ A_2, & t_1\leqslant t\leqslant t_2\end{cases}\tag{4-22}$$

其中

$$D=\frac{A_2-A_1}{t_2-t_1}$$

$$B=\frac{A_1t_2-A_2t_1}{t_2-t_1}$$

式中　$Q(t)$ ——平均热流的不稳定功率；

$S$ ——测量间隙中介质与传感器的接触面积；

$A_1, A_2, \alpha$ ——曲线的已知参数；

$t_1, t_2, t_3$ ——表征曲线变化的已知时刻。

我们认为，由于过渡过程时间极短（几秒），被测间隙中的介质不向周围介质散热。

被测间隙中温度 $T(t)$ 的热平衡方程取下列形式

$$c\dot{T}(t) = Q(t) \tag{4-23}$$

式中　$c$ ——被测间隙中介质的比热。

初始条件如下

$$T(0) = T_0 \tag{4-24}$$

因此确定被测间隙中介质温度 $T(t)$ 变化的任务变成了，当初始条件为式（4-24）时，考虑热流功率变化规律式（4-22），解方程（4-23）。

对于时间段 $0 \leqslant t \leqslant t_1$，方程（4-23）的形式为

$$c\dot{T}(t) = SA_1[1-\exp(-\alpha t)] \tag{4-25}$$

求式（4-25）在这一时间段的积分，得

$$T(t) = T_0 + \frac{A_1 S}{c}\left[-\frac{1}{\alpha} + t + \frac{1}{\alpha}\exp(-\alpha t)\right] \tag{4-26}$$

对于时间段 $t_1 \leqslant t \leqslant t_2$，方程（4-23）取下列形式

$$c\dot{T}(t) = S(Dt + B) \tag{4-27}$$

求式（4-27）在本时间段的积分，得

$$T(t) = T_1 + \frac{S}{c}\left(D\frac{t^2}{2} + Bt - D\frac{t_1^2}{2} - Bt_1\right) \tag{4-28}$$

其中　$T_1 = T(t_1) = T_0 + \frac{A_1 S}{c}\left[-\frac{1}{\alpha} + t_1 + \frac{1}{\alpha}\exp(-\alpha t_1)\right]$

对于时间段 $t_2 \leqslant t \leqslant t_3$，方程（4-23）的形式为

$$c\dot{T}(t) = SA_2 \tag{4-29}$$

求式（4-29）在这一时间间隔的积分，并考虑表达式（4-26）和式（4-28），得

$$T(t) = T_2 + \frac{SA_2}{c}(t - t_2) \tag{4-30}$$

其中　$T_2 = T(t_2) = T_1 + \frac{S}{c}\left(D\frac{t_2^2}{2} + Bt_2 - D\frac{t_1^2}{2} - Bt_1\right)$

由关系式（4－22）决定的被测间隙中热流功率曲线和由关系式（4－26）、式（4－28）和式（4－30）决定的被测间隙中温度变化曲线如图 4－12 所示。

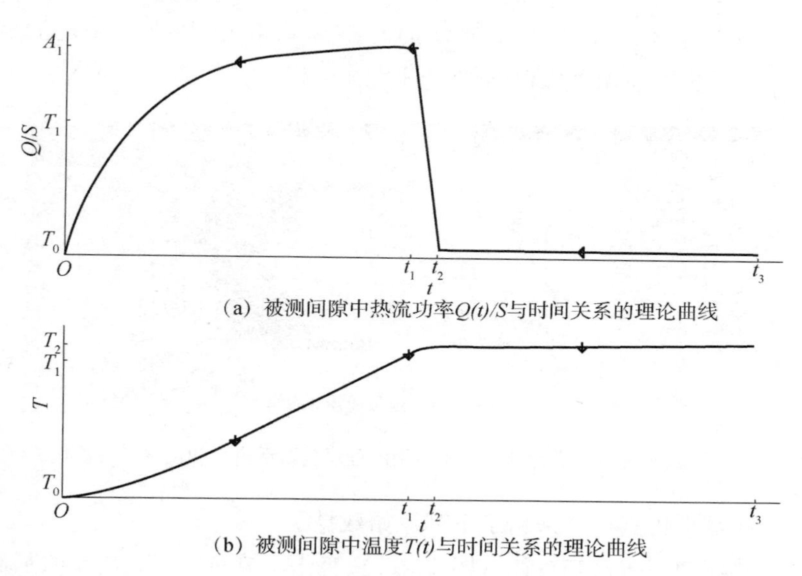


（a）被测间隙中热流功率Q(t)/S与时间关系的理论曲线

（b）被测间隙中温度T(t)与时间关系的理论曲线

图 4－12　由式（4－22）决定的被测间隙中热流功率曲线和由式（4－26）、式（4－28）及式（4－30）决定的被测间隙中温度变化曲线

改变曲线的给定参数 $A_1, A_2, \alpha$ 和给定的时间 $t_1, t_2, t_3$，可以得到被测间隙中热流功率的各种指数线性关系曲线，其中包括图 4－11 给出的类型。

改变给定比热 $c$，可以改变被测间隙中的温度参数 $T_1, T_2$，从而修正外部热流对线位移传感器的作用。

式（4－26）、式（4－28）、式（4－30）决定被测间隙中温度的不稳定变化，这种变化与间隙中热流功率变化的已知规律式（4－22）相对应。

### 4.2.2　线位移传感器中热过程的数学仿真、计算机实验和仿真结果分析

为进行数学仿真，研制了专用数学程序软件包“DLP”。程序软

件包能够自动进行计算，产生数据，通过建立传感器计算点不稳定温度值的曲线、热冲击特性曲线，以及每一时刻温度场的彩色平面图和立体图，实现了数据的直观化。

图 4－13 展示出程序软件的对话窗口和温度场直观化的例子——彩色平面图（黑白图像为阴影图）。

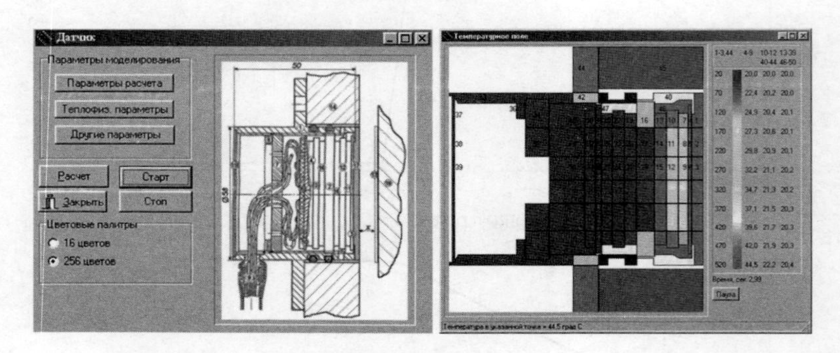


图 4－13　线位移传感器进行计算机实验用的程序包对话窗口和温度场直观化的例子

在数学仿真中，采用了下列原始数据。

热流功率按已知规律（图 4－11）变化，被测间隙中热流的最高温度 $T_z$ 为 2 500～4 000 ℃。测量线位移时，间隙中的最大压力为 1.6～5 MPa。用氟塑料制成的吸热板的工作温度等于 260 ℃，极限温度 $T_F = 415$ ℃，吸热板的厚度在给定范围 0.1～0.3 cm 内变化。

在下列两种状态下进行线位移传感器经受温度冲击的数学仿真。

1）热状态（基准状态），模拟线位移传感器中不稳定的热过程。间隙中介质的压力为最大的压力，$H_z = 5$ MPa，传感器周围介质的压力从里到外均为标准大气压。传感器绕组线圈上有分布热源，已知其总功率为 0.1 W。假设被测间隙外部介质的温度是已知的、不变的，等于 $T_c = +20$ ℃。

开始时，将传感器加热到周围介质的温度 $T_0 = T_c = +20$ ℃。假设被测间隙中介质的温度按已知规律变化（见图 4－12），根据平均热流功率随时间变化的规律（图 4－11）和关系式（4－26）、式（4－28）和式（4－30），有：$A_1 = 80.6\ \mathrm{W/cm^2}$，$A_2 = 2.0\ \mathrm{W/cm^2}$，$\alpha = 4.84\ \mathrm{s^{-1}}$，$t_1$

$=1$ s，$t_2=1.08$ s，$t_2=2$ s。

吸热板的平均厚度等于额定值 0.2 cm。

传感器体积中不稳定温度场的计算进行到最终时刻 $t_2=2$ s。

2）保持第一种状态的条件，改变吸热板的厚度，确定传感器在给定的 2 s 时间段内仍具有正常工作能力时吸热板的最小厚度，在这个状态，还要改变吸热板的导热系数，确定绕组线圈之间的温度梯度。这种状态的仿真是为了分析吸热板几何参数和热物理参数对主要零件热状态的影响。

3）为确定热过程的时间常数，并查明线位移传感器中温度变化速度最大的时间段，在断开电源和“通常”的外部条件下（不像前两种状态是在极端条件下）对传感器变冷的不稳定过程进行仿真。

介质压力为标准大气压，不存在内部热源，传感器的初始温度 $T_0=T_c=+60$ ℃。外部介质的温度认为是已知的、不变的，$T_c=+20$ ℃，假如被测间隙中介质的温度等于周围空气介质的温度 $T_z=T_c=+20$ ℃。吸热板的厚度等于额定值 0.2 cm。对于第一种和第二种热状态，当时间 $t_2=2$ s 时，线位移传感器所有部件上温度场的空间分布如图 4－14 所示。

根据第一种和第二种热状态数学仿真结果绘制的线位移传感器主要零件中的瞬时温度曲线见图 4－15。

从图 4－14 和图 4－15 可以看出，当线位移传感器的参数为额定值时，在极值温度作用条件下，在 2 s 的短时间内，传感器内部的温度场“来不及”有明显变化。

初始温度为 20 ℃时，距离被测间隙近的安装盘和线圈绕组的温度最高，分别为 32 ℃和 24 ℃。这时，用氟塑料制成的吸热板的温度在 2 s 之内升到 332 ℃。

得到的结果说明，用氟塑料制成的吸热板具备很好的隔热性能，具有足够小的导热系数 $\lambda=0.0025$ W · cm$^{-1}$ · ℃$^{-1}$ 和足够的厚度 $\delta=0.2$ cm。

内部热源由于其功率小，在几秒的时间内对传感器内部的温度

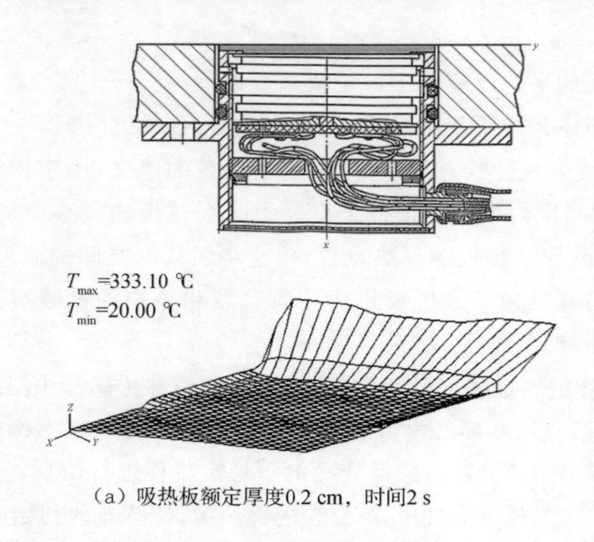


（a）吸热板额定厚度0.2 cm，时间2 s

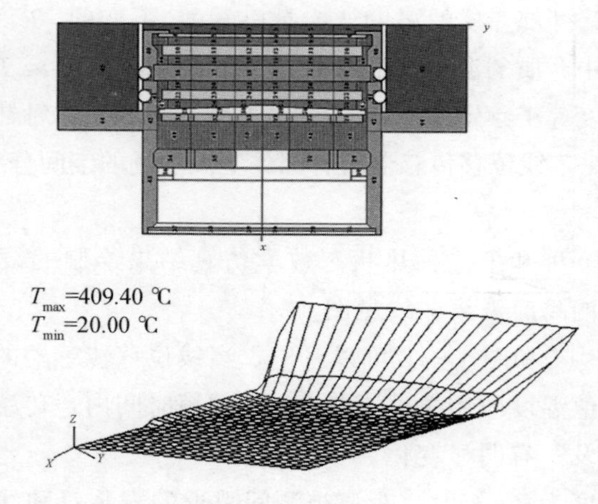


（b）吸热板的极限厚度0.14 cm，时间2 s

图 4-14　温度冲击时，线位移传感器温度场的立体分布图

场影响不大。

比较位移传感器温度场计算方面的计算机实验结果，在极值温度作用条件下，当吸热板的厚度不同，分别等于 $\delta=0.2$ cm 和 $\delta=0.14$ cm 时，可以看出，当 $\delta=0.14$ cm 时，在 2 s 内，吸热板的温

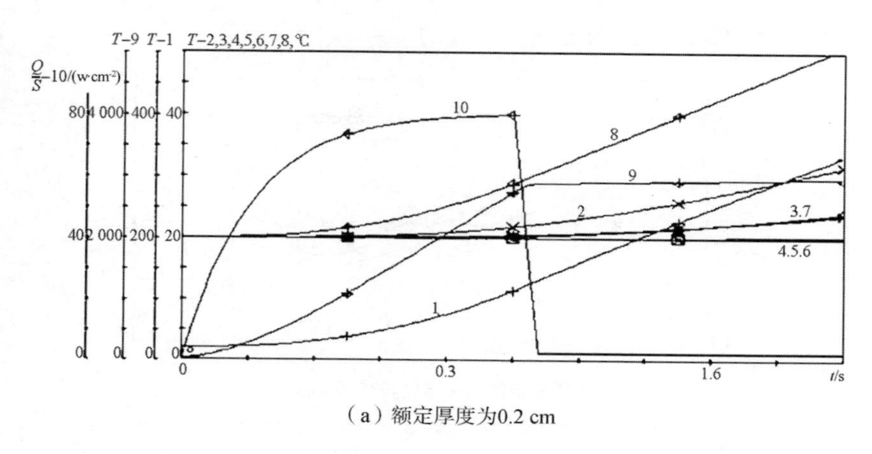


（a）额定厚度为0.2 cm

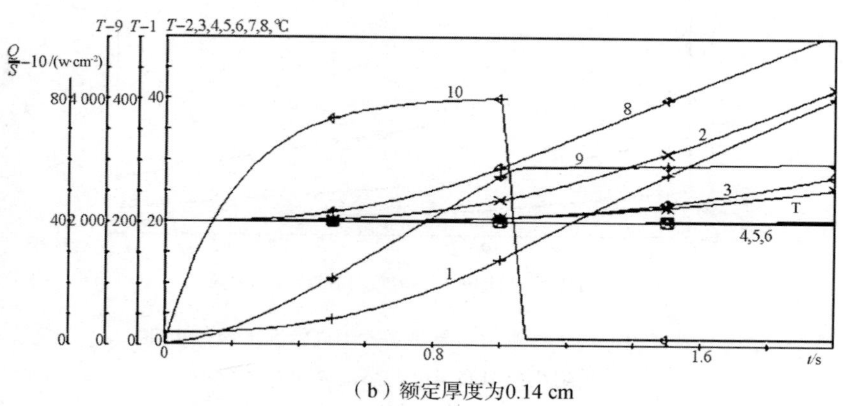


（b）额定厚度为0.14 cm

图 4－15　热冲击状态下线位移传感器特征区的瞬时最高温度和热流引用功率

1—吸热板；2—安装盘；3—绕组线圈；4—分隔板；5—中间绕组线圈；
6—铁芯；7—壳体；8—固定传感器的钛合金板；9—被测间隙中的介质温度；
10—热流的引用功率

升达到 409 ℃，接近极限值。这时，传感器内部在安装盘上的最高温度达到 42 ℃，在绕组线圈上的最高温度达到 28 ℃。

根据第 2 种状态的数学仿真结果，在图 4－16（a）中，得出 2 s 结束时，在导热系数不同情况下，吸热板的温度与其厚度的关系曲线；而在图 4－16（b）得出 2 s 结束时，在导热系数不同情况下，绕组线圈的最高温度与吸热板厚度的关系。

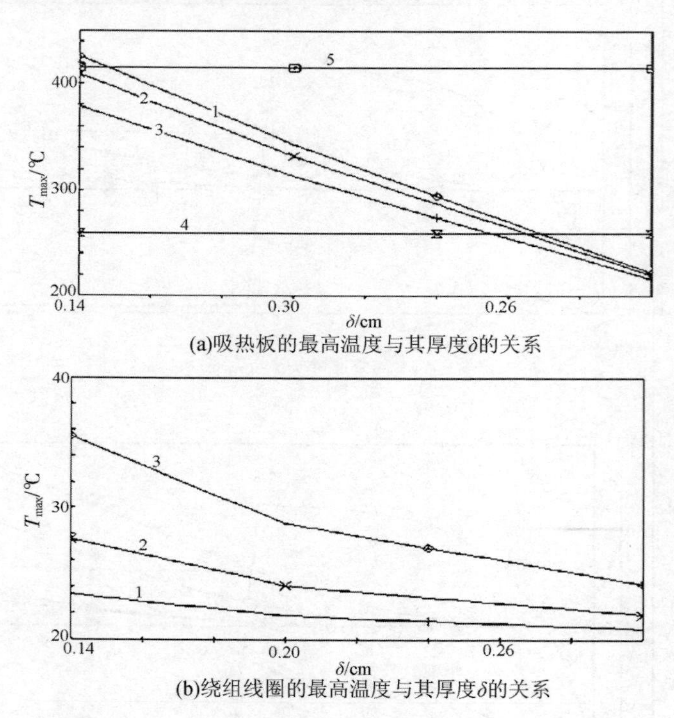


(a)吸热板的最高温度与其厚度δ的关系

(b)绕组线圈的最高温度与其厚度δ的关系

图 4-16　2 s 结束时，导热系数不同情况下吸热板和绕组线的最高温度与厚度 $\delta$ 的关系

1— $\lambda = 0.001\ \mathrm{W \cdot cm^{-1} \cdot ℃^{-1}}$；2— $\lambda = 0.0025\ \mathrm{W \cdot cm^{-1} \cdot ℃^{-1}}$；3— $\lambda = 0.00625\ \mathrm{W \cdot cm^{-1} \cdot ℃^{-1}}$；4，5—分别为吸热板的工作温度和极限温度

图 4-16 所示关系曲线能够定性和定量评估吸热板的几何性能和热物理性能对传感器温度场的影响。

可以看出，吸热板材料导热系数的增大，使吸热板本身的温度降低，但使传感器内部的温度升高。增加吸热板的厚度，既能使吸热板本身的温度降低，也能使传感器内部的温度下降。

例如，根据数学仿真结果，当吸热板的导热系数为额定值 $\lambda = 0.0025\ \mathrm{W \cdot cm^{-1} \cdot ℃^{-1}}$ 时，极值温度作用 2 s，将吸热板的厚度增加 2 倍，能使吸热板的温度降低 190 ℃，而且传感器内部的过热降低 5 ℃。

图 4 - 17 为线位移传感器断电后变冷的数学仿真结果（第 3 种状态）。这里展示出 300 s 时，传感器轴向截面温度场的三维图。这时温度梯度最大，特征区的瞬时温度最高。

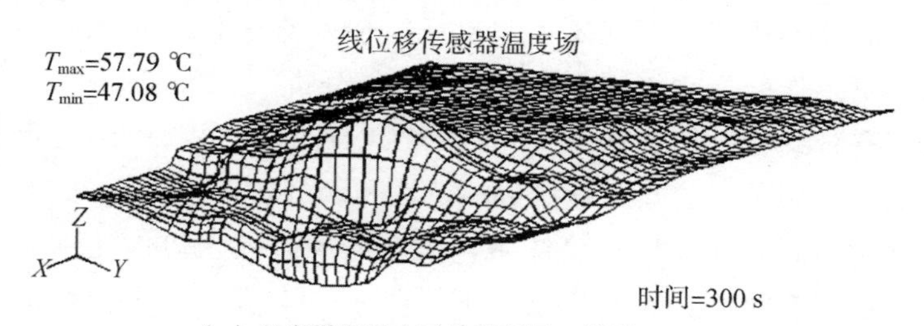


（a）温度梯度最大时的温度场三维图

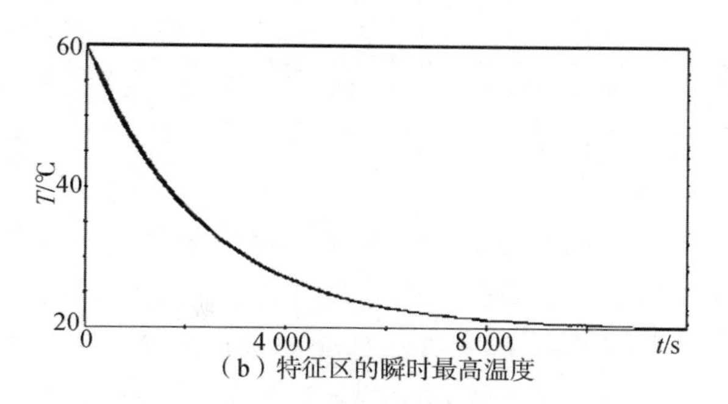


（b）特征区的瞬时最高温度

图 4 - 17　线位移传感器断电后变冷的仿真结果

（$T_{max}$＝57.79℃，$T_{min}$＝47.08℃）

分析图 4 - 17 所列数据可以看出：在通常温度干扰作用条件下（例如，温度呈几十度阶梯变化），固定在质量很大的金属板上的 720 g 的传感器中，热过渡过程的时间为几千秒，传感器内部最大温降出现在第 300 s，大约为 11 ℃。这些数据说明，在极值温度干扰作用下，尽管被测间隙中的温降在几秒之内达到上千度，但传感器内部温度来不及在这几秒之内升高很多。

换句话说，这种结构形式的线位移传感器的时间常数相当大，所以在很短的时间内，它“来不及”对极值温度干扰在温度方面做出反应。因此，在研究温度冲击作用对线位移传感器的影响后，可以得到下列总结。

建立了发生在线位移传感器中的热过程的数学模型，编制出能够实现数学模型的专用程序软件包“DLP”，该数学模型能够计算线位移传感器不均匀、不稳定的温度场，使其直观化，并对在温度冲击条件下工作的位移传感器的温度场进行分析。

在各种工作条件和状态下，进行了线位移传感器中热过程的数学仿真，得到了对这些过程参数的定性和定量评估。

数学仿真和计算机实验证明，在保证吸热板几何性能和热物理性能，进行有效过热保护的条件下，图 4 - 11 所示形态的极值温度冲击 2 s，对传感器内部温度场的影响不大。

## 4.3 热作用条件下航天飞行器定位系统的多功能可编程序控制器

计算电路板和电路板中包含的控制器的温度场显得很重要、很迫切，因为这种产品中含有散热元件，通常，它们安装在同一个壳体内。此外，这种装置用于各种与外部介质热交换条件下，例如，航天器的机载控制系统、陆上交通控制系统、另一种极端条件下的钻井控制系统。

另一方面，用于这种装置的元件，通常应当工作在严格规定的温度范围内，才能保证它们工作的可靠性、寿命、精度和效率。因此，在设计阶段，就应当准确预报电路板上和整个装置中的每一个电子元件的温度状态，包括稳定状态的温度状态和过渡过程中的温度状态。

本节的工作目的在于，为有散热（吸热）电子元件的三维不均匀对象研制和建立进行不稳定热过程仿真的数学程序软件和算法程序软件。

研究对象为含有电路板的多功能可编程序控制器系统及这些系统的温度场。

### 4.3.1　建立多功能可编程序控制器电路板中不稳定热过程的数学模型

应用第 1 章中研制的单元平衡改进法的方法、关系式和算法，进行航天器“光子-M”多功能可编程序控制器温度场的计算和不稳定热过程的研究。

多功能可编程序控制器具有组件结构，包括印制电路板，电路板上有功率已知的分布热源。

多功能可编程序控制器的结构不密封，没有恒温系统，也没有强制通风。

组件的散热是被动式的，经盖上的散热器和个别元件上的散热器散热。

周围介质和内部介质为正常大气压下的空气，其温度变化范围是－40～＋40 ℃。

多功能可编程序控制器的底部固定在一个厚重的基座上，它的温度是已知的。

根据研制的方法，多功能可编程序控制器按“复合式”被分成有限的固态单位体积。

单位体积的数量（也是计算点的数量，需确定每一点、每一时刻的温度场）等于 257，每个电路板的温度场要在 5×5＝25 个计算点进行计算。

多功能可编程序控制器的外形和热模型如图 4－18 所示，箭头表示单位体积之间的基本热连接。

热源功率在电路板上的分布和多功能可编程序控制器功率的总和如表 4－3 所示。

功率在电路板上的分布在程序软件包中自动实现。

为实现多功能可编程序控制器温度场的数字计算算法，制作数字数据，并通过建立计算点不稳定温度值的曲线和电路板温度场的立体图，使其直观化，研制了专用的数学程序软件包“MPC”。该软件包能够与个人计算机环境匹配，总容量包括源程序、执行程序和数据库文档，总共有 730 千字节。

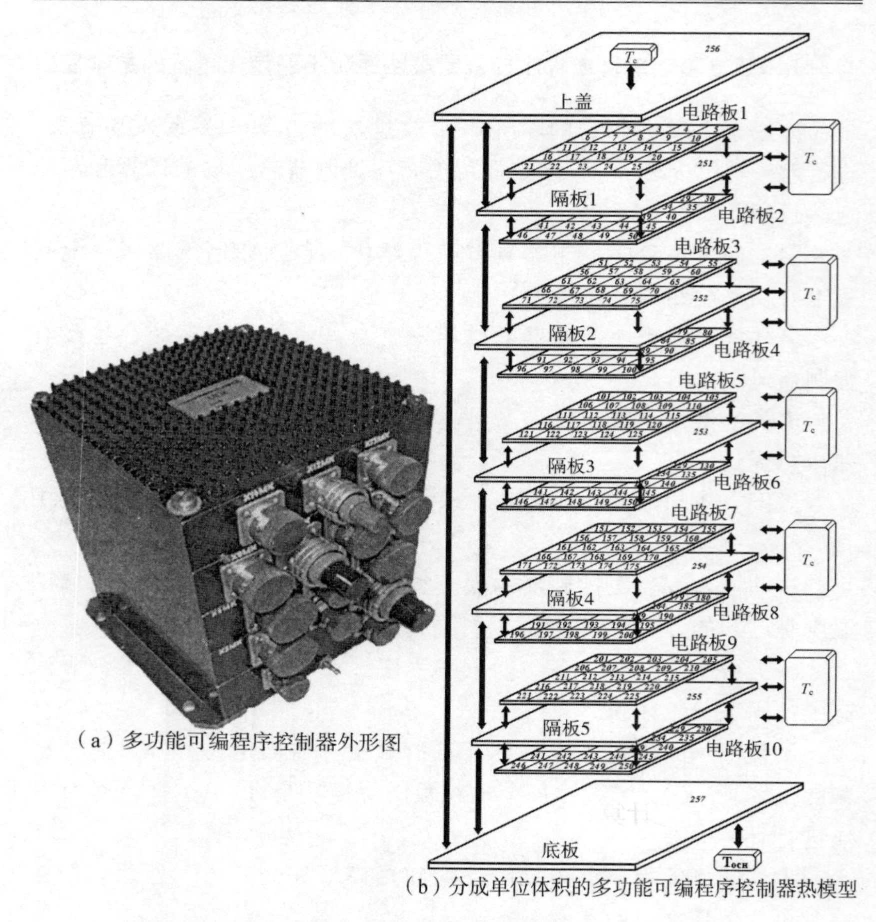


（a）多功能可编程序控制器外形图

（b）分成单位体积的多功能可编程序控制器热模型

图 4－18　多功能可编程序控制器的外形和热模型

**表 4－3　热源功率在多功能可编程序控制器中的分布**

| 多功能可编程序控制器组件名称 | 热源功率/W |
|---|---|
| 电路板 1，微处理器单元 | 9.55 |
| 电路板 2，微处理器单元 | 3.07 |

续表

| 多功能可编程序控制器组件名称 | 热源功率/W |
|---|---|
| 电路板 3，数字和模拟信号输入单元 | 1.75 |
| 电路板 4，数字和模拟信号输入单元 | 1.80 |
| 电路板 5 | 0.50 |
| 电路板 6 | 4.34 |
| 电路板 7 | 0.75 |
| 电路板 8 | 4.30 |
| 电路板 9，电源组件 | 3.17 |
| 电路板 10，电源组件 | 4.43 |
| 总功率 | 33.66 |

### 4.3.2　多功能可编程序控制器中热过程的数学仿真

进行了多功能可编程序控制器下列基准热工作状态的数学仿真。

开始时，多功能可编程序控制器的电路加温到周围介质温度范围的上限 $T_0 = T_c = +40$ ℃。介质温度所有时间保持常值，等于基座的温度。多功能可编程序控制器固定在这个基座上。整个组合中的电子元件（热源）同时通电，进行多功能可编程序控制器三维不均匀不稳定温度场的计算，计算持续到整个组合电路中确立常值温度为止。

根据基准工作状态数学仿真结果绘制的多功能可编程序控制器10个电路板中每一个的瞬时最高温度曲线如图 4-19 所示。

基准工作状态下，多功能可编程序控制器 10 个电路板和壳体的稳态温度场立体分布如图 4-20 所示。

从图 4-19 可以看出，对于多功能可编程序控制器中大部分区域，过渡过程时间（温度场稳定时间）约为 400～500 s，只有带散热器的散热元件所在位置电路板 1（单位体积 No.17）除外，它的过渡过程时间较小，约为 200 s。

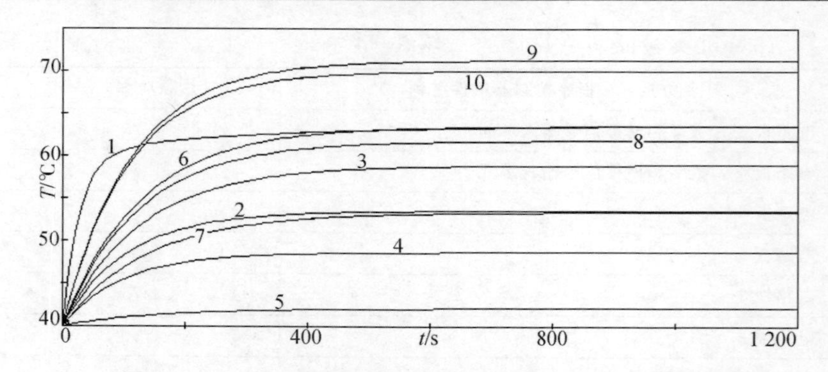


图 4－19　基准工作状态多功能可编程序控制器不同区域的瞬时最高温度

$T_0 = T_c = +40$℃：电路板 1— $T_{17}$；电路板 2— $T_{33}$；电路板 3— $T_{63}$；

电路板 4— $T_{87}$；电路板 5— $T_{113}$；电路板 6— $T_{138}$；电路板 7— $T_{163}$；

电路板 8— $T_{188}$；电路板 9— $T_{215}$；电路板 10— $T_{243}$

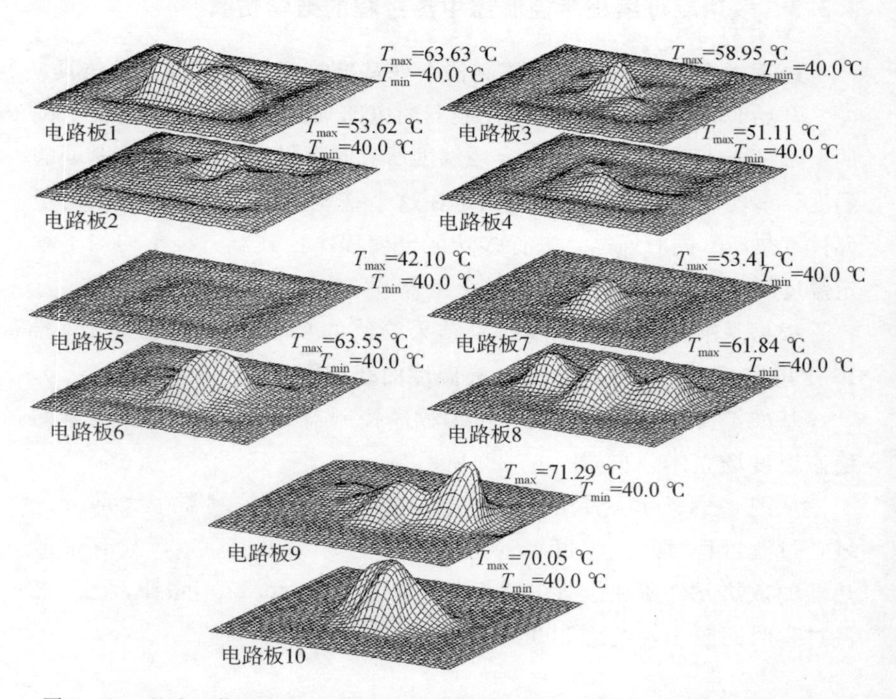


图 4－20　基准工作状态多功能可编程序控制器不同区域稳态温度场的立体分布图

当时间为 1 200 s；$T_0 = T_c = +40$ ℃

计算机实验证实（见图 4-20），电子组合中的最高稳态温度发生在电源组件中（电路板 9，单位体积 No. 215），约为 71.3 ℃。

因此，根据数学仿真数据，多功能可编程序控制器基准结构元件中的温升比周围介质温度高出 31.3 ℃。

由于在多功能可编程序控制器的基准结构方案中只考虑了用散热片凸缘被动散热，对这种散热方法的有效性进行评估是有益的。散热片凸缘增加了电子组合盖子的散热面积（单位体积 No. 257）。散热片凸缘也是电路板 1 的散热元件（单位体积 No. 17）。

数学仿真证明下列几点。

改变电路板 1（单位体积 No. 17）主要发热元件散热器凸缘的高度，从没有凸缘到 0.4 cm 高的凸缘（基准值 0.2 cm），这个元件的导热系数增大约 2.3 倍，导致发热元件的温升比周围介质温度降低 17%（从 26.0 ℃降至 21.7 ℃）。

改变多功能可编程序控制器盖上散热器凸缘的高度（单位体积 No. 256），从没有凸缘到 0.4 cm 高的凸缘（基准值 0.3 cm），盖本身的过热比周围介质温度降低 14%，壳体过热最多降低 3%，电路板上的元件最多过温 0.5% 。

因此，可以指出，采用散热器直接从电子部件发热元件散热效率较高。

位于电路板 1 上的带散热器的热源在周围介质基础上的温升（23.6 ℃）比位于电路板 9 上的不带散热器的发热源在周围介质基础上的温升（31.3 ℃）要小，也证明这个结论。而在这种情况下，从表 4-3 可以看出，电路板 1 的发热功率（9.55 W）远远大于电路板 9 的发热功率（3.17 W）。

因此，为了优化多功能可编程序控制器中的温度态势，至少在主要发热源区域安装散热器，特别是有电源板的区域（电源电路板 9，10）。根据数学仿真数据，这一措施使得高于介质温度的过温降低了 5～10 ℃。

今后进一步改进时，可以在多功能可编程序控制器内部发热源中采用强制通风，或者，建立电子部件和它的元件的温度调节系统。

### 4.3.3 可编程序控制器印制电路板中热过程的数学仿真

根据研制出的通用方法，使用得到的关系式和算法，不仅可以进行多功能可编程序控制器热过程的数学仿真，还可以进行工业控制器单独电路板中热过程的独立仿真。

用模拟网络替代电路板，即将电路板分成有限的固态单元体积——典型的平行六面体，把这些单元体积的中心当成三维离散状模型的计算点。根据电子元件在电路板上的分布密度和要求的精度，这种计算点可以有几十个、几百个，甚至几千个。在这些点的每一点用改进后的单元平衡算法，不连续地经一定时间间隔确定温度，并考虑所有形式的热传递（传导、对流、辐射），包括从一个体积单元到另一个体积单元，也包括从体积单元到周围介质、基座和壳体。

为了进行自动化计算，研制了专用程序软件包“PLT”，该软件包实行“从上到下”的等级热仿真原则。根据这一原则，在第一阶段，计算多功能可编程序控制器的温度场。

在第二阶段，计算组成多功能可编程序控制器的电路板的温度场。这时，第一阶段算出的温度场对于电路板来说，就成了周围介质的温度。下一步，可以计算电子器件或者电路板组成区域的温度场等。

在把算出的温度场直观化时，用程序软件包这个工具将计算点之间的温度值插入。根据电路板的具体结构，算法预先规定了在这个或那个单位体积有或没有给定功率的发热源。

有电路板图像的程序软件包对话窗口和原始数据库窗口见图4-21。

程序软件包“PLT”的主要特点如下。

它适合计算各种功能和用途不同的数量有限而且已知的电路板的温度场。无论这些电路板是集中在一个壳体里作为控制组合，还是每一个单独的电路板。

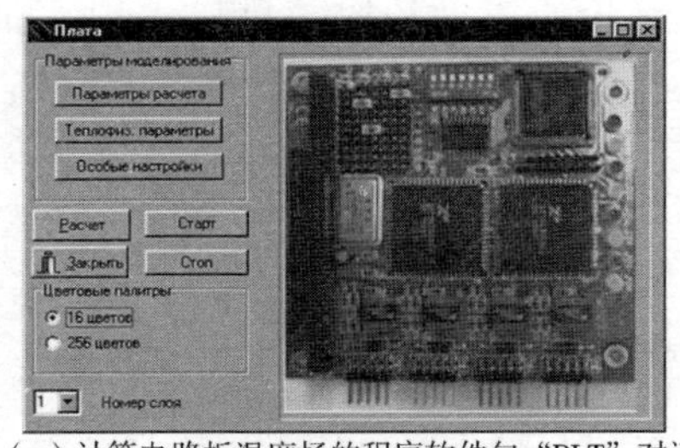


（a）计算电路板温度场的程序软件包“PLT”对话窗口

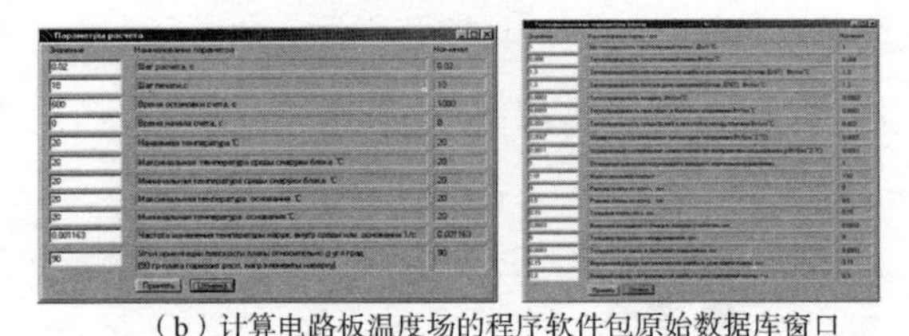

（b）计算电路板温度场的程序软件包原始数据库窗口

图 4－21　有电路板图像的程序软件包对话窗口和原始数据库窗口

它是万能的，独立的；它结构紧凑，操作简单，具有标准接口。该软件包不要求大量的计算机资源（存储量、硬盘容量），不要求增加专用的图表分析软件和硬件，在标准计算机环境中就能实现。

在电路板设计阶段软件包能够：

1）用任何一种给定的方法改变元件在电路板上的布局，以便使温度梯度最小，并保证电路板需要的工作温度范围。

2）用任何一种给定的方法改变电路板元件的组成和它们的发热功率。

3）既能进行采用自由对流（用散热器）的效率分析，也能进行采用受迫对流（吹风）的效率分析；既能进行对电路板整体采用一个散热器的效率分析，也能进行对电路板的任意元件采用散热器的效率分析。

4）用现代计算机的数学仿真替代昂贵的实际热试验。与实物试验中热传导的自然过程消耗的时间相比，计算机的快速性将获得试验结果的时间缩短到几十甚至几百分之一。

当自主计算电路板的温度场时，可以采用大量的计算点，从而更精确、更具体地确定电路板和它的元件的温度场。

作为数学工具、数学方法和软件资源的应用实例，我们建立了工业控制器电路板 RS4 - 104 的热模型，并进行了它的不稳定温度场的计算。电路板上发热源的总功率约为 3 W，其 RS4 - 104 计算点的数量总共是 18×18×2＝648。

工业控制电路板 RS4 - 104 的外形和它的热模型（用阴影表示热源）如图 4 - 22 所示。

电路板 RS4 - 104 不同时刻温度场的彩色（或黑白）等值线和立体图如图 4 - 23 所示。

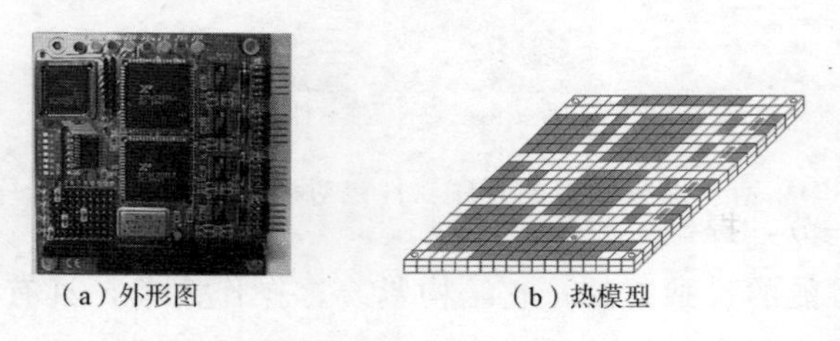


图 4 - 22　工业控制器电路板 RS4 - 104 的外形形和它的热模型

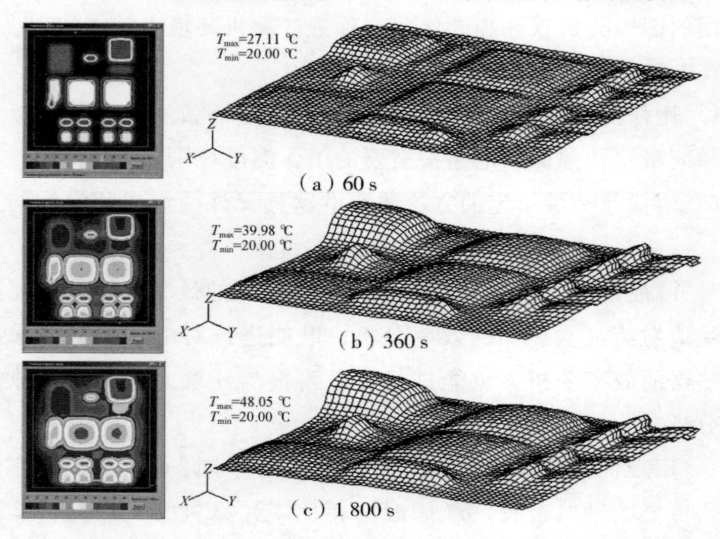


图 4 - 23　工业控制器电路板 RS4 - 104 上层不同时刻温度场的等值线和立体图

因此，对航天飞行器定位系统多功能可编程序控制器在热作用条件下的研究，可以得出下列结论。

建立了发生在多功能可编程序控制器中和带热源的电路板中的热过程的数学模型，该数学模型在专用程序软件包“MPC”和“PLT”中实现。

程序软件包可以用给定数量的计算点计算和分析机电部件和带热源的电路板的不均匀、不稳定的三维温度场，并进行温度场的直观化。

进行了多功能可编程序控制器和电路板中热过程的数学仿真，得到了对这些过程参数的定性和定量评估，提出了优化多功能可编程序控制器温度状态的建议。

## 4.4　热作用条件下航天飞行器定位系统的电子部件

在这一节，提出并解决建立和研究航天飞行器捷联惯导定位系统中热过程数学模型的任务。

应用第 1 章中研制的通用方法来研究捷联惯导系统电子部件中的热过程。

### 4.4.1　任务的提出和被研究装置级别的确定

必须研究多功能电子部件中不均匀、不稳定的三维温度场。电子部件包括分布着发热源和其他热源的印制电路板，发热源的功率是已知的。

研究对象是航天飞行器捷联惯导定位系统的多功能电子部件，该电子部件是一个非密封部件，没有恒温系统，在其印制电路板上有发热源，它是捷联惯导系统的组成部分，其外形如图 4 - 24 所示。

捷联惯导系统电子部件的外形图、配置图和主要结构元件见图 4 - 25。

捷联惯导系统的电子部件具有模块结构，由两个相似的模块组成。每个模块包括一些电路板，电路板上分布着功率已知的发热源，还有发热功率已知的电源。

图 4 - 24　捷联惯导系统电子部件的外形图

(a) 外形图

(b) 俯视图

(c) 电路板3 AMKO和电源组合

(d) 电路板6 CEHC和电路板3 AMKO

图 4 - 25　捷联惯导系统电子部件的外形图、配置图和主要元件

捷联惯导系统的电子部件是通过紧固件、自由表面、散热器、热量分流装置等，向电子部件的盖和印制板上一些元件散热，是被动式的散热。

向周围介质散热是通过自然对流和辐射实现的。

向固定捷联惯导系统的电子部件的基座散热是通过热的传导实

现的。

围绕捷联惯导系统电子部件的外部和内部介质是一个大气压的空气。大气压可以在给定的范围内变化，从标准大气压变到可能的最小值，或最大值。

捷联惯导系统电子部件周围外部和内部介质的温度变化范围是已知的，为－40～＋40 ℃。

捷联惯导系统的上部和下部固定在电子部件厚重的底座上，温度 $T_{OCH1}$ 和 $T_{OCH2}$ 是已知的。

捷联惯导系统电子部件的装配图见图 4－26。主要印制电路板及

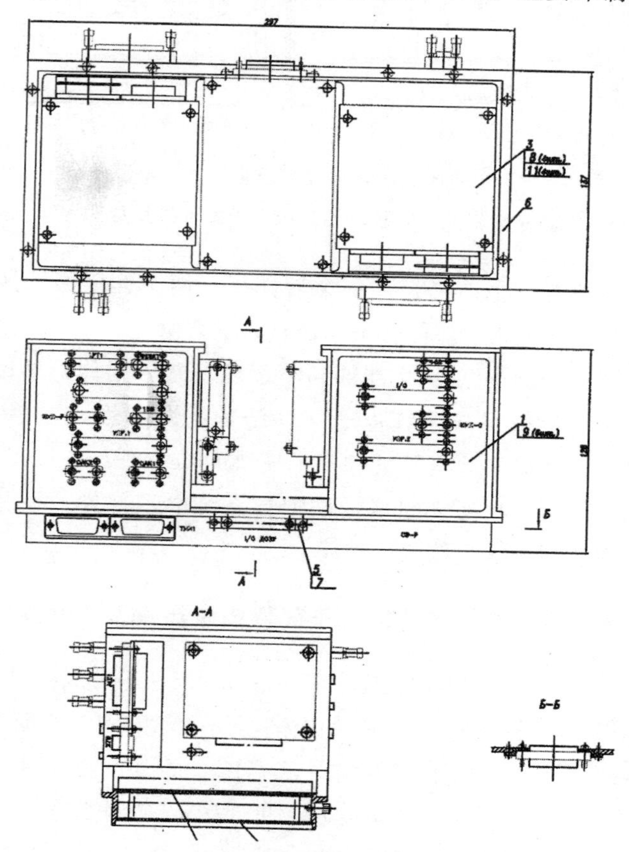


图 4－26　捷联惯导系统电子部件的装配图

其散热元件、电源和盖上的热量分流装置在捷联惯导系统电子部件模块中的分布如图 4 - 27 所示。可以看出，捷联惯导系统的电子部件由两个安装在一个基座上的对称分布的相似模块组成，模块上有印制电路板和电源。

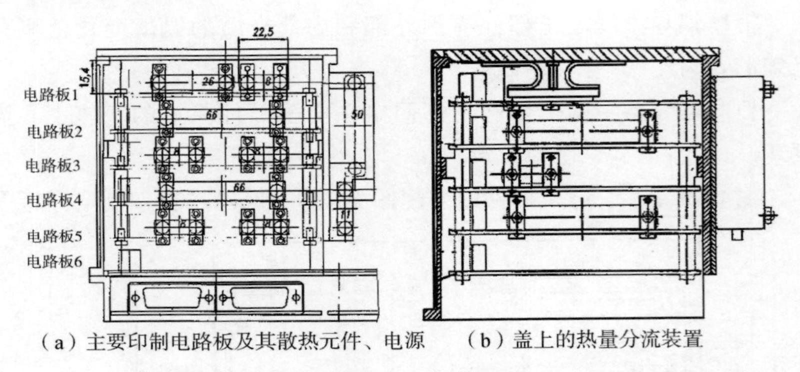

（a）主要印制电路板及其散热元件、电源　（b）盖上的热量分流装置

图 4 - 27　主要印制电路板及其散热元件、电源和盖上的热量分流装置在捷联惯导系统电子部件模块中的分布

每个模块有一个前挡板、一个后挡板、两个侧面板，还有上盖和下盖，上盖与大电子部件有全面而良好的接触。

遵循“从上到下”（从大部件到小部件，然后元件）热设计的等级原则，考虑捷联惯导系统电子部件结构的对称性，在第一阶段，最好建立捷联惯导系统电子部件一个模块的热模型。

在第二阶段，再建立组成捷联惯导系统电子部件的，分布着散热功率最大的热源的电路板的热模型。

### 4.4.2　捷联惯导系统多功能电子部件模块热模型的建立

根据研制出的通用方法，捷联惯导系统的模块被分成数目有限的固态单位体积（见图 4 - 28），这些单位体积具有典型的平行六面体形状。

图 4 - 28 标出了电子部件相对重力场 $g$ 的基准方位和方位角变化的范围 $90^\circ \leqslant \varphi \leqslant 450^\circ$。角度 $\varphi = 90^\circ$ 表示，当电路板与发热元件处于水平位置，且发热面朝上时，捷联惯导系统电子部件的方向。

暗色阴影表示热源在电路板和电源上的位置。

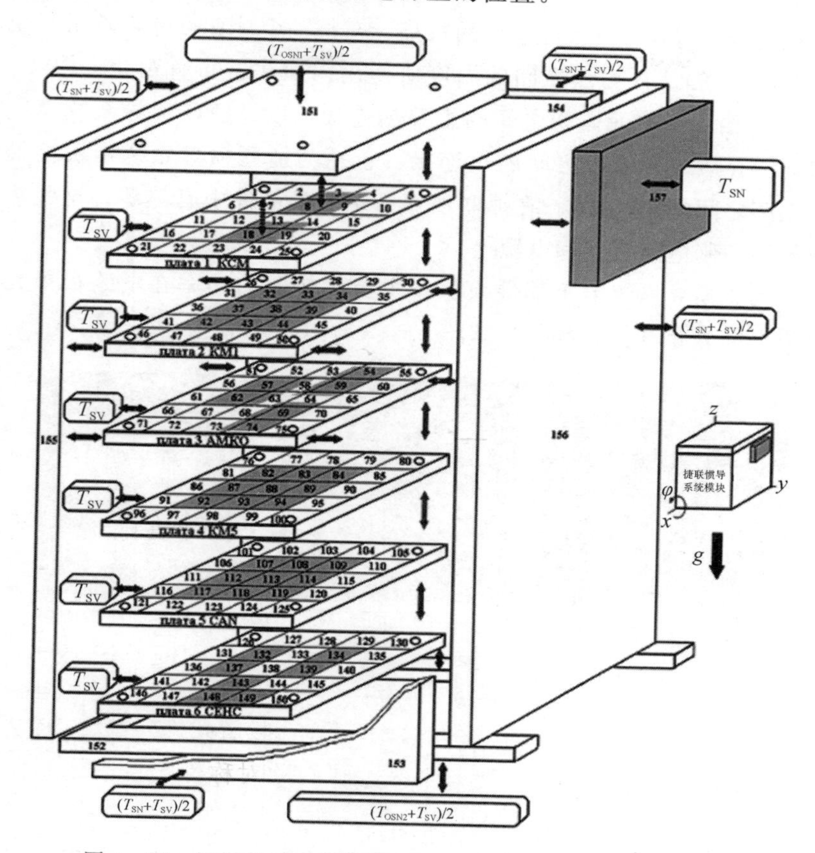


图 4-28 捷联惯导系统模块的热模型和它被分成的单位体积

单位体积（1～25）—电路板 1KCM；单位体积（26～50）—电路板 2 KM1；
单位体积（51～75）—电路板 3 AMKO；单位体积（76～100）—电路板 4 KM5；
单位体积（101～125）—电路板 5 CAN；单位体积（126～150）—电路板 6 CEHC；
151 —上盖 1；152—下盖 2；153，154—前面板和后面板；155，156—侧面板；157—电源；
$T_{OSN1}$，$T_{OSN2}$—基座温度；$T_{SN}$，$T_{SV}$—捷联惯导系统
模块的外部介质温度和内部介质温度；⟷温度连接

在热模型中，可以利用导热装置，将热负荷最大的电路板 1 KCM 上的热量分流到上盖 151 上（图 4-28 中热连接符号用虚线

表示)，并在发热元件上采用散热器。捷联惯导系统电子部件中单位体积的数量等于 157（计算点的数量，在每一个计算点计算随时间变化的温度场)。计算点之间的温度值使用内插法进行直观化。图 4 - 28 中还给出了单元体积之间的主要热连接，以及捷联惯导系统模块和周围介质单元体积之间的热连接（包括与捷联惯导系统模块接触的基座之间的热连接)。在捷联惯导系统电子部件中有热源，这些热源位于印制电路板上和电源上。

捷联惯导系统电子部件模块中主要发热源的功率在电路板单元体积上的分布（阴影部分）如图 4 - 29 所示。

图 4 - 29　捷联惯导系统电子部件模块中主要发热源的功率在电路板单元体积上的分布（阴影部分）

电路板 1～6 上热源的最大发热功率具有如下数值。

电路板 1 KCM：$Q_{KCM} = Q_{1KCM} + Q_{2KCM} = 4 + 1 = 5$ W；

电路板 2 KM1：$Q_{KM1} = 1.4$ W；

电路板 3 AMKO：$Q_{AMKO} = Q_{1AMKO} + Q_{2AMKO} + Q_{3AMKO} = 1 + 1 + 1 = 3$ W；

电路板 4 KM5：$Q_{KM5} = 1.4$ W；

电路板 5 CAИ：$Q_{CAИ} = 1.4$ W；

电路板 6 CEHC：$Q_{CEHC} = 1.4$ W；

电源（157）：$Q_{BP} = 3.4$ W。

因此，捷联惯导系统电子部件最大发热总功率为：

$$Q = Q_{KCM} + Q_{KM1} + Q_{AMKO} + Q_{KM5} + Q_{CAИ} + Q_{CEHC} + Q_{BP} \leqslant 17 \text{ W}。$$

### 4.4.3　捷联惯导系统电子部件模块中热负荷最大的电路板 1 KCM 和电路板 3 AMKO 热模型的建模

为了更精确地进行热过程的数学仿真，检查热模型的相符程度，建立了电路板 1 KCM 和电路板 3 AMKO 的更详细的数学模型。在这些电路板中，热状态预计会更不利，因为，在这些电路板中散热最多。在电路板 1 KCM 中，散热总功率为 5 W，在电路板3 AMKO 中，散热总功率为 3 W。

像建立捷联惯导系统电子部件模块整体的热模型那样，用我们研制的通用方法，把印制电路板分成数量有限的固态单元体积（见图 4－30），这些单元体积具有典型的平行六面体的形状。

这里采用的，电路板相对重力场 $g$ 的基准方位和方位角的变化范围 $90° \leqslant \varphi \leqslant 450°$ 同捷联惯导系统采用的方位一致。$\varphi = 90°$ 时，电路板及其散热元件处于水平位置，发热面朝上（如图 4－30 所示），阴影部分表示热源在电路板上的分布。

在热模型中，用热采集装置从热负荷最重的电路板 1 KCM 向上盖 151 进行热分流，并在发热元件上采用了散热器。

每一个电路板单位体积的数量（计算点的数量，在电路板的每一个计算点计算随时间变化的温度场）等于 $18 \times 18 \times 2 = 648$ 。这个计算点的数量远远大于作为捷联惯导系统电子部件组成部分时计算点的数量 5×5＝25。在对电路板计算点之间的温度值进行直观化时，采用了已知的内插法，在印制电路板上有分布热源。

采用捷联惯导系统电子部件热模型中使用过的几何和热物理原始数据。

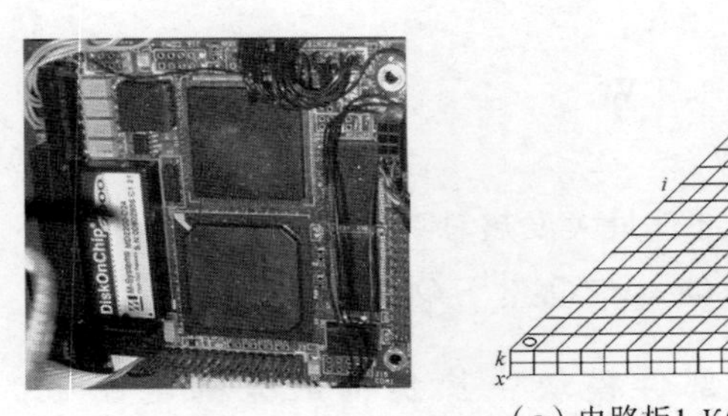

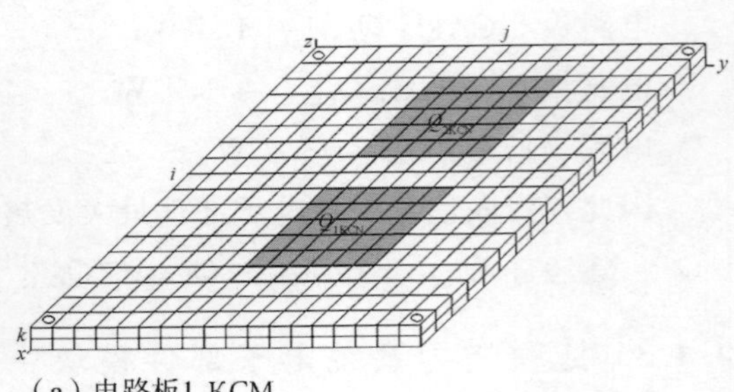

（a）电路板1 KCM

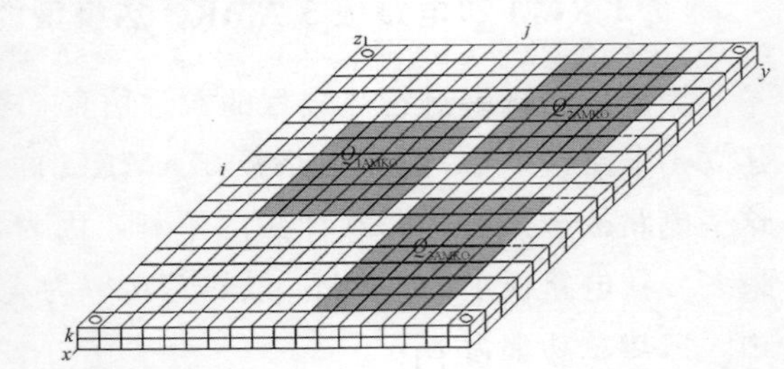

（b）电路板3 AMKO

图 4-30　分成单元体积的电路板 1 KCM 和电路板 3 AMKO 的热模型

也像捷联惯导系统电子部件中那样，通过自然对流和辐射向周围介质和固定电路板的基座散热，周围介质和基座的温度作为原始数据给出。

电路板的散热是被动式散热，是通过紧固件、自由表面、可能的散热器和热量分流装置实现的；向周围介质散热是通过自然对流和辐射实现的；向安装电路板的基座散热是通过热传导进行的。

为实现捷联惯导系统电子部件和单独电路板的温度场的数字算法，制作数字数据，包括建立计算点的不稳定温度场曲线和温度场立体图，使其直观化，研制了与个人计算机环境相匹配的数学程序软件包 TP-BIS，PL1-KCM，PL3-AMKO。这些程序软件包用的是计算机语言 Fortan，能够保证计算的快速性（在 Pentium Ⅲ，Ⅳ计算机上，热过程仿真时间是实际热过程进行时间的 1/20～1/200）。必要时，能够进行扩展，采用 Delphi，Ci＋＋，Exel 等语言。

为了把不稳定的温度过程和电路板的温度场更直观地表示成动态变化的彩色等值线（彩色平面图或阴影图），建成了另一个可供选择的程序软件包 PL-Ci＋＋。该软件包用的是 Ci＋＋ 语言，利用了计算机环境和 Windows 多窗口的可能性。

程序软件包 PL-Ci＋＋ 的构思、控制原理及其功能与程序软件包 PL1-KCM，PL3-AMKO 的构思、控制原理和功能完全相似。程序软件包 PL-Ci＋＋能够计算组成捷联惯导系统电子部件的电路板的不均匀不稳定的三维温度场，并使其直观化。

程序软件包 PL-Ci＋＋与程序软件包 PL1-KCM 和 PL3-AMKO 的主要区别在于，给出原始数据库的方法和动态变化的输出数据——电路板温度场直观化的方法。

用程序软件包 PL-Ci＋＋计算出的，捷联惯导系统电子部件电路板的温度场以动态变化的彩色等值线的形式输出，而在 PL1-KCM 和 PL3-AMKO 两个软件包中，是以立体图和温度与时间的关系曲线的形式输出。

因此，实现了建立热模型的程序软件包 TP-BIS，PL1-KCM，PL3-AMKO 和软件包 PL-Ci＋＋完全能够解决捷联惯导系统电子部件模块和组成捷联惯导系统电子部件的单独电路板的不均匀不稳定三维温度场的计算、直观化和分析任务。

程序软件包 PL-Ci＋＋的主要对话窗口和原始数据库窗口如图 4-31 和图 4-32 所示。

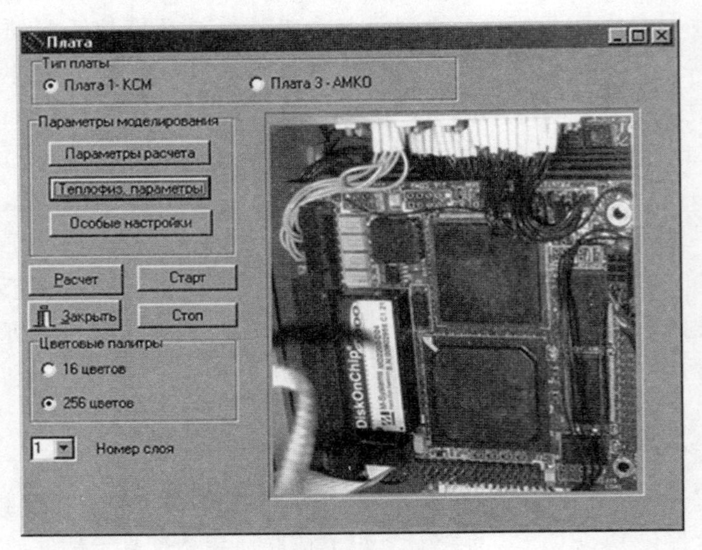


（a）电路板1KCM

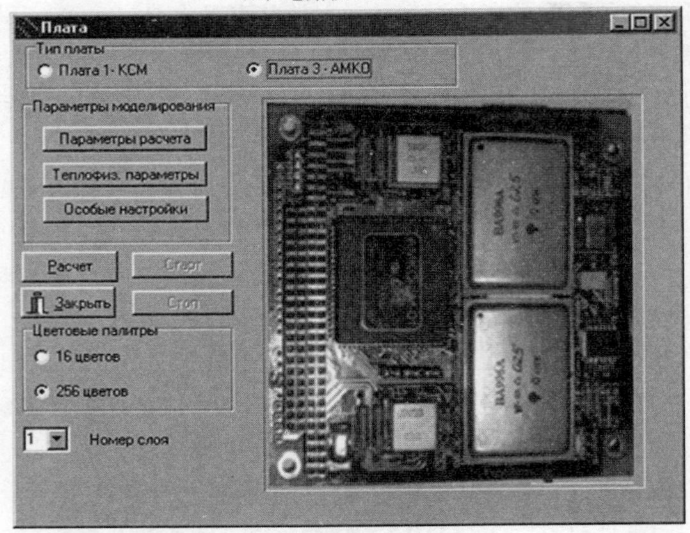


（b）电路板3AMKO

图 4-31　程序软件包 PL-1-3-Ci++用于电路板 1 KCM 和电路板 3 AMKO 计算和直观化的主要对话窗口

Параметры расчета

| Значение | Наименование параметра | Номинал |
|---|---|---|
| 0,02 | Шаг расчета, с | 0.02 |
| 10 | Шаг печати,с | 10 |
| 200 | Время остановки счета, с | 1000 |
| 0 | Время начала счета, с | 0 |
| 20 | Начальная температура ℃ | 20 |
| 20 | Максимальная температура среды снаружи блока ℃ | 20 |
| 20 | Минимальная температура среды снаружи блока ℃ | 20 |
| 20 | Максимальная температура основания ℃ | 20 |
| 20 | Минимальная температура основания ℃ | 20 |
| 0,001163 | Частота изменения температуры наруж, внутр среды или основания 1/с | 0.001163 |
| 90 | Угол ориентации плоскости платы относительно g угл град (90 гр-плата горизонт расп, нагр элементы наверху) | 90 |
| 80 | Мощности тепловыделения всех источников тепла 0 - 100 % | 100 |
| 0 | Доля максимально возможной площади шунтирования 1 эл, % | 1 |
| 0 | Доля максимально возможной площади шунтирования 2 эл, % | 0 |

Применить　Отмена

Теплофизические параметры платы

| Значение | Наименование параметра | Номинал |
|---|---|---|
| [illegible] | Уд теплоемкость текстолитовой платы Дж/г^С | 1 |
| 0,008 | Теплопроводность текстолитовой платы Вт/см^С | 0.008 |
| 1,3 | Теплопроводность металлической шайбы в узле крепления (сплав Д16Т) Вт/см^С | 1.3 |
| 1,3 | Теплопроводность болта в узле крепления (сплав Д16Т) Вт/см^С | 1.3 |
| 0,0003 | Теплопроводность воздуха Вт/см^С | 0.0003 |
| 0,0003 | Теплопроводность прокладок в болтовом соединении Вт/см^С | 0.0003 |
| 0,003 | Теплопроводность среды (клей) в прослойке между платами Вт/см^С | 0.003 |
| 0,001 | Усредненный коэффициент теплоотдачи излучением Вт/(см^2 ^С) | 0.001 |
| 0,0011 | Усредненный коэффициент конвективной теплоотдачи при номинальном g Вт/(см^2 ^С) | 0.0011 |
| 1 | Отношение давления окружающего воздуха к нормальному давлению | 1 |
| 100 | Масса реальной платы г | 100 |
| 9,017 | Размер платы по оси x, см | 9.017 |
| 9,589 | Размер платы по оси y, см | 9.589 |
| 0,2 | Толщина платы по z, см | 0.2 |
| 0,0003 | Величина воздушного стыка в зазорах с натягом, см | 0.0003 |
| 0 | Толщина прослойки между платами, см | 0 |
| 0,0003 | Толщина прокладок в болтовом соединении, см | 0.0003 |
| 0,15 | Внутренний радиус металлической шайбы в узле крепл платы, см | 0.15 |

Применить　Отмена

图 4-32　程序软件包 PL-Ci++用于计算温度场的原始数据库窗口

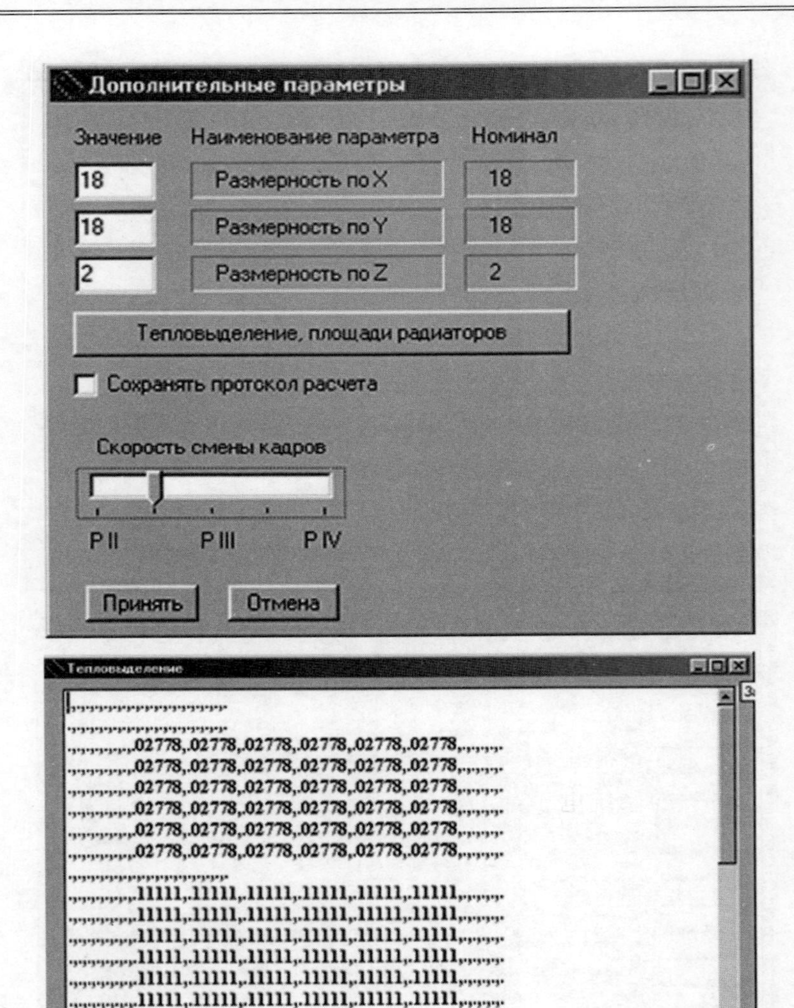


图 4－32　程序软件包 PL－Ci＋＋用于计算温度场的原始数据库窗口（续）

### 4.4.4 捷联惯导系统电子部件模块中发生的热过程的数学仿真、计算机实验和对仿真结果的分析

数学仿真中使用了下列原始数据。

1）周围空气介质和固定捷联惯导系统电子部件安装基座的温度变化范围 $T_c$ =（−40～+40）℃；

2）捷联惯导系统电子部件模块周围空气介质的压力与标准大气压之比 $H_{NS}/H_0=1$；

3）捷联惯导系统电子部件模块内部压力与标准大气压之比 $H_{VS}/H_0=1$；

4）捷联惯导系统电子部件模块中内部发热源是电路板的发热元件和电源，它们的总功率不大于 17.0 W（其中热负荷最大的电路板 1 KCM 的最大功率不超过 5 W）。

捷联惯导系统电子部件模块的质量为 1 200 g，每个电路板的质量为 100 g。捷联惯导系统电子部件模块位于重力场中，重力加速度额定值 $g=9.8\ m/s^2$。向周围介质散热的方式为自然对流和辐射。

捷联惯导系统电子部件模块位于基准位置，如图 4-28 所示。

捷联惯导系统电子部件模块在下列热工作状态下进行了数学仿真。

（1）第一种状态

在初始时刻，认为捷联惯导系统电子部件模块的所有元件加温到了初始温度 $T_{HOM}$ =+20 ℃。周围介质温度，无论外部，还是捷联惯导系统内部空间中，还有安装捷联惯导系统电子部件模块的基座，它们的温度任何时候都保持常值，等于额定温度+20 ℃。

假设热负荷最大的电路板 1 KCM 没有热量分流装置，这个电路板和其他发热元件的散热是依靠自然对流和辐射，并通过紧固件实现的。

同时接通电路板上的所有热源和电源，它们的功率为最大值的80%，计算整个捷联惯导系统电子部件模块的不均匀、不稳定三维

温度场。

计算一直持续到所有电子部件达到常值温度。

进行这种状态的仿真，是为了确定捷联惯导系统电子部件模块基准结构元件在周围介质温度基础上的最大过温（不从热负荷最重的元件上采热），并确定这些过温所处的电子部件的位置，还要确定热过渡过程时间。

(2) 第二种状态

在第一种状态的基础上，给电路板 1 KCM（最大功率为 4 W）增加了发热源的热分流元件 STPC，向捷联惯导系统电子部件模块的上盖进行热分流。就是说，这里讨论的是捷联惯导系统电子部件模块基准结构的改型。

这种热分流可以用长度和截面积已知的导热元件使热源与上盖"短路"而实现。

进行数学仿真时，应当使导热元件截面的等效面积占到热分流元件 STPC 表面积（STPC 分流元件的全部表面积约为 7.3 $cm^2$）的最大百分率。分流导热元件的等效长度根据捷联惯导系统的图纸选择，为 1.54 cm；分流元件的导热系数等于上盖材料的导热系数，为 1.3 W/(cm · ℃)。

电路板的主要热源采用热分流比较理想。因为，由于电路板是玻璃胶布板制作的，导热率比较小，为 0.004～0.01 W/(cm · ℃)，发出的热量不易在电路板上扩散，必须把它引导出去，以免过热。

进行这种状态的仿真是为了获得定性和定量评估，查明应用被动方法从捷联惯导系统电子部件功率最大的发热源散热的有效性。

进行第一种和第二种热状态的数学仿真时，既用程序软件包 TP-BIS 计算了捷联惯导系统电子部件模块整体的热过程，也用程序软件包 PL1-KCM，PL3-AMKO 计算了单独电路板中的热过程。这种综合仿真一方面能够检查捷联惯导系统电子部件模块热过程数学模型和单独电路板数学模型的一致性；另一方面，在这种仿真中，得到的对结果的定性和定量评估更加精确。

用程序软件包 TP - BIS 算出的捷联惯导系统电子部件模块第一种热状态（电路板 1 KCM 上无热分流元件 STPC ）和第二种热状态（有热分流原件）稳态温度场的立体分布图见图 4 - 33。

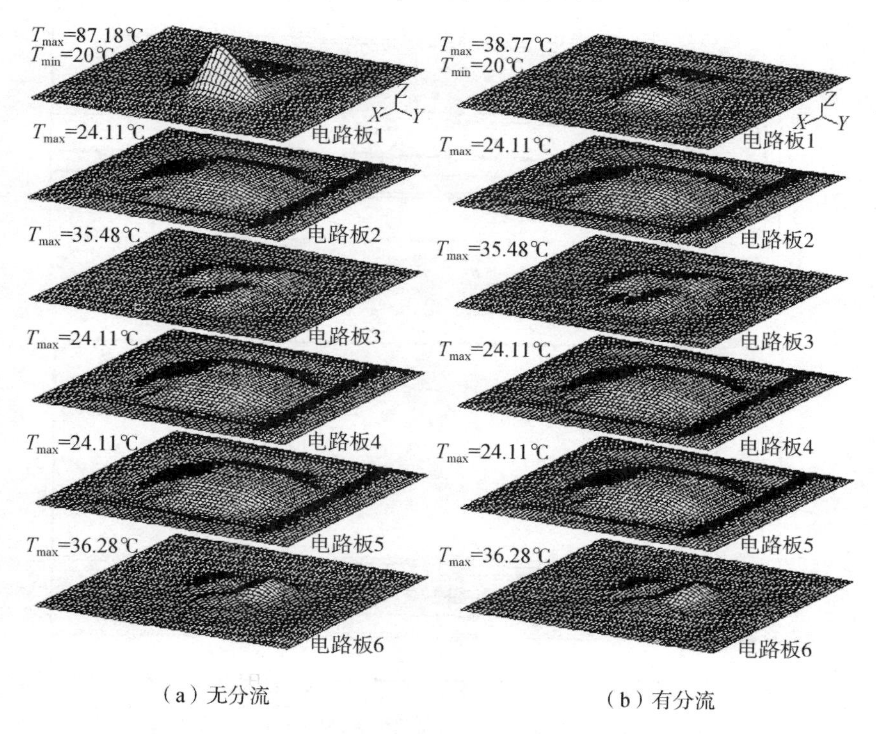


图 4 - 33　捷联惯导系统电子部件模块不同截面中的稳态温度场（在第 1 800 s）三维图

用程序软件包 TP - BIS 算出的捷联惯导系统电子部件模块第一种热状态和第二种热状态的瞬时最高温度曲线如图 4 - 34 所示。

用程序软件包 PL1 - KCM 和 PL - 1 - 3 - Ci＋＋计算出的电路板 1 KCM 第一种状态和第二种状态稳态温度场的立体分布和等温线如图 4 - 35 所示。

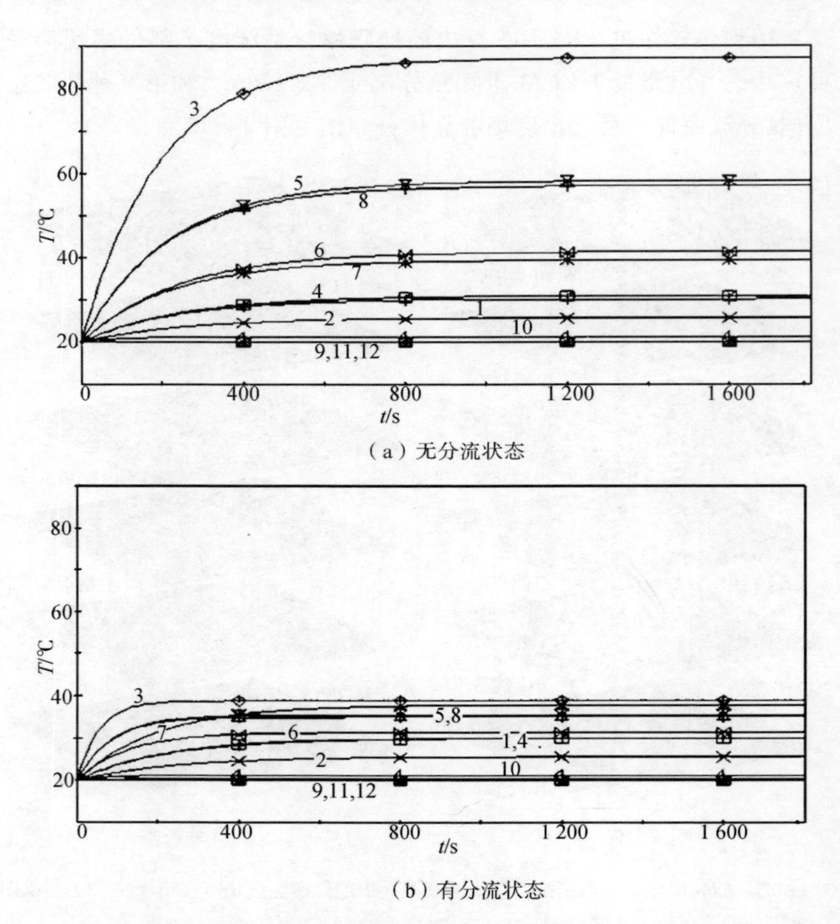


(a) 无分流状态

(b) 有分流状态

图 4-34 捷联惯导系统电子部件模块区域的瞬时最高温度

1— $T_3$；2— $T_4$；3— $T_{18}$；4— $T_9$；5— $T_{13}$；6— $T_{14}$；7— $T_8$；8— $T_{19}$；

9— $T_{151}$；10— $T_{157}$；11— $T_{SV}$；12—（$T_{OCH1}$ + $T_{C、B}$）/2

用程序软件包 PL1-KCM 计算出的、热负荷最重的电路板 1 KCM 不同区域瞬时最高温度曲线如图 4-36 所示。

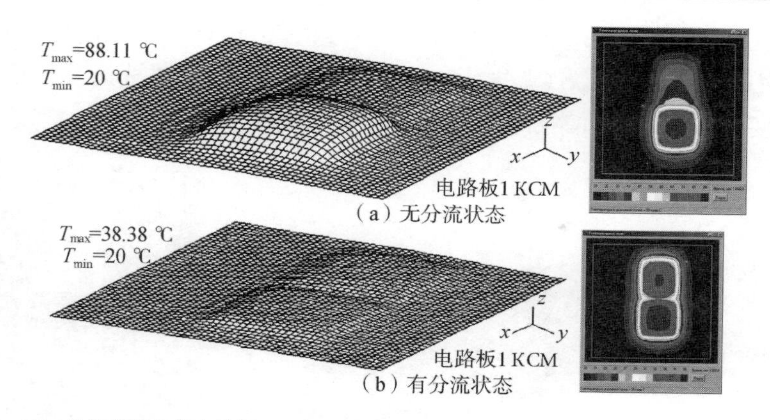


图 4-35　热负荷最大的电路板 1 KCM 上层稳态温度场（在第 1 800 s）的三维图和等温线

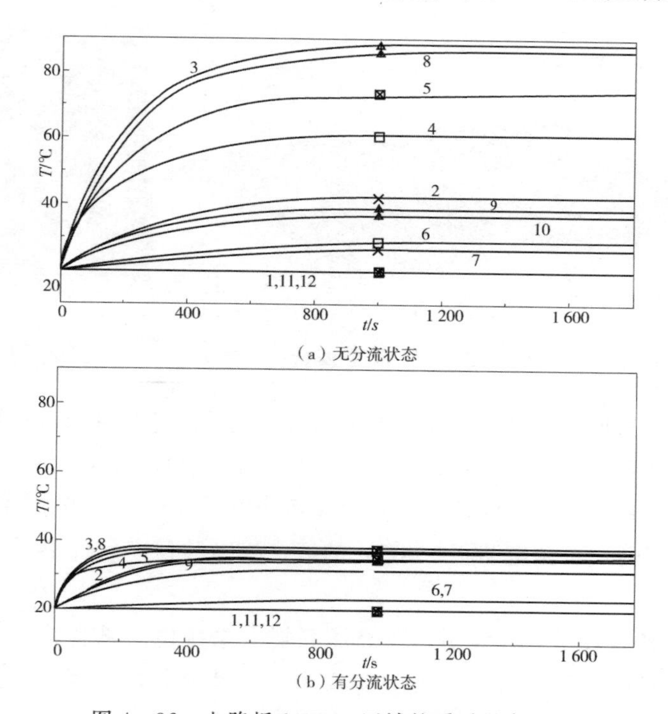


图 4-36　电路板 1 KCM 区域的瞬时最高温度

1— $T$(1, 1, 1)；2— $T$(8, 10, 1)；3— $T$(12, 11, 1)；4— $T$(10, 8, 1)；5— $T$(10, 10, 1)；6— $T$(12, 15, 1)；7— $T$(10, 6, 1)；8— $T$(12, 11, 2)；9— $T$(6, 10, 1)；10— $T$(8, 8, 1)；11— $T_{OCH}$；12— $T_c$

用程序软件包 PL3 - AMKO 和 PL - 1 - 3 - Ci++计算出的电路板 3 AMKO 第一种状态（无热分流）和第二种状态（有热分流）的稳态温度场立体分布和等温线如图 4 - 37 所示。

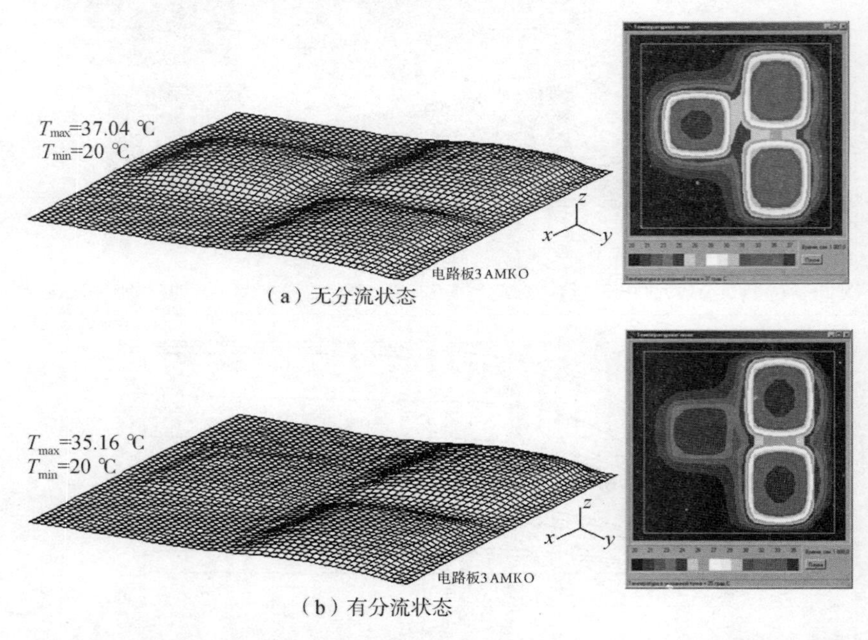

（a）无分流状态

（b）有分流状态

图 4 - 37　电路板 3 AMKO 上层稳态温度场（在第 1 800 s）的三维图和等温线

为检查所建捷联惯导系统电子部件模块数学模型和单独电路板数学模型的相符性，图 4 - 38 给出了电路板 1 KCM 上的瞬时最高温度，这些瞬时最高温度分别是用捷联惯导系统电子部件数学模型和程序软件 TP - BIS、单独电路板 1 KCM 的数学模型和程序软件 PL1 - KCM 算出的。

得到的数据能够证明，研究捷联惯导系统电子部件模块和单独电路板不稳定温度过程用的数学模型，其性质相同，因为用这些数学模型得到的温度曲线实际上是重合的。

从图 4 - 33（a）、图 4 - 34（a）、图 4 - 35（a）、图 4 - 36（a）给出的计算机实验结果可以看出，捷联惯导系统电子部件模块基准结

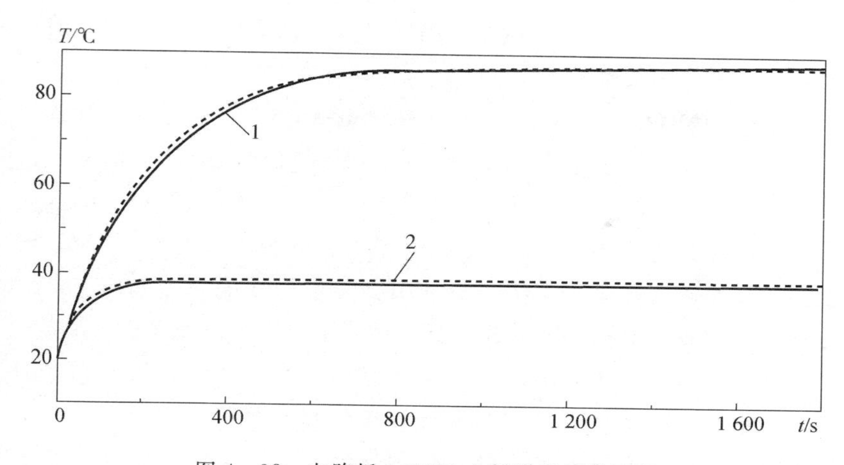


图 4－38　电路板 1 KCM 上的瞬时最高温度

曲线 1—无分流状态；曲线 2—有分流状态；

——用程序软件 TP－BIS 对整个捷联惯导系统进行仿真得到的数据；

……用程序软件 PL1－KCM 仿真单独电路板热导热数据

构中稳态温度的绝对值（无热分流）在电路板 1 KCM 中也出现了。例如，在标准大气压，额定重力 $g$，周围介质和基座额定温度为＋20 ℃，发热总功率为热源最大功率 17 W 的 80％情况下，电路板 1 KCM中单位体积 No. 18 的最高温度约为 88 ℃。因此，在捷联惯导系统电子部件模块基准结构中（不采用被动散热手段），在周围介质温度基础上的最大温升不超过 68 ℃。

在周围介质温度基础上的温升接近最大温升这一现象，在捷联惯导系统电子部件电路板 1 KCM 的其他区域也出现了。

其他有热源的电路板区域，绝对温度明显低于电路板 1 KCM 区域（低 52～64 ℃）。

在电路板区域没有热分流的情况下，捷联惯导系统电子部件模块结构中，热过渡过程时间（温度场稳定时间）约为 900～1 200 s。

对于有热源（电路板）的捷联惯导系统电子部件模块，有条件向周围介质或者相邻元件散热和改变周围介质绝对温度是非常重要的。也就是说，如果周围介质温度接近本身温度变化范围的上限＋

40 ℃，则电路板发热源区域绝对温度可以达到 108 ℃，而这样的高温是绝对不能接受的。

现在清楚了，为了让捷联惯导系统电子部件能够可靠、有效地工作，必须采取措施最大限度地减小热源区域在周围介质基础上的温升。

减小温升的主要方法之一，就是借助采热装置（见图 4－27）给主要发热源进行热分流，将热量导引到温度已知的厚重基座上。对这种采热装置有效性的定性和定量评估非常重要，也是非常必要的。

从图 4－33（b）、图 4－34（b）、图 4－35（b）、图 4－36（b）给出的第二种状态计算机实验和计算机仿真结果可以看出，捷联惯导系统电子部件模块改型结构（有热分流）中最高稳态温度的绝对值显著减小。也就是说，在电路板 1 KCM 直接进行热分流的区域 $T_{18}$的温度约为 39 ℃（$T_{18}$区域原为 88 ℃）。这个结果是在下列条件下得到的：周围介质温度和基座温度为＋20 ℃，额定重力场 $g$，气压为标准大气压，热分流的有效面积为电路板 1 KCM 上 STPC 元件表面最大可能面积的 2％。分流元件的导热系数等于上盖材料的导热系数，为 1.3 W/（cm · ℃）。

分流热量的盖的温度增长不明显，仅为 1/10 ℃。

有热分流的捷联惯导系统电子部件电路板 1 KCM 区域的热过渡过程时间明显减小，约为 400～600 s（无热分流时为 900～1 200 s）。

在其他电路板所在的捷联惯导系统电子部件区域，与热分流区域相比，温度场和热过渡过程时间的变化不明显。

因此，某些元件采用热分流向温度较低的厚重基座散热，相当有效，可以明显减小在周围介质基础上的温升，还可以缩短捷联惯导系统电子部件的准备时间。

强制吹风和在主要发热源采用散热器，可以进一步改善捷联惯导系统电子部件的热态势，从而提高散热表面的效率。

研究热过程积累的经验表明，在典型的电子部件中，依靠在热源上使用散热器来 100％增加热交换面积（是原有面积的 2 倍），能使以周围介质温度为基础的最大温升降低 10%～20%。

捷联惯导系统电子部件和单独电路板热过程的数学模型，以及支持这些数学模型的程序软件包能够对捷联惯导系统电子部件中散热器的有效性进行定性和定量评估。研究结果证明了采用热分流装置和散热器直接从捷联惯导系统电子部件发热元件进行散热的高效率。

在整个电子部件中实施了对电子部件表面的强制吹风，这就产生了评估这种强制通风有效性的必要性。

### 4.4.5　电子部件强制吹风有效性的解析评估和数字评估

将带强制吹风的电子部件想象成一个有内部热源的立方体单元，其边长为 $a$，内部热源与外部介质有热接触（见图 4－39）。

假设，电子部件与周围介质的热交换是靠重力场 $g$ 中的辐射和自然对流实现的，或者，当采用强制吹风时，是靠辐射和强制对流实现的。介质压力等于正常大气压。

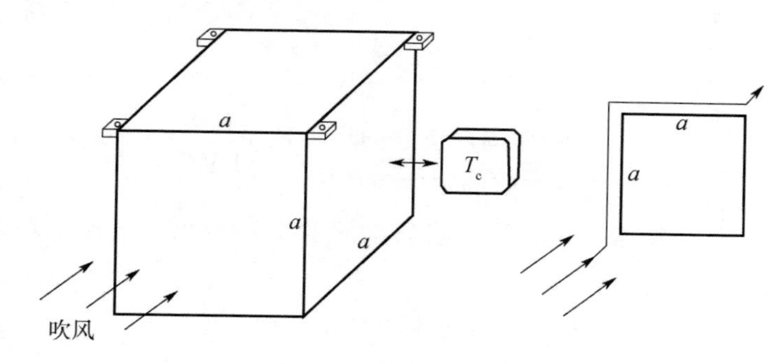


图 4－39　电子部件的热模型及其受迫吹风图

电子部件热过程的数学模型（热平衡方程）写成下列形式

$$c\dot{T} + q(T - T_c) = Q \tag{4-31}$$

式中　$T(t), \dot{T}(t)$ ——分别为单位体积的温度及其时间 $t$ 的导数；

$T_c$ ——已知周围介质的温度；

$q$ ——周围介质的热传导系数；

$c = c_{ud}m$ ——单元体积的热容量；

$c_{ud}$ ——比热；

$m$ ——电子部件的质量；

$Q$ ——热源功率。

周围介质热传导系数的组成如下。

在自然对流和辐射热交换情况下

$$q = q_1 = q_{SK} + q_{IZL} = \alpha_{SK}S + \alpha_{IZL}S \tag{4-32}$$

在强制对流和辐射热交换情况下

$$q = q_2 = q_{VK} + q_{IZL} = \alpha_{VK}S + \alpha_{IZL}S \tag{4-33}$$

式中 $\alpha_{SK}$ ——自然对流散热系数；

$\alpha_{IZL}$ ——辐射散热系数；

$\alpha_{VK}$ ——强制对流散热系数；

$S$ —散热表面面积。

强制对流散热系数［单位 W/（m$^2$ · ℃）］可以根据第 1 章中的公式（1－34）计算

$$\alpha_{VK} = 0.8\,\frac{\lambda}{\ell}\sqrt{\frac{V\ell}{\nu}} \tag{4-34}$$

式中 $V = G/F$ ——物体周围空气的运动速度；

$G$ ——流过有限空间的按体积计算的空气流量；

$F$ ——物体与它的罩之间的空间的平均面积（气流平均截面的面积）；

$l$ ——被空气流包围的物体的特征尺寸；

$\lambda$，$\nu$ ——分别为气体的导热性和运动黏度。

对高于周围介质温度的温差 $\Delta T = T - T_c$，考虑温度的初始条件 $T(0) = T_0$，热平衡方程（4－31）的通解取下列形式

$$\Delta T = \left(T_0 - T_c - \frac{Q}{q}\right)\exp\left(-\frac{q}{c}t\right) + \frac{Q}{q} \tag{4-35}$$

在稳定状态（当 $t \to \infty$ 时），从式（4－35）得到下列电子部件稳态温度差 $\Delta T_{UST}$ 的公式

$$\Delta T_{\mathrm{UST}}=\frac{Q}{q} \tag{4-36}$$

式（4－32）～式（4－36）让我们能够在一次近似中定性和定量评估对电子部件进行强制吹风的有效性。对这样的评估给出与电子部件实际结构相应的具体数据、热物理参数和其他必要的参数。

按照第 1 章给出的数据，自然对流和辐射散热系数的变化范围分别为 $\alpha_{\mathrm{SK}}=3\sim14$ W/（$\mathrm{m}^2$ · ℃），$\alpha_{\mathrm{IZL}}=4\sim12$ W/（$\mathrm{m}^2$ · ℃）。

选择下列数据：

$$T_0=T_c=20\ ℃；\lambda=2.6\times10^{-2}\ \mathrm{W/(m\cdot ℃)}；$$
$$\nu=15.6\times10^{-6}\ \mathrm{m^2/s}；a=0.3\ \mathrm{m}；\ell=2a=0.6\ \mathrm{m}；S=5a^2=0.45\ \mathrm{m}^2；$$
$$c_{\mathrm{ud}}=0.922\ \mathrm{J/(g\cdot ℃)}；m=16\ 000\ \mathrm{g}；Q=60\ \mathrm{W} \tag{4-37}$$

这样，当吹风速度 $V=2.5$ m/s 时，按公式（4－34）算出的强制对流散热系数 $\alpha_{\mathrm{VK}}=11$ W/（$\mathrm{m}^2$ · ℃），接近自然对流散热系数 $\alpha_{\mathrm{SK}}=3\sim14$ W/（$\mathrm{m}^2$ · ℃）变化范围的上限。

也就是说，当电子部件的几何参数、热物理性能不变，吹风速度 $V=2.5$ m/s 这个数量级时，用强制对流向周围介质散热与自然对流散热没多大差别。因此，当没有重力 $g$ 时（失重状态），用这种速度对电子部件强制吹风是有效的。因为，在这种情况下，不存在自然对流散热，依靠强制吹风，用强制对流散热取代了自然对流散热。

如果重力 $g$ 具有额定值，则为增大向周围介质散热的系数，必须提高吹风速度。因为强制对流散热系数 $\alpha_{\mathrm{VK}}$ 与吹风速度 $V$ 的平方根成正比。

当选用式（4－37）所列参数值时，在解热平衡方程（4－35）的基础上得到的，不同吹风速度对位于失重状态的电子部件温度过渡过程的影响如图 4－40 所示。

从图 4－40 可以看出，在没有自然对流和强制对流的情况下（电子部件处在失重状态，无吹风），仅仅通过辐射向周围介质散热，这时高出周围介质温度的平均温差相当大，电子部件温度达到稳态的时间也相当长。

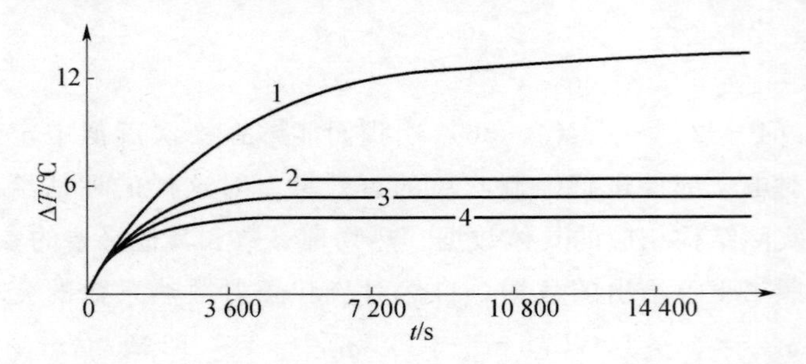


图 4-40　当 $\alpha_{SK}=0$，$\alpha_{IZL}=10$ W/(m² · ℃)，并且吹风速度不同时，失重状态下电子部件的瞬时温降

曲线 1— $V=0$（$\alpha_{VK}=0$）；曲线 2— $V=2.5$ m/s [$\alpha_{VK}=11$ W/(m² · ℃)]；曲线 3— $V=5$ m/s [$\alpha_{VK}=15.5$ W/(m² · ℃)]；曲线 4— $V=10$ m/s [$\alpha_{VK}=22$ W/(m² · ℃)]

在采用强制吹风的情况下，吹风速度 $V=2.5$ m/s，电子部件的平均过热减小（降至原来的 1/2），过渡过程时间也同时减少为原来的 1/2。

当吹风速度从 $V=2.5$ m/s 增加到 $V=10$ m/s（是原来的 4 倍）时，强制对流散热系数 $\alpha_{VK}$ 从 11 增大到 22 W/(m² · ℃)（是原来的 2 倍），这时温差减小 34%，过渡过程时间从 2.7 h 减少到 2 h。

因此，可以说，在失重状态下，用空气对电子部件吹风的有效性是毫无疑问的，甚至当吹风速度不大（2.5 m/s）时都是如此。为了在正常重力下增加强制吹风的有效性，最好提高吹风速度。

如果可能的话，最好别吹电子部件的外表面，而直接吹捷联惯导系统模块热负荷最大的地方（例如，电路板分路区域）。

可以得出下列结论和主要建议。

建立了发生在捷联惯导系统电子部件主要模块中的热过程的数学模型和组成捷联惯导系统电子部件单独印制电路板热过程的数学模型。

数学模型在专用程序软件包 TP-BIS，PL1-KCM，PL3-AMKO，PL-Ci++中实现。这些软件包可以计算、分析捷联惯导系统电子部件主要模块和组成捷联惯导系统电子部件单独印制电路板的不均匀、不稳定三维温度场，并将其直观化。

通过计算机实验，进行了在各种工作条件和各种工作状态下的捷联惯导系统电子部件模块和组成捷联惯导系统电子部件单独印制电路板中热过程的数学仿真，得到了对这些过程参数的定性和定量评估。

研究表明，捷联惯导系统电子部件基本结构元件（不采用无源散热手段）中，高于周围介质温度的最大温升不超过 68 ℃。在正常大气压、额定重力 $g$ 、周围介质和基座的额定温度为 + 20 ℃ 和发热总功率为热源功率 17 W 的 80%等条件下，电路板 1 KCM 的最高温度约为 88 ℃。

当电路板区域不存在热分流时，捷联惯导系统电子部件模块中热过渡过程时间（温度场稳定时间）约为 900～1 200 s。

为了改善捷联惯导系统电子部件中的温度状况，最好实行主要发热源向电子部件的盖的温度分流，因为盖与厚重的电子部件机座接触良好。

根据数学仿真数据，这一措施使得高出周围介质温度的局部过温显著降低，并且缩短了捷联惯导系统电子部件的准备时间。结构改型后（改成温度分流），捷联惯导系统电子部件的稳态最高温度的绝对值减小了很多。在电路板 1 KCM 所在的直接温度分流区域约为 39 ℃（没温度分流前约为 88 ℃）。

上述结果是在周围介质和基座温度为+20 ℃、额定重力 $g$ 、标准大气压和热分流有效面积占电路板 1 KCM STPC 元件表面最大面积的 2%的条件下获得的。分流元件的导热率等于盖的材料的导热率，为 1.3 W/（cm · ℃）。

有温度分流的捷联惯导系统电子部件电路板 1 KCM 区域热过渡过程时间明显缩短，仅为 400～600 s（没温度分流前约为 900～1 200 s）。

该措施是无源性的，不要求增加功率。

对电子部件整体进行强制吹风的有效性进行了解析评估，得到了标准重力场中和失重状态下用空气进行强制吹风有效性的定性和定量评估。

仿真证明，在失重状态下，甚至当吹风速度不大时（小于 2.5 m/s），采用强制吹风也非常有效。但在标准重力场中，为提高对电子部件吹风的有效性，需要加大吹风的速度。

为进一步改善捷联惯导系统电子部件的温度状态，可以直接在主要发热源上采用散热器，或者强制通风，也可以建立电子部件和电路板的温度调节系统。

# 第5章　结　论

我们讨论了受到温度干扰时，航天、航空、航海传感器，仪表和系统中相互关联的热过程和机械过程的主要研究方法及建立其数学模型的主要问题。

我们提出了一套完整的研究方法，从传感器、仪表和系统的草图设计开始，通过建立其热过程、干扰因素和热漂移的数学模型，对热漂移进行分析，以热漂移最小化为原则，对任务进行综合，最终达到提高传感器、仪表和系统精度的目的。

这种研究方法是本书作者与俄罗斯主要科研院所、高等院校、生产厂和公司的同行们在传感器、仪表和惯性导航系统设计与生产方面进行多年有效合作和共同研究的结果。这些单位有：

俄罗斯联邦国家科研中心中央“电子仪表”研究所
国立航空航天仪器制造大学
国立电工大学
圣·彼得堡“陀螺光学”股份有限公司
俄罗斯科学院力学问题研究所
库兹涅佐夫力学问题研究所
莫斯科国立包曼技术大学
拉明斯克仪表设计局
奔萨市物理测量研究所
米阿斯市机电研究所
萨马拉“进步”中央特种设计局
萨拉托夫“壳体”生产联合体
“大火星”科研生产企业

本书论述了惯性系统陀螺传感器、加速度计和其他物理量传感器的基本作用原理和它们受温度干扰的动力学基础。

本书还建立并研究了液浮陀螺、动力调谐陀螺、静电陀螺、固体波动陀螺、光纤陀螺、微机械陀螺和微机械加速度计热漂移的数学模型。

建立并研究了航空航天飞行器上受到温度干扰的压力传感器、线位移传感器、定位控制系统组合的数学模型。

本书对新的热漂移数学模型给予了特别关注。应用这些热漂移的数学模型，可以研究在外部可测定温度作用条件下工作的、受到温度干扰的陀螺或者其他物理量传感器非线性动态系统输出信号中产生无序现象的可能性。

本书提出并解决了惯性传感器和仪表热漂移的定性和定量评估问题，提出了使惯性传感器热漂移最小化的建议，从而大大提高了惯性传感器的精度和效率。数学仿真和计算机实验数据表明，这些措施使惯性传感器的准备时间大约缩短为原来的 1/2～1/5，与基本结构相同的惯性传感器相比，其精度提高了约 2～7 倍。

书中采用的信息资料是大量公开发表的资料的总结和系统化，利用这些资料可继续开展该领域的研究工作。

用建议的方法研究航空、航天、航海惯性系统新型陀螺传感器，各种级别的加速度计和其他物理量传感器、仪表和系统作为未来的研究方法十分理想。

我们进行的研究工作的前景在于，制定的新方法、数学模型以及支持它们的数学程序软件，在惯性传感器的设计和生产阶段及使用由陀螺、加速度计和电子伺服机构组成的现代组合惯性导航系统时，保证其精度、寿命、可靠性和低成本，并使给定的性能和参数最佳化。

这项任务将通过综合考虑和研究内部和外部干扰因素（温度、磁场、电和工艺等），它们之间的相互影响，以及对动态系统中存在的非线性因素的定性和定量分析来解决。

从本书作者的观点来看，未来最有意义的研究方向是，应用书中叙述的方法研究干扰因素对动态系统的影响。动态系统的实际参数与额定值有偏差，这是因为存在工艺制造误差、温度干扰和老化等因素。这些因素之和加上陀螺动态系统的非线性，可能造成很大误差，在某些情况下，甚至会使这些系统的输出信号变得无序。

把我们建议的理论、方法和数学模型推广应用到现代微机械传感器和航空、航天、航海仪表制造业有特别重要的意义。

作者希望，所有这些方向、问题和任务，在不久的将来都能得到解决。

# 参 考 文 献


［1］ Адлер Ю. П. ， Маркова Е. В. ， Грановский Ю. В. П. ланирование эксперимента при поиске оптимальных условий. －М. ： Наука， 1976. －280с.

［2］ Анищенко В. С. Сложные колебани я впростых системах. － М. ： Наука， 1990. －200с.

［3］ Арнольд В. И. Математические методы классической механики. Учеб. пособие д- лявузов. －М. ： Наука， Гл. ред. физ. －мат. лит. ， 1989. －472с.

［4］ Бажанов В. А. ， Гольденблат И. И. ， Николаенко Н. А. ， Синюков А. М. Ра счетконструкций на тепло выевоздействия. － М. ： Машиностроение， 1969， －600с.

［5］ Барулина М. А. ， Джашитов В. Э. ， Панкратов В. М. Математические моделисистем терморегулирования микромеханических гироскопов//Гироскопия и навигация"， －2002， -№3， －С. 46－58.

［6］ Берже П. ， Помо И. ， Видаль К. Порядок в хаосе. О детерминистском подходе к турбулентности： Пер. с франц. －М. ： Мир， 1991. －368с. ， ил.

［7］ Боевкин В. И. ， Гуревич Ю. Г. ， Павлов Ю. Н. ， Толстосумов Г. Н. Ориентацияискусственных спутников в гравитационных и магнитных полях. － М. ： － Наука. －301с.

［8］ Брозгуль Л. И. ， Смирнов Е. Л. Вибрационные гироскопы. － М. ： Машиностроение， 1970. －213с.

［9］ Бутенин Н. В. ， Неймарк Ю. И. ， Фуфаев Н. А. Введение в теорию нелинейных колебаний. －М. ： Наука， 1987. －384с.

［10］ Волынцев А. А. ， ДудкоЛ. А. ， Казаков Б. А. ， Козлов В. В. ， А. П. Мезенцев и др. Опыт создания высокоточных поплавковых гироприборов， применяемых в систе мах угловой ориентации и стабилизации космических аппаратов и станций. // Х Санкт－Петербургская Международная конференция по интегрированн ым навигационным системам. СПб： ЦНИИ “Электроприбор”， 2003. С. 226－234.

[11] Гусинский В. З. , Пешехонов В. Г. О перспективах применения электростатических гироскопов в системах ориентации и стабилизации космических аппаратов// Гироскопия и навигация. – 1993. –№1. – С. 3 – 6.

[12] Джанджгава Г. И. , Виноградов Г. М. , Липатников В. И. Разработка и испытания волнового твердотельного гироскопа. //V Санкт – Петербургская Международнаяконференция по интегрированным навигационным системам. СПб: ЦНИИ “Электроприбор”, 1998. – С. 174—178.

[13] Джашитов В. Э. Датчик линейных перемещений для космических летательных аппарато в вусловиях теплового удара//Авиакосмическое приборостроение, – 2003. –№11, – С. 5 – 13.

[14] Джашитов В. Э. , Лестев А. М. , Панкратов В. М. , Попова И. В. Влияние темп ературных и технологических факторов на точность микромеханических гироскопов //Гироскопия и навигация. – 1999. –№3. (26) . – С. 3 – 17.

[15] Джашитов В. Э. , Панкратов В. М. Влияние параметрических возмущений насобственные свойства линейныхмех анических систем//Механика твердоготел а. – 2000. –№6. – С. 179 – 185.

[16] Джашитов В. Э. , Панкратов В. М. Динамикатемпера турно – возмущенныхгироскопических приборов и систем. – Саратов: Изд – во СаратоВското у н – та, 1998. – 236с.

[17] Джашитов В. Э. , Панкратов В. М. Исследование взаимовлияния тепловы хи механических процессов в изделиях с подвижными конструктивными элементами//Проблемы машиностроения и надежности машин. – 1994. –№6. – С. 97 – 103.

[18] Джашитов В. Э. , Панкратов В. М. Математические модели теплового дрейфа гироскопических датчиков инерциальных систем/Под общей ред акцийакаРАН В. Г. Пешехонова. – СПб. : ЦНИИ" Электроприбор", 2001. – 150с.

[19] IДжашитов В. Э. , Панкратов В. М. О возмущении нестационарным температурным полем движения тела со дной закрепленной точкой//Механика твердого тел а. – 1997. –№4. – С. 21 – 24.

[20] Джашитов В. Э. , Панкратов В. М. , Папко А. А. Микромеханический преци зионный акселерометр в условиях тепловых воздействий//XI – СПетербургская международная конференция по интегрированным навигационным

системам. СПб. ：ЦНИИ “Электроприбор” 2004. – С. 189 – 199.

[21] Джашитов В. Э. ，Панкратов В. М. ，УлыбинВ. И. ，Мокров Е. А. ，Метальников В. В. ，Семенов В. А. Влияние тепловых воздействий на датчик давления для космических летательных аппаратов//Авиакосмическое приборостроение，–2003，–№7，– С. 2 – 10.

[22] Джашитов В. Э. ，Панкратов В. М. ，Чеботаревский Ю. В. ，“Метод теплов ых теней” расчета и визуализации температурных полей приборов и устройств ав иакосмической техники с учетом динамики относительног одвижения конструкти вныхэлементов//Авиакосмическое приборостроение. – 2003. –№7，– С. 10 – 17.

[23] Дульнев Г. Н. ，Парфенов В. Г. ，Сигалов А. В. Методы расчета теплового реж има приборов. – М. ：Радио и связь，1990. – 312с.

[24] Журавлев В. Ф. Управляемый маятник Фуко как модель одного класса свободных гироскопов//Механика твердого тела. – 1997. –№6. – С. 27 – 35.

[25] Журавлев В. Ф. ，Климов Д. М. Волновой твердотельный гироскоп. – М. ：Наука，1985. – 126с.

[26] Зельдович Я. Б. ，Баренблатт Г. И. и др. Математическая теория горения и взрыва. – М. ：Наука，1980. – 478с.

[27] Зельдович С. М. ，Малтинский М. И. и др. Автокомпенсация инструментальных погрешностей гиросистем. – Л. ：Судостроение，1976. – 256с.

[28] Ингберман М. И. ，Фромберг Э. М. ，Грабой Л. П. Термостатирование в технике связи. – М. ：Связь，1979. – 144с.

[29] Ишлинский А. Ю. Механика гироскопических систем. – М. ：Изд – во АНСССР，1963. – 483с.

[30] Климов Д. М. ，Журавлев В. Ф. Приближенные методы в теории колебаний. – М. ：Наука. 1988. – 326с.

[31] Коваленко А. Д. Основы термоупругости. Киев：Наукова думка，1970. – 308с.

[32] Коляно Ю. М. ，Нулин А. Н. Температурные напряжения от объемных источников. Киев：Наукова думка. – 1983. – 288с.

[33] Кузнецов С. П. Динамический хаос（курс лекций）. – М. ：Издво Физ. мат. лит，2001. – 296с.

[34] Ландау Б. Е. Электростатический гироскоп со сплошным ротором//Гироскопия и навигация. – 1993. –№1. – С. 6 – 12.

[35] Лестев А. М. , Попова И. В. Современное состояние теории и практических разработок микромеханических гироскопов//Гироскопия и навигация. - 1998. - №3. - С. 81 - 94.

[36] Лойцянский Л. Г. Механика жидкости и газа. - М. : Наука, 1978. - 904с.

[37] Лыков А. В. Теория теплопроводности. - М. : Высш. шк, 1967. - 600с.

[38] Маркеев А. П. Субгармонические колебания демпфированного маятника - припар аметрическом возбуждении//Механика твердого тела. - 1996, - №1, - С. 4 - 10.

[39] Окоси Т. , Окамото К. , Оцу М. и др. Волоконно оптические датчики// Подред. Т. Окоси/Пер. сяпон. Л. : Энергоатомиздат. Ленингр. отд, 1990. - 256с.

[40] Павловский М. А. Теория гироскопов. - К. : Вища школа. - 1986. - 303с.

[41] Пешехонов В. Г. Ключевые задачи современной автономной навигации// Гироскопия и навигация - 1996. -№1. - С. 48 - 55.

[42] Прилуцкий В. Е. , Пылаев Ю. К. , Губанов А. Г. , Коркишко Ю. Н. и др. Прецизионный волоконно оптический гироскоп с линейным цифровым выходом//IX Санкт Петербургская vеждународная конференция по интегрирова нным навигационным системам. - СПб. : ЦНИИ "Электроприбор", 2002. - С. 180 - 189.

[43] Распопов В. Я. Микромеханические приборы. Учебн. оепособие. - Тула: tул-bскийгос. ун - т, 2002. - 392с.

[44] Сарычев В. А. , Мирер С. , Исаков А. Ф. Гиродемпфер на спутнике с двойным вращением//Космические исследования/АН СССР, 1982. ТХХ. Вып. 1. - С. 30 - 41.

[45] Челомей В. Н. Избранные труды. - М. : Машиностроение, 1989. - 253с.

[46] Шереметьев А. Г. Волоконный оптический гироскоп. - М. : Радио и связь, 1987. - 152с.

[47] Шустер Г. Детерминированный хаос: Введение/Пер. с англ. - М. : Мир, 1988. - 240с.

[48] Авт №320485 от 01. 11. 1990, заявка №4- 517615. Способ минимизации температурных перепадов в гироскопических приб- орахДжашитов В. Э. , Панкратов В. М. , Марцоха С. А

[49] Датчики и преобразующая аппаратура. Каталог. Российское авиационнокосмическое агентство. – ФГУП “Научно – исследовательский институт физических измерений”, Пенза, 2002, 157с.

[50] Barbure N., Connelly I., Gilmore I., Greiff P., Kourepenis A., Weinberg M. Micro – electromechanical instrument and systems development at Draper laboratory. //III St. – Petersburg International conference on gyroscopic technolog yand navigation, May, 1996, p. 3 – 10.

[51] Dzhashitov V. E., Pankratov V. M. Float gyroscopic damper of the oscillations with temperature control of the dampener. //III – S. – Petersburg International Conference on integrated navigation systems – СПб.: ЦНИИ 《Электроприбор》, 1996. – С. 160 – 168.

[52] Lorenz E. N. Deterministic Nonperiodic Flow//J. Atmos. Sci. 1963. – №20. – P. 130.

[53] Shupe D. M. Thermally induced nonreciprocity in the fiber – optic interferometer //Applied Optics. – 1980. – Vol. 19, №5. – P. 654 – 655.